Bauphysik kompakt – Wärme – Feucht – Schall

Jetzt diesen Titel zusätzlich als E-Book downloaden und 70 % sparen!

Als Käufer dieses Buchtitels haben Sie Anspruch auf ein besonderes Kombi-Angebot: Sie können den Titel zusätzlich zum Ihnen vorliegenden gedruckten Exemplar für nur 30 % des Normalpreises als E-Book beziehen.

Der BESONDERE VORTEIL: Im E-Book recherchieren Sie in Sekundenschnelle die gewünschten Themen und Textpassagen. Denn die E-Book-Variante ist mit einer komfortablen Volltextsuche ausgestattet!

Deshalb: Zögern Sie nicht. Laden Sie sich am besten gleich Ihre persönliche E-Book-Ausgabe dieses Titels herunter.

In 3 einfachen Schritten zum E-Book:

❶ Rufen Sie die Website **www.beuth.de/e-book** auf.

❷ Geben Sie hier Ihren persönlichen, nur einmal verwendbaren E-Book-Code ein:

294455DFDD989K1

❸ Klicken Sie das „Download-Feld“ an und gehen dann weiter zum Warenkorb. Führen Sie den normalen Bestellprozess aus.

Hinweis: Der E-Book-Code wurde individuell für Sie als Erwerber dieses Buches erzeugt und darf nicht an Dritte weitergegeben werden. Mit Zurückziehung dieses Buches wird auch der damit verbundene E-Book-Code für den Download ungültig.

Bauphysik kompakt

Prof. Dr.-Ing. Klaus W. Liersch
Dr.-Ing. Normen Langner

Bauphysik kompakt

Wärme – Feuchte – Schall

6., vollständig überarbeitete Auflage

Beuth Verlag GmbH · Berlin · Wien · Zürich

Bauwerk

© 2020 Beuth Verlag GmbH
Berlin · Wien · Zürich
Saatwinkler Damm 42/43
13627 Berlin

Telefon: +49 30 2601-0
Telefax: +49 30 2601-1260
Internet: www.beuth.de
E-Mail: kundenservice@beuth.de

Druck und Bindung: Plump Druck & Medien GmbH, Rheinbreitbach
Gedruckt auf säurefreiem, alterungsbeständigem Papier nach DIN EN ISO 9706.

ISBN 978-3-410-29445-0

Vorwort

Während Mitte des vergangenen Jahrhunderts bauphysikalische Themen noch im Rahmen der allgemeinen Bauhygiene und der gesundheitstechnischen Gestaltung von Gebäuden betrachtet wurden, hat sich die Bauphysik in den letzten Jahrzenten zu einem eigenständigen Fachgebiet mit immer komplexer werdenden Aufgabenstellungen und stetig steigendem Detaillierungsgrad entwickelt. Dabei stehen bauphysikalische Fragestellungen häufig in der Schnittstelle grundlegender Entscheidungen, beispielsweise zur Energieeffizienz, Wirtschaftlichkeit, Nachhaltigkeit sowie dem Nutzerkomfort und der Behaglichkeit, womit die Bauphysik nicht selten das Bindeglied zwischen verschiedenen Fachplanungen in einer „integralen Gebäudeplanung“ ist. Dabei ist davon auszugehen, dass aufgrund weiterer, neu hinzukommender gesetzlicher und gesellschaftlicher Randbedingungen und einer hinsichtlich der Gebäudeeigenschaften immer größer werdenden Erwartungshaltung der Nutzer die Anforderungen an die bauliche und damit verbunden auch die planerische Qualität weiter zunehmen werden.

Vor diesem Hintergrund ist die Kenntnis der allgemeinen bauphysikalischen Zusammenhänge eine wesentliche Voraussetzung für eine erfolgreiche und auch andere Fachdisziplinen berücksichtigende Planung von Gebäuden. Das Anliegen der Verfasser von „Bauphysik kompakt“ war es daher, in einer möglichst knappen Form die wichtigsten Gesetzmäßigkeiten und Zusammenhänge der bauphysikalischen Teilgebiete des Wärme- und Feuchteschutzes sowie der Bau- und Raumakustik vorzustellen.

Das Buch entstand dabei ursprünglich aus den Vorlesungen „Grundlagen der Bauphysik“ und „Bauphysikalisches Entwerfen“ für Studierende der Architektur, Stadt- und Regionalplanung sowie Bauingenieurwesen an der BTU Cottbus, und richtet sich vornehmlich an Studenten dieser Studienrichtungen, wendet sich aber auch an in der Baupraxis tätige Architekten und Ingenieure, die ihr bauphysikalisches Fachwissen aktualisieren wollen.

Prof. Dr.-Ing. Klaus W. Liersch
Dr.-Ing. Normen Langner — Berlin/Frankfurt am Main, August 2020

Inhaltsverzeichnis

1 Einheiten, Formelzeichen, Begriffe

1.1 Internationales Einheitensystem (SI)

Nach dem Gesetz über Einheiten im Messwesen vom 2. Juli 1969 gelten ab dem 5. Juli 1970 die Einheiten des SI-Systems (Système International d'Unités). Es werden Basiseinheiten und abgeleitete Einheiten unterschieden.

Basisgröße	**Basiseinheit**	
	Name	**Zeichen**
Länge	der Meter	m
Masse	das Kilogramm	kg
Zeit	die Sekunde	s
elektr. Stromstärke	das Ampere	A
Temperatur	das Kelvin	K
Stoffmenge	das Mol	mol
Lichtstärke	die Candela	cd

1.2 Dezimale Vielfache und Teile von Einheiten

10^{18}	Exa	E
10^{15}	Peta	P
10^{12}	Tera	T
10^{9}	Giga	G

10^{6}	Mega	M
10^{3}	Kilo	k
10^{2}	Hekto	h
10^{1}	Deka	da

10^{-1}	Dezi	d
10^{-2}	Zenti	c
10^{-3}	Milli	m
10^{-6}	Mikro	µ

10^{-9}	Nano	n
10^{-12}	Piko	p
10^{-15}	Femto	f
10^{-18}	Atto	a

1.3 Altgriechische Buchstaben

Α	α	alpha
Β	β	beta
Χ	χ	chi
Δ	δ	delta
Ε	ε	epsilon
Φ	ϕ, φ	phi
Γ	γ	gamma
Η	η	eta

Ι	ι	iota
Κ	κ	kappa
Λ	λ	lambda
Μ	μ	mü
Ν	ν	nü
Π	π	pi
Θ	θ, ϑ	theta
Ρ	ρ	rho

Σ	σ	sigma
Τ	τ	tau
Ω	ω	omega
Ξ	ξ	ksi
Ψ	ψ	psi
Ζ	ζ	zeta

1.4 Allgemeine Größen und Einheiten (Auszug)

Größe	Formelzeichen	SI-Einheit
Masse	m	kg
Weg	s	m
Zeit	t	s
Fläche	A	m^2
Volumen	V	m^3
Dichte	$\rho = m/V$	kg/m^3
Geschwindigkeit	$v = ds/dt$	m/s
Beschleunigung	$a = dv/dt$	m/s^2
Kraft	$F = m \cdot a$	$kgm/s^2 = N$
Druck	$p = F/A$	$N/m^2 = Pa$
Arbeit	$W = F \cdot s$	Nm = J
Leistung	$P = W/t$	J/s = W

1.5 Begriffe, Formelzeichen und Einheiten des baulichen Wärmeschutzes (Auszug)

Formelzeichen neu	Formelzeichen alt	Einheit	Begriff	Bemerkung
a	a	m^2/s	Temperaturleitkoeffizient	$a = \lambda/(c \cdot \rho)$
a, a_n	a, a_n	$m^3/(mhdaPa^{2/3})$	Fugendurchlasskoeffizient	
α	α	1	Strahlungsabsorptionsanteil	$\alpha + \rho + \tau = 1$
b	b	$Ws^{0,5}/(m^2K)$	Wärmeeindringkoeffizient	$b = (c \cdot \lambda \cdot \rho)^{0,5}$
c	c	J/(kgK)	spezifische Wärmekapazität	
d	s	m	Schichtdicke	
E	C	$W/(m^2K^4)$	Strahlungszahl	$E_S = 5{,}67\,W/(m^2K^4)$
ε	ε	1	Emissionsgrad, Emissivität	$E = \varepsilon \cdot E_S$
F_c	z	1	Abminderungsfaktor	bei Sonnenschutz
g	g	1	Gesamtenergiedurchlassgrad	
H	–	W/K	spez. Wärmeverlustkoeffizient	
h	α	$W/(m^2K)$	Wärmeübergangskoeffizient	
Λ	Λ	$W/(m^2K)$	Wärmedurchlasskoeffizient	
λ	λ	W/(mK)	Wärmeleitfähigkeit	
N	β	1/h, h^{-1}	Luftwechselzahl	$n = \dot{V}_L/V_L$
Φ	$\dot{Q}$	W	Wärmestrom	$\Phi = Q/t$

Begriffe, Formelzeichen und Einheiten des baulichen Wärmeschutzes (Auszug, Forts.)

Formelzeichen neu	alt	Einheit	Begriff	Bemerkung
Q	Q	J, Ws, kWh	Wärmemenge	1 kWh = 3,6 MJ
q	q	W/m²	Wärmestromdichte	$q = \Phi/A = U \cdot \Delta T$
R	$1/\Lambda$	m²K/W	Wärmedurchlasswiderstand	$R = d/\lambda$
R_s	$1/\alpha$	m²K/W	Wärmeübergangswiderstand	$R_s = 1/h$
R_{tot}	$1/k$	m²K/W	Gesamt-Wärmedurchgangswiderstand	
ρ	ρ	1	Strahlungsreflexionsanteil	
T	T	K	thermodynamische Temperatur	$T = \theta + 273$
θ	ϑ	°C	Celsius-Temperatur	$\theta = T - 273$
$\Delta\theta$, ΔT	$\Delta\vartheta$, ΔT	K	Temperaturdifferenz	
τ	τ	1	Strahlungsdurchlassanteil	
U	k	W/(m²K)	Wärmedurchgangskoeffizient	$U = 1/R_T$
ψ	WBV	W/(mK)	längenbezogener U-Wert	
χ	–	W/(m²K)	punktbezogener U-Wert	

Indizes:

i innen, s Oberfläche, g Verglasung, f Rahmen, w Fenster

e außen, HF Hüllfläche, c Cover

1.6 Begriffe, Formelzeichen und Einheiten des baulichen Feuchteschutzes (Auszug)

Formelzeichen neu	alt	Einheit	Begriff	Bemerkung
A_l	A_l	cm²/m	Belüftungsquerschnitt	
–	β	kg/(m²hPa)	Wasserdampfübergangskoeffizient	
–	c_d	kg/m³, g/m³	Wasserdampfkonzentration	
–	D	m²/h	Diffusionskoeffizient	
–	Δp	Pa	Wasserdampfteildruckdifferenz	
Z	$1/\Delta$	m²hPa/kg	Diffusionsdurchlasswiderstand	$Z = 1{,}5 \cdot 10^6\ s_d$
–	δ	kg/(mhPa)	Diffusionsleitfähigkeit	
G	I	kg/(mh)	Wasserdampfstrom	infolge Diffusion

Begriffe, Formelzeichen und Einheiten des baulichen Feuchteschutzes (Auszug, Forts.)

Formelzeichen neu	alt	Einheit	Begriff	Bemerkung
G	i	kg/(m²h)	Wasserdampfstromdichte	auch g/(m²h)
μ	μ	1	Diffusionswiderstandszahl	$\mu = 10^{-6}/(1{,}5 \cdot \delta)$
	p	Pa	Druck, Wasserdampfteildruck	
p_e	p_a	Pa	Wasserdampfteildruck der Außenluft	
p_d	p_d	Pa	Partialdruck des Wasserdampfes, Wasserdampfteildruck	
p_i	p_i	Pa	Wasserdampfteildruck der Innenraumluft	
	P_s	Pa	Wasserdampfsättigungsdruck	
Φ	Φ	1	Feuchteschutztechnische Funktionssicherheit	$\Phi = I_l/I_i$
ϕ	φ	%	relative Luftfeuchtigkeit	
	R_d	Nm/(kgK)	Gaskonstante des Wasserdampfes	$R_d = 462$ J/(kgK)
σ	σ	N/m	Oberflächenspannung des Wassers	
s_d	s_d	m	Diffusionsäquivalente Luftschichtdicke	$s_d = \mu \cdot d$
–	U_m	Masse-%	Massebezogener Feuchtegehalt	
–	U_V	Volumen-%	Volumenbezogene Feuchte	
–	V_l	m/s	Belüftungsstromgeschwindigkeit	
m	W	kg/m², g/m²	Wasseraufnahme	
w	w	kg/(m²h^{0,5})	Wasseraufnahmekoeffizient	

Indizes:

i innen   l Luft   V Volumen

e außen   m Masse

1.7 Begriffe des baulichen Wärme- und Feuchteschutzes (deutsch/englisch)

Begriff (deutsch)	**Begriff (englisch)**
Aufwandszahl	energy efficiency factor
Außenwandbekleidungen	cladding for external walls
äußeres Tauwasser	external surface condensation
Baustoffe	building materials
Bauteil	building component, building element
Dachabdichtung	waterproofing membrane
Dämmung	insulation
Dichtheit	tightness
Differenzdruck	differential pressures
Diffusionswiderstand	diffusion resistance
energetische Bewertung	energy efficiency
Energiebedarf	energy demand
Energieeinsparung	energy conservation
Energieverbrauch	energy consumption
Feuchtegehalt	moisture content
Fugendurchlässigkeit	air permeability of joints
Gebäudehülle	building envelope
Heizenergiebedarf	energy use for heating
Heizwärmebedarf	heat use
inneres Tauwasser	internal surface condensation
Jahres-Heizenergiebedarf	annual energy use
Jahres-Heizwärmebedarf	annual heat use
klimabedingter Feuchteschutz	protection against moisture subject to climate conditions
Luftdichtheit von Gebäuden	air tightness of buildings
Luftdruck	air pressure
Luftdurchlass	air leakage
Lüftung	ventilation
Luftvolumenstrom	air flow rate
Mindestanforderungen an den Wärme-schutz	minimum requirements to thermal insulation
Nachweis des Wärmeschutzes von Gebäuden	technical verification of thermal performance of buildings
praktischer Feuchtegehalt	actual moisture content
Schlagregen	driving rain
spezifische Wärmekapazität	specific heat capacity

Begriffe des baulichen Wärme- und Feuchteschutzes (deutsch/englisch, Forts.)

Begriff (deutsch)	Begriff (englisch)
Tauwasser	condensation water, dew
Tauwasser auf Oberflächen	external surface condensation
Tauwasser im Bauteilinneren	internal condensation
Tauwasserbildung auf Oberflächen	external surface condensation
Tauwasserbildung im Bauteilinneren	internal surface condensation
Tauwasserschutz	protection against (surface) condensation, dew protection
Vorhangfassade	curtain wall
Wärmebilanz	heating balance
Wärmebrücken	thermal bridges
Wärmedämmstoffe	thermal insulation materials
Wärmedämmung von Bauteilen	thermal insulation of building components
Wärmedurchgangskoeffizient	thermal transmittance, heat transfer coefficient
Wärmedurchgangswiderstand	thermal resistance
Wärmedurchlasswiderstand	thermal transmission resistance
Wärmekapazität	heat capacity
Wärmeleitfähigkeit	thermal conductivity
Wärmequelle	heat source
Wärmeschutz	thermal insulation, thermal protection
Wärmeschutznachweis	technical verification of thermal performance of buildings
Wärmespeicherung	thermal storage
Wärmestrom	heat flow rate
Wärmestromdichte	density of heat flow rate, heat flow density
wärmetauschende Hüllfläche	heat-exchanging enveloping surface
Wärmeübertragung	heat transfer
Wärmeverlust	heat loss
Wasserdampfdiffusionswiderstand	water vapour resistance
Wasserdampfdurchlässigkeit	water vapour permeability
Tauwasser	condensation water, dew
Tauwasser auf Oberflächen	external surface condensation
Tauwasser im Bauteilinneren	internal condensation

1.8 Begriffe, Formelzeichen und Einheiten des baulichen Schallschutzes (Auszug)

Formel-zeichen	Einheit	Begriff	Bemerkung
A	m²	Äquivalente Schallabsorptionsfläche	
a	m	Amplitude einer Schwingung	$a = \sin(\omega \cdot t)$
α	1	Schallabsorptionsgrad	
B'	MN/m²	Plattensteifigkeit	
c	m/s	Schallgeschwindigkeit	$c = f \cdot \lambda$
D	dB	Schallpegeldifferenz	$D = L_1 - L_2$
D_n	dB	Norm-Schallpegeldifferenz	
d	m	Schichtdicke	
δ	–	Schalldissipation	
E_{dyn}	MN/m²	dynamischer Elastizitätsmodul	
f	1/s; Hz	Frequenz	
f_g, f_0	Hz	Koinzidenzgrenzfrequenz	
f_R	Hz	Resonanzfrequenz (Eigenfrequenz)	
g	m/s²	Erdbeschleunigung	$g = 9{,}81$ m/s²
I	W/m²	Schallintensität	
I_0	W/m²	Bezugs-Schallintensität	$I_0 = 10^{-12}$ W/m²
κ	–	Adiabatenexponent	
L	dB	Schalldruckpegel	$L = 20 \lg p/p_0$
L_n	dB	Norm-Trittschallpegel	
$\Delta L_{w,R}$	dB	Trittschallverbesserungsmaß	
λ	m	Wellenlänge	
M	kg	Masse	
m'	kg/m²	flächenbezogene Masse	$m' = d \cdot \rho$
v	m/s	Schallschnelle	$v = p/Z$
P	W	Schallleistung	
p	N/m², Pa	Schalldruck	
p_0	Pa	Bezugs-Schalldruck	$p_0 = 2 \cdot 10^{-5}$ Pa
ω	s⁻¹	Kreisfrequenz	$\omega = 2 \cdot \pi \cdot f$
R	dB	Schalldämmmaß	
R'	dB	Schalldämmmaß mit bauüblichen Nebenwegen	
$R'_{w,R}$	dB	bewertetes Schalldämmmaß	
ρ	–	Schallreflexion	

Begriffe, Formelzeichen und Einheiten des baulichen Schallschutzes (Auszug, Forts.)

Formel-zeichen	Einheit	Begriff	Bemerkung
s'	MN/m³	dynamische Steifigkeit	$s' = E_{dyn}/d$
τ	–	Schalldurchgang	
t_f	s	Schwingungsdauer	$t_f = f^{-1}$
TSM	dB	Trittschallschutzmaß	
V	m³	Raumvolumen	
v	m/s	Schallschnelle	$v = p/Z$
Z	kg/(m²s)	Schallwellenwiderstand (Impedanz)	$Z = \rho \cdot c$

Indizes:

dyn dynamisch
R Rechenwert

1.9 Begriffe des baulichen Schallschutzes nach DIN 1320 (deutsch/englisch)

Begriff (deutsch)	Begriff (englisch)
Abschirmmaß	barrier attenuation
äquivalente Absorptionsfläche	equivalent absorption area (of an object or of a surface)
äquivalenter Dauerschallpegel (Mitte-lungspegel)	equivalent continuous sound pressure level
Belästigung durch Schall	annoyance by sound
bewerteter Norm-Trittschallpegel	weighted normalized impact sound pressure level
bewerteter Schalldruckpegel	weighted sound pressure level
bewertetes Schalldämmmaß	weighted sound reduction index
Biegewelle	bending wave
Durchgangsdämmmaß	transmission loss
Flankenübertragung	flanking transmission
Frequenzmessintervall (logarithmisch)	logarithmic frequency interval
Hörfläche	auditory sensation area
Hörfrequenzbereich	audiofrequency range

Begriffe des baulichen Schallschutzes nach DIN 1320 (deutsch/englisch, Forts.)

Begriff (deutsch)	**Begriff (englisch)**
Hörschwelle	threshold of audibility
Impedanz	impedance
Körperschall	structure-borne sound
Lärm, Geräusch	noise
Luftschall	airborne sound
Nachhallzeit	reverberation time
Nebenwegübertragung	bypass transmission
Norm-Schallpegeldifferenz	normalized sound level difference
Norm-Trittschallpegel	normalized impact sound pressure level
Oktave	octave
Pegellautstärke	loudness level
Rauschen	random noise
Schall	sound
Schallabsorption	sound absorption
Schallabsorptionsgrad	sound absorption coefficient
Schallabsorptionsmaß	absorption loss
Schalldämmmaß	sound reduction index
Schalldruck	sound pressure
Schalldruckpegel	sound pressure level
Schallemission	sound emission
Schallenergie	sound energy
Schallfeld	sound field
Schallgeschwindigkeit	velocity of sound
Schallimmission	sound immission
Schallintensität	sound intensity
Schallleistung	sound power
Schallreflexionsgrad	sound reflexion coefficient
Schallschnelle	sound particle velocity
Schallwelle	sound wave
Schmerzschwelle	threshold of pain
Standard-Trittschallpegel	standardized impact sound pressure level
Trittschallminderung einer Deckenauflage	reduction of impact sound level of a floor covering
Trittschallpegel	impact sound pressure level

2 Zweck des Wärme- und Feuchteschutzes

Der Wärmeschutz im Hochbau umfasst Maßnahmen zur Verringerung der Wärmeübertragung durch die Umfassungsflächen eines Gebäudes und durch die Trennflächen von Räumen unterschiedlicher Temperaturen.

Der Wärmeschutz hat bei Gebäuden Bedeutung für:

- die Gesundheit der Bewohner durch ein hygienisches Raumklima,
- den Schutz der Baukonstruktion vor klimabedingten Feuchteeinwirkungen und deren Folgeschäden,
- einen geringeren Energieverbrauch bei der Heizung und Kühlung,
- die Herstellungs- und Bewirtschaftungskosten und
- den Umweltschutz (Minimierung von CO_2-Emissionen).

Dabei hat auch die Feuchte einen Einfluss auf ein behagliches und gesundes Raumklima. Unter baupraktischen Bedingungen laufen wärme- und feuchteschutztechnische Vorgänge meist parallel und in einer sich gegenseitig beeinflussenden Weise ab. Ziel des Feuchteschutzes ist neben der Gewährleistung des Wärmeschutzes vor allem die Vermeidung von Bauschäden, welche durch Wasser in seinen drei Aggregatzuständen (fest, flüssig oder gasförmig) hervorgerufen werden können. Somit hat der Feuchteschutz bei Gebäuden Bedeutung für:

- die Nutzbarkeit der Räume (hygienisches Raumklima),
- den Wärmeschutz des Bauwerks und
- die Erhaltung der Bausubstanz.

3 Physiologische Grundlagen und Behaglichkeit

Wohlbefinden und Behaglichkeit ist wichtig für den menschlichen Körper. In Gebäuden kann das Wohlbefinden – und damit auch die Akzeptanz des Gebäudes durch die Nutzer – erhöht werden, wenn bestimmte Planungsgrundsätze beachtet werden. Dabei kann bereits die Berücksichtigung weniger baukonstruktiver und bauphysikalischer Grundsätze zu einer Steigerung der Behaglichkeit und des Wohlbefindens führen.

Im Rahmen von Nachhaltigkeitsbewertungen von Gebäuden und dem Bestreben nach einer objektiven Bewertung von „Behaglichkeit", wurde dieser Zusammenhang in den letzten Jahren verstärkt wissenschaftlich untersucht (u. a. in [45], [46]). Ansätze zur Beschreibung der Abhängigkeiten bauphysikalischer und baukonstruktiver Gesetzmäßigkeiten wurden aber auch schon Mitte des vergangenen Jahrtausends u. a. in Abhandlungen zur „Technischen Bauhygiene" [41] und der „Gesundheitstechnischen Ausrüstung von Wohnbauten und Arbeitsstätten" [42] veröffentlicht. Dabei behandelt [41] nicht nur die thermisch-hygrische Behaglichkeit, sondern auch das erweiterte Raumklima inklusive Besonnung und Beleuchtung sowie Schall- und Erschütterungsschutz.

Die ganzheitliche Erforschung der vielen voneinander unabhängigen Variablen und deren Einfluss auf den Menschen und dessen Wohlbefinden ist Aufgabe zukünftiger Forschungsvorhaben. Hinsichtlich der physiologischen Faktoren mit Einfluss auf den thermischen Komfort wurden die wesentlichen Parameter erstmals von FANGER in einer Gleichung zur Beschreibung des allgemeinen Behaglichkeitsempfindens zusammengefasst [43] und in einer Forschungsarbeit von FRANK zum Raumklima und der thermischen Behaglichkeit fortgeführt [44]. Die Ergebnisse dieser Untersuchungen sind zwischenzeitlich in der DIN EN ISO 7730 (05-2006): „Ergonomie des Umgebungsklimas: Analytische Bestimmung und Interpretation der thermischen Behaglichkeit durch Berechnung des PMV- und des PPD-Indexes und der lokalen thermischen Behaglichkeit" eingeflossen.

Auch wenn Wohlbefinden nicht nur auf die wärme- und feuchtetechnische Situation in den Räumen beschränkt ist, da die Luftqualität, die Beleuchtung sowie der Schallschutz und die Raumakustik ebenfalls eine entscheidende Rolle spielen, soll im folgenden Abschnitt hauptsächlich die thermische Behaglichkeit betrachtet werden.

3.1 Energieumsätze des Menschen

Der Mensch ist ein Warmblütler mit den in Tabelle 3.1-1 zusammengestellten physiologischen Daten. Das Wärmeempfinden des Menschen ist im Wesentlichen abhängig vom thermischen Gleichgewicht des Körpers. Das Gleichgewicht wird von seiner körperlichen Tätigkeit, seiner Bekleidung sowie den Parametern des Umgebungsklimas beeinflusst (Abb. 3.1-1).

Tabelle 3.1-1
Biophysikalische Daten des Menschen (Mittelwerte)

Masse:	60 – 90 kg	Puls:	70 ... 80 min^{-1}
Rauminhalt:	60 Liter	Grundumsatz:	58 W/m^2
Oberfläche:	1,7 ... 2,0 m^2	Atemzüge:	16 min^{-1}
Körpertemperatur:	36,5 ... 37,0 °C	Atemluft:	0,5 m^3/h
Hauttemperatur:	32 ... 33 °C	Dauerleistung:	85 – 100 W

Der Wärmedämmwert der Bekleidung umfasst üblicherweise 0,05 bis 0,20 m^2K/W[1] in Innenräumen und bis zu 0,5 m^2K/W im Freien. Mit zunehmender Tätigkeit nimmt der Energieumsatz zu (Tabelle 3.1-2). Ferner wird mit dem Energieumsatz auch die Feuchtigkeitsabgabe erhöht und schwankt zwischen 30 g/h und 200 g/h. Die Wasserdampfabgabe des normal bekleideten Menschen ohne körperliche Tätigkeit bei ruhiger Luft ist in Abhängigkeit der Lufttemperatur in Abbildung 3.1-2 angegeben.

Tabelle 3.1-2
Energieumsätze[2] des Menschen bei verschiedenen körperlichen Tätigkeiten (nach DIN EN ISO 7730)

Art der körperlichen Tätigkeit	Energieumsatz in W/m^2
Angelehnt	46
Sitzend, entspannt	58
Sitzende Tätigkeit	70
Stehende, leichte Tätigkeit	93
Stehende, mittelschwere Tätigkeit	116
Gehen auf einer Ebene mit 2 km/h	110
Gehen auf einer Ebene mit 5 km/h	200

1 In der Literatur wird als Einheit für den Isolationswert der Bekleidung „clothing“ verwendet; es ist 1 clo = 0,155 m^2K/W.

2 In DIN EN ISO 7730 werden die Energieumsätze auch in der Einheit „metabolic rate“ angegeben; es ist 1 met = 58 W/m^2.

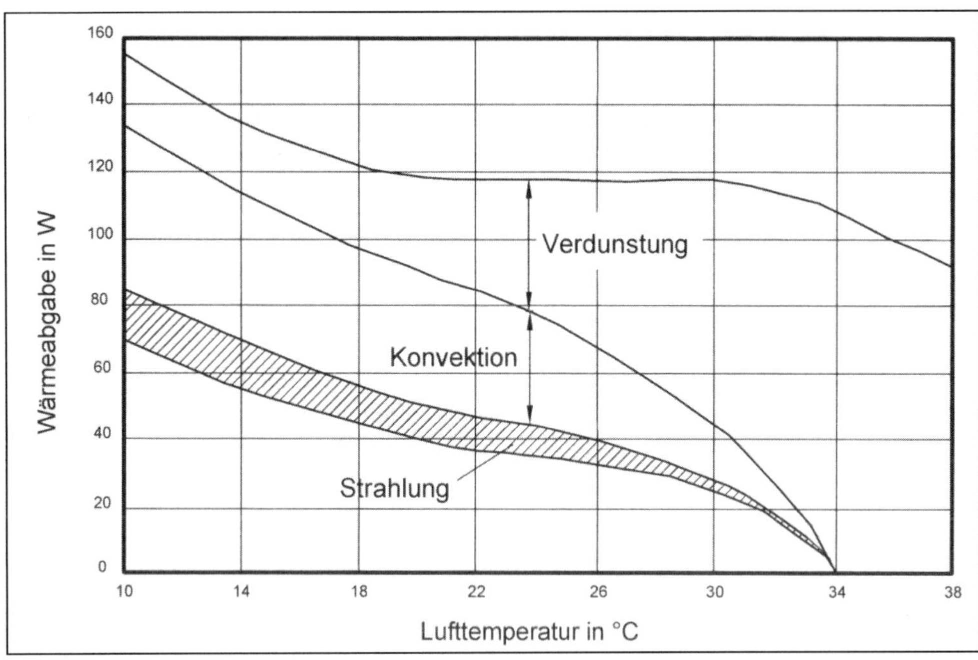

Abb. 3.1-1
Wärmeabgabe des normal bekleideten Menschen ohne körperliche Tätigkeit bei ruhiger Luft in Abhängigkeit der Umgebungstemperatur. Die Wärmeabgabe verteilt sich auf Verdunstung, Konvektion und einen gewissen Anteil an Strahlung. Je höher dabei die Umgebungstemperatur, desto größer wird die Wärmeabgabe durch Verdunstung (einsetzendes Schwitzen bei hohen Lufttemperaturen).

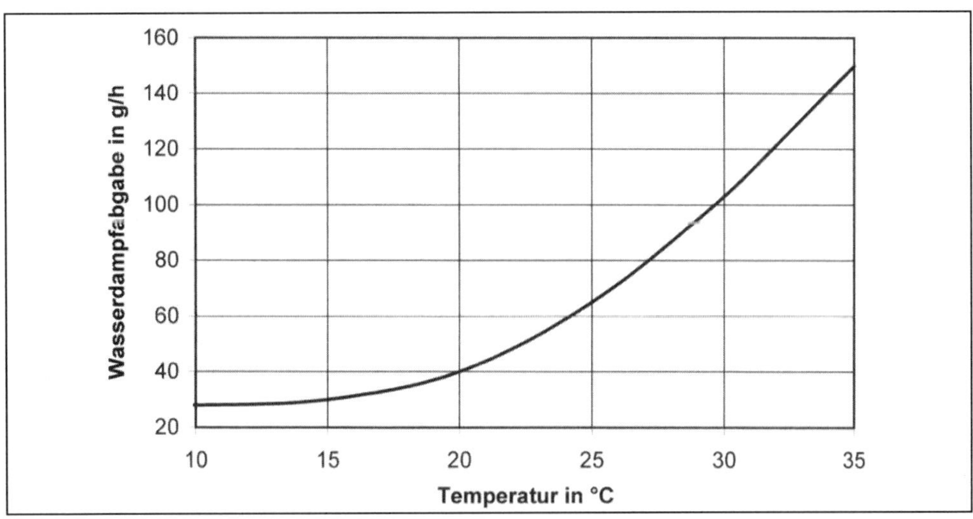

Abb. 3.1-2
Wasserdampfabgabe des normal bekleideten Menschen ohne körperliche Tätigkeit bei ruhiger Luft und $\varphi = 30 \ldots 70$ %

3.2 Thermische Behaglichkeit

Nach DIN EN ISO 7730 ist unter thermischer Behaglichkeit dasjenige Gefühl definiert, welches Zufriedenheit mit dem Umgebungsklima ausdrückt. Unzufriedenheit entsteht aufgrund der Einwirkung von Wärme oder Kälte auf den gesamten Körper, aber auch unter Einwirkung auf einzelne Körperteile, z. B. Zugluft oder Fußkälte. Weiterhin kann Unbehagen infolge unangepasster Kleidung entstehen.

Die gefühlte Temperatur in Innenräumen lässt sich näherungsweise durch das Mittel aus Lufttemperatur θ_i und Oberflächentemperatur der Umfassungsbauteile θ_{si} angeben:

$$\theta_{gef} = 0{,}5 \cdot (\theta_i + \theta_{si}) \qquad (3.2\text{-}1)$$

Als behaglich wird eine gefühlte Temperatur nach Gl. 3.2-1 von 19 ... 21 °C empfunden, noch behagliche Temperaturfelder gehen aus Abb. 3.2-1 hervor.

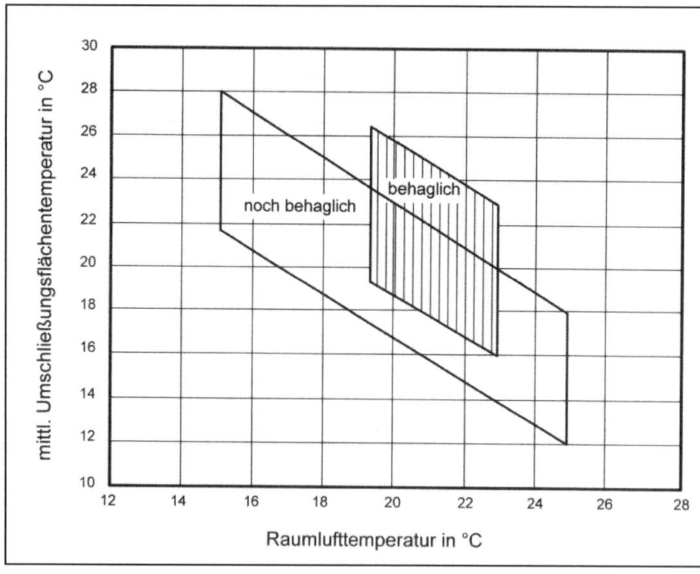

Abb. 3.2-1 Bereich der behaglichen Temperaturfelder in Innenräumen (siehe auch Abb. 3.3-2) in Abhängigkeit der Raumlufttemperatur und der mittleren Temperatur der Raumumschließungsflächen

Eine thermische Unbehaglichkeit kann auch durch eine unerwünschte lokale Abkühlung (oder Erwärmung) des menschlichen Körpers verursacht werden. Die häufigsten Faktoren für das Entstehen von lokaler Unbehaglichkeit sind ungleichmäßige Strahlungstemperaturen (kalte oder warme Oberflächen), Zugluft (definiert als eine lokale durch Luftbewegung verursachte Abkühlung des menschlichen Körpers), vertikale Lufttemperaturunterschiede sowie kalte oder warme Fußböden (siehe Abbildung 3.2-2, rechts).

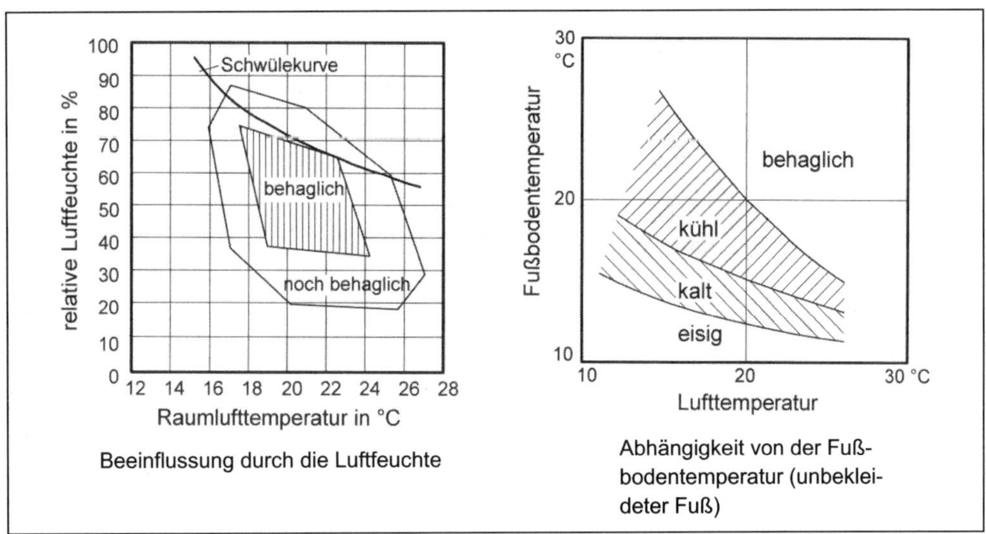

Abb. 3.2-2
Behaglichkeitsempfinden in Abhängigkeit verschiedener Parameter (links: Raumlufttemperatur und relative Luftfeuchte; rechts: Raumlufttemperatur und Fußbodentemperatur)

3.3 Ermittlung des PMV und des PPD

In DIN EN ISO 7730 (2006-05): Ergonomie des Umgebungsklimas: Analytische Bestimmung und Interpretation der thermischen Behaglichkeit durch Berechnung des PMV- und des PPD-Indexes und der lokalen thermischen Behaglichkeit, werden rechnerische Möglichkeiten zur Beschreibung der Bedingungen für thermische Behaglichkeit unter statistischer Aussagewahrscheinlichkeit aufgeführt. Das vorausgesagte mittlere Votum PMV (= predicted mean vote) ist eine Zahl, die den Durchschnittswert für die Klimabeurteilung durch eine große Personengruppe anhand der in Tabelle 3.3-1 angegebenen 7-stufigen Skala vorhersagt.

Tabelle 3.3-1
Klimabeurteilungsskala zur Ermittlung des PMV-Index nach DIN EN ISO 7730

– 3	– 2	– 1	0	+ 1	+ 2	+ 3
kalt	kühl	etwas kühl	neutral	etwas warm	warm	heiß

Die in DIN EN ISO 7730 aufgeführte Methode der Ermittlung des PMV und des PPD hat vorerst nur Gültigkeit für folgende Wertebereiche eines gemäßigten Umgebungsklimas:

Energieumsatz $M = 46 \ldots 232$ W/m²
Bekleidungsdämmwert $I_{cl} = 0{,}0 \ldots 0{,}310$ m²K/W
Lufttemperatur $\theta_a = 10 \ldots 30$ °C
Mittlere Strahlungstemperatur $\theta_r = 10 \ldots 40$ °C
Mittlere Luftgeschwindigkeit $v_a < 1{,}0$ m/s
Wasserdampfpartialdruck $p_a = 0 \ldots 2700$ Pa

Werden aus einer bestimmten raumklimatischen Situation die vorstehenden Werte ermittelt, lässt sich damit zunächst das PMV berechnen. Anschließend kann mit dem PMV der Prozentsatz Unzufriedener (PPD) vorausgesagt werden (siehe Abb 3.3-1). Der PPD-Wert liefert dabei Angaben zur thermischen Unbehaglichkeit oder Unzufriedenheit, indem der Prozentsatz an Menschen vorausgesagt wird, die ein bestimmtes Umgebungsklima wahrscheinlich als zu warm bzw. heiß oder zu kühl bzw. kalt empfinden. Eine Auswertung des PMV für drei unterschiedliche Raumlufttemperaturen zeigt Abb. 3.3-2.

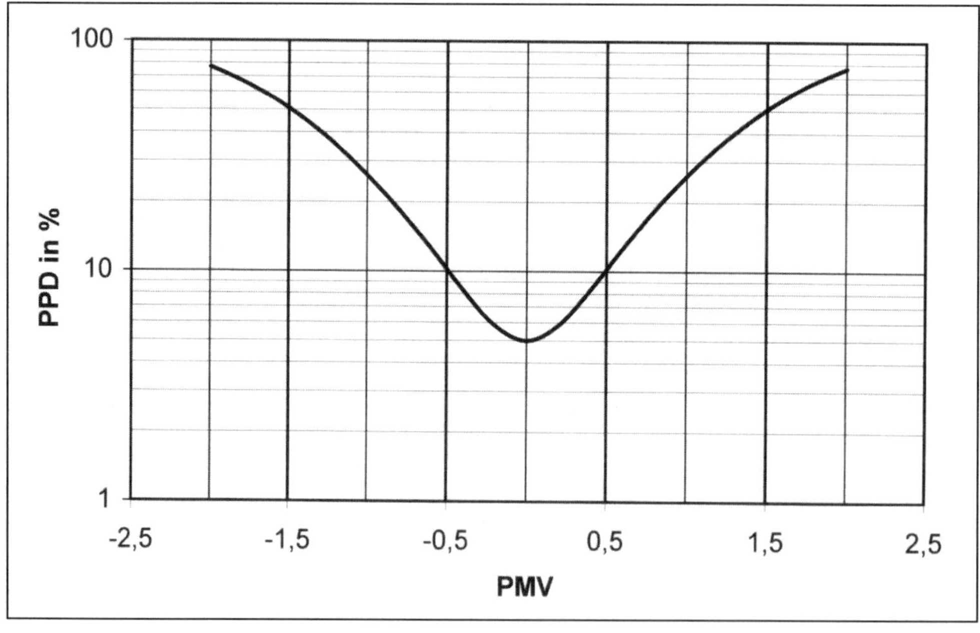

Abb. 3.3-1
Vorausgesagter Prozentsatz mit dem Raumklima Unzufriedener (PPD) als Funktion des PMV-Wertes

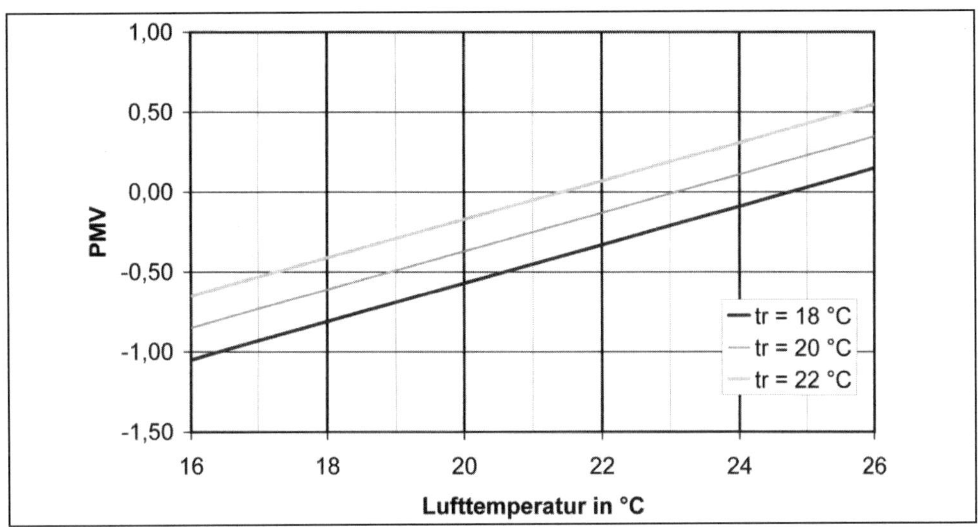

Abb. 3.3-2
Nach DIN EN ISO 7730 berechnete PMV-Werte für ein gemäßigtes Raumklima in Abhängigkeit der Luft- sowie Oberflächentemperaturen für normale Bekleidung I_{cl} = 0,155 m^{2}K/W bei einem Energieumsatz von 70 W/m^2, normaler Raumluftfeuchte und geringem Luftzug von v = 0,10 m/s; optimales Raumklima ist bei PMV = 0 ± 0,5 gegeben.

Die Beeinträchtigung durch Zugluft, d. h. die von ihr ausgehende unerwünschte Abkühlung kann aus Abb. 3.3-3 abgelesen werden. Es wird deutlich, dass in Innenräumen Zugluft mit Turbulenzeigenschaften (T_u) als besonders unangenehm empfunden wird.

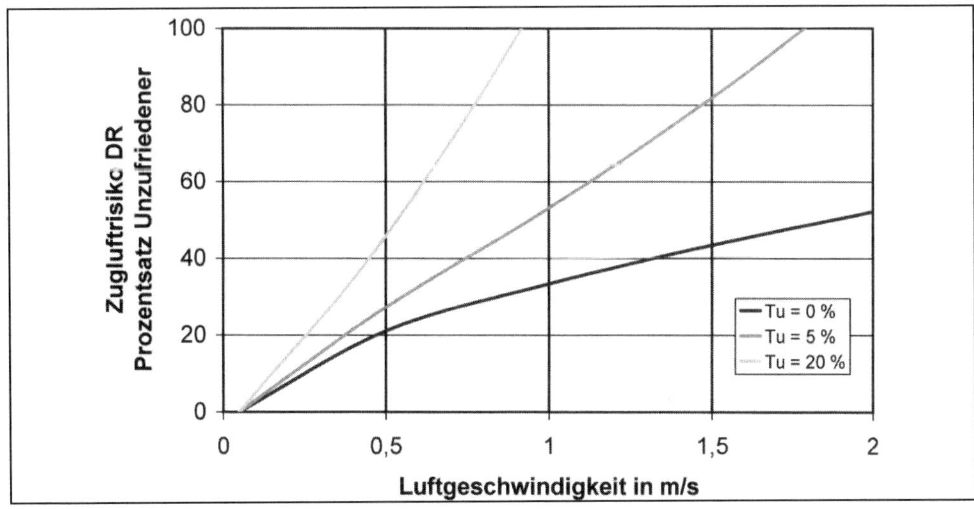

Abb. 3.3-3
Einfluss der Luftgeschwindigkeit auf die thermische Behaglichkeit

In den Abbildungen 3.3-4 und 3.3-5 ist als praktisches Anwendungsbeispiel die Bestimmung des PPD aus einer Raumklimamessung in einem Besprechungsraum während einer 1,5-stündigen Besprechung von 16:00 bis 17:30 Uhr im Sommer dargestellt. Dabei handelt es sich um einen nach Süden orientierten Raum mit einem außen liegenden Sonnenschutz. Aufgrund einer längeren Hitzeperiode war zu Beginn der Besprechung mit 12 Personen die Raumtemperatur mit knapp unter 26 °C bereits hoch. Die Außentemperatur betrug am Nachmittag über 27 °C.

Globetemperatur

t_r = 27,46 °C
$t_{r,min.}$ = 25,93 °C
$t_{r,max.}$ = 28,10 °C

Raumlufttemperatur

t_a = 27,74 °C
$t_{a,min.}$ = 25,76 °C
$t_{a,max.}$ = 28,32 °C

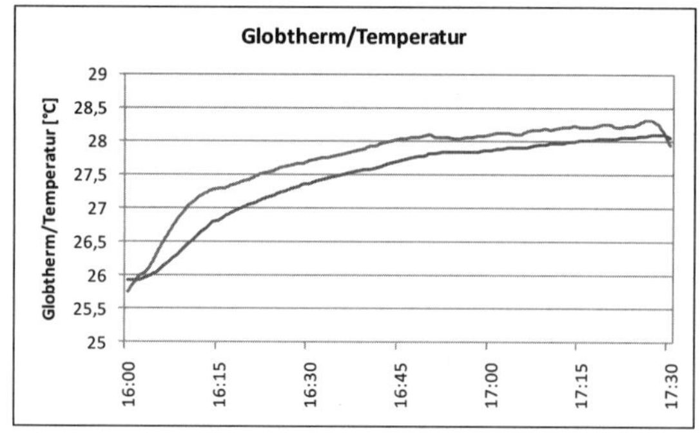

Relative Luftfeuchte

φ = 39, 9 %
$\varphi_{min.}$ = 33,7 %
$\varphi_{max.}$ = 44,0 %

Raumlufttemperatur

t_a = 27,74 °C
$t_{a,min.}$ = 25,76 °C
$t_{a,max.}$ = 28,32 °C

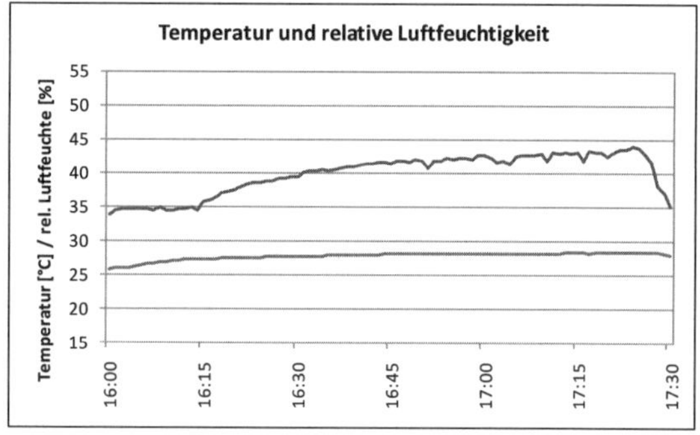

Luftgeschwindigkeit

v_a = 0,097 m/s
$v_{a,min.}$ = 0,014 m/s
$v_{a,max.}$ = 0,176 m/s

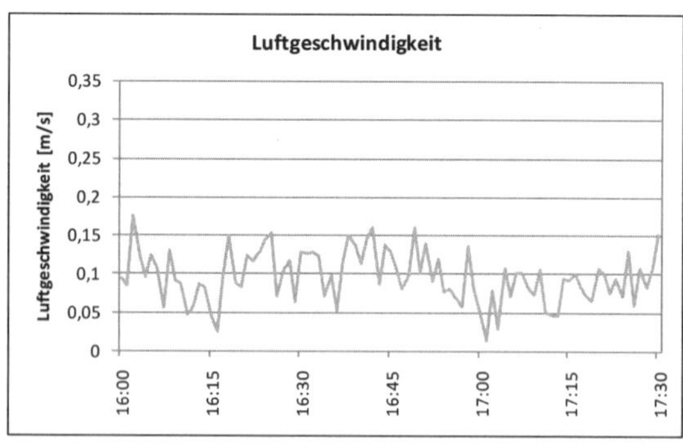

Abb. 3.3-4
Darstellung der Ergebnisse einer Raumklimamessung zur Bestimmung des PPD in einem Besprechungsraum während einer 1,5-stündigen Besprechung im Sommer

PMV

PMV = 1,27
$PMV_{min.}$ = 0,77
$PMV_{max.}$ = 1,47

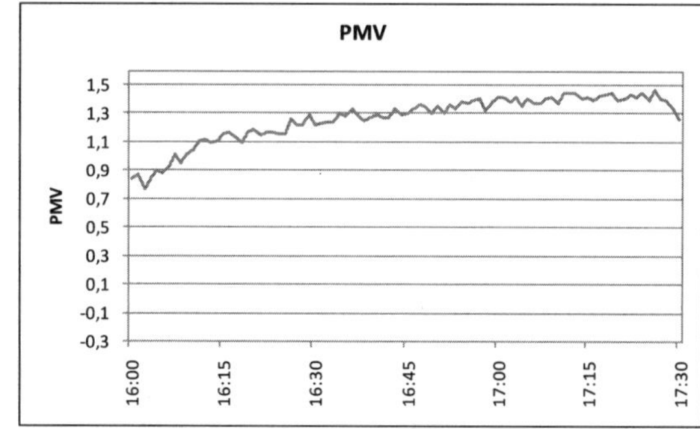

PPD

PPD = 39,04 %
$PPD_{min.}$ = 17,54 %
$PPD_{max.}$ = 49,22 %

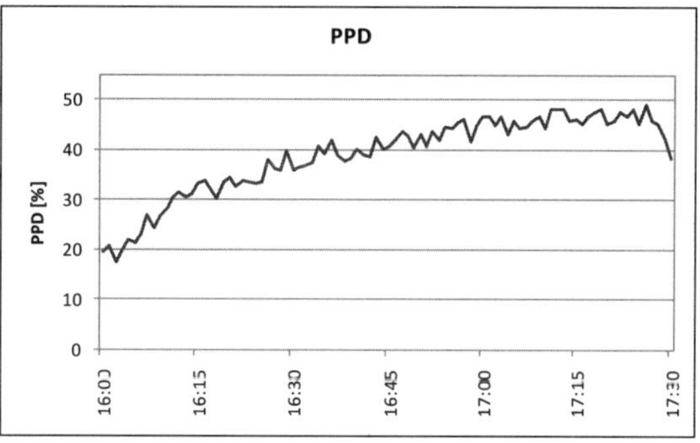

Abb. 3.3-5
Bestimmung des PPD aus den in Abbildung 3.3-4 dargestellten Raumklimadaten

Behaglichkeitsfelder:

◆ = Mittelwert gesamt
▲ = Mittelwert der ersten 5 Minuten
■ = Mittelwert der letzten 5 Minuten

Behaglichkeitsfeld Raumluftfeuchte:

◆: Bereich C
▲: Bereich B
■: Bereich C

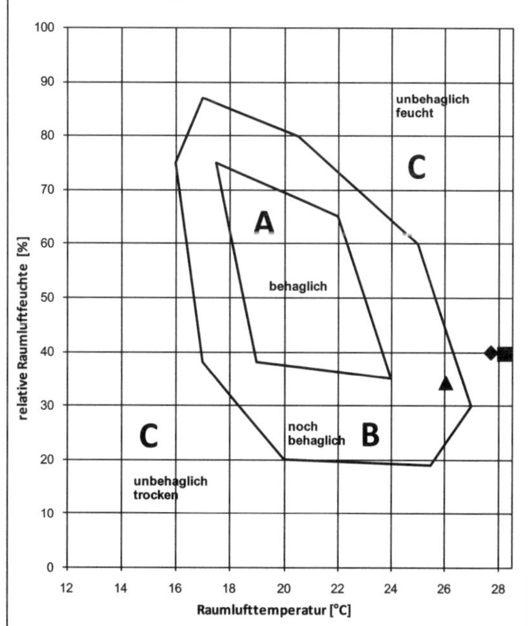

Abb. 3.3-6
Eintragung der Messwerte aus Abbildung 3.3-4 in das Behaglichkeitsfeld für die Raumlufttemperatur und der relativen Luftfeuchte (vgl. Abb. 3.2-2)

Abschließend ist darauf hinzuweisen, dass die aus dem zuvor beschriebenen Fangerschen Modell resultierenden Komforttemperaturbereiche nicht auf Gebäude, deren Temperatur sich ausschließlich durch Fensteröffnen und -schließen ergibt, übertragbar sind [45]. Aus diesem Grund wurde ein neues sogenanntes „adaptives Modell" entwickelt, das für Gebäude ohne Heizung und ohne Kühlung gilt. Das Modell ist in DIN EN 15251 (12-2012): Eingangsparameter für das Raumklima zur Auslegung und Bewertung der Energieeffizienz von Gebäuden – Raumluftqualität, Temperatur, Licht und Akustik, beschrieben. Dabei wird ein gleitender Mittelwert der Außentemperatur als Bezugsgröße verwendet. Die resultierenden operativen Temperaturen (Raumtemperaturen) gelten für Bürogebäude und Gebäude ähnlichen Typs, die für Nutzung durch Personen mit hauptsächlich sitzenden Tätigkeiten vorgesehen sind. Es ist aber auch anwendbar für Wohnungen, in denen Fenster leicht geöffnet werden können und für Personen, die ihre Kleidung leicht an die innen und außen herrschenden thermischen Bedingungen anpassen können.

4 Wärmeübertragungsvorgänge

Für alle Wärmeübertragungsvorgänge ist eine Temperaturdifferenz erforderlich. Dabei verläuft der Wärmestrom von der höheren zur niedrigeren Temperatur (zweiter Hauptsatz der Thermodynamik). Nach dem ersten Hauptsatz der Thermodynamik bleibt in einem geschlossenen System die Summe aller Energiemengen (Wärmeströme) konstant.

Die Abbildungen 4-1 bis 4-3 zeigen mögliche Wärmeübertragungsmechanismen. Es wird unterschieden in Wärmestrahlung (Abb. 4-1), Wärmemitführung (Konvektion, Abb. 4-2) und Wärmeleitung (Abb. 4-3).

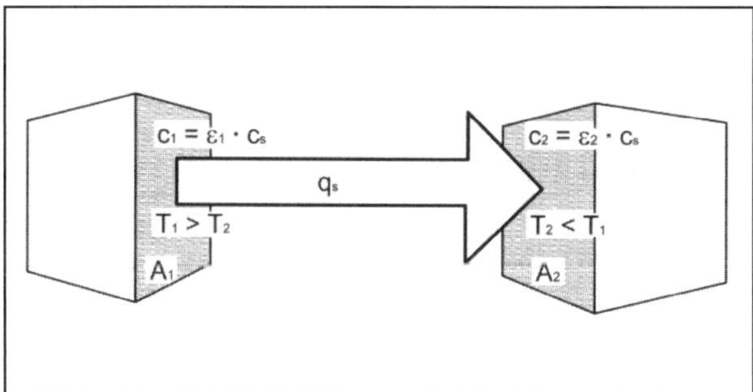

Abb. 4-1
Wärmestrahlung:
Übertragung von Energie in Form von elektromagnetischen Wellen oder kleinsten Masseteilchen (Korpuskeln); für die Ausbreitung ist kein Medium erforderlich.

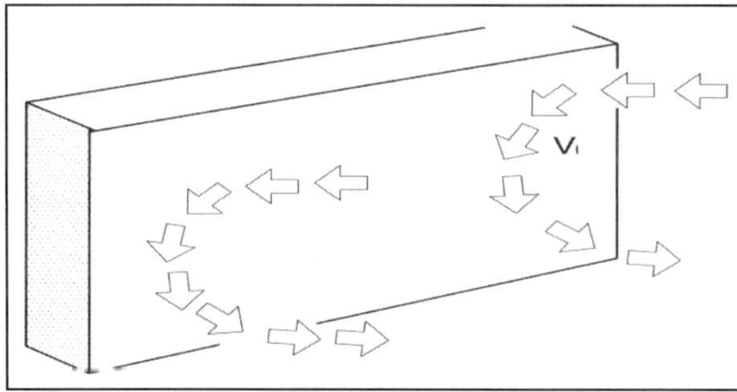

Abb. 4-2
Wärmemitführung (Konvektion): Wärmetransport über ein bewegtes Medium, z. B. Luft (Spalte, Fugen, Luftwechsel) oder Wasser (Heizung); Energietransport ist hierbei also mit einem Stofftransport verbunden.

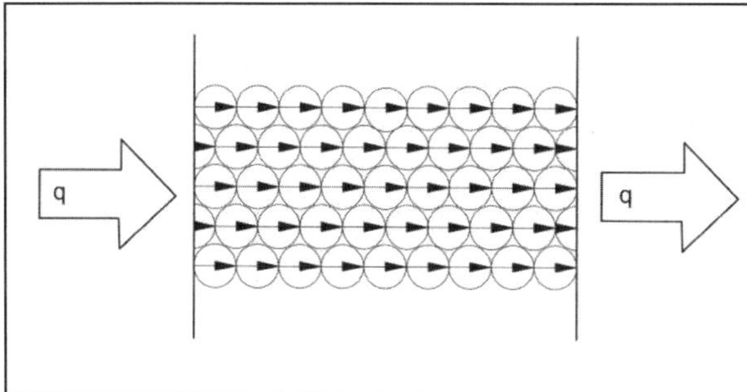

Abb. 4-3
Wärmeleitung:
Wärmetransport durch Energieübertragung in festen Stoffen von Teilchen zu Teilchen; wird in Flüssigkeiten durch Konvektion, in Gasen (Luft) durch Konvektion und Strahlung überlagert.

4.1 Wärmestrahlung

Bei der Wärmeübertragung durch Wärmestrahlung ist keine Materie erforderlich, weshalb der Wärmetransport auch durch das Vakuum des Weltalls erfolgen kann. Dabei besitzt die Wärmestrahlung unterschiedliche Wellenlängen. Treffen diese auf einen Körper, werden sie teilweise absorbiert und teilweise reflektiert.

4.1.1 Wellenlänge

Die Ausbreitungsgeschwindigkeit c ist das Produkt aus Frequenz f (in s^{-1}) und Wellenlänge λ (in m). Im Vakuum ist $c \approx 300000$ km/s ($3 \cdot 10^8$ m/s = Lichtgeschwindigkeit).

$$c = f \cdot \lambda \qquad \text{in m/s} \qquad (4.1.1\text{-}1)$$

Die Wellenlängen verschiedener Strahlungen sind in Tabelle 4.1.1-1 zusammengefasst.

Tabelle 4.1.1-1
Strahlungsbenennung und zugehörige Wellenlängen

Benennung	**λ in µm**
Radiowellen	$> 10^6$
Mikrowellen	$\approx 10^2$
Infrarot (IR)	> 0,780
Sichtbares Licht	0,380 – 0,780
Ultraviolette Strahlung (UV-A)	0,315 – 0,380
Ultraviolette Strahlung (UV-B)	0,280 – 0,315
Ferne ultraviolette Strahlung	0,200 – 0,280
Vakuum ultraviolette Strahlung	0,100 – 0,200

Jeder Körper emittiert elektromagnetische Strahlung, deren Intensität und spektrale Energieverteilung hauptsächlich von seiner Temperatur, aber auch von seiner Oberflächenbeschaffenheit abhängt. Die Strahlung eines „schwarzen Körpers“[1] bei Oberflächentemperaturen von 6000 K (Sonne), 1000 °C (Brandfall) und 20 °C (Raumluft) gemäß dem Planck'schen Strahlungsgesetz:

[1] Idealisierter Körper, welcher die auf ihn auftreffende elektromagnetische Strahlung bei jeder Wellenlänge vollständig absorbiert. Gleichzeitig ist der „schwarze Körper“ eine thermische Strahlungsquelle, die elektromagnetische Strahlung als thermische Emission mit einer bestimmten Intensität und spektralen Verteilung aussendet.

$$I_S(\lambda, T) = \frac{c_1}{\lambda^5 \cdot (e^{c_2/\lambda T} - 1)} \quad \text{in W/(m}^2\mu\text{m)} \qquad (4.1.1\text{-}2)$$

mit: c_1 = erste Strahlungskonstante = $3{,}743 \cdot 10^8$ µm⁴W/m²
c_2 = zweite Strahlungskonstante = $1{,}4387 \cdot 10^4$ µmK

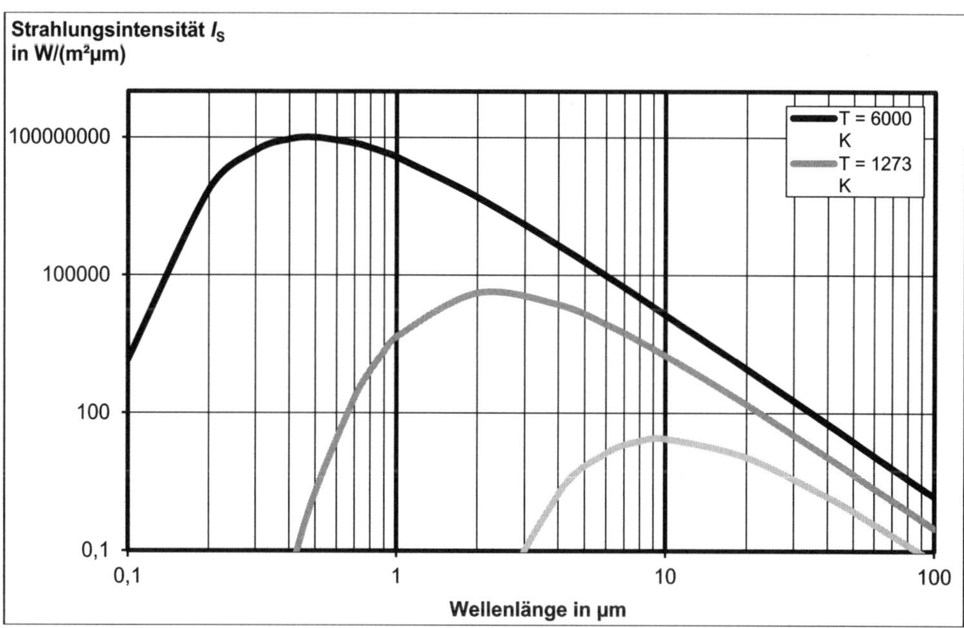

Abb. 4.1.1-1
Strahlungsintensität I_S eines „schwarzen Körpers" bei Oberflächentemperaturen von 6000 K (Sonne), 1000 °C (Brandfall) und 20 °C (Raumluft) gemäß dem Strahlungsgesetz nach Planck

Die Maxima der Kurven in Abbildung 4.1.1-1 ergeben das Wien'sche Verschiebungsgesetz:

$$\lambda_{max} \cdot T = 2898 \ \mu\text{mK} \qquad (4.1.1\text{-}3)$$

Die Wärmestromdichte infolge Strahlung zwischen zwei Bauteilflächen mit unterschiedlichen Temperaturen ergibt sich nach Stefan-Boltzmann zu

$$q_S = E_{1,2}\left(\left(\frac{T_1}{100}\right)^4 - \left(\frac{T_2}{100}\right)^4\right) \quad \text{in W/m}^2 \qquad (4.1.1\text{-}4)$$

Dabei ist $E_{1,2}$ die Strahlungszahl zwischen zwei gleich großen Flächen:

$$E_{1,2} = \frac{1}{\frac{1}{E_1}+\frac{1}{E_2}-\frac{1}{E_S}} \quad \text{in W/(m}^2\text{K}^4\text{)} \qquad (4.1.1\text{-}5)$$

mit: $E_1 = \varepsilon_1 \cdot E_S$ in W/(m²K⁴) und $E_2 = \varepsilon_2 \cdot E_S$ in W/(m²K⁴)

und E_S = 5,67 W/(m^2K^4), die Strahlungszahl des „schwarzen Körpers". Hierunter versteht man einen Körper, dessen Oberfläche alle auftreffende Strahlung unabhängig von der Wellenlänge vollständig absorbiert. In Tabelle 4.1.1-2 sind einige Strahlungszahlen und deren Emissivität ε von Bauteiloberflächen angegeben. Tabelle 4.1.1-3 fasst die wichtigsten Konstanten der Temperaturstrahlung zusammen.

Tabelle 4.1.1-2

Strahlungszahlen einiger Bauteiloberflächen bei Temperaturen bis 100 °C

Baustoff	**Emissivität ε**	**E_1 in W/(m^2K^4)**
Aluminium, matt	0,056	0,32
Stahl, blank	0,131	0,74
Zink, Stahl, verzinkt	0,286	1,62
Naturstein	0,407	2,31
Schiefer	0,885	5,02
Tonziegel	0,947	5,37
Glas	0,956	5,42
Beton, glatt	0,984	5,58

Tabelle 4.1.1-3

Konstanten für Berechnungen zur Wärmestrahlung

Bezeichnung	**Konstante**	**Einheit**
Lichtgeschwindigkeit	$c = 2{,}9979 \cdot 10^{8}$	m/s
Planck'sches Wirkungsquantum	$h = 6{,}625 \cdot 10^{-34}$	Js
Boltzmann-Konstante	$k = 1{,}3805 \cdot 10^{-23}$	J/K
Erste Strahlungskonstante	$c_1 = 3{,}7415 \cdot 10^{-16}$	Wm^2
Zweite Strahlungskonstante	$c_2 = 1{,}4388 \cdot 10^{-2}$	mK
Stefan-Boltzmann-Konstante	$\sigma = 5{,}6697 \cdot 10^{-8}$	W/(m^2K^4)
Strahlungskonstante des „schwarzen Körpers"	$E_S = 5{,}67$	W/(m^2K^4)

4.1.2 Strahlungsabsorption, -reflexion und -durchlässigkeit

Trifft Wärmestrahlung auf eine Oberfläche, so wird sie absorbiert, reflektiert oder durchgelassen. Zwischen Strahlungsabsorption α, -reflexion ρ und -durchlässigkeit τ besteht folgende Beziehung:

$$\alpha + \rho + \tau = 1 \qquad [-] \qquad (4.1.2\text{-}1)$$

Es bedeutet:

$\alpha = 1 \Rightarrow$ total absorbierende, „schwarze" Fläche ($\rho = \tau = 0$); gleichzeitig ist die Emissivität $\varepsilon = 1$

$\rho = 1 \Rightarrow$ total reflektierende Fläche ($\alpha = \tau = 0$)

$\tau = 1 \Rightarrow$ total strahlungsdurchlässig ($\alpha = \rho = 0$)

Abbildung 4.1.2-1 zeigt die Absorptions- und Reflexionseigenschaften unterschiedlicher technischer Oberflächen in Abhängigkeit der Temperatur. Zum Wärmeübergang infolge Strahlung siehe Kapitel 5.

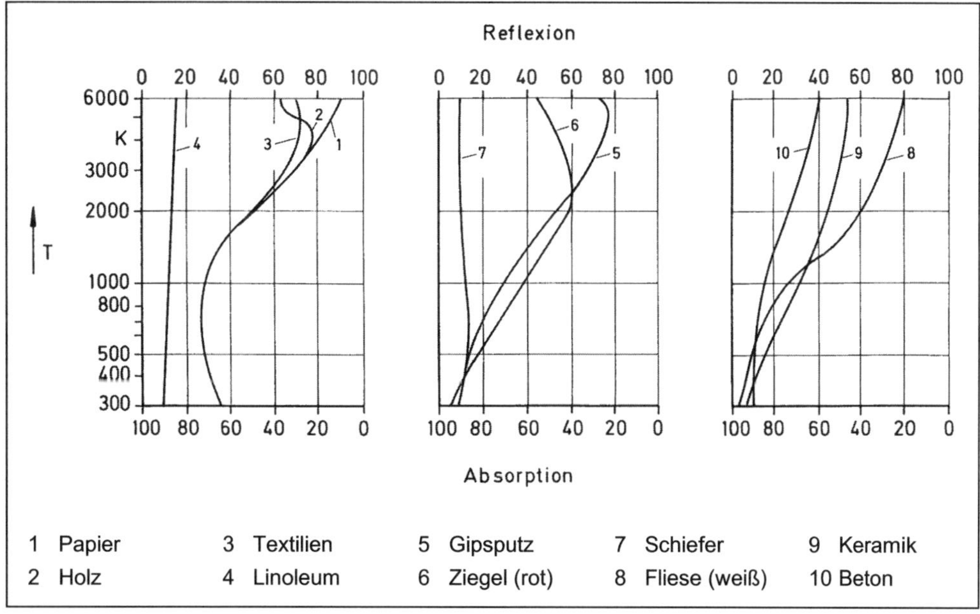

Abb. 4.1.2-1
Absorptions- und Reflexionseigenschaften technischer Oberflächen in Abhängigkeit der Temperatur [3]

Glas besitzt in Abhängigkeit der Wellenlänge unterschiedliche Werte der Strahlungsdurchlässigkeit. Im Bereich des sichtbaren Lichts und der kurzwelligen IR-Strahlung bis etwa 3 µm (entspricht ca. 1000 K) ist eine hohe Transmission vorhanden, im Bereich der langwelligen IR-Strahlung hingegen nur eine geringe Durchlässigkeit; hieraus entsteht der „Treibhauseffekt". Die nachfolgende Abbildung 4.1.2-2 zeigt Transmissionswerte verschiedener Verglasungen in Abhängigkeit der Wellenlänge in nm im Vergleich.

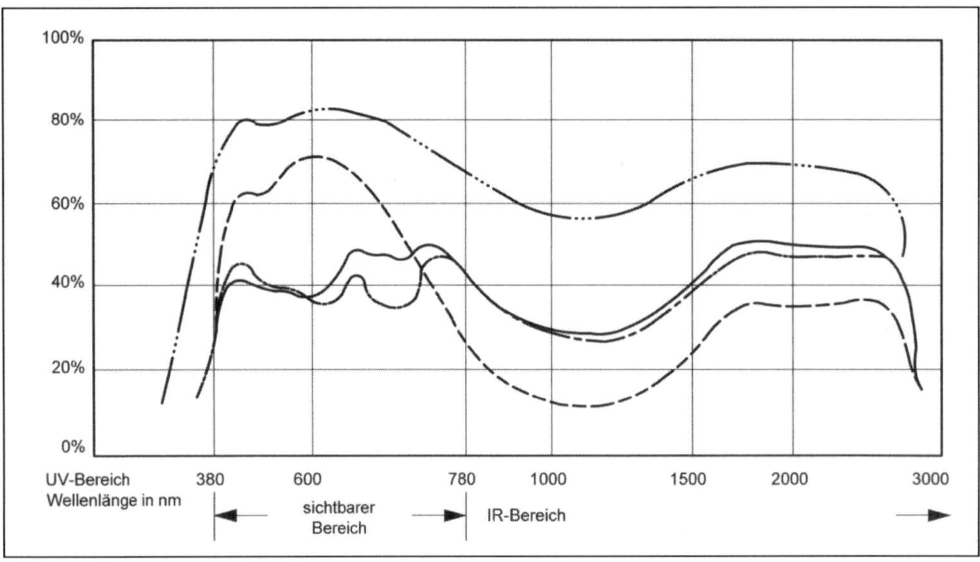

Abb. 4.1.2-2
Transmissionswerte verschiedener Verglasungen in Abhängigkeit der Wellenlänge in nm im Vergleich [10]:

— ·· — ·· — ·· —	Isolierglas aus 4 mm OPTIFLOAT-Spiegelglas
————————	kombiniert mit 6 mm OPTIBRONZE
— · — · — · — ·	kombiniert mit 6 mm OPTIGRAU
- - - - - - - - -	kombiniert mit 6 mm OPTIGRÜN

4.2 Konvektion

In Gasen und Flüssigkeiten kann der Wärmetransport durch Konvektion (Wärmemitführung) erfolgen. Der Energietransport ist hierbei mit einem Stofftransport verbunden. Eine freie oder natürliche Konvektion stellt sich ein, wenn konvektive Strömungen in Gasen oder Flüssigkeiten durch örtliche Temperatur- bzw. Dichteunterschiede entstehen (z. B. Auftriebskräfte). Dagegen ergibt sich eine sogenannte erzwungene Konvektion, wenn mechanische Hilfsmittel (z. B.

Windwirkung, Ventilator, Pumpen o. Ä.) zur Erzeugung einer Strömung eingesetzt werden. Nachfolgend wird nur Konvektion infolge einer natürlichen Luftströmung betrachtet.

4.2.1 Eigenschaften der Luft

Bei Luft handelt es sich um ein Gasgemisch, das zu ca. 78 Vol.-% aus Stickstoff und zu 20 Vol.-% aus Sauerstoff besteht. Die verbleibenden ca. 2 Vol.-% verteilen sich auf weitere Gase, die Tabelle 4.2.1-1 zu entnehmen sind.

Tabelle 4.2.1-1
Bestandteile des Gasgemisches „Luft" (Angaben in Vol.-%)

Stickstoff N_2	78,090
Sauerstoff O_2	20,930
Argon A	0,933
Kohlendioxid CO_2	0,030
Helium He	0,005
Wasserstoff H_2	0,010
Krypton, Neon etc.	0,002

Die Dichte feuchter Luft ist niedriger als die trockener Luft. Die Dichte trockener Luft kann bei isobarer Zustandsänderung und Standardluftdruck von p_{athm} = 1013 hPa wie folgt ermittelt werden (vgl. Abbildung 4.2.1-1):

$$\rho = \frac{\rho_0 \cdot T_0}{T} \quad \text{in kg/m}^3 \qquad (4.2.1\text{-}1)$$

mit: ρ_0 = Dichte trockener Luft bei 20 °C = 1,2042 kg/m³
T_0 = Bezugstemperatur = 20 °C (= 293 K)
T = Lufttemperatur in K

Für die Beschreibung von Strömungsvorgängen wird weiterhin die *dynamische Viskosität* (Zähigkeit, innere Reibung von Fluiden) benötigt:

$$\eta = \frac{b \cdot T^{0,5}}{1 + s/T} \quad \text{in Pa s} \qquad (4.2.1\text{-}2)$$

mit: b = 1,458 · 10^{-6}
s = 110,4

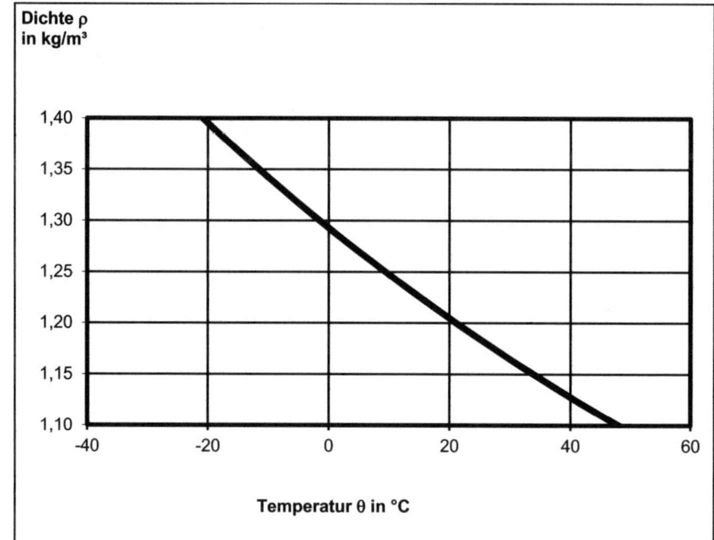

Abb. 4.2.1-1
Dichte trockener Luft bei isobarer Zustandsänderung und Standardluftdruck von $p_{\text{athm}} = 1013$ hPa

Die *kinematische Viskosität* ergibt sich aus

$$\nu = \frac{\eta}{\rho} \qquad \text{in m}^2\text{/s} \qquad (4.2.1\text{-}3)$$

Eine wichtige Größe für Strömungsvorgänge ist die *Reynolds-Zahl*, die den Umschlag von laminarer (Stromlinien parallel; $Re < 2320$) und turbulenter Strömung (Stromlinien verwirbelt; $Re > 2320$) angibt:

$$Re = \frac{v \cdot d}{\nu} \qquad \text{in [1]} \qquad (4.2.1\text{-}4)$$

mit: v = Strömungsgeschwindigkeit in m/s
d = hydraulisch gleichwertiger Durchmesser in m

4.2.2 Konvektiver Wärmestrom

Die Konvektion infolge Raumlüftung stellt bei Gebäuden mit guter Wärmedämmung den größten Anteil beim Wärmeverlust. Deshalb sind Fugendurchlässigkeiten zu vermeiden. Unter Verwendung von $c \cdot \rho = 1250$ Ws/(m³K) ergibt sich der in einer Stunde bei einer Temperaturdifferenz zwischen innen und außen von ΔT (= $\theta_i - \theta_e$) auftretende konvektive Wärmestrom aus:

$$\dot{Q} = \frac{1250}{3600} \cdot \dot{V} \cdot \Delta T \approx 0{,}347 \cdot \dot{V} \cdot \Delta T \qquad \text{in W} \qquad (4.2.2\text{-}1)$$

4.2.3 Wärmeübergang infolge Konvektion

Ein üblicher Ansatz für den Wärmeübergang bei freier Konvektion ist die Nusselt-Zahl *Nu*, die sich aus der Höhe des Bauteils *H* und der Wärmeleitfähigkeit λ ergibt und als eine Funktion von Prandtl-Zahl *Pr* und Grashof-Zahl *Gr* dargestellt werden kann:

$$Pr = \frac{\nu}{a} \quad \text{in } [-] \qquad (4.2.3\text{-}1)$$

$$\text{mit: } a = \frac{\lambda}{c \cdot \rho} \quad \text{in m}^2/\text{s}$$

und

$$Gr = \frac{\Delta T \cdot g \cdot H^3}{T \cdot \nu^2} \quad \text{in } [-] \qquad (4.2.3\text{-}2)$$

ergibt sich mit der Erdbeschleunigung $g = 9{,}81$ m/s^2

$$Nu = \alpha \cdot \frac{H}{\lambda} = C \cdot (Gr \cdot Pr)^n \quad \text{in } [-] \qquad (4.2.3\text{-}3)$$

Tabelle 4.2.3-1
Beiwerte *C* und *n* zur Gl. 4.2.3-3 in Abhängigkeit des Produktes aus Grashof-Zahl und Prandtl-Zahl $Gr \cdot Pr$

C	*n*	**Bereich**
1,180	1/8	$10^{-2} < Gr \cdot Pr \leq 5 \cdot 10^2$
0,540	1/4	$5 \cdot 10^2 < Gr \cdot Pr \leq 2 \cdot 10^7$
0,135	1/3	$2 \cdot 10^7 < Gr \cdot Pr \leq 10^{13}$

Da bei den üblichen Vorgängen an Baukonstruktionen $Gr \cdot Pr > 10^7$ ist, lässt sich folgende Vereinfachung zur Bestimmung des Wärmeübergangskoeffizienten α vornehmen, wobei ΔT die Temperaturdifferenz zwischen der Bauteiloberfläche und der angrenzenden Luft ist:

$$\alpha = C \cdot \Delta T^n \quad \text{in } [-] \qquad (4.2.3\text{-}4)$$

Tabelle 4.2.3-2
Beiwerte C und n zur Gl. 4.2.3-4 in Abhängigkeit der Orientierung der betrachteten Fläche

Orientierung der Flächen	***C***	***n***
senkrecht	1,310	1/3
horizontal (Wärmestrom nach oben)	1,520	1/3
geneigt (Wärmestrom nach oben)	1,556	1/3
horizontal (Wärmestrom nach unten)	0,590*)	1/4
Fensterflächen	1,770	1/4

*) Mit dem Ansatz $\alpha_k = C \cdot (T/L)^n$ und L = Länge · Breite/2 (charakteristische Länge).

Beispiel: Wärmegedämmte Dachschräge

Temperaturdifferenz zwischen der geneigten Oberfläche und der Raumluft ist $T_0 = 3$ K. Nach Gleichung 4.2.3-4 und C sowie n aus Tabelle 4.2.3-2 folgt der Wärmeübergangskoeffizient zu:

$$\alpha_k = 1{,}556 \cdot 3{,}0^{0{,}333} = 1{,}556 \cdot 1{,}4417 = 2{,}24 \ \text{W/(m}^2\text{K)}$$

An den der Außenluft zugewandten Bauteilen ist infolge Windwirkung eine erzwungene Konvektion anzunehmen. Somit gilt für die Außenseite von Bauteilen:

bis $v_w \leq 5$ m/s: $\alpha = 5{,}3 + 3{,}6 \cdot v_w$
für $v_w > 5$ m/s: $\alpha = 6{,}5 \cdot v_w^{0{,}8}$

In DIN EN ISO 6946 wird für den äußeren Wärmeübergangswiderstand $R_{se} = 0{,}04$ m²K/W angesetzt, d. h. es ergibt sich umgerechnet aus dem Kehrwert von R_{se} der Wärmeübergangswiederstand $\alpha_e = 25$ W/(m²K). Daraus ergibt sich eine Luftgeschwindigkeit von:

$$v_w = (25/6{,}5)^{1{,}25} = 3{,}54^{1{,}25} = 5{,}39 \text{ m/s}$$

4.3 Wärmeleitung

Entsprechend dem Ansatz von BIOT und FOURIER ergibt sich die Wärmeleitfähigkeit als Wärmestrom, der bei einem Temperaturgradienten von *grad* θ = 1 K/m durch eine 1 m² große Baustoffschicht hindurchgeht:

$$q = \lambda \cdot grad\ \theta \quad \text{in W/m}^2 \tag{4.3-1}$$

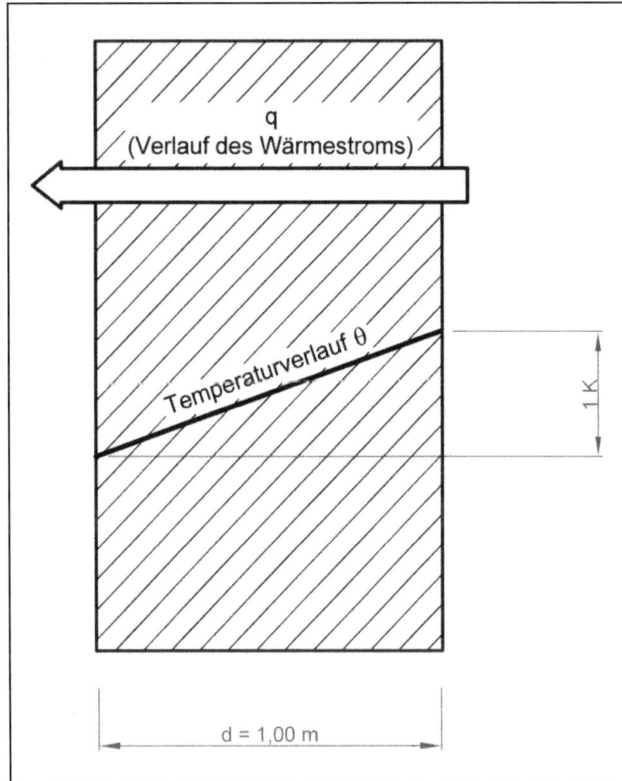

Abb. 4.3-1
Prinzipielle Darstellung des Temperaturverlaufs in einer 1 m dicken Baustoffschicht bei 1 K Temperaturdifferenz zur Erläuterung der Wärmeleitfähigkeit [16]

Je nach Material unterscheidet man gute (Metalle, Beton) und schlechte Wärmeleiter (Holz, Kork, Dämmstoffe); die Wärmeleitfähigkeit steht reziprok zur Wärmedämmeigenschaft. Die Wärmeleitfähigkeit wird durch mehrere physikalische Eigenschaften beeinflusst. Zum einen nimmt die Wärmeleitfähigkeit λ mit der Rohdichte zu (Abb. 4.3-2). Zum anderen ist auch der Einfluss des Feuchtegehaltes von besonderer Bedeutung, da Wasser etwa 20 bis 25fach wärmeleitender ist als stehende Luft. Die in den Baustoffporen befindliche Ausgleichsfeuchte wird bei der Festlegung des Bemessungswertes der Wärmeleitfähigkeit amtlich berücksichtigt (Abb. 4.3-3).

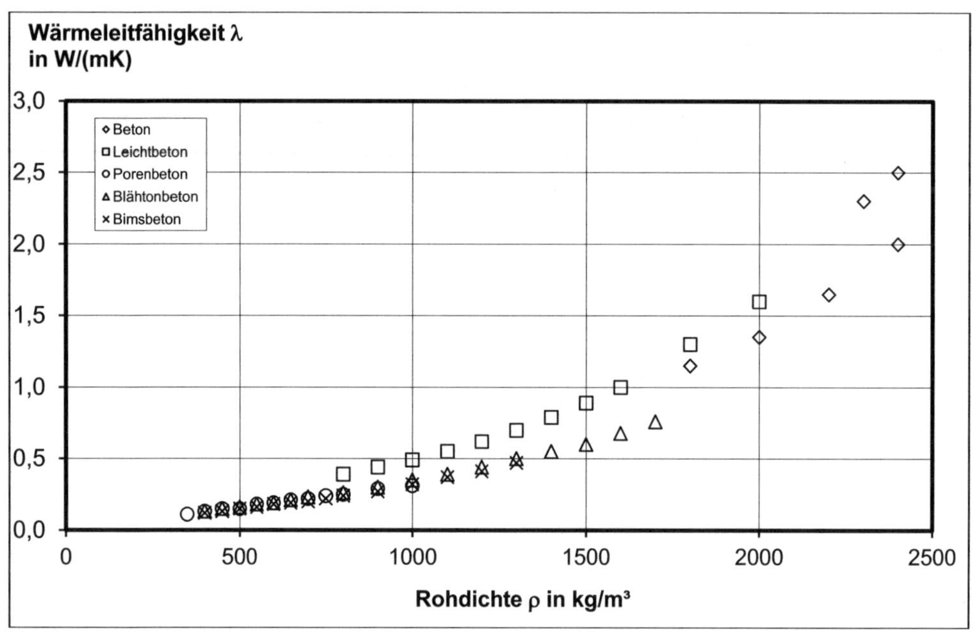

Abb. 4.3-2
Zunahme der Wärmeleitfähigkeit mit der Rohdichte; Rechenwerte für Beton und verschiedene Leichtbetone nach DIN 4108-4 und DIN EN 12524

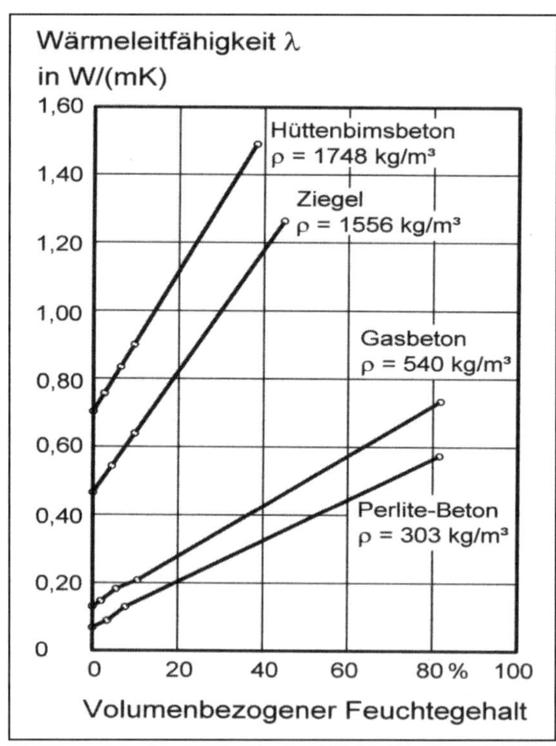

Abb. 4.3-3
Wärmeleitfähigkeit λ verschiedener Baustoffe in Abhängigkeit des volumenbezogenen Feuchtegehalts

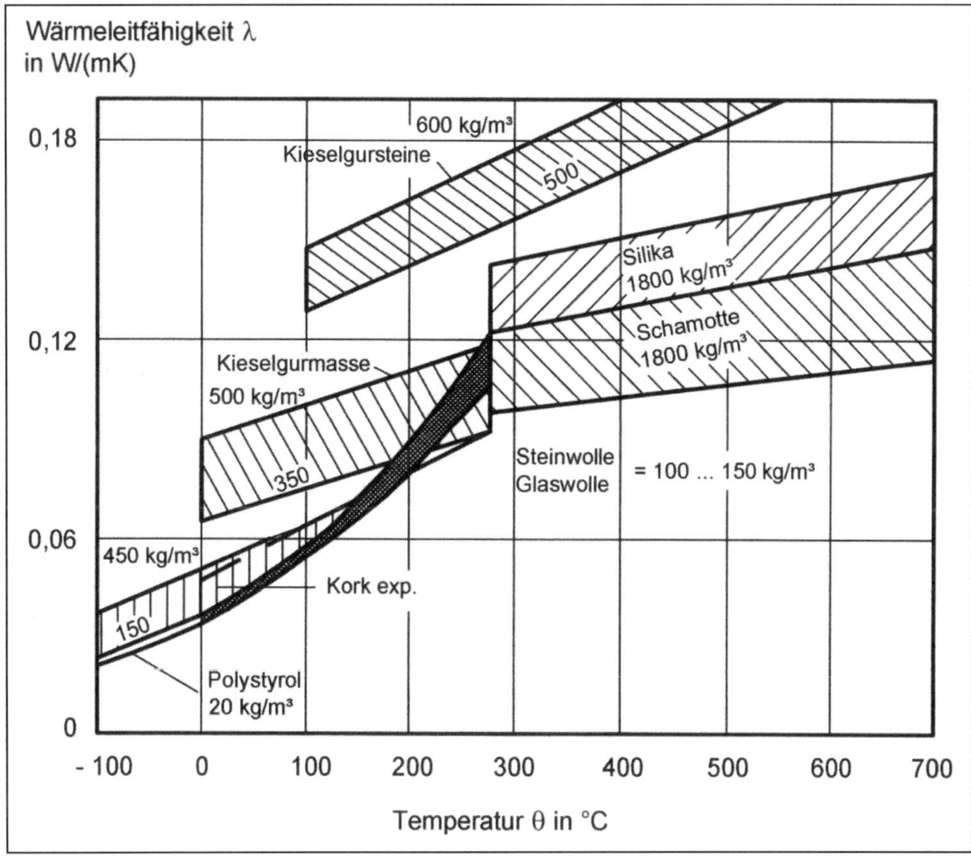

Abb. 4.3-4
Die Temperaturabhängigkeit der Wärmeleitfähigkeit λ stellt nur bei Berechnungen des baulichen Brandschutzes einen beachtenswerten Einfluss dar und bleibt bei Aufgaben des praktischen Wärmeschutzes unberücksichtigt [32]

In der Praxis werden in wärmeschutztechnischen Berechnungen die Wärmeleitfähigkeiten von Baustoffen z. B. für die Berechnung von Wärmedurchgangskoeffizienten (*U*-Wert, siehe Abschnitt 6.2) benötigt. Dabei ist in Deutschland mit dem Bemessungswert der Wärmeleitfähigkeit λ zu rechnen. Bei Wärmedämmstoffen, deren Wärmeleitfähigkeit nach harmonisierten Europäischen Normen bestimmt wurde (z. B. DIN EN 13162 für Mineralwolle oder DIN EN 13163 für expandierten Polystyrolschaum (EPS)) und die mit einem CE-Zeichen versehen sind, wird allerdings der Nennwert der Wärmeleitfähigkeit λ_D angegeben. Dieser findet sich dann zum Beispiel auch auf den Schutzfolien um die Wärmedämmstoffe, wenn diese zur Baustelle angeliefert werden.

Der Nennwert der Wärmeleitfähigkeit wird dabei nach einem statistischen Verfahren bestimmt (Deklaration der Wärmeleitfähigkeit nach Kategorie I nach

DIN 4108-4) muss ein Sicherheitszuschlag von 20 % berücksichtigt werden, um den für Berechnungen anzusetzenden Bemessungswert λ zu erhalten:

$$\lambda = \lambda_D \cdot 1{,}2$$

Wird demnach für die Herstellung eines Gebäudes eine Wärmedämmung mit CE-Zeichen verwendet und entspricht der dort angegebene Nennwert der Wärmeleitfähigkeit λ_D dem Wert in den wärmeschutztechnischen Berechnungen (Bemessungswert), ist die Ausführung 20 % schlechter als für den Wärmeschutz des Gebäudes ursprünglich geplant. Es muss demnach geprüft werden, ob weiterhin alle energetischen und bauphysikalischen Anforderungen erfüllt werden oder es ist ein besserer Wärmedämmstoff bzw. eine größere Dämmstärke des gleichen Dämmstoffs zu verwenden.

Wird dagegen ein Wärmedämmstoff mit bauaufsichtlicher Zulassung, gekennzeichnet mit einem Ü-Zeichen, verwendet, wurde die Wärmeleitfähigkeit nach der Kategorie II durch eine bauaufsichtlich anerkannte Zertifizierungsstelle als Grenzwert der Wärmeleitfähigkeit λ_{grenz} dokumentiert und mit einem Zuschlag von 5 % versehen. Der Wert auf dem Etikett des Wärmedämmstoffs mit Ü-Zeichen kann direkt mit dem Bemessungswert wärmeschutztechnischer Berechnungen verglichen werden.

5 Wärmeübergang

5.1 Bemessungswerte und -verfahren

Für die Aufgaben des praktischen Wärmeschutzes werden zur Berücksichtigung des Wärmeüberganges Rechenwerte nach DIN EN ISO 6946 verwendet, in denen die Einflüsse aus Strahlung, Konvektion und Leitung zusammengefasst sind[1]. Die in dieser Norm genannten Randbedingungen dienen für Berechnungen von Wärmeverlusten. Für die Berechnung von Oberflächentemperaturen zur Wärmebrücken- und Schimmelpilzbetrachtung sind die Randbedingungen nach DIN 4108-2 anzusetzen.

Die Festlegung des inneren Wärmeübergangswiderstandes R_{si} richtet sich nach der Richtung des Wärmestroms, während für den äußeren Wärmeübergangswiderstand R_{se} nur noch ein Wert angesetzt wird. In Tabelle 5.1-1 sind die Rechenwerte zur Erfassung des Wärmeüberganges nach DIN EN ISO 6946 zusammengestellt. Die unter „horizontal“ angegebenen Werte gelten für Richtungen des Wärmestromes von ± 30° zur horizontalen Ebene.

Tabelle 5.1-1
Rechenwerte zur Erfassung des Wärmeüberganges nach DIN EN ISO 6946

Wärmeübergangs-widerstand	**Richtung des Wärmestroms**		
	Aufwärts	**Horizontal**	**Abwärts**
	⇧	⇨	⇩
innen R_{si} in m²K/W	0,10	0,13	0,17
außen R_{se} in m²K/W	0,04	0,04	0,04

Für hinterlüftete Bauteile ist zu unterscheiden, ob es sich um ruhende, schwach belüftete oder stark belüftete Luftschichten handelt. Dabei erfolgt die Einstufung der Art der Luftschicht in Abhängigkeit von den nach den Regeln der Technik zur Gewährleistung einer ausreichenden Be- und Entlüftung erforderlichen Zu- und Abluftöffnungen. Die Klassifizierung der Luftschichten ist in Tab. 5.1-2 in Abhängigkeit der Größe der Be- und Entlüftungsöffnung angegeben.

---

1 Für die Überprüfung eines Bauteils auf oberflächige Tauwasserbildung siehe besondere Festlegungen in Kapitel 22.

Tabelle 5.1-2
Klassifizierung von Luftschichten nach DIN EN ISO 6946

Luftschicht	**Summe der Be- und Entlüftungsöffnungen A_{ve} in mm²**	
	je m Länge der vertikalen Luftschicht	**je m² Oberfläche für horizontale Luftschichten**
ruhend	$A_{ve} \leq 500$	$A_{ve} \leq 500$
schwach belüftet	$500 < A_{ve} < 1500$	$500 < A_{ve} < 1500$
stark belüftet	$A_{ve} \geq 1500$	$A_{ve} \geq 1500$

Unabhängig von der Be- und Entlüftungsöffnung gilt eine Luftschicht als ruhend, wenn der Luftraum von der Umgebung abgeschlossen ist. In diesem Fall wird der Wärmedurchlasswiderstand der Luftschicht in Abhängigkeit von der Dicke und der Richtung des Wärmestroms angegeben (siehe Kapitel 7, Tabelle 7.1-1). Für eine stark belüftete Luftschicht ist ein Wärmeübergangswiderstand anzusetzen, der gleich dem inneren Wärmeübergangswiderstand desselben Bauteils ist (d. h. für eine stark belüftete Luftschicht gilt: $R_{si} = R_{se}$).

Für schwach belüftete Luftschichten kann der Gesamt-Wärmedurchlasswiderstand R_{tot} für Be- und Entlüftungsöffnungen von A_{ve} = 500 / 1000 / 1500 mm² aus der Tabelle 5.1-3 entnommen werden. Er kann nach DIN EN ISO 6946 wie folgt berechnet werden:

$$R_{tot} = \frac{1500 - A_{ve}}{1000} \cdot R_{tot;nve} + \frac{A_{ve} - 500}{1000} \cdot R_{tot;ve} \quad \text{in m}^2\text{K/W} \qquad (5.1\text{-}1)$$

mit: $R_{tot;nve}$ = der Gesamt-Wärmedurchlasswiderstand einer ruhenden Luftschicht in m²K/W

$R_{tot;ve}$ = der Gesamt-Wärmedurchlasswiderstand einer stark belüfteten Luftschicht in m²K/W

A_{ve} = Summe der Be- und Entlüftungsöffnungen in mm²

Für Be- und Entlüftungsöffnung von $A_{ve} \leq 500$ mm² beträgt der Wärmedurchlasswiderstand die Größe des Widerstandes einer ruhenden Luftschicht (vgl. Tabelle 7.1-1), für Be- und Entlüftungsöffnung von $A_{ve} \geq 1500$ mm² der Größe stark belüfteter Luftschichten (d. h. $R_{si} = R_{se}$, siehe Tabelle 5.1-1). Für alle anderen Größen von A_{ve} liegen die Werte dazwischen (vgl. Tabelle 5.1-3).

Tabelle 5.1-3
Wärmedurchlasswiderstände schwach belüfteter Luftschichten

Dicke der Luftschicht in mm	Wärmedurchlasswiderstand R in m²K/W								
	Richtung des Wärmestroms								
	Aufwärts ⇧			Horizontal ⇨			Abwärts ⇩		
	Summe der Be- und Entlüftungsöffnungen A_{ve} in mm²								
	A_{ve} = 500	A_{ve} = 1000	A_{ve} = 1500	A_{ve} = 500	A_{ve} = 1000	A_{ve} = 1500	A_{ve} = 500	A_{ve} = 1000	A_{ve} = 1500
0	0,00	0,05	0,10	0,00	0,07	0,13	0,00	0,07	0,17
5	0,11	0,11	0,10	0,11	0,12	0,13	0,06	0,12	0,17
7	0,13	0,12	0,10	0,13	0,13	0,13	0,07	0,13	0,17
10	0,15	0,13	0,10	0,15	0,14	0,13	0,08	0,14	0,17
15	0,16	0,13	0,10	0,17	0,15	0,13	0,09	0,15	0,17
25	0,16	0,13	0,10	0,18	0,16	0,13	0,10	0,16	0,17
50	0,16	0,13	0,10	0,18	0,16	0,13	0,11	0,17	0,17
100	0,16	0,13	0,10	0,18	0,16	0,13	0,11	0,18	0,17
300	0,16	0,13	0,10	0,18	0,16	0,13	0,12	0,18	0,17

5.2 Berechnung des Wärmeübergangswiderstandes nach DIN EN ISO 6946

5.2.1 Ebene Oberflächen

Bei einer näherungsweisen Betrachtung des Wärmeübergangs bestimmt sich der Wärmeübergangswiderstand für *ebene Oberflächen* aus[2]:

---

[2] Dies ist eine näherungsweise Behandlung des Wärmeübergangs. Genaue Berechnungen des Wärmestroms können sich auf die Temperaturen der Innen- und Außenbereiche stützen (indem die Strahlungs- und die Lufttemperatur nach den Wärmeübergangskoeffizienten durch Strahlung und Konvektion gewichtet werden, die auch die Raumgeometrie-Einflüsse und die Lufttemperaturgradienten berücksichtigen können). Wenn jedoch die innere Strahlungs- und Lufttemperatur nicht merklich voneinander abweichen, kann die innere empfundene Temperatur (gleiche Wichtung von Luft- und Strahlungstemperatur) verwendet werden. Bei Außenoberflächen ist es üblich, die Außenlufttemperatur zu verwenden, die auf der Annahme eines trüben Himmels beruht, sodass Außenluft- und Strahlungstemperatur tatsächlich gleich sind. Dies vernachlässigt auch jeglichen Einfluss kurzwelliger Sonnenstrahlung auf Außenflächen.

$$R_s = \frac{1}{h_c + h_r} \quad \text{in m}^2\text{K/W} \qquad (5.2.1\text{-}1)$$

mit: h_c = der Wärmeübergangskoeffizient durch Konvektion in W/(m²K)
h_r = der Wärmeübergangskoeffizient durch Strahlung in W/(m²K)

Der Wärmeübergangskoeffizient durch Strahlung ermittelt sich dabei wie folgt:

$$h_r = \varepsilon \cdot h_{ro} \quad \text{in W/(m}^2\text{K)} \qquad (5.2.1\text{-}2)$$

$$h_{ro} = 4 \cdot \sigma \cdot T_{mn}^3 \quad \text{in W/(m}^2\text{K)} \qquad (5.2.1\text{-}3)$$

mit: ε = der Emissionsgrad der Oberfläche
h_{ro} = der Wärmeübergangskoeffizient durch Strahlung eines schwarzen Körpers nach Tabelle 5.2.1-1 in W/(m²K)
σ = die Stefan-Boltzmann-Konstante = $5{,}67 \cdot 10^{-8}$ W/(m²K⁴)
T_{mn} = die mittlere thermodynamische Temperatur der Oberfläche und ihrer Umgebung in K

Tabelle 5.2.1-1
Werte des Wärmeübergangskoeffizienten durch Strahlung h_{ro} eines schwarzen Körpers

Temperatur in °C	– 10	0	10	20	30
h_{ro} in W/(m²K)	4,1	4,6	5,1	5,7	6,3

Beim Wärmeübergangskoeffizienten infolge Konvektion ist zwischen Innen- und Außenoberflächen zu unterscheiden. Für Innenoberflächen gilt

$$h_c = h_{ci} \qquad (5.2.1\text{-}4)$$

nach Tabelle 5.2.1-2. Für Außenoberflächen ist

$$h_c = h_{ce} \qquad (5.2.1\text{-}5)$$

Mit:

$$h_{ce} = 4 + 4v \qquad (5.2.1\text{-}6)$$

und v ist die Windgeschwindigkeit über der Oberfläche in m/s.

Tabelle 5.2.1-2
Werte des inneren Wärmeübergangskoeffizienten h_{ci} zur näherungsweisen Berücksichtigung der Konvektion

Verlauf des Wärmestroms	h_{ci} **in W/(m²K)**
aufwärts	5,0
horizontal	2,5
abwärts	0,7

In Tabelle 5.2.1-3 sind Werte des äußeren Wärmeübergangswiderstandes R_{se} für verschiedene Windgeschwindigkeiten angegeben.

Tabelle 5.2.1-3
Werte von R_{se} für unterschiedliche Windgeschwindigkeiten

Windgeschwindigkeit v in m/s	1	2	3	4	5	7	10
Wärmeübergang R_{se} in W/(m²K)	0,08	0,06	0,05	0,04	0,04	0,03	0,02

Die zuvor angegebenen Bemessungswerte für den inneren Wärmeübergangswiderstand wurden für $\varepsilon = 0{,}9$ mit h_{ro} bei 20 °C berechnet. Der Wert für den äußeren Wärmeübergangswiderstand wurde für $\varepsilon = 0{,}9$ berechnet und h_{ro} bei 10 °C und für $v = 4$ m/s ermittelt.

Beispiel: Innerer Wärmeübergangswiderstand an einer blanken Oberfläche

Innerer Wärmeübergangswiderstand an einer metallisch blanken Oberfläche bei 20 °C:

Mit $\varepsilon = 0{,}1$ ergibt sich für $h_{ro} = 5{,}7$ W/(m²K) der Strahlungsanteil zu
$h_r = 0{,}1 \cdot 5{,}7 = 0{,}57$ W/(m²K)

Der konvektive Wärmeübergang folgt für horizontalen Wärmestrom zu
$h_{ci} = 2{,}5$ W/(m²K)

Hieraus erhält man

$R_{si} = 1/(0{,}57 + 2{,}5) = 0{,}33$ m²K/W

5.2.2 Nicht ebene Oberflächen

Vorsprünge an Oberflächen, wie z. B. Pfeiler, die üblicherweise als eben betrachtet werden, sind bei der Berechnung des Wärmedurchgangswiderstandes zu vernachlässigen, es sei denn, der Vorsprung besteht aus einem Material, das eine Wärmeleitfähigkeit von weniger als 2 W/(mK) besitzt. Besitzt der Vorsprung eine Wärmeleitfähigkeit von weniger als 2 W/(mK) und ist nicht gedämmt, ist der Wärmeübergangswiderstand durch das Verhältnis von der Projektionsfläche zu der tatsächlich vorspringenden Oberfläche zu korrigieren (siehe Abbildung 5.2.2-1):

$$R_{\mathrm{sp}} = R_s \cdot \frac{A_p}{A} \qquad \text{in m}^2\text{K/W} \qquad (5.2.2\text{-}1)$$

mit: R_s = Wärmeübergangswiderstand eines ebenen Bauteils nach 5.1 in m²K/W

A_p = Projektionsfläche des Vorsprungs in m²

A = tatsächliche Oberfläche des Vorsprungs in m²

Gleichung 5.2.2-1 gilt sowohl für den inneren als auch den äußeren Wärmeübergangswiderstand.

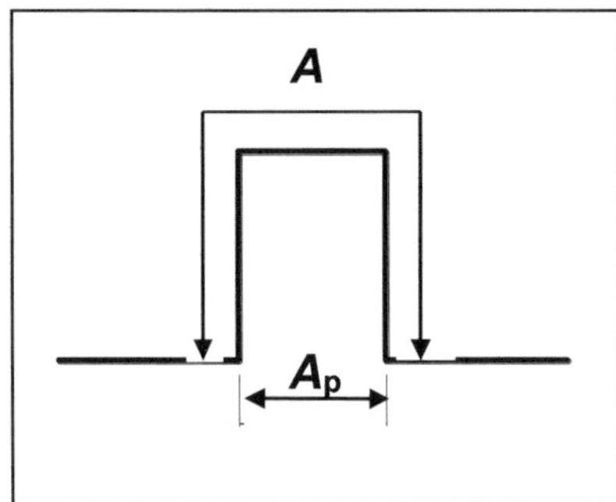

Abb. 5.2.2-1
Oberfläche und projizierte Fläche des Vorsprungs (nach DIN EN ISO 6946)

6 Wärmedurchgang durch ebene opake Bauteile bei stationären Randbedingungen und winterlichen Temperaturen

Bei opaken Bauteilen handelt es sich um lichtundurchlässige Bauteile wie gemauerte Wände oder Dächer. Im Gegenteil dazu spricht man zum Beispiel bei Fenstern von transparenten Bauteilen.

Bei stationären Randbedingungen wird davon ausgegangen, dass sich die der Berechnung zugrunde gelegten Randbedingungen (z. B. Innen- und Außentemperaturen) zeitlich nicht ändern. Dabei handelt es sich um einen idealsisierten Zustand, der für viele bauphysikalische Berechnungen vereinfachend angenommen wird.

6.1 Wärmestromdichte

Die Wärmestromdichte q durch ein Bauteil ergibt sich aus folgender Formel:

$$q = U \cdot (\theta_i - \theta_e) \qquad \text{in W/m}^2 \qquad (6.1\text{-}1)$$

mit: U = Wärmedurchgangskoeffizient in W/(m²K)
θ_i = Raumlufttemperatur in °C
θ_e = Außenlufttemperatur in °C

6.2 Wärmedurchgangskoeffizient *U*

Der Wärmedurchgangskoeffizient (kurz: *U*-Wert) kennzeichnet den Wärmestrom, der bei einer Temperaturdifferenz von 1 Kelvin durch eine Bauteilfläche von 1 m^2 fließt. Der *U*-Wert dient somit als Maß für die „Wärmedurchlässigkeit" eines Bauteils, wobei ein kleiner *U*-Wert wärmetechnisch als günstig einzustufen ist. Der Wärmedurchgangskoeffizient U eines ebenen Bauteils aus thermisch homogenen Schichten kann aus dem Gesamt-Wärmedurchgangswiderstand R_{tot} berechnet werden:

$$U = \frac{1}{R_{tot}} \qquad \text{in W/(m}^2\text{K)} \qquad (6.2\text{-}1)$$

mit: $$R_{tot} = R_{si} + R_1 + R_2 + \ldots + R_n + R_{se} \qquad \text{in (m}^2\text{K)/W} \qquad (6.2\text{-}2)$$

R_{si} = innerer Wärmeübergangswiderstand nach Tab. 5.1-1
$R_1, R_2, ..., R_n$ = Bemessungswerte des Wärmedurchlasswiderstandes jeder Schicht
R_{se} = äußerer Wärmeübergangswiderstand nach Tab. 5.1-1

6.3 Wärmedurchlasswiderstand einer Schicht

Der Wärmedurchlasswiderstand R einer homogenen Schicht ergibt sich aus der Dicke der Bauteilschicht und dem Bemessungswert der Wärmeleitfähigkeit:

$$R = \frac{d}{\lambda} \qquad \text{in } (\text{m}^2\text{K})/\text{W} \qquad (6.3\text{-}1)$$

mit: d = die Dicke einer Schicht im Bauteil in m
λ = der Bemessungswert der Wärmeleitfähigkeit des Stoffes in W/(mK)

6.4 Temperaturverlauf durch ein ebenes Bauteil

Die Berechnung des Temperaturverlaufs basiert auf den Annahmen des eindimensionalen, stationären Wärmestroms. Für die Stelle j ergibt sich die Temperatur aus der Rekursionsformel

$$\theta_{j+1} = \theta_j - R_j \cdot q \qquad \text{in °C} \qquad (6.4\text{-}1)$$

Die raumseitige Oberflächentemperatur ergibt sich zu

$$\theta_{si} = \theta_i - R_{si} \cdot q \qquad \text{in °C} \qquad (6.4\text{-}2)$$

Die grafische Auswertung der Gleichungen 6.4-1 und 6.4-2 ist in Abbildung 6.4-1 dargestellt. Werden dabei die Wärmedurchlass- und Wärmeübergangswiderstände hintereinander auf der Abszisse aufgetragen und diesen Widerständen die jeweilige Temperatur auf der Ordinate zugeordnet, ergibt sich durch die Verbindung der Punkte eine Gerade.

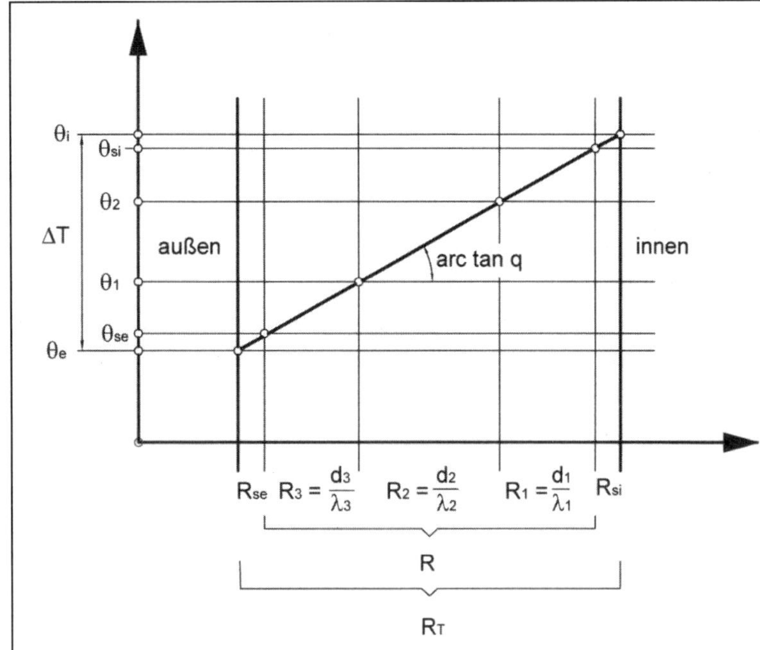

Abb. 6.4-1
Grafische Auswertung der Gleichungen 6.4-1 und 6.4-2

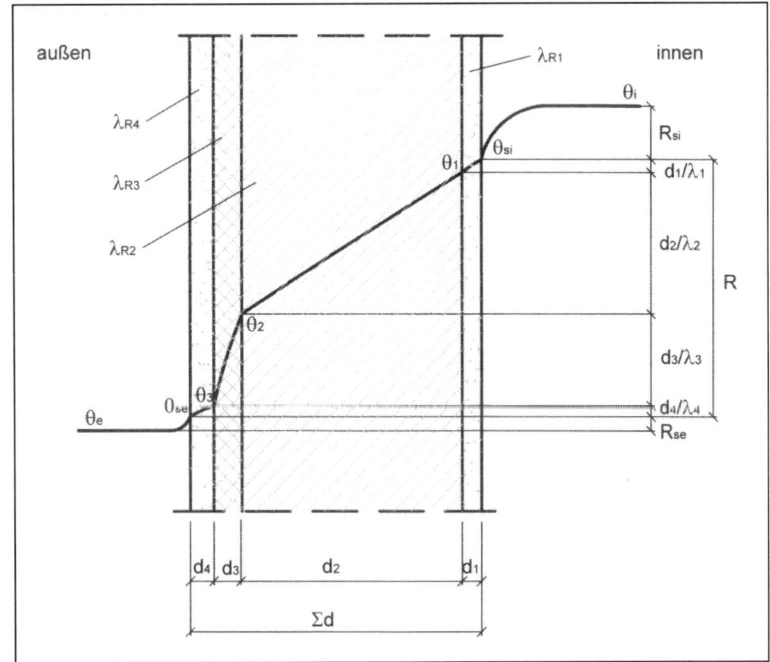

Abb. 6.4-2
Prinzipielle Darstellung des Temperaturverlaufs durch eine zweischalige Wand mit Kerndämmung im Winter

Beispiel: Berechnung des Wärmedurchgangskoeffizienten U einer Stahlbetonwand mit einer stark belüfteten Dämmung und Natursteinfassade

In der Tabclle sind die einzelnen Schichten einer Außenwand aus Stahlbeton mit einer außen liegenden Wärmedämmung sowie einem stark belüfteten Luftraum und einer Natursteinfassade von innen nach außen eingetragen. Die Wärmeleitfähigkeiten der Materialien können DIN 4108-4 entnommen werden. Die Wärmeübergangswiderstände ergeben sich für einen horizontalen Wärmestrom aus DIN EN ISO 6946 (siehe Tabelle 5.1-1 für R_{si} bzw. für die schwach belüftete Luftschicht mit A_{ve} = 1500 mm^2 nach Tabelle 5.1-3 für R_{se}).

Tabelle 6.4-1
Berechnung des Wärmedurchgangskoeffizienten *U*

Nr.	Schicht	Dicke	Wärmeleitfähigkeit	Wärmedurchlasswiderstand	Temperaturunterschied	Schicht-Temperatur
		d_i [m]	λ_i [W/mK]	$R_i = d_i / \lambda_i$ [m²K/W]	$\Delta T_i = R_i \cdot q$ [K]	$T_i = T_{i-1} - \Delta T_i$ [°C]
	Wärmeübergangswiderstand innen		R_{si}	0,13	0,53	20,00
1	Innenputz	0,020	1,00	0,02	0,08	19,47
2	Stahlbeton	0,300	2,30	0,13	0,53	19,39
3	Wärmedämmung (Mineralwolle)	0,200	0,04	5,71	23,32	18,86
4	Luftschicht (stark belüftet)	0,040				-4,47
5	Natursteinfassade	0,040				
	Wärmeübergangswiderstand aussen		R_{se}	0,13	0,53	-5,00
	Bauteildicke $d = \Sigma d_i$ =	0,600	[m]			
	Wärmedurchlasswiderstand Bauteil $R = \Sigma R_i$ =			5,86	[m²K/W]	
	Gesamt-Wärmedurchgangswiderstand $R_{tot} = R_{si} + \Sigma R_i + R_{se}$ =			6,12	[m²K/W]	
	Wärmedurchgangskoeffizient Bauteil $U = 1 / R_{tot}$ =			0,16	[W/m²K]	
				Temperaturdifferenz $\Delta T = \Sigma \Delta T_i$ =	25,00	[K]
				Wärmestrom $q = U \cdot \Delta T$ =	4,08	[W/m²]

Da sich der U-Wert aus dem Kehrwert des Gesamt-Wärmedurchgangswiderstands R_{tot} ergibt und dieser sich aus der Summe der einzelnen Wärmedurchlasswiderstände R der einzelnen Schichten zuzüglich der beiden Wärmeübergangswiderstände R_{si} und R_{se} zusammensetzt, ist ersichtlich, dass der U-Wert und der Wärmestrom unabhängig von der Lage der Wärmedämmung sind. Allerdings ist aus der Tabelle auch zu erkennen, dass in der Schicht mit dem größten Wärmedurchlasswiderstand (Wärmedämmung) der größte Temperatursprung zu beiden Seiten der Bauteilschicht stattfindet. D. h. diesbezüglich hat die Lage der Wärmedämmung Einfluss auf den Temperaturverlauf durch das Bauteil. Dadurch ergibt sich auch ein feuchteschutztechnischer Einfluss der in entsprechenden Nachweisen (Tauwasserbildung im Bauteilinneren) zu berücksichtigen ist (siehe Kapitel 25).

6.5 Mittlerer Wärmedurchgangskoeffizient

6.5.1 Mittlerer Wärmedurchgangskoeffizient *U* eines Bauteils aus homogenen Schichten

Der mittlere Wärmedurchgangskoeffizient wird für mehrere nebeneinanderliegende Bauteile mit unterschiedlichen Flächenausdehnungen und gleichen Temperaturdifferenzen bestimmt. Die Wärmedurchlasswiderstände sollen sich um nicht mehr als den Faktor 5 unterscheiden. Der mittlere Wärmedurchgangskoeffizient ergibt sich aus:

$$U_m = \Sigma(U_i \cdot A_i)/\Sigma A_i \qquad \text{in W/(m}^2\text{K)} \qquad (6.5.1\text{-}1)$$

6.5.2 Wärmedurchgangskoeffizient *U* eines Bauteils aus homogenen und inhomogenen Schichten

Der Wärmedurchgangskoeffizient U eines ebenen Bauteils aus thermisch homogenen und inhomogenen Schichten bestimmt sich gemäß Gl. 6.2-1. Der dabei anzusetzende Wärmedurchgangswiderstand R_T bestimmt sich als arithmetischer Mittelwert des oberen und unteren Grenzwertes des Wärmedurchgangswiderstandes:

$$R_{tot} = \frac{R'_{tot;upper} + R''_{tot;lower}}{2} \qquad \text{in (m}^2\text{K)/W} \qquad (6.5.2\text{-}1)$$

mit: $R'_{\text{tot;upper}}$ = oberer Grenzwert des Gesamt-Wärmedurchgangswiderstandes in $(m^2K)/W$

$R''_{\text{tot;lower}}$ = unterer Grenzwert des Gesamt-Wärmedurchgangswiderstandes in $(m^2K)/W$

Zur Berechnung des oberen und unteren Grenzwertes ist eine Aufteilung des Bauteils in Abschnitte und Schichten nach Abb. 6.5.2-1 erforderlich. Dazu ist das Bauteil in mj thermisch homogene Teile zu zerlegen.

Für die Berechnung wird das Bauteil in Abschnitte (Abb. 6.5.2-1b) und in Schichten (Abb. 6.5.2-1c) gegliedert. Dabei hat der Abschnitt m (m = a, b, c, ..., q) senkrecht zu den Oberflächen des Bauteiles die Teilfläche f_m (= A_m/A_{ges}). Die Schicht j (j = 1, 2,... n) parallel zu den Oberflächen besitzt die Dicke d_j.

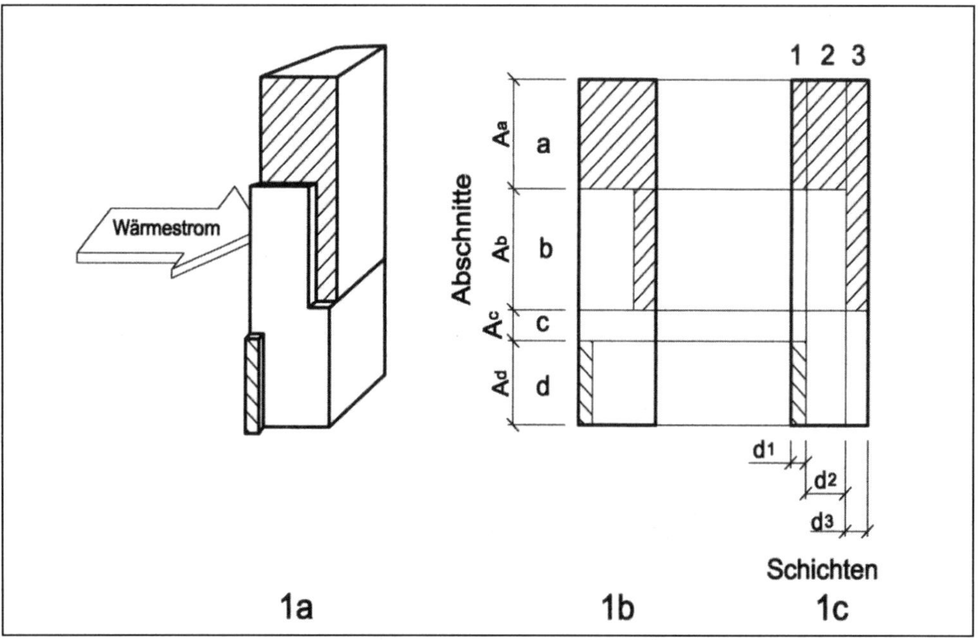

Abb. 6.5.2-1
Aufteilung eines homogenen und inhomogenen Bauteils in Abschnitte und Schichten (nach DIN EN ISO 6946)

Der Teil mj hat die Wärmeleitfähigkeit λ_{mj}, die Dicke d_j, die Teilfläche f_m und den Wärmedurchlasswiderstand R_{mj}. Die Teilfläche eines Abschnittes ist sein Anteil an der Gesamtfläche, woraus $f_a + f_b + ... + f_q = 1$ folgt.

Unter der Annahme eines eindimensionalen Wärmestromes senkrecht zu den Oberflächen des Bauteiles wird der obere Grenzwert des Gesamt-Wärmedurchgangswiderstandes nach folgender Gleichung bestimmt:

$$\frac{1}{R'_{\text{tot;upper}}} = \frac{f_{\text{a}}}{R_{\text{tot;a}}} + \frac{f_{\text{b}}}{R_{\text{tot;b}}} + \ldots + \frac{f_{\text{q}}}{R_{\text{tot;q}}} \quad \text{in } (\text{m}^2\text{K})/\text{W} \qquad (6.5.2\text{-}2)$$

mit: $R_{\text{tot;a}}, R_{\text{tot;b}}, \ldots, R_{\text{tot;q}}$ = Gesamt-Wärmedurchgangswiderstände von Bereich zu Bereich für jeden Abschnitt nach Gl. 6.5.2-2 in $(\text{m}^2\text{K})/\text{W}$

$f_{\text{a}}, f_{\text{b}}, \ldots, f_{\text{q}}$ = Teilflächen jedes Abschnittes

Bei der Bestimmung des unteren Grenzwertes $R''_{\text{tot;lower}}$ wird angenommen, dass alle Ebenen parallel zu den Oberflächen des Bauteiles isotherm sind. Nach Gleichung 6.5.2-2 ergibt sich R''_T aus:

$$R''_{\text{tot;lower}} = R_{\text{si}} + R_1 + R_2 + \ldots + R_j + R_{\text{se}} \quad \text{in } (\text{m}^2\text{K})/\text{W} \qquad (6.5.2\text{-}3)$$

Dazu ist der Wärmedurchlasswiderstand R_{j} für jede thermisch inhomogene Schicht nach folgender Gleichung zu berechnen:

$$\frac{1}{R_{\text{j}}} = \frac{f_a}{R_{\text{aj}}} + \frac{f_b}{R_{\text{bj}}} + \ldots + \frac{f_q}{R_{\text{qj}}} \quad \text{in } \text{W}/(\text{m}^2\text{K}) \qquad (6.5.2\text{-}4)$$

mit: $R_{\text{aj}}, R_{\text{bj}}, \ldots, R_{\text{qj}}$ = Wärmedurchgangswiderstände der Abschnitte für die jeweilige Schicht in $(\text{m}^2\text{K})/\text{W}$

$f_{\text{a}}, f_{\text{b}}, \ldots, f_{\text{q}}$ = Teilflächen jedes Abschnittes

7 Wärmedurchgang – Luftschichten

7.1 Ruhende und belüftete Luftschichten

Ebenso wie beim Wärmeübergang werden Luftschichten, die nicht oder nur wenig mit der Außenluft oder Raumluft in Verbindung stehen, mit äquivalenten Widerständen berücksichtigt. Die nachfolgenden Bemessungswerte sind nach DIN EN ISO 6946 auf eine Luftschicht anzuwenden, die:

- von zwei Flächen begrenzt ist, die parallel zueinander und senkrecht zur Richtung des Wärmestromes verlaufen und einen Emissionsgrad ε von mindestens $\varepsilon \geq 0{,}8$ besitzen;
- eine Dicke (in Wärmestromrichtung) von weniger als dem 0,1fachen eines der anderen beiden Maße und höchstens 0,3 m besitzt; für Bauteile mit einer Luftschicht, die dicker als 0,3 m ist, sollte kein einzelner Wärmedurchgangskoeffizient berechnet werden. Vielmehr sollten Wärmeströme mittels einer Wärmebilanz berechnet werden;
- keinen Luftaustausch mit dem Innenraum aufweist.

Eine Luftschicht gilt als *ruhend*, wenn der Luftraum von der Umgebung abgeschlossen ist. In Tabelle 7.1-1 sind Bemessungswerte des Wärmedurchlasswiderstandes angegeben. Die Werte unter „horizontal" gelten für Richtungen des Wärmestromes von ± 30° zur horizontalen Ebene.

Eine Luftschicht mit kleinen Öffnungen zur Außenumgebung, die keine Dämmschicht zwischen sich und der Außenumgebung besitzt, ist auch als ruhende Luftschicht zu betrachten, wenn diese Öffnungen so angeordnet sind, dass ein Luftstrom durch die Schicht nicht möglich ist und die Öffnungen

- 500 mm^2 je m Länge für vertikale Luftschichten
- 500 mm^2 je m^2 Oberfläche für horizontale Luftschichten[1]

nicht überschreiten.

[1] Für vertikale Luftschichten wird der Bereich als Öffnungsfläche je m Länge ausgedrückt. Für horizontale Luftschichten wird er als Fläche der Öffnungen je m^2 Fläche ausgedrückt. Entwässerungsöffnungen (Dränageöffnungen) in Form von offenen vertikalen Fugen der Außenschale eines zweischaligen Mauerwerks werden nicht als Lüftungsöffnungen angesehen.

Eine Luftschicht ist *schwach belüftet*, wenn der Luftaustausch mit der Außenumgebung durch Öffnungen folgender Maße begrenzt ist:

- über 500 mm² bis 1500 mm² je m Länge für vertikale Luftschichten
- über 500 mm² bis 1500 mm² je m² Oberfläche für horizontale Luftschichten.

Der Bemessungswert des Wärmedurchlasswiderstandes einer schwach belüfteten Luftschicht kann nach Gleichung 5.1-1 berechnet werden (siehe auch Tabelle 5.1-3). Wenn der Wärmedurchlasswiderstand der Schicht zwischen Luftschicht und Außenumgebung 0,15 m²K/W überschreitet, muss mit einem Höchstwert von 0,15 m²K/W gerechnet werden.

Tabelle 7.1-1
Wärmedurchlasswiderstand einer ruhenden Luftschicht nach DIN EN ISO 6946 – Rechenwerte für Oberflächen mit hohem Emissionsgrad ($\varepsilon > 0{,}8$)

Dicke der Luftschicht in mm	Wärmedurchlasswiderstand *R* in m²K/W – Richtung des Wärmestroms		
	Aufwärts ⇧	Horizontal ⇨	Abwärts ⇩
0	0,00	0,00	0,00
5	0,11	0,11	0,11
7	0,13	0,13	0,13
10	0,15	0,15	0,15
15	0,16	0,17	0,17
25	0,16	0,18	0,19
50	0,16	0,18	0,21
100	0,16	0,18	0,22
300	0,16	0,18	0,23

Eine Luftschicht gilt als *stark belüftet*, wenn die Öffnungen zwischen Luftschicht und Außenumgebung

- 1500 mm² je m Länge für vertikale Luftschichten
- 1500 mm² je m² Oberfläche für horizontale Luftschichten

überschreiten.

Nach DIN EN ISO 6946 wird der Wärmedurchgangswiderstand eines belüfteten Bauteiles nur mit dem äußeren Wärmeübergangswiderstand nach Kapitel 5 ermittelt (vgl. Tabelle 5.1-3). Hierbei wird die Luftschicht und alle anderen

Schichten zwischen Luftschicht und Außenumgebung vernachlässigt. Genauere Ergebnisse werden mit einer Wärmebilanzierung erreicht (siehe Kapitel 17).

7.2 Berechnung des Wärmedurchlasswiderstandes unbelüfteter Lufträume nach DIN EN ISO 6946

Die Bezeichnung Luftraum umfasst sowohl Luftschichten (deren Breite und Länge jeweils das 10fache der in Wärmestromrichtung gemessenen Dicke beträgt) als auch Lufträume (deren Breite und Länge mit der Dicke vergleichbar ist). Wenn die Dicke der Luftschicht variiert, sollte ihr Mittelwert für die Berechnung des Wärmedurchlasswiderstandes verwendet werden. Lufträume können als Schicht mit Wärmedurchlasswiderstand berechnet werden, weil der Wärmeübergang infolge Strahlung und Konvektion über sie näherungsweise proportional der Temperaturdifferenz zwischen den Begrenzungsflächen ist.

7.2.1 Unbelüftetete Lufträume mit einer Länge von mehr als dem 10fachen ihrer Dicke

Der Wärmedurchlasswiderstand eines Luftraums ergibt sich aus

$$R_a = \frac{1}{h_a + h_r} \quad \text{in m}^2\text{K/W} \qquad (7.2.1\text{-}1)$$

mit: R_a = Wärmedurchlasswiderstand des Luftraums in m^{2}K/W
h_a = Wärmeübergangskoeffizient durch Leitung/Konvektion in W/(m^{2}K)
h_r = Wärmeübergangskoeffizient durch Strahlung in W/(m^{2}K)

h_a ergibt sich für enge Lufträume durch die Wärmeleitung in stillstehender Luft und für breite Lufträume durch die Konvektion aus Tabelle 7.2.1-1, wobei d die Dicke des Luftraums in Wärmestromrichtung ist.

h_r folgt aus:

$$h_r = E \cdot h_{r0} \quad \text{in W/(m}^2\text{K)} \qquad (7.2.1\text{-}2)$$

mit: E = Strahlungsaustauschgrad nach Gleichung 7.2.1-3
h_{r0} = Wärmeübergangskoeffizient durch Strahlung eines schwarzen Körpers (siehe Kapitel 5, Tabelle 5.2.1-1)

Der Strahlungsaustauschgrad E ergibt sich aus

$$E = \frac{1}{1/\varepsilon_1 + 1/\varepsilon_2 - 1} \quad \text{in [-]} \qquad (7.2.1\text{-}3)$$

Dabei sind ε_1 und ε_2 die Emissionsgrade der Grenzflächen. Der Bemessungswert des Emissionsgrades sollte alle Einflüsse der Oberflächenalterung berücksichtigen.

Tabelle 7.2.1-1

Konvektiver Anteil zur Bestimmung von Gl. 7.2.1-1 in Abhängigkeit des Temperaturunterschieds ΔT

Verlauf des Wärmestroms	h_a [1)] ($\Delta T \leq 5$ K) in W/(m²K)	h_a [1)] ($\Delta T > 5$ K) in W/(m²K)	h_a [1)] in W/(m²K)
horizontal	1,25	$0{,}73 \cdot (\Delta T)^{1/3}$	$0{,}025/d$
aufwärts	1,95	$1{,}14 \cdot (\Delta T)^{1/3}$	$0{,}025/d$
abwärts	$0{,}12 \cdot d^{-0{,}44}$	$0{,}09 \cdot (\Delta T)^{0{,}187} \cdot d^{-0{,}44}$	$0{,}025/d$

1) Der jeweils größere Wert ist maßgebend.

Die Werte in Tabelle 7.1-1 wurden nach Gleichung 7.2.1-1 mit $\varepsilon_1 = \varepsilon_2 = 0{,}9$ und h_{r0} für 10 °C berechnet.

Beispiel:

Horizontaler Luftraum d = 100 mm für 20 °C, einseitig metallisch beschichtet. Mit $\varepsilon_1 = 0{,}1$ und $\varepsilon_2 = 0{,}9$ folgt $E = 1/(1/0{,}1 + 1/0{,}9) = 0{,}09$. Für $h_{r0} = 5{,}7$ ergibt sich der Strahlungsanteil zu:

$h_r = 0{,}09 \cdot 5{,}7 = 0{,}51$ W/(m²K)

Der konvektive Anteil folgt für einen horizontalen Wärmestrom zu:

$h_a = 1{,}25$ W/(m²K)

Hieraus erhält man

$R_a = 1/(0{,}51 + 1{,}25) = 0{,}57$ m²K/W

7.2.2 Kleine oder unterteilte unbelüftete Lufträume (Luftspalte)

Der Wärmedurchlasswiderstand eines kleinen Luftraums, dessen Breite kleiner als seine 10fache Dicke ist, ergibt sich analog Gleichung 7.2.1-1 allerdings mit einem aufwändiger zu bestimmenden Wärmeübergangskoeffizienten durch Strahlung h_r aus:

$$R_a = \frac{1}{h_a + hr} \quad \text{in m}^2\text{K/W} \qquad (7.2.2\text{-}1)$$

$$h_r = \frac{h_{r0}}{\frac{1}{\varepsilon_1} + \frac{1}{\varepsilon_2} - 2 + \frac{2}{(1 + \sqrt{1 + \frac{d^2}{b^2}} - d/b)}} \quad \text{in W/(m}^2\text{K)} \qquad (7.2.2\text{-}2)$$

mit: R_a = Wärmedurchlasswiderstand des Luftraums in m²K/W
d = die Dicke des Luftraums in m
b = die Breite des Luftraums in m

E, h_a und h_{ro} werden nach den Gleichungen 7.2.1-2 und 7.2.1-3 berechnet. Dabei hängt h_a von der Dicke d ab, ist jedoch von der Breite b unabhängig. Der Strahlungsaustauschgrad wird mit den Emissionsgraden der warmen (ε_1) und kalten (ε_2) Flächen nach Gleichung 7.2.1-3 bestimmt.

Gleichung 7.2.2-1 ist für die Berechnungen des Wärmestroms durch Bauteile bei beliebiger Dicke des Luftraumes und für die Berechnung von Temperaturverteilungen in Bauteilen mit Lufträumen, deren Dicke d kleiner oder gleich 50 mm ist, geeignet. Für dickere Lufträume ergibt die Gleichung eine näherungsweise zutreffende Temperaturverteilung.

Für einen nicht rechteckigen Luftraum wird dessen Wärmedurchlasswiderstand als gleich dem eines rechteckigen Luftraums mit der gleichen Fläche und Längenverhältnis des tatsächlichen Luftraums verwendet.

Die Ermittlung des Temperaturverlaufs für belüftete Bauteile aus einer Wärmebilanz wird in Kapitel 17 behandelt.

8 Wärmedurchgang – Fenster und weitere transparente Bauteile

8.1 Wärmedurchgangskoeffizient von Fenstern

Der Wärmedurchgangskoeffizient eines Fensters mit Einfach- oder Mehrfachverglasung setzt sich aus dem Verglasungsanteil und dem Rahmenanteil zuzüglich eines längenbezogenen Wärmedurchgangskoeffizienten zur Berücksichtigung des Wärmebrückeneinflusses am Glas-Rahmen-Verbindungsbereiches zusammen.

$$U_W = \frac{A_g \cdot U_g + A_f \cdot U_f + l_g \cdot \psi_g}{A_g + A_f} \quad \text{in W/(m}^2\text{K)} \qquad (8.1\text{-}1)$$

mit: U = Wärmedurchgangskoeffizienten in W/(m²K)
A = Anteilflächen in m²
l = Länge der Übergänge Rahmen/Verglasung in m
ψ = längenbezogener Wärmedurchgangskoeffizient für die Übergänge Rahmen/Verglasung in W/(mK)

Indizes: w = Fenster (window)
g = Verglasung (glazing)
f = Rahmen (frame)

Es wird üblicherweise ein Rahmenanteil von $a_f = A_f / (A_g + A_f)$ von 30 % angenommen. Die Berechnung des Wärmedurchgangskoeffizienten für weitere Fenstertypen (Kastenfenster und Verbundfenster) ist DIN EN ISO 10077-1 zu entnehmen.

Beispiel:

Fensterelement gesamt: Breite $b = 2{,}05$ m Höhe $h = 2{,}05$ m
Fläche $A_{ges} = 4{,}20$ m²

Verglasung: Breite $b_g = 2{,}00$ m Höhe $h_g = 2{,}00$ m
Fläche $A_g = 4{,}00$ m² Umfang $l_g = 4 \,.\, 2{,}0 = 8{,}0$ m

U-Wert $U_g = 1{,}10$ W/(m²K)
Ψ-Wert $\Psi = 0{,}06$ W/(mK)

Rahmen Fläche $A_f = A_{ges} - A_g = 0{,}20\ m^2$
U-Wert $U_f = 2{,}00\ W/(m^2K)$

$$U_W = \frac{A_g \cdot U_g + A_f \cdot U_f + l_g \cdot \psi_g}{A_g + A_f} =$$

$$\frac{4{,}0 \cdot 1{,}10 + 0{,}2 \cdot 2{,}0 + 4{,}0 \cdot 0{,}06}{4{,}0 + 0{,}2} = 1{,}2\ W/(m^2K)$$

8.1.1 Wärmedurchgangskoeffizient von Zweischeiben- und Dreischeibenverglasungen

Die Bestimmung des Wärmedurchgangskoeffizienten von Verglasungen U_g erfolgt nach DIN EN 673. In Tabelle 8.1.1-1 und -2 sind Orientierungswerte für die Wärmedurchgangskoeffizienten U_g von Zweischeiben- und Dreischeiben-Isolierverglasungen mit verschiedenen Gasfüllungen angegeben.

Tabelle 8.1.1-1
Orientierungswerte des Wärmedurchgangskoeffizienten von Zweischeiben-Isolierverglasungen mit verschiedenen Gasfüllungen

Zweischeiben-Isolierverglasungen			Wärmedurchgangskoeffizient U_g in $W/(m^2K)$				
Glas	**Emissionsgrad**	**Maße in mm**	**Luft**	**Argon**	**Krypton**	**SF_6 1)**	**Xenon**
Eine Scheibe beschichtet	≤ 0,20	4-6-4	2,7	2,3	1,9	2,3	1,6
		4-8-4	2,4	2,1	1,7	2,4	1,6
		4-12-4	2,0	1,8	1,6	2,4	1,6
		4-16-4	1,8	1,6	1,6	2,5	1,6
		4-20-4	1,8	1,7	1,6	2,5	1,7
Eine Scheibe beschichtet	≤ 0,15	4-6-4	2,6	2,3	1,8	2,2	1,5
		4-8-4	2,3	2,0	1,6	2,3	1,4
		4-12-4	1,9	1,6	1,5	2,3	1,5
		4-16-4	1,7	1,5	1,5	2,4	1,5
		4-20-4	1,7	1,5	1,5	2,4	1,5
Eine Scheibe beschichtet	≤ 0,10	4-6-4	2,6	2,2	1,7	2,1	1,4
		4-8-4	2,2	1,9	1,4	2,2	1,3
		4-12-4	1,8	1,5	1,3	2,3	1,3
		4-16-4	1,6	1,4	1,3	2,3	1,4
		4-20-4	1,6	1,4	1,4	2,3	1,4
Eine Scheibe beschichtet	≤ 0,05	4-6-4	2,5	2,1	1,5	2,0	1,2
		4-8-4	2,1	1,7	1,3	2,1	1,1
		4-12-4	1,7	1,3	1,1	2,1	1,2
		4-16-4	1,4	1,2	1,2	2,2	1,2
		4-20-4	1,5	1,2	1,2	2,2	1,2

Tabelle 8.1.1-2

Orientierungswerte des Wärmedurchgangskoeffizienten von Dreischeiben-Isolierverglasungen mit verschiedenen Gasfüllungen

Dreischeiben-Isolierverglasungen			Wärmedurchgangskoeffizient U_g in W/(m²K)				
Glas	**Emissionsgrad**	**Maße in mm**	**Luft**	**Argon**	**Krypton**	**SF_6 [1]**	**Xenon**
Unbeschichtetes Glas	0,89	4-6-4-6-4	2,3	2,1	1,8	1,9	1,7
		4-8-4-8-4	2,1	1,9	1,7	1,9	1,6
		4-12-4-12-4	1,9	1,8	1,6	2,0	1,6
Eine Scheibe beschichtet	≤ 0,20	4-6-4-6-4	1,8	1,5	1,1	1,3	0,9
		4-8-4-8-4	1,5	1,3	1,0	1,3	0,8
		4-12-4-12-4	1,2	1,0	0,8	1,3	0,8
Eine Scheibe beschichtet	≤ 0,15	4-6-4-6-4	1,7	1,4	1,1	1,2	0,9
		4-8-4-8-4	1,5	1,2	0,9	1,2	0,8
		4-12-4-12-4	1,2	1,0	0,7	1,3	0,7
Eine Scheibe beschichtet	≤ 0,10	4-6-4-6-4	1,7	1,3	1,0	1,1	0,8
		4-8-4-8-4	1,4	1,1	0,8	1,1	0,7
		4-12-4-12-4	1,1	0,9	0,6	1,2	0,6
Eine Scheibe beschichtet	≤ 0,05	4-6-4-6-4	1,6	1,2	0,9	1,1	0,7
		4-8-4-8-4	1,3	1,0	0,7	1,1	0,5
		4-12-4-12-4	1,0	0,8	0,5	1,1	0,5

[1] Bei der Gasfüllung SF_6 handelt es sich um das Schwergas Schwefelhexafluorid. Dieses zählt zu den bedeutsamen fluorierten Treibhausgasen. Aus diesem Grund ist das Inverkehrbringen von SF_6 gemäß der Verordnung (EG) Nr. 842/2006 des Europäischen Parlaments und des Rates vom 17. Mai 2006 in Fenstern für Wohnhäuser seit dem 7. Juli 2007 und in sonstigen Fenstern seit dem 4. Juli 2008 verboten.

Die in den Tabellen 8.1.1-1 und -2 angegebenen Wärmedurchgangskoeffizienten wurden nach DIN EN 673 berechnet. Sie gelten für die angegebenen Emissionsgrade und Gaskonzentrationen. Dabei wird von Gaskonzentrationen im Scheibenzwischenraum von ≥ 90 % ausgegangen. Für bestimmte Verglasungen kann sich der Emissionsgrad und/oder die Gaskonzentration mit der Zeit ändern. Verfahren zur Bewertung des Einflusses der Alterung auf die wärmetechnischen Eigenschaften können DIN EN 1279-1 und DIN EN 1279-3 entnommen werden.

8.1.2 Wärmedurchgangskoeffizient von Rahmen

Die Bestimmung des Wärmedurchgangskoeffizienten von Rahmen U_f erfolgt üblicherweise mit numerischen Methoden oder mittels einer direkten Messung im Prüfstand. Wenn keine Angaben vorliegen, können vereinfachend die Werte aus Tabelle 8.1.2-1 (für Kunststoffrahmen) sowie den Abbildungen 8.1.2-1 (für Holzrahmen) und 8.1.2-2 (für Metallrahmen) zur Berechnung des U_W-Wertes von vertikalen Fenstern verwendet werden.

Tabelle 8.1.2-1
Wärmedurchgangskoeffizienten von Kunststoffrahmen mit Metallaussteifungen nach DIN EN ISO 10077-1 (wenn keine anderen Werte verfügbar sind, können die Werte auch für Rahmen ohne Metallaussteifung verwendet werden).

<table>
<tr><th>Rahmen-
material</th><th colspan="3">Rahmentyp</th><th>U_f
in W/(m²K)</th></tr>
<tr><td>Polyurethan</td><td colspan="3">mit Metallkern
Dicke von PUR ≥ 5 mm</td><td>2,8</td></tr>
<tr><td rowspan="2">PVC-
Hohlprofile*)</td><td>zwei
Hohlkammern</td><td>außenseitig</td><td>raumseitig</td><td>2,2</td></tr>
<tr><td>drei
Hohlkammern</td><td>außenseitig</td><td>raumseitig</td><td>2,0</td></tr>
</table>

*) Mit einem Abstand von mind. 5 mm zwischen den Wandflächen der Hohlkammern.

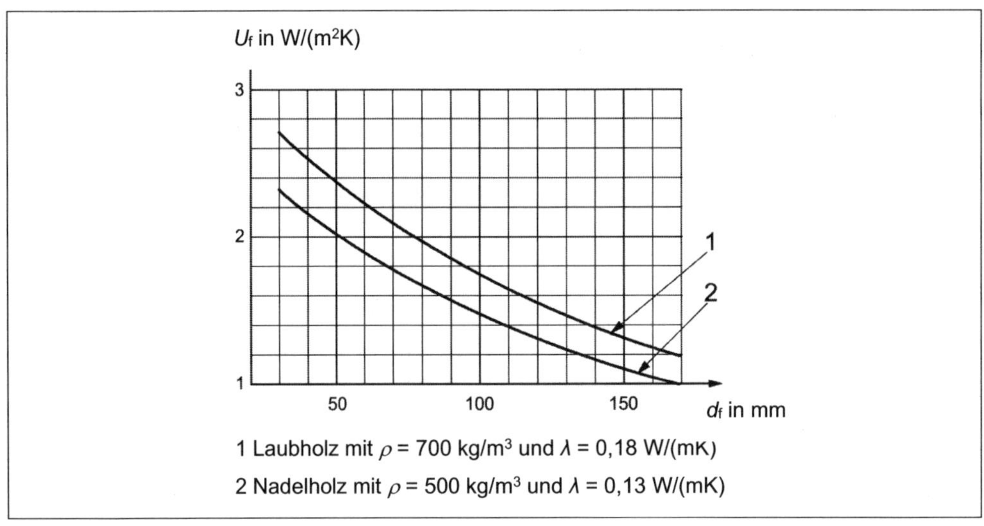

Abb. 8.1.2-1
Wärmedurchgangskoeffizienten U_f von Holz- und Holzmetallrahmen in Abhängigkeit der Rahmendicke d_f nach DIN EN ISO 10077-1

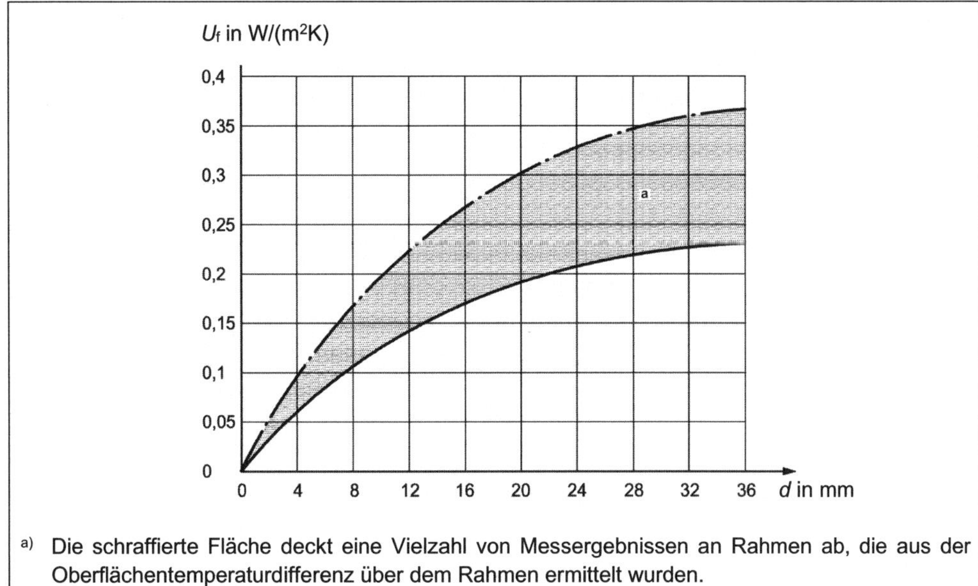

a) Die schraffierte Fläche deckt eine Vielzahl von Messergebnissen an Rahmen ab, die aus der Oberflächentemperaturdifferenz über dem Rahmen ermittelt wurden.

Abb. 8.1.2-2
Wärmedurchgangskoeffizienten U_f von Metallrahmen mit wärmetechnischer Trennung in Abhängigkeit des Abstandes d zwischen gegenüberliegenden Metallprofilen nach DIN EN ISO 10077-1

8.1.3 Längenbezogener Wärmedurchgangskoeffizient des Glas-Rahmen-Verbindungsbereiches

Die Bestimmung des längenbezogenen Wärmedurchgangskoeffizienten für den Glas-Rahmen-Verbindungsbereich Ψ_g erfolgt üblicherweise mit numerischen Methoden (z. B. nach DIN EN ISO 10077-2). Vereinfachend können auch die Werte aus Tabelle 8.1.3-1 (für Abstandhalter aus Aluminium und Stahl) und der Tabelle 8.1.3-2 (für wärmetechnisch verbesserte Abstandhalter) zur Berechnung des U_W-Wertes von vertikalen Fenstern verwendet werden.

Die Berücksichtigung des längenbezogenen Wärmedurchgangskoeffizienten Ψ_g in Gleichung (8.1-1) ist erforderlich, weil sich der Wärmedurchgangskoeffizient U_g der Verglasung lediglich auf den Mittenbereich des Glases bezieht und den Einfluss der Abstandhalter im Glasrandbereich nicht berücksichtigt. Andererseits bezieht sich der Wärmedurchgangskoeffizient U_f nur auf den Rahmen ohne Verglasung. Mit dem längenbezogenen Wärmedurchgangskoeffizienten Ψ_g wird die zusätzliche Wärmeleitung aus der Wechselwirkung von Rahmen, Glas und Abstandhalter beschrieben. Diese ergibt sich hauptsächlich aus der Leitfähigkeit des Materials für die Abstandhalter (siehe Tabelle 8.1.3-1 und -2).

Tabelle 8.1.3-1

Werte des längenbezogenen Wärmedurchgangskoeffizienten Ψ_g für typische Abstandhalter aus Aluminium und Stahl nach DIN EN ISO 10077-1

Rahmenmaterial	**Längenbezogener Wärmedurchgangskoeffizient für verschiedene Arten von Verglasungen Ψ_g in W/(mK)**	
	Zweischeiben- oder Dreischeiben-Isolierverglasung, unbeschichtetes Glas, Luft oder Gaszwischenraum	**Zweischeiben- [1] oder Dreischeiben- [2] Isolierverglasung mit niedrigem Emissionsgrad, Luft- oder Gas-zwischenraum**
Holz- oder PVC-Rahmen	0,06	0,08
Metallrahmen mit wärmetechnischer Trennung	0,08	0,11
Metallrahmen ohne wärmetechnische Trennung	0,02	0,05

[1] Mit einer beschichteten Scheibe bei Zweischeibenverglasungen.

[2] Mit zwei beschichteten Scheiben bei Dreischeibenverglasungen.

Im Gegensatz zu den typischen Abstandhaltern aus Aluminium und Stahl ist ein wärmetechnisch verbesserter Abstandhalter durch folgendes Merkmal gekennzeichnet:

$$\Sigma\,(d \cdot \lambda) \leq 0{,}007 \qquad (8.1.3\text{-}1)$$

mit: d = Dicke der Wand mit dem Abstandhalter in m

λ = Wärmeleitfähigkeit des Materials des Abstandhalters in W/(mK)

Tabelle 8.1.3-2
Werte des längenbezogenen Wärmedurchgangskoeffizienten Ψ_g für Abstandhalter mit wärmetechnisch verbesserter Leistungsfähigkeit nach DIN EN ISO 10077-1

Rahmenmaterial	**Längenbezogener Wärmedurchgangskoeffizient für verschiedene Arten von Verglasungen Ψ_g in W/(mK)**	
	Zweischeiben- oder Dreischeiben-Isolierverglasung, unbeschichtetes Glas, Luft oder Gaszwischenraum	**Zweischeiben- [1] oder Dreischeiben- [2] Isolierverglasung mit niedrigem Emissionsgrad, Luft- oder Gas-zwischenraum**
Holz- oder PVC-Rahmen	0,05	0,06
Metallrahmen mit wärmetechnischer Trennung	0,06	0,08
Metallrahmen ohne wärmetechnische Trennung	0,01	0,04

[1] Mit einer beschichteten Scheibe bei Zweischeibenverglasungen.
[2] Mit zwei beschichteten Scheiben bei Dreischeibenverglasungen.

8.2 Äquivalenter Wärmedurchgangskoeffizient

Verglasungsbauteile erleiden nicht nur einen Wärmeverlust infolge Wärmedurchgang, sondern auch einen Wärmegewinn infolge Besonnung. Dies wurde in der Wärmeschutzverordnung 1995 durch den so genannten äquivalenten Wärmedurchgangskoeffizienten berücksichtigt.

$$U_{eq,W} = U_W - g \cdot S_W \qquad \text{in W/(m}^2\text{K)} \qquad (8.2\text{-}1)$$

mit: g = Energiedurchlassgrad
S_W = Strahlungsgewinnkoeffizient in W/(m²K) nach Tabelle 8.2-1

Tabelle 8.2-1
Strahlungsgewinnkoeffizient S_W in W/(m²K) nach Wärmeschutzverordnung 1995

Orientierung	**Strahlungsgewinnkoeffizient S_W in W/(m²K)**
Nordfenster	0,95
Ost- und Westfenster	1,65
Fenster in bis zu 15° geneigten Dachflächen	1,65
Südfenster	2,40

8.3 Energiedurchlassgrad

Strahlungsdurchlässige Stoffe, wie z. B. Fenstergläser werden durch den Energiedurchlassgrad g gekennzeichnet. Hierin ist ein Wellenlängenbereich von 0,32 bis 2,50 µm erfasst. Die Ermittlung erfolgt gemäß DIN 67507 und berücksichtigt nicht nur den direkt durchgelassenen Strahlungsanteil τ_e, sondern auch die sekundäre Wärmeabgabe nach innen q_i (siehe Abbildung 8.3-1):

$$g = \tau_e + q_i \tag{8.3-1}$$

Der mittlere Durchlassfaktor b von Verglasungen nach VDI 2078 ergibt sich aus dem Verhältnis aus Energiedurchlassgrad zum g-Wert einer 3 mm dicken Einfachscheibe von 87 %. Somit ist

$$b = g/0{,}87 \tag{8.3-2}$$

Als Selektivität S wird der Quotient aus Lichtdurchlässigkeit zum Energiedurchlassgrad bezeichnet. $S > 1$ kennzeichnet einen guten Sonnenschutz.

Tabelle 8.3-1
Gesamtenergiedurchlassgrade g nach DIN 4108-6

Verglasungen	g
Einfachverglasungen	0,87
Doppelverglasungen	0,76
Wärmeschutzverglasungen (doppelt mit selektiver Beschichtung)	0,60 – 0,70
Dreifachverglasungen, normal	0,60 – 0,70
Dreifachverglasungen (mit 2fach selektiver Beschichtung)	0,50
Sonnenschutzverglasungen	0,20 – 0,50

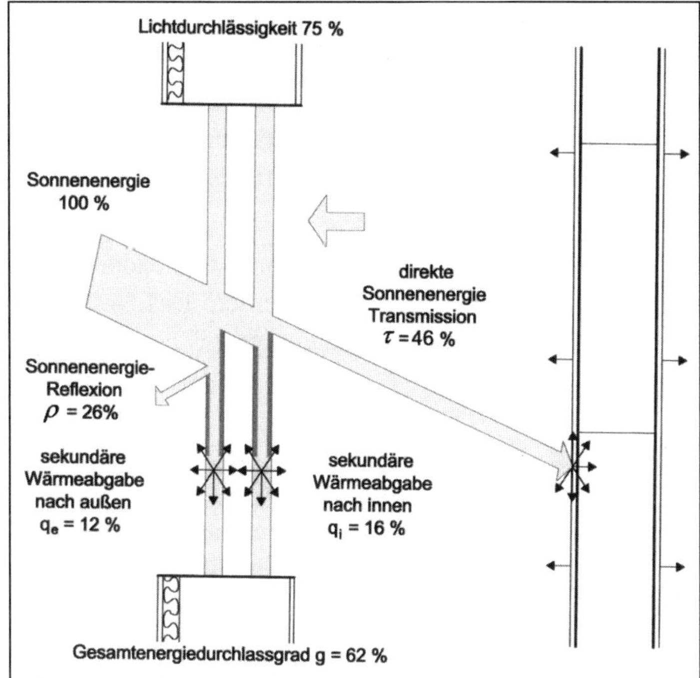

Abb. 8.3-1 Erläuterung des Energiedurchlassgrades *g* am Beispiel einer Wärmeschutzverglasung [15]

Moderne Wärmeschutzverglasungen werden aus metallbedampften Gläsern hergestellt. Für die Füllung des Zwischenraums wird nicht nur trockene Luft verwendet, sondern auch andere chemisch inaktive Gase. Versuche mit luftverdünnten Zwischenräumen waren weniger erfolgreich (Verformungen, Ansaugen von feuchter Raumluft).

8.4 Passive Sonnenenergienutzung

Passive Sonnenenergienutzung ist ein Sammelbegriff für alle Vorgänge am Gebäude, die mit der Nutzung einfallender Sonnenstrahlung ohne Einsatz von Fremdenergie zusammenhängen. Begünstigt wird die zunehmende Bedeutung der passiven Sonnenenergienutzung durch die Entwicklung von Gläsern, die trotz verbesserten Wärmeschutzes kaum geringere Transmissionseigenschaften für Solarstrahlung aufweisen.

Zur passiven Sonnenenergiegewinnung sind mehrere Systeme möglich:

1. **Direktgewinn**; hierbei wird die durch Fenster einfallende Sonnenstrahlung (siehe Kapitel 8 und 18) an den Raumoberflächen absorbiert, in massiven Bauteilen gespeichert und an den Raum wieder abgegeben.

2. **Verglaste Pufferzone**; ein Beispiel hierzu ist der Wintergarten, der an der sonnenzugewandten Seite die Wärmebilanz der Außenwand verbessert.
3. **Konvektive Systeme**; hierbei wird mittels eines Kollektors ein Medium erwärmt und konvektiv einem Speicher zugeführt; Entladung des Speichers über zweiten Konvektorkreislauf oder direkt durch Wärmeleitung an angrenzende Bauteile; z. B. Luftkollektor mit Geröllspeicher.
4. **Speicherwand** mit transparenter Abdeckung; Außenwand wird dadurch zum Speicher; kann auch mit Latentspeicher kombiniert werden. Das System ist besonders effektiv mit einer transparenten Wärmedämmung.

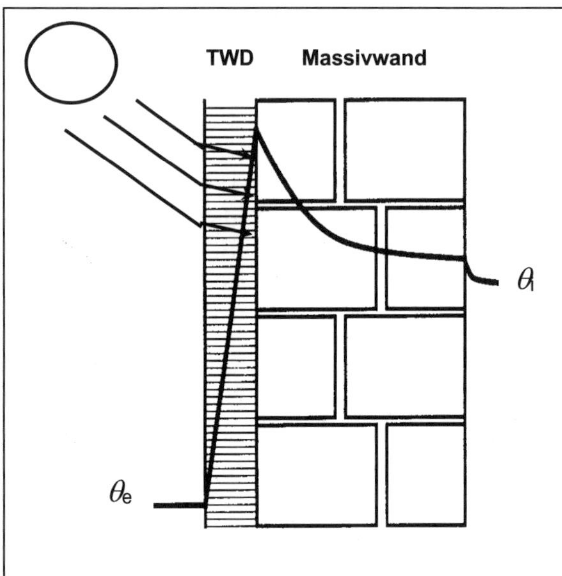

Abb. 8.4-1
Temperaturverlauf im TWD-System; Dämmstoffe für eine transparente Wärmedämmung können bestehen aus:

- Mehrfachgläsern und Folien (absorber-parallele Strukturen)
- Waben und Kapillaren (absorber-senkrechte Strukturen)
- Stegplatten, Acrylschaum (Kammerstrukturen)
- Aerogelplatten und -kügelchen (quasihomogene Materialien)

Aerogel ist ein Silica-Gel und besteht aus 95 % Luft und 5 % Glas. Die Wärmeleitfähigkeit sinkt bei schwacher Evakuierung (50 – 100 hPa).

Die Wärmestrombilanz einer TWD-Wand ergibt sich aus einem stationären Näherungsansatz zu:

$$q = U \cdot \left((\theta_i - \theta_e) - \frac{g \cdot F_c \cdot a_S \cdot I_S}{U'_{TWD}} \right) \quad \text{in W/m}^2 \qquad (8.4\text{-}1)$$

mit: g = Gesamtenergiedurchlassgrad
F_c = Reduktion infolge Verschattung etc.
a_S = solarer Absorptionskoeffizient
I_S = Solarstrahlungsintensität in W/m^2

und

$$U = \frac{1}{R_T} \quad \text{in W/(m}^2\text{K)}$$

$$R_T = R'_{T,TWD} + R'_{T,AW} \quad \text{in m}^2\text{K/W}$$

$$R'_{T,TWD} = R_{se} + R_{TWD} \quad \text{in m}^2\text{K/W}$$

$$U'_{TWD} = \frac{1}{R'_{T,TWD}} \quad \text{in W/(m}^2\text{K)}$$

$$R'_{T,AW} = R_{si} + R_{AW} \quad \text{in m}^2\text{K/W}$$

Indizes:

TWD = transparente Wärmedämmung
AW = Außenwand
T = Transmission

Tabelle 8.4-1
Wärmetechnische Eigenschaften von transparenten Wärmedämmschichten bei $\theta_m = 10$ °C, $\Delta\theta = 20$ °C [34]

TWD-Material	***R*TWD in m²K/W**	***g* in [-]**
Flachglas	0,18	0,80
AREL-Waben, 50 mm	0,55	0,77
AREL-Waben, 100 mm	0,93	0,74
OKALUX-Waben, 50 mm	0,74	0,60
OKALUX-Waben, 100 mm	1,33	0,58
ACRYL-Schaum, 30 mm	0,67	0,54
Aerogelgranulat, 20 mm	0,91	0,45
Aerogelplatte, 20 mm (bei Normaldruck)	1,20	0,57
Aerogelplatte, 20 mm (bei 10 hPa)	1,82	0,57

Eine weitere Möglichkeit besteht in dem Einsatz einer vor die Außenwand angebrachten, nicht hinterlüfteten Glasfassade. Die Berechnung des Wärmedurchganges erfolgt zweckmäßigerweise mittels einer Wärmebilanzierung (siehe Kapitel 17).

9 Wärmedurchgang – Sonderfälle

9.1 Rohrleitungen

Um den Wärmedurchgang durch Schalen, Kuppeln oder Rohre zu untersuchen, kann die Annahme planparalleler Bauteile nicht mehr aufrechterhalten werden. Unter der Voraussetzung stationärer Wärmeleitung ergibt sich die Wärmestromdichte durch ein gekrümmtes Bauteil aus

$$q = -\lambda \frac{d\theta}{dr} \qquad \text{in W/m}^2 \qquad (9.1\text{-}1)$$

Liegt der Krümmungsmittelpunkt fest, z. B. beim Wärmestrom durch eine Zylinderwandung, so ist eine exakte Lösung möglich. Für einen Rohrzylinder mit der Länge l ergibt sich:

$$A_R = 2\pi \cdot l \cdot r \qquad \text{in m}^2 \qquad (9.1\text{-}2)$$

Der Wärmestrom folgt dann aus:

$$Q'_{\mathrm{R}} = q_{\mathrm{R}} \cdot A_{\mathrm{R}} = -\lambda \cdot 2 \cdot \pi \cdot l \cdot r \frac{d\theta}{dr} \qquad \text{in W} \qquad (9.1\text{-}3)$$

Durch Trennung der Variablen gewinnt man:

$$-\int_{\theta_{\mathrm{si}}}^{\theta_{\mathrm{se}}} d\theta = C \int_{r_{\mathrm{i}}}^{r_{\mathrm{e}}} \frac{dr}{r} \qquad (9.1\text{-}4)$$

wobei

$$C = \frac{Q'_{\mathrm{R}}}{2 \cdot \pi \cdot l \cdot \lambda} \qquad \text{in K} \qquad (9.1\text{-}5)$$

und r_{i} der Innenradius und r_{e} der Außenradius sind. Nach Integration und Umstellung erhält man daraus den Wärmestrom:

$$Q'_{\mathrm{R}} = \frac{\lambda}{\ln\frac{r_{\mathrm{i}}}{r_{\mathrm{e}}}} \cdot 2 \cdot \pi \cdot l \cdot (\theta_{\mathrm{i}} - \theta_{\mathrm{e}}) \qquad \text{in W} \qquad (9.1\text{-}6)$$

Vergleicht man Gl. 9.1-6 mit dem Wärmestrom beim ebenen Problem, so lässt sich auch für das Rohr ein Wärmedurchgangskoeffizient definieren:

$$R_{TR} = \frac{1}{U_R} = R_{si}\frac{r_e}{r_i} + R_R + R_{se} \qquad \text{in m}^2\text{K/W} \qquad (9.1\text{-}7)$$

Für das einschichtige Rohr gilt:

$$R_R = \frac{r_e}{\lambda} \cdot \ln\frac{r_i}{r_e} \qquad \text{in m}^2\text{K/W} \qquad (9.1\text{-}8)$$

Für Rohrwandungen mit n Schichten wird dies Ergebnis verallgemeinert, wobei die Schicht j von den Radien $r_{j-1,j}$ begrenzt wird.

$$R_R = \sum_{j=1}^{n}\left\{\frac{r_e}{\lambda_j}\ln\frac{r_{j,j+1}}{r_{j-1,j}}\right\} \qquad \text{in m}^2\text{K/W} \qquad (9.1\text{-}9)$$

Für die praktische Auswertung ist es sinnvoll, zunächst den ebenen Fall zu berechnen und das ermittelte Ergebnis auf den Kreisquerschnitt anzuwenden. Hierfür ist der Ansatz

$$U_{Rohr} = U_{Wand} \cdot (1 - f) \qquad \text{in W/(m}^2\text{K)} \qquad (9.1\text{-}10)$$

zu verwenden. Für einen Zylinder des Innendurchmessers d_i und der Dämmschichtdicke s erhält man f aus Abb. 9.1-1. Man erkennt, dass erst mit der Zunahme der Dämmschichtdicke gegenüber dem Rohrdurchmesser ein nennenswerter Unterschied resultiert. Abbildung 9.1-1 kann somit auch zur Abschätzung verwendet werden, ob die Berücksichtigung der Rohreigenschaft notwendig ist.

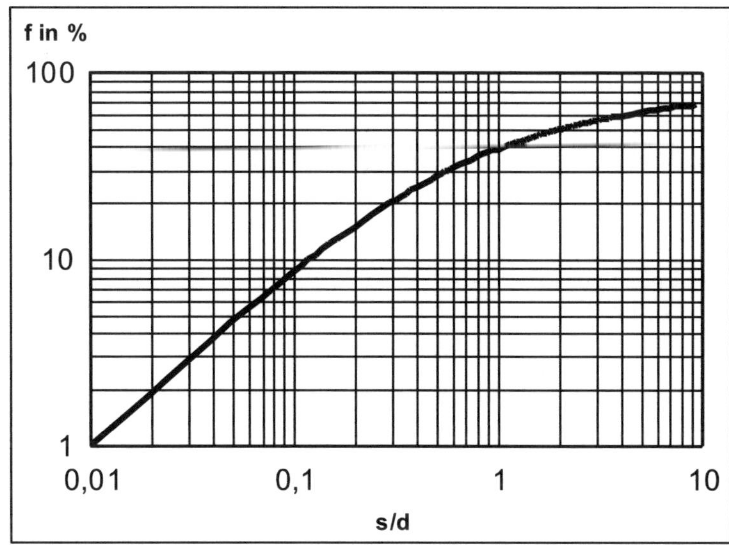

Abb. 9.1-1 Korrekturfaktor f nach Gl. 9.1-10 zur Berücksichtigung der Kreisform

9.2 Von der Ebenflächigkeit abweichende Bauteile

Wenn ein Bauteil eine keilförmige Schicht besitzt, z. B. in äußeren Dämmschichten zur Herstellung einer Neigung (Gefälledämmung), ändert sich der Wärmedurchlasswiderstand über die Fläche des Bauteiles. Nach DIN EN ISO 6946 darf der Wärmedurchgangskoeffizient *U* von Bauteilen mit keilförmigen Schichten und Neigungen von höchstens 5 % auf Basis der in Tabelle 9.2-1 angegebenen Formeln für die gebräuchlichsten Keilformen berechnet werden. Dabei ist R_0 als Wärmedurchgangswiderstand des Bauteiles ohne die keilförmige Schicht (einschließlich der Wärmeübergangswiderstände an beiden Seiten der Bauteilkomponente) zu berechnen und R_1 sowie R_2 für die keilförmige Schicht nach:

$$R_1 = \frac{d_1}{\lambda_t} \quad \text{in m}^2\text{K/W} \qquad (9.2\text{-}1)$$

$$R_2 = \frac{d_2}{\lambda_t} \quad \text{in m}^2\text{K/W} \qquad (9.2\text{-}2)$$

mit: d_1 = mittlere Dicke der keilförmigen Schicht in m
d_2 = maximale Dicke der keilförmigen Schicht in m
λ_t = Rechenwert der Wärmeleitfähigkeit des Keils in W/(mK)

In Tabelle 9.2-1 ist

λ = Rechenwert der Wärmeleitfähigkeit in W/(mK) der keilförmigen Schicht, mit der Dicke $d = 0$ an einem Ende
R_0 = Bemessungswert des Wärmedurchlasswiderstandes in m²K/W des verbleibenden Teils, einschließlich der Wärmeübergangswiderstände an beiden Seiten der Bauteilkomponente
R_1 = mittlerer Wärmedurchlasswiderstand in m²K/W der keilförmigen Schicht
R_2 = maximaler Wärmedurchlasswiderstand in m²K/W der keilförmigen Schicht
d_1 = mittlere Dicke der keilförmigen Schicht in m
d_2 = maximale Dicke der keilförmigen Schicht in m

Tabelle 9.2-1
Formen der gebräuchlichsten Keilausbildungen und deren Berechnung nach DIN EN ISO 6946

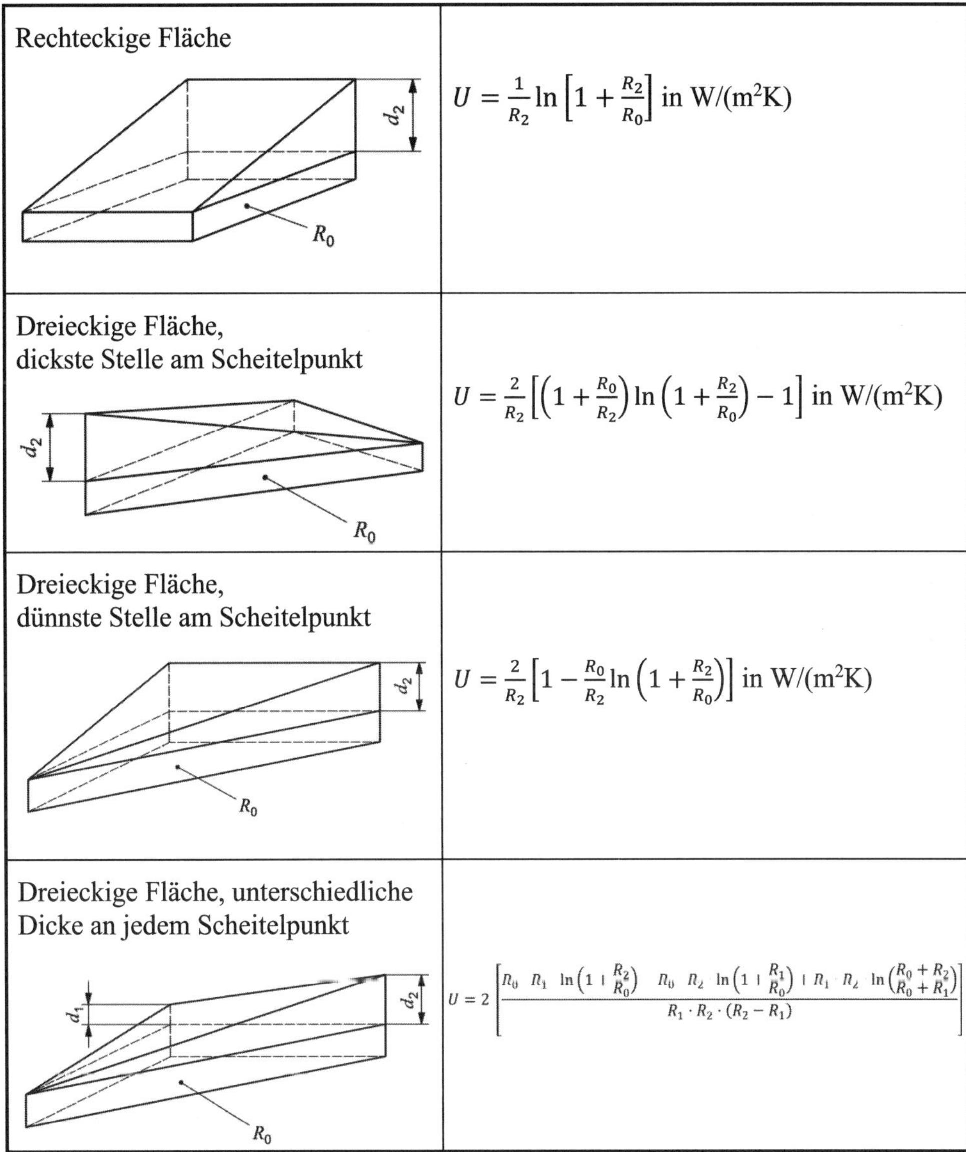

Rechteckige Fläche	$U = \frac{1}{R_2} \ln\left[1 + \frac{R_2}{R_0}\right]$ in W/(m²K)
Dreieckige Fläche, dickste Stelle am Scheitelpunkt	$U = \frac{2}{R_2}\left[\left(1 + \frac{R_0}{R_2}\right) \ln\left(1 + \frac{R_2}{R_0}\right) - 1\right]$ in W/(m²K)
Dreieckige Fläche, dünnste Stelle am Scheitelpunkt	$U = \frac{2}{R_2}\left[1 - \frac{R_0}{R_2} \ln\left(1 + \frac{R_2}{R_0}\right)\right]$ in W/(m²K)
Dreieckige Fläche, unterschiedliche Dicke an jedem Scheitelpunkt	$U = 2\left[\frac{R_0 \cdot R_1 \cdot \ln\left(1 + \frac{R_2}{R_0}\right) - R_0 \cdot R_2 \cdot \ln\left(1 + \frac{R_1}{R_0}\right) + R_1 \cdot R_2 \cdot \ln\left(\frac{R_0 + R_2}{R_0 + R_1}\right)}{R_1 \cdot R_2 \cdot (R_2 - R_1)}\right]$

Der Wärmedurchgangskoeffizient der Gesamtfläche ist aus den Wärmedurchgangskoeffizienten U_i der Teilflächen A_i als flächenbezogenes Mittel zu errechnen

$$U_m = \frac{\sum_{j=1}^{n} U_j A_j}{\sum_{j=1}^{n} A_j} = \frac{U_1 A_1 + U_2 A_2 + \ldots + U_n A_n}{A_1 + A_2 + \ldots + A_n} \quad \text{in W/(m}^2\text{K)} \qquad (9.2\text{-}3)$$

9.3 Korrekturen des Wärmedurchgangskoeffizienten

Gegebenenfalls wird es erforderlich den Wärmedurchgangskoeffizienten zu korrigieren. Dies ist immer dann der Fall, wenn folgende Einflüsse zu berücksichtigen sind:

- Luftspalte im Bauteil
- mechanische Befestigungselemente, die Bauteilschichten durchdringen
- Niederschlag auf Umkehrdächern

Der korrigierte Wärmedurchgangskoeffizient U_c wird durch Addition eines Korrekturterms ΔU zu dem nach Gleichung 6.2-1 ermittelten U-Wert bestimmt:

$$U_c = U + \Delta U \quad (9.3\text{-}1)$$

mit: U = Wärmedurchgangskoeffizient nach Gl. 6.2-1 in $W/(m^2K)$
ΔU = Korrektur des Wärmedurchgangskoeffizienten nach Gl. 9.3-2 in $W/(m^2K)$

Die Korrektur des Wärmedurchgangskoeffizienten umfasst die Anteile für Luftzwischenräume, mechanische Befestigungsteile und Umkehrdächer:

$$\Delta U = \Delta U_g + \Delta U_f + \Delta U_r \quad (9.3\text{-}2)$$

mit: ΔU_g = Korrektur für Luftzwischenräume in $W/(m^2K)$
ΔU_f = Korrektur für mechanische Befestigungsteile in $W/(m^2K)$
ΔU_r = Korrektur für Umkehrdächer in $W/(m^2K)$

Korrektur für Luftzwischenräume

Korrekturen für Luftzwischenräume können erforderlich werden für Lufträume im Dämmstoff oder zwischen dem Dämmstoff und dem angrenzenden Bauwerksteil. Daher wird unterschieden in:

- Zwischenräume zwischen Dämmplatten oder -matten oder zwischen dem Dämmstoff und den Bauteilen in Richtung des Wärmestroms;
- Hohlräume im Dämmstoff oder zwischen dem Dämmstoff und den Bauteilen normal zur Richtung des Wärmestroms.

Der Grund, weshalb Luftspalte unter Umständen eine Korrektur des *U*-Wertes erforderlich machen, liegt darin begründet, dass sie den Wärmedurchgangskoeffizienten verschlechtern. Die Erhöhung (Verschlechterung) des Wärmedurchgangskoeffizienten ergibt sich durch eine zusätzliche Wärmeübertragung durch Strahlung und Konvektion. Der Anstieg hängt dabei von der Größe und Orientierung sowie der Position des Luftspaltes ab.

In der Praxis lassen sich die Luftzwischenräume kaum vermeiden, da sie bereits durch kleine Unterschiede in den Maßen des Dämmproduktes (Maßabweichungen), durch Abweichungen von den geforderten Maßen während des Schneidens und dem Einbau sowie durch die Maßabweichungen, die mit dem Bauwerk selbst und mit seinen Unregelmäßigkeiten verbunden sind, entstehen. Allerdings führen nur Luftzwischenräume, welche die gesamte Dicke der Dämmschicht zwischen der warmen und der kalten Seite durchdringen, zu einem merklichen Anstieg des Wärmedurchgangskoeffizienten. Für diese Zwischenräume ist eine Korrektur des *U*-Wertes gerechtfertigt. Wird die Wärmedämmung dagegen in mehreren Schichten mit versetzten Fugen eingebaut, kann auf eine Korrektur verzichtet werden.

Neben Luftspalten können auch Hohlräume an Bauteilen entstehen. Meist entstehen diese durch nicht ebene Oberflächen im Bauwerk, wenn der Dämmstoff steif und unbiegsam oder nicht ausreichend komprimierbar ist. Bei Mauerwerk können aber auch Mörtelnasen wie Abstandhalter wirken und einen Luftraum zwischen dem Bauwerk und der Dämmschicht entstehen lassen. Besteht zwischen den Hohlräumen und anderen Lufthohlräumen, Luftzwischenräumen, zum Innenraum oder zur Außenumgebung keine Verbindung, wird nur eine geringfügige Korrektur des Wärmedurchgangskoeffizienten erforderlich.

Liegen die beiden beschriebenen Arten von Luftspalten kombiniert vor, können zusätzliche Wärmeverluste infolge Stofftransport auftreten. Dies hat eine größere Korrektur des *U*-Wertes zur Folge.

Zur Vereinfachung der Bestimmung des Korrekturwertes kann die Einbauweise der Wärmedämmung als Grundlage für die Korrektur dienen. Dazu werden drei Korrekturstufen angegeben, die in Tabelle 9.3-1 angegeben sind.

Tabelle 9.3-1
Korrekturstufen und -werte für Luftspalte

Korrektur-stufe	Beschreibung	Korrekturwert $\Delta U''$ in W/(m²K)
0	Keine Luftspalte in der Dämmschicht oder es sind nur kleine Luftspalte vorhanden, die keine wesentliche Wirkung auf den Wärmedurchgangskoeffizienten haben.	0,00
1	Luftzwischenräume, welche die warme und kalte Seite der Dämmschicht verbinden, jedoch keine Luftzirkulation zwischen der warmen und kalten Seite der Dämmschicht verursachen.	0,01
2	Luftzwischenräume, welche die warme und kalte Seite der Dämmschicht verbinden, im Zusammenhang mit Hohlräumen, was zu einer Luftzirkulation zwischen der warmen und kalten Seite der Dämmschicht führt.	0,04

Der Korrekturwert kann aber auch rechnerisch ermittelt werden:

$$\Delta U_{\mathrm{g}} = \Delta U'' \cdot \left(\frac{R_1}{R_{\mathrm{tot}}}\right)^2 \quad \text{in W}/(m^2K) \qquad (9.3\text{-}3)$$

mit: $\Delta U''$ = Korrektur des Wärmedurchgangswiderstands für Luftspalte nach Tabelle 9.3-1 in W/(m²K)
R_1 = Wärmedurchlasswiderstand der Schicht, die Zwischenräume enthält
R_{tot} = Gesamt-Wärmedurchgangswiderstand des Bauteiles (ohne Berücksichtigung von Wärmebrücken)

Korrektur für mechanische Befestigungselemente

Werden Wärmedämmschichten von mechanischen Befestigungselementen durchdrungen, ist dieser lokale Wärmebrückeneinfluss in der wärmeschutztechnischen Berechnung des *U*-Wertes zu berücksichtigen. Beispiele für die Durchdringung einer Dämmschicht von mechanischen Befestigungselementen sind z. B. Maueranker in zweischaligem Mauerwerk, Dübel zur Befestigung der Wärmedämmung z. B. bei hinterlüfteten Natursteinfassaden, Dachbefestigungen oder Befestigungsmittel in Verbundplattensystemen. Die dadurch erforderliche Korrektur des Wärmedurchgangskoeffizienten ergibt sich nach DIN EN ISO 6946 wie folgt:

$$\Delta U_{\mathrm{f}} = \alpha \cdot \frac{\lambda_{\mathrm{f}} A_{\mathrm{f}} n_{\mathrm{f}}}{d_1} \cdot \left(\frac{R_1}{R_{\mathrm{tot}}}\right)^2 \tag{9.3-4}$$

mit: α = Koeffizient, nach DIN EN ISO 6946 ist $\alpha = 0{,}8$, wenn das Befestigungselement die Dämmschicht vollständig durchdringt ($d_0 = d_1$)

α = Koeffizient, nach DIN EN ISO 6946 mit $\alpha = 0{,}8 \cdot d_1/d_0$, wenn das Befestigungselement die Dämmschicht nicht vollständig durchdringt ($d_0 > d_1$)

λ_{f} = Wärmeleitfähigkeit des Befestigungselementes, in W/(mK);

n_{f} = Anzahl der Befestigungselemente je Quadratmeter

A_{f} = Querschnittsfläche eines Befestigungselementes, in m^2

d_0 = Dicke der Dämmschicht, die das Befestigungselement enthält, in m

d_1 = Länge des Befestigungselementes, das die Dämmschicht durchdringt, in m

R_1 = Wärmedurchlasswiderstand der von den Befestigungselementen durchdrungenen Dämmschicht, in m^2K/W

R_{tot} = Gesamt-Wärmedurchgangswiderstand des Bauteiles ohne Berücksichtigung von Wärmebrücken, in m^2K/W

Häufig wird die Dicke des Befestigungselements d_1 auch der Dicke der betreffenden Dämmschicht d_0 entsprechen. Allerdings kann für den Fall, dass das Befestigungselement schräg eingebaut wird, die Dicke d_1 größer sein als die Dämmschichtdicke d_0. Von einer Korrektur kann abgesehen werden, wenn:

- Mauerwerksanker über einer Luftschicht angeordnet sind;
- Mauerwerksanker zwischen einer Mauerwerksschale und einem Holzständer; angeordnet sind;
- wenn die Wärmeleitfähigkeit des Befestigungselementes oder eines Teils davon geringer als 1 W/(mK) ist.

Die näherungsweise Bestimmung des Zuschlagwertes ΔU_{f} kann nicht angewendet werden, wenn beide Enden des Befestigungselementes mit Metallplatten verbunden sind. In diesem Fall ist eine detaillierte Berechnung nach DIN EN ISO 10211 erforderlich.

Wird für den in Abschnitt 6.4 berechneten Wärmedurchgangskoeffizienten der Stahlbetonaußenwand mit vorgehängter hinterlüfteter Natursteinfassade der Korrekturwert für eine mechanische Befestigung der Wärmedämmung (z. B. Mineralwolle nach DIN EN 13162) nach Gleichung 9.3-4 bestimmt, ergibt sich mit:

$\alpha = 0{,}8$
$\lambda_f = 30$ W/(mK)
$n_f = 6/\text{m}^2$
$A_f = 0{,}00024 \text{ m}^2$
$d_1 = 0{,}20$ m
$R_1 = 5{,}71 \text{ m}^2\text{K/W}$
$R_{tot} = 6{,}12 \text{ m}^2\text{K/W}$

$\Delta U = 0{,}15 \text{ W/(m}^2\text{K)}$

$U_c = U + \Delta U = 0{,}16 + 0{,}15 = 0{,}31 \text{ W/(m}^2\text{K)}$

Durch die Korrektur des *U*-Wertes für mechanische Befestigungselemente verdoppelt sich der zuvor bestimmte *U*-Wert des Bauteils (siehe *U*-Wert-Berechnung in Abschnitt 6.4). Um den dort bestimmten *U*-Wert ohne Wärmebrückeneinfluss der Befestigungselemente wieder zu erreichen, müsste die Dämmstoffdicke auf $d = 40$ cm erhöht und damit ebenfalls verdoppelt werden.

Korrekturverfahren für Umkehrdächer

Eine Korrektur des Wärmedurchgangskoeffizienten ist für Umkehrdächer dann anzugeben, wenn im Falle von strömendem Regen Wasser zwischen Dämmung und Dachabdichtung gelangen kann. Das in DIN EN ISO 6946 angegebene Korrekturverfahren gilt nur für Dämmungen aus Polystyrol-Extruderschaum (XPS). Die Korrektur des Wärmedurchgangskoeffizienten für strömendes Wasser zwischen der Dämmschicht und der Dachabdichtung eines Umkehrdaches ergibt sich wie folgt:

$$\Delta U_r = p \cdot f \cdot x \cdot \left(\frac{R_1}{R_{tot}}\right)^2 \tag{9.3-5}$$

mit: p = durchschnittliche Niederschlagsmenge während der Heizperiode, die auf einschlägigen Daten für einen Ort beruht (z. B. von einer Wetterwarte), in mm/Tag

f = Entwässerungsfaktor, der den Anteil an p, der die Dachabdichtung erreicht, angibt, in [-]

x = Faktor für den gestiegenen Wärmeverlust infolge von Regenwasser, das auf die Dachabdichtung strömt, in (Wd)/(m²Kmm)

R_1 = Wärmedurchlasswiderstand der Dämmschicht, die auf der Dachabdichtung liegt, in m²K/W

R_{tot} = Gesamt-Wärmedurchgangswiderstand des Bauteiles ohne Berücksichtigung von Wärmebrücken, in m²K/W

Im Falle von einlagigen Dämmschichten mit Stumpfstößen und offener Abdeckung, z. B. einer Kiesschüttung, auf der Dachabdichtung ist $f_x = 0{,}04$ anzusetzen. Dadurch ergibt sich für diese Anordnung der höchste Wert für ΔU.

Werden Dämmungen verwendet, durch die eine geringere Entwässerung stattfindet, können niedrigere Werte für f_x verwendet werden. Beispiele für Dämmungen mit geringerer Entwässerung sind z. B. Produkte mit anderen Fugenarten (wie z. B. Stufenfalz- oder Nut- und Federverbindungen) oder andere Dachaufbauarten. Wird in den Produktinformationen der Dämmstoffhersteller diese Wirkung nachvollziehbar dokumentiert, darf für den Korrekturwert $f_x < 0{,}4$ angesetzt werden.

10 Mindestwärmeschutz

Gebäude müssen einen ihrer Nutzung und den klimatischen Verhältnissen entsprechenden Wärmeschutz aufweisen (§ 18 MBO). Zu unterscheiden ist zwischen den bauaufsichtlichen Anforderungen des Mindestwärmeschutzes und den erhöhten Anforderungen für einen energiesparenden Wärmeschutz. Für den Mindestwärmeschutz ist DIN 4108-2 die maßgebende Ausführungsnorm.

Tabelle 10-1
Mindestwerte für Wärmedurchlasswiderstände von Bauteilen

Zeile	**Bauteil**	**Wärmedurchlass-widerstand R in [m²K/W]** [b)]
1	Wände beheizter Räume gegen Außenluft, Erdreich, Tiefgaragen, nicht beheizte Räume (auch nicht beheizte Dachräume oder nicht beheizte Kellerräume außerhalb der wärmeübertragenden Umfassungsfläche)	1,20 [c)]
2	Dachschrägen beheizter Räume	1,20
3	Decken beheizter Räume nach oben und Flachdächer	
3.1	– gegen Außenluft	1,20
3.2	– zu belüfteten Räumen zwischen Dachschrägen und Abseitenwänden bei ausgebauten Dachräumen	0,90
3.3	– zu nicht beheizten Räumen, zu bekriechbaren oder noch niedrigeren Räumen	0,90
3.4	– zu Räumen zwischen gedämmten Dachschrägen und Abseitenwänden bei ausgebauten Dachräumen	0,35
4	Decken beheizter Räume nach unten	
4.1	– gegen Außenluft, gegen Tiefgarage, gegen Garagen (auch beheizte), Durchfahrten (auch verschließbare) und belüftete Kriechkeller	1,75 [a)]
4.2	– gegen nicht beheizten Kellerraum	0,90
4.3	– unterer Abschluss von Aufenthaltsräumen (z. B. Sohlplatte) unmittelbar an das Erdreich grenzend bis zu einer Raumtiefe von 5 m	0,90
4.4	– über einem nicht belüfteten Hohlraum, z. B. Kriechkeller, an das Erdreich grenzend	0,90

Tabelle 10-1 (Forts.)
Mindestwerte für Wärmedurchlasswiderstände von Bauteilen

Zeile	Bauteil	Wärmedurchlass-widerstand R in [m²K/W] [b)]
5	Bauteile an Treppenräume	
5.1	– Wände zwischen beheiztem Raum und direkt beheiztem Treppenraum, Wände zwischen beheiztem Raum und indirekt beheiztem Treppenraum [d)]	0,07
5.2	– Wände zwischen beheiztem Raum und indirekt beheiztem Treppenraum	0,25
5.3	– oberer und unterer Abschluss eines beheizten oder indirekt beheizten Treppenraumes	wie Bauteile beheizter Räume
6	Bauteile zwischen beheizten Räumen	
6.1	– Wohnungs- und Gebäudetrennwände zwischen beheizten Räumen	0,07
6.2	– Wohnungstrenndecken, Decken zwischen Räumen unterschiedlicher Nutzung	0,35

[a] Vermeidung von Fußkälte.
[b] Bei erdberührten Bauteilen: konstruktiver Wärmedurchlasswiderstand.
[c] Bei niedrig beheizten Räumen 0,55 m²K/W.
[d] Sofern die anderen Bauteile des Treppenraums die Anforderungen der Tabelle 10-1 erfüllen.

Tabelle 10-1 gilt für Einzelbauteile mit einer flächenbezogenen Gesamtmasse von mindestens 100 kg/m². Erhöhte Anforderungen an den Wärmedurchlasswiderstand gelten für Außenwände, Decken unter nicht ausgebauten Dachräumen und Dächern mit einer flächenbezogenen Masse von weniger als 100 kg/m². In diesem Fall muss der Wärmedurchlasswiderstand $R \geq 1{,}75$ m²K/W betragen.

Für die Speichermasse dürfen nur die inneren Schichten herangezogen werden, die zwischen der Innenraumoberfläche und der ersten Wärmedämmschicht liegen. Dies ist u. a. bei Berechnungen zum sommerlichen Wärmeschutz (siehe Kapitel 16) von Bedeutung. Als Wärmedämmung gilt eine Schicht mit $\lambda \leq 0{,}1$ W/(mK) und $R \geq 0{,}25$ m²K/W, eine stehende Luftschicht bleibt unberücksichtigt. Schichten aus Holz und Holzwerkstoffen dürfen mit dem doppelten Wert ihrer Masse berücksichtigt werden.

Beispiel: Nachweis des Mindestwärmeschutzes

Die Bestimmung des Wärmedurchlasswiderstandes einer Bauteilschicht wird in Abschnitt 6.3 beschrieben. Der Nachweis des Mindestwärmeschutzes erfolgt dabei aus der Summe der Wärmedurchlasswiderstände aller i-Schichten des nachzuweisenden Bauteils: $R = \Sigma\, R_i$ in m^2K/W.

Zum Beispiel beträgt der in Abschnitt 6.4 berechnete Wärmedurchlasswiderstand R der Stahlbetonaußenwand mit vorgehängter hinterlüfteter Natursteinfassade $R = 5{,}86\ m^2K/W$ und erfüllt damit die Anforderungen an den Mindestwärmeschutz nach Tabelle 10-1, Zeile 1 für eine Außenwand:

$R = 5{,}86\ m^2K/W \geq 1{,}2\ m^2K/W$ → Mindestwärmeschutz erfüllt

In der Praxis wird in der Entwurfsphase von Gebäuden häufig lediglich der Wärmedurchlasswiderstand der Wärmedämmschicht mit den Anforderungen des Mindestwärmeschutzes verglichen. Mit dieser vereinfachten Betrachtung werden dabei, auf der sicheren Seite liegend, alle weiteren Bauteilschichten (mit meist deutlich geringeren Wärmedurchlasswiderständen als die Wärmedämmung) vernachlässigt. In dem Berechnungsbeispiel aus Abschnitt 6.4 ergibt sich beispielsweise der Wärmedurchlasswiderstand der Wärmedämmschicht mit $R_{\text{Dämmschicht}} = 5{,}71\ m^2K/W$ in einer vergleichbaren Größenordnung wie für das gesamte Bauteil. D. h., allein mit dieser Dämmschicht kann (unter Vernachlässigung aller weiteren, weniger gut dämmenden Bauteilschichten) der Mindestwärmeschutz nachgewiesen werden.

11 Wärmebrücken

Als Wärmebrücke wird eine Stelle erhöhter Wärmedurchlässigkeit in einem sonst gut dämmenden Bauteil bezeichnet. Die Wirkung der Wärmebrücke ist selbstverständlich erst dann gegeben, wenn dieses Bauteil eine Konstruktion ist, die zwei Temperaturbereiche voneinander trennt, bei einer Außenwand im Winter also den beheizten Innenraum von der Außenluft. Ein Beispiel für eine konstruktive Wärmebrücke in einer Dachkonstruktion zeigt Abbildung 11-1.

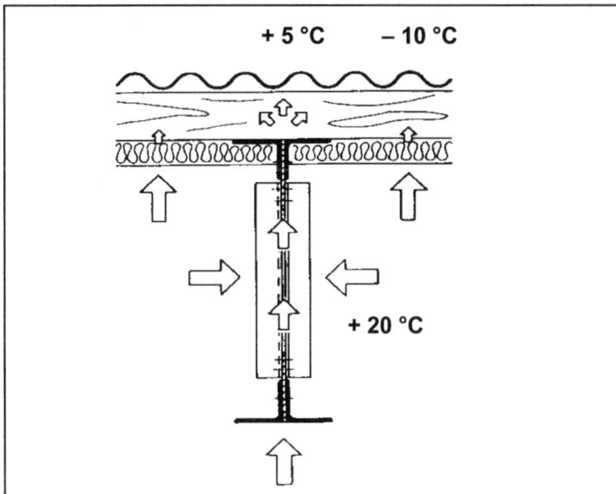

Abb. 11-1
Konstruktive Wärmebrücke infolge Unterbrechung der Wärmedämmschicht am Obergurt eines Fachwerkbinders; die sich dort einstellende Temperatur bewirkt das Abschmelzen der Schneeauflage auf dem Dach sowie Kondensation mit abtropfendem Tauwasser [38]

Wärmebrücken können sich sowohl auf den Wärmeschutz als auch auf den Feuchteschutz auswirken. Im ersten Fall bewirkt die Wärmebrücke durch ihren erhöhten Wärmedurchgang eine Verschlechterung des mittleren *U*-Wertes der Gesamtkonstruktion, und dies umso stärker, je besser die Wärmedämmung des ungestörten Bereichs ist. Im zweiten Fall erhöht sich durch die Absenkung der Oberflächentemperatur an der raumzugewandten Seite die Gefahr der Tauwasserbildung.

Dies kann zu verschiedenen Schäden führen, wie:

- erhöhte Staub- und Schmutzablagerung an feuchten Stellen,
- Schimmelpilzbildung,
- Angriff von tierischen und pflanzlichen Schädlingen,
- Korrosion,
- Abblättern von Putzen, Anstrichen, Tapeten,
- Frostschäden und
- Salzausblühungen.

Im Bereich der Wärmebrücke ist an der Außenseite eine erhöhte Oberflächentemperatur feststellbar. Damit kann man derartige Stellen mit Infrarotkameras aufspüren (Thermografie ⇒ DIN EN 13187 – Wärmetechnisches Verhalten von Gebäuden – Qualitativer Nachweis von Wärmebrücken in Gebäudehüllen – Infrarot-Verfahren).

Bei schneebedeckten Dachoberflächen sind diese Stellen durch intensiveres Abschmelzen des Schnees auszumachen. Schließlich ist bei allen Dauereinwirkungen von erhöhter Feuchtigkeit mit einer Minderung des Wärmeschutzes zu rechnen, da mit zunehmendem Wassergehalt die Wärmeleitfähigkeit poröser Baustoffe ansteigt.

Entsprechend den Eigenarten der Bauteile sowie in Abhängigkeit der verschiedenen Wärmetransportvorgänge sind unterschiedliche Arten von Wärmebrücken zu beachten:

- **Konstruktive bzw. stoffbedingte Wärmebrücken**, mit einem Wechsel der Wärmeleitfähigkeiten innerhalb einer oder mehrerer Bauteilschichten, z. B. Stahlträger in einer Mauerwerkswand
- **Geometrische Wärmebrücken**, mit einer Vergrößerung der wärmeaufnehmenden oder -abgebenden Fläche, z. B. bei Gestaltänderung
- **Konvektive Wärmebrücken**, bei denen ein Wärmetransport durch Wärmemitführung bedingt durch Fugendurchlässigkeiten entsteht
- **Umgebungsbedingte Wärmebrücken**, mit örtlich unterschiedlichen Oberflächentemperaturen bzw. Energieangeboten, z. B. Heizkörper hinter Außenwänden.

Es sind auch Kombinationen der aufgeführten Arten möglich. Wärmebrücken können ferner linienartig (zweidimensional) oder auch punktförmig (dreidimensional) auftreten.

11.1 Konstruktive und stoffbedingte Wärmebrücken

Die Wirkung von konstruktiven bzw. stoffbedingten Wärmebrücken ergibt sich infolge eines Wechsels der Wärmeleitfähigkeiten mit linienartiger Ausdehnung innerhalb einer oder mehrerer Bauteilschichten. Punktartige Wärmebrücken ergeben sich vor allem bei Durchdringungen von Befestigungsmitteln durch Wärmedämmschichten. Bei beiden Arten ist selbstverständlich die Wärmebrückenwirkung erst dann gegeben, wenn das Bauteil zwei unterschiedliche Temperaturbereiche voneinander trennt, wie dies bei Umfassungsbauteilen die Regel ist.

Bei den rechnerischen Nachweisen des Wärmeschutzes wird üblicherweise von eindimensionalen Wärmeströmen ausgegangen. Diese Voraussetzung ist immer dann genügend genau erfüllt, wenn das Bauteil eben und parallel begrenzt sowie möglichst weit ausgedehnt ist. Für die Praxis galt dies nach der zwischenzeitlich zurückgezogenen DIN 4108-5 noch erfüllt, wenn die *R*-Werte benachbarter Bereiche sich höchstens um den Faktor 5 unterschieden. In den neuen europäischen Normen wird dies nicht mehr so geregelt. Ist die Voraussetzung eines eindimensionalen Wärmetransports nicht mehr gegeben, sind mehrdimensionale Temperatur- und Adiabatenfelder zu erwarten.

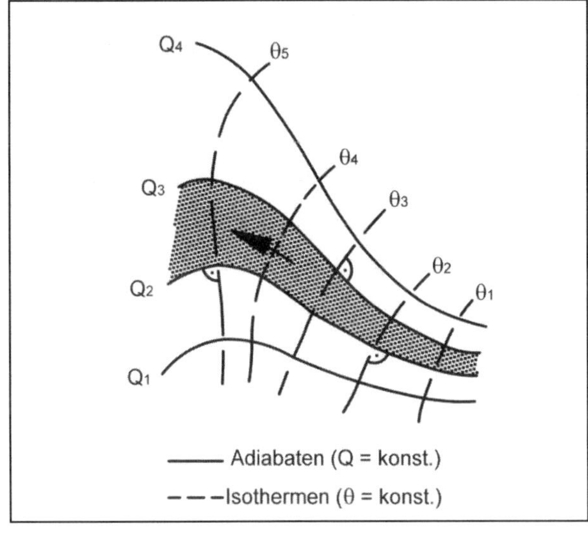

Abb. 11.1-1
Zweidimensionale Isothermen- und Adiabatenfelder; Isothermen (Linien gleicher Temperaturen) und Adiabaten (Wärmestromlinien) verlaufen senkrecht zueinander [38]

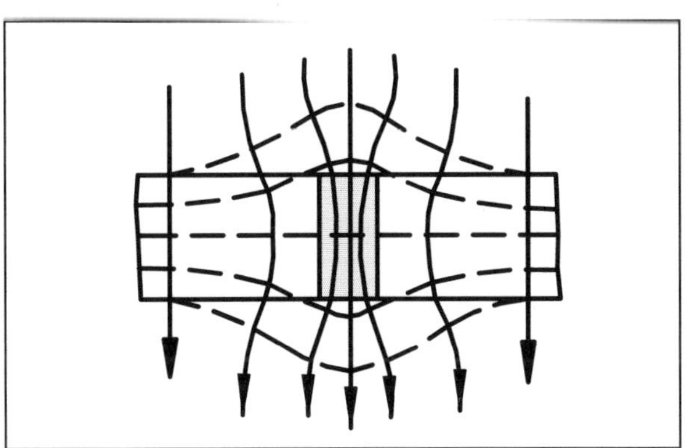

Abb. 11.1-2
Schematische Darstellung einer konstruktiven Wärmebrücke; die Adiabaten sind zur Wärmebrücke hin gekrümmt und verdichten sich dort; die Isothermen wölben sich auf [38]

Für den zweidimensionalen Wärmestromverlauf ergibt sich für die Wärmestromdichte an linienartigen Wärmebrücken mit der Wärmeleitfähigkeit λ :

$$q = -\lambda \cdot \left(\frac{\partial \theta}{\partial x}; \frac{\partial \theta}{\partial y}\right) \quad \text{in W/m}^2 \qquad (11.1\text{-}1)$$

Für stationäre Randbedingungen wird wegen q = const die partielle Ableitung nach x und y des Temperaturfeldes $\theta = \theta(x,y)$ zu

$$\frac{\partial^2 \theta}{\partial x^2} + \frac{\partial^2 \theta}{\partial y^2} = 0 \qquad (11.1\text{-}2)$$

Für die numerische Behandlung werden üblicherweise Computerprogramme verwendet. Zur Untersuchung einer Konstruktion mit linienartigen Wärmebrücken wird der Bauteilquerschnitt so elementiert, dass die Grenzen mit der Oberfläche übereinstimmen. Die Mittelpunkte der Elemente stellen die Temperaturknoten dar. Je feiner die Unterteilung ist, umso genauer wird das Rechenergebnis. Der Rechenaufwand steigt aber auch entsprechend an.

Mit diesen Methoden wurden bislang eine ganze Reihe von standardmäßigen Details untersucht, die teilweise auch schon auf CD-ROM (Hauser) vorliegen. Einige Beispiele sind nachfolgend aufgeführt (Abb. 11.1-3).

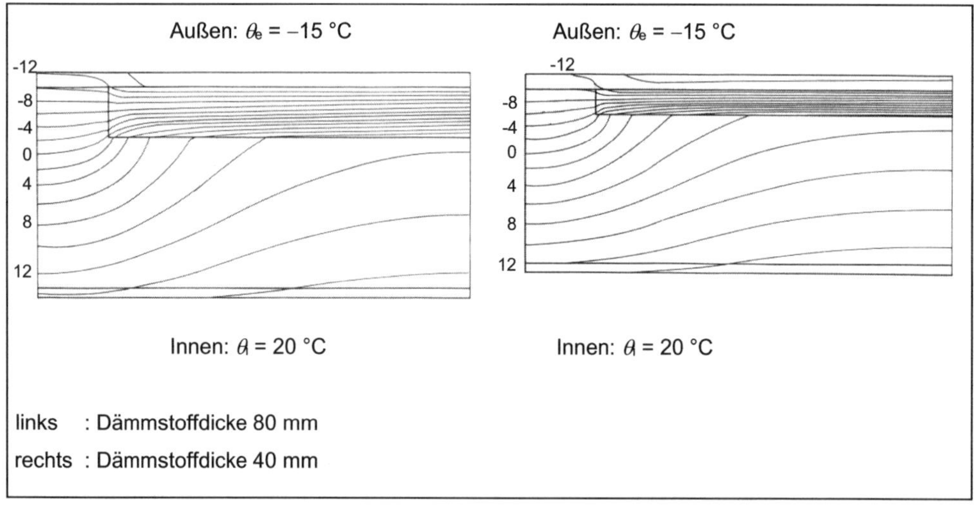

Abb. 11.1-3

Isothermenverläufe in einer Mauerwerkswand mit Wärmebrücke mit $2 \cdot d$ = 24 cm; Randbedingungen: θ_e = – 15 °C, θ_i = + 20 °C, R_{si} = 0,17 m²K/W [12]

Bei der Berechnung werden einerseits die Temperaturfelder ermittelt, andererseits interessieren aber auch die örtlichen Erhöhungen des Wärmedurchgangs. Bei linearen Wärmebrücken werden diese mit dem längenbezogenen Wärmedurchgangskoeffizienten Ψ beschrieben.

Ein Beispiel für eine linienartige Wärmebrücke mit „Ausbreitungseffekt" (Einflussbereich der Wärmebrücke) ist die nachfolgend dargestellte Stahlkassettenkonstruktion (Abb. 11.1-4).

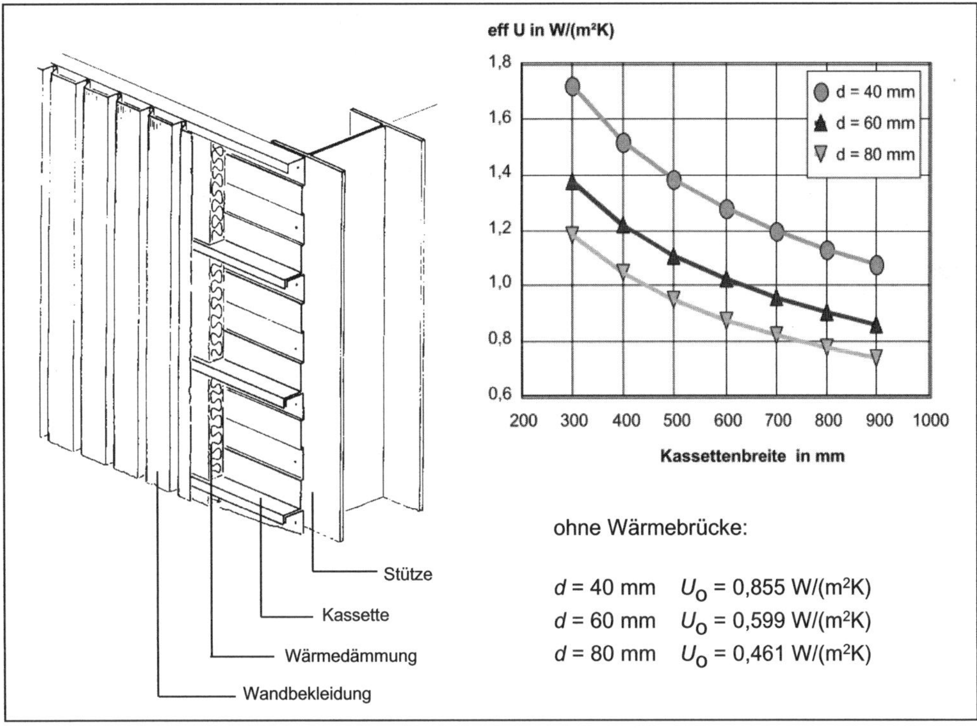

Abb. 11.1-4
Industriewand aus Stahlkassetten [22]. Erhöhung des Wärmedurchganges infolge Wärmebrückenwirkung;
Verstärkung durch „Ausbreitungseffekt" (d. h. Einflussbereich der Wärmebrücke).

Punktartige Wärmebrücken sind Stellen, die in der Bauteilebene in beiden Richtungen nur geringfügig ausgedehnt sind. Bei Wandkonstruktionen werden dies vor allen Dingen Befestigungen sein, die durch Wärmedämmstoffschichten hindurchgehen.

Dies lässt sich z. B. bei hinterlüfteten Fassaden konstruktiv oftmals nicht vermeiden. Die energetische Wirkung wird üblicherweise durch einen ΔU-Wert berücksichtigt.

11.2 Geometrische Wärmebrücken, Winkel und Ecken

Geometrische Wärmebrücken ergeben sich aus einer Vergrößerung der wärmeaufnehmenden oder -abgebenden Fläche sowie bei der Gestaltänderung des Bauteils. Ein Beispiel hierzu ist die Außenecke einer Wand.

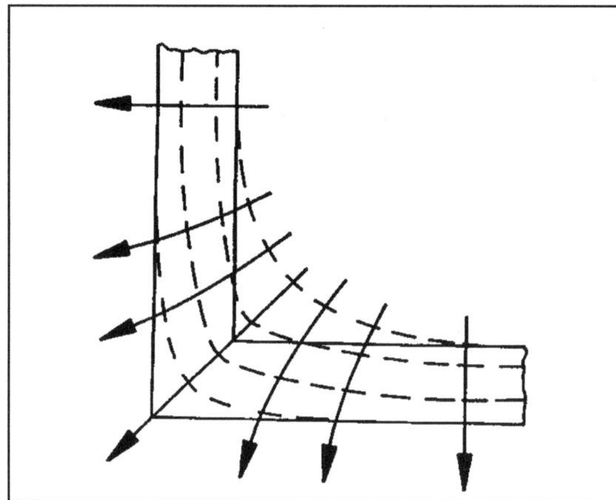

Abb. 11.2-1
Schematische Darstellung der Wärmebrückenwirkung einer Ecke (zweidimensional) [8]

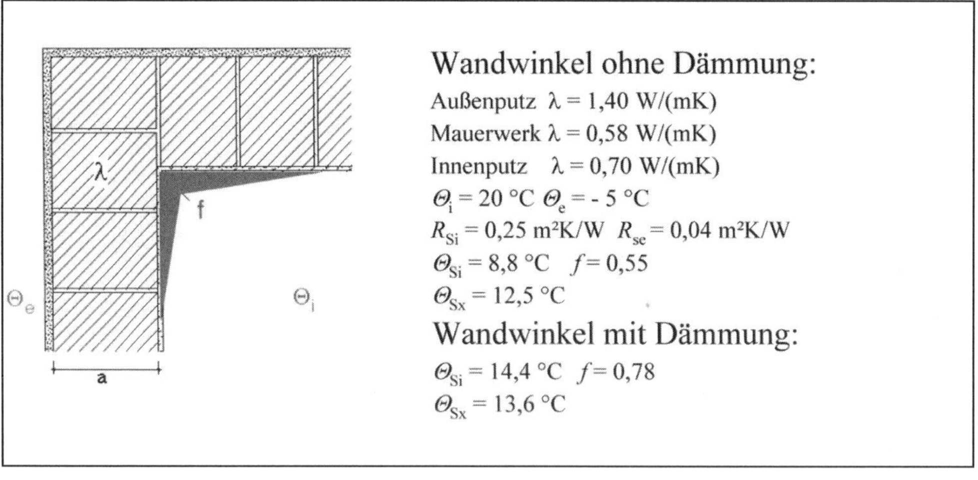

Abb. 11.2-2
Numerische Untersuchung einer zweidimensionalen Raumecke [33]. Verbesserung des Wärmeschutzes einer Raumecke durch Anordnung einer keilförmigen Wärmedämmung. Diese Lösung bietet sich als Hilfsmaßnahme an, wenn hartnäckiger Schimmelbefall in Außenwandecken auftritt. Das Beispiel mit den dargestellten Werten wurde mit einer Schenkellänge von 50 cm gerechnet (maximale Dicke in der Ecke 40 mm).

Anstelle der Oberflächentemperatur an der kritischen Stelle kann auch der Temperaturfaktor f verwendet werden. Er erlaubt von den realen Klimabedingungen unabhängige Aussagen.

Der Temperaturfaktor ist wie folgt definiert:

$$f = \frac{\theta_{si} - \theta_e}{\theta_i - \theta_e} \qquad (11.2\text{-}1)$$

mit: θ_{si} = raumseitige Oberflächentemperatur in °C
θ_i = Innentemperatur in °C
θ_e = Außentemperatur in °C

Die Werte des Temperaturfaktors können (theoretisch) zwischen 0 und 1 liegen. Ein Temperaturfaktor $f = 1$ entspricht der Raumlufttemperatur während $f = 0$ die Außentemperatur wiedergibt.

Mit einem bekannten Temperaturfaktor f ist es möglich, die raumseitigen Oberflächentemperaturen zu berechnen. Aus Gleichung (11.2-1) folgt:

$$\theta_{si} = f \cdot (\theta_i - \theta_e) + \theta_e \qquad (11.2\text{-}2)$$

Ein f-Wert von 0,70 entspricht somit bei einer Raumlufttemperatur von 20 °C und einer Außenlufttemperatur von – 5 °C einer Oberflächentemperatur von

$$\theta_{si} = 0{,}70 \cdot (20 - (-5)) + (-5) = 12{,}5\ °C$$

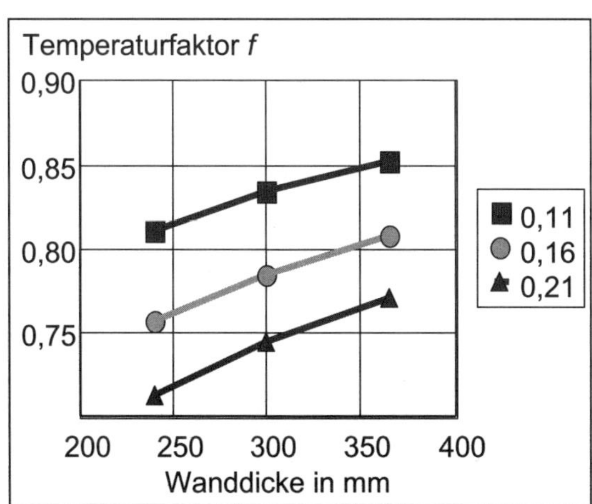

Abb. 11.2-3
Numerische Untersuchung einer zweidimensionalen Raumecke aus beidseits verputztem Mauerwerk; Einfluss von Wanddicke und Wärmeleitfähigkeit auf den Temperaturfaktor

Nach DIN 4108-2 ist bei Ecken von Außenbauteilen mit gleichartigem Aufbau ein rechnerischer Nachweis nicht erforderlich, wenn die Außenwandbauteile die Anforderungen des Mindestwärmeschutzes erfüllen (d. h. $R \geq 1{,}2$ m²K/W). Davon abweichende Konstruktionen sind nachweispflichtig, wobei der Temperaturfaktor die Anforderung $f > 0{,}70$ zu erfüllen hat. Die Begründung hierfür ergibt sich aus der erforderlichen Sicherheit gegen Tauwasser- bzw. Schimmelpilzbildung.

Alle konstruktiven, geometrischen und stoffbedingten Wärmebrücken, die beispielhaft im Beiblatt 2 zu DIN 4108 aufgeführt sind, gelten als ausreichend wärmegedämmt.

11.3 Zusätzliche Wärmeverluste durch Wärmebrücken

Die durch Wärmebrücken zusätzlich entstehenden Transmissionswärmeverluste werden durch den Wärmebrückenverlustkoeffizienten Ψ beschrieben. Dieser gibt die Wärmebrückenverluste an, die bei linienförmigen Wärmebrücken pro laufendem Meter, bezogen auf 1 K Temperaturdifferenz entstehen. Die Einheit ist W/(mK).

Im Beiblatt 2 zur DIN 4108 sind Planungs- und Ausführungsbeispiele zur Verminderung von Wärmebrückenwirkungen enthalten. Dabei werden in dem Beiblatt unterschiedliche Prinzipskizzen von Anschlussdetails aus dem Hochbau (vor allem aus dem Wohnungsbau) dargestellt.

Bemessungswerte des längenbezogenen Wärmedurchgangskoeffizienten Ψ und der Temperaturfaktoren f_{Rsi} können Wärmebrückenkatalogen (die ersten Kataloge stammten z. B. von Hauser/Stiegel [12] und Mainka/Paschen [29]) entnommen werden oder mittels geeigneter Softwareprogramme nach DIN EN ISO 10211 berechnet werden. Vereinfachte Rechenverfahren sowie Anhaltswerte für den Wärmebrückenverlustkoeffizienten werden außerdem in DIN EN ISO 14683 beschrieben.

Bei der Ermittlung des Heizwärmebedarfs Q_{h} nach DIN V 4108-6 werden die durch Wärmebrücken entstehenden Wärmeverluste durch einen zusätzlichen Wärmedurchgangskoeffizienten ΔU_{WB} erfasst. Auf diesen soll in Kapitel 18 – Energiesparender Wärmeschutz – näher eingegangen werden.

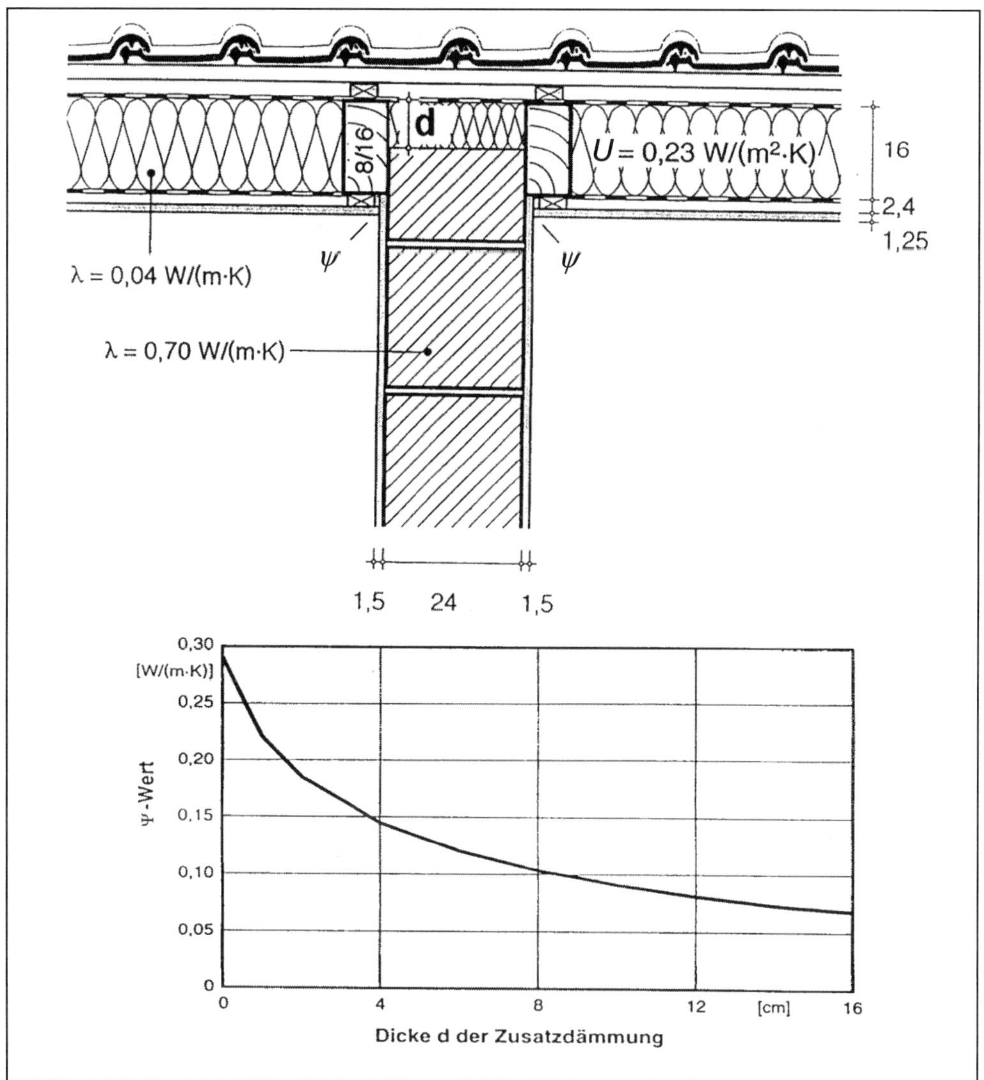

Abb. 11.3-1
Wärmebrückeneinfluss einer Innenwandeinbindung im Dachbereich; Darstellung des Wärmebrückenverlustkoeffizienten ψ in Abhängigkeit der Dicke d einer Zusatzdämmung [12]

12 Wärmeübertragung erdberührender Bauteile

Die Wärmeübertragung vom Bauwerk an das Erdreich ist durch mehrdimensionale und instationäre Vorgänge gekennzeichnet. Dabei treten wegen der Wärmespeicherfähigkeit des Erdreichs zeitliche Verzögerungen auf, die in der Größenordnung von einem Vierteljahr liegen können [38]. Abb.12-1 zeigt den Verlauf von Isothermen und Wärmestromlinien unter einer Bodenplatte.

Die wärmeschutztechnischen Kennwerte von nicht unterkellerten Bodenplatten lassen sich aus DIN EN ISO 13370 ermitteln. Mit den in der Norm genannten Berechnungsmöglichkeiten sind Aussagen bezüglich der Wärmeverluste erdberührender Bauteile über das Erdreich an die Außenluft möglich. Hierzu müssen die maßgeblichen Parameter und Randbedingungen (Einbausituation und wärmedämmtechnische Qualität der erdberührenden Bauteile, Größe der erdberührenden Flächen, Einbautiefen sowie Wärmeleitfähigkeit des Erdreichs) bestimmt werden. Die erforderlichen Kennwerte des Erdreichs ergeben sich aus Tabelle 12-1. Unter Umständen sind auch das Vorhandensein und die Lage von Grundwasserströmen zu erfassen.

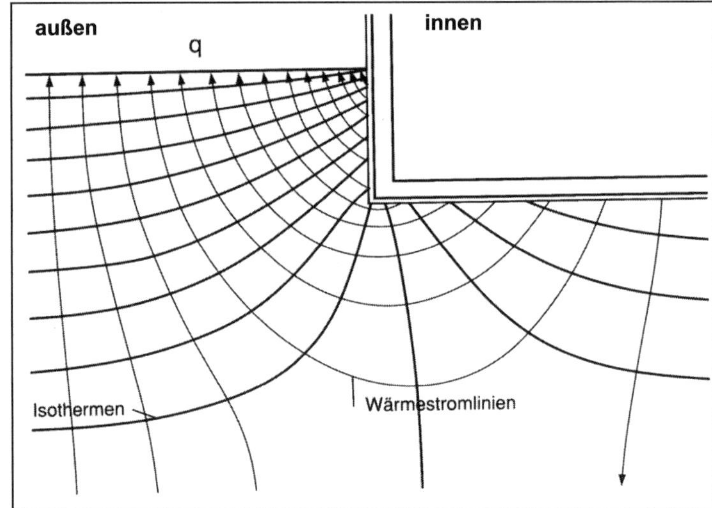

Abb. 12-1
Isothermen und Wärmestromlinien unter einer Bodenplatte [38]

Hinsichtlich der Einbausituation von erdberührenden Bauteilen wird in DIN EN ISO 13370 zwischen folgenden Möglichkeiten unterschieden:

- Bodenplatte auf Erdreich, ungedämmt oder mit vollflächiger Dämmung
- Bodenplatte auf Erdreich, ungedämmt oder mit vollflächiger Dämmung mit Randdämmung
- aufgeständerte Bodenplatte

- beheizter Keller
- unbeheizter oder teilbeheizter Keller.

Tabelle 12-1
Stoffeigenschaften des Erdreichs

Kategorie	Beschreibung	Wärmeleitfähigkeit λ in W/(mK)	Volumenbezogene Wärmekapazität $\rho \cdot c$ in J/(m³K)
1	Ton, Schluff	1,5	$3 \cdot 10^6$
2	Sand, Kies	2,0	$2 \cdot 10^6$
3	Homogener Fels	3,5	$2 \cdot 10^6$

Die Bestimmung des Wärmedurchgangskoeffizienten U dient dazu, einen bekannten Vergleichswert zur wärmetechnischen Einstufung der erdberührenden Bauteile zu liefern. Weiterhin geht der U-Wert in die Gleichung zur Ermittlung des stationären thermischen Leitwertes L_S ein. Dieser gibt den Wärmeverlust über das Bauteil an die Außenluft an, wobei die Größe des Wertes nur von der Temperaturdifferenz zwischen zwei Bereichen unter stationären Bedingungen abhängt. Somit ist der thermische Leitwert eine projektbezogene Größe, während der U-Wert einen bauteilbezogenen Wert angibt.

12.1 Bodenplatte auf Erdreich, ungedämmt oder mit vollflächiger Dämmung nach DIN EN ISO 13370

Bodenplatten auf Erdreich befinden sich über ihre gesamte Fläche in Kontakt mit dem Erdreich (siehe Abb. 12.1-1). Dabei können diese Platten ungedämmt oder gleichmäßig über die gesamte Fläche (oberhalb, unterhalb oder innerhalb der Platte) gedämmt sein.

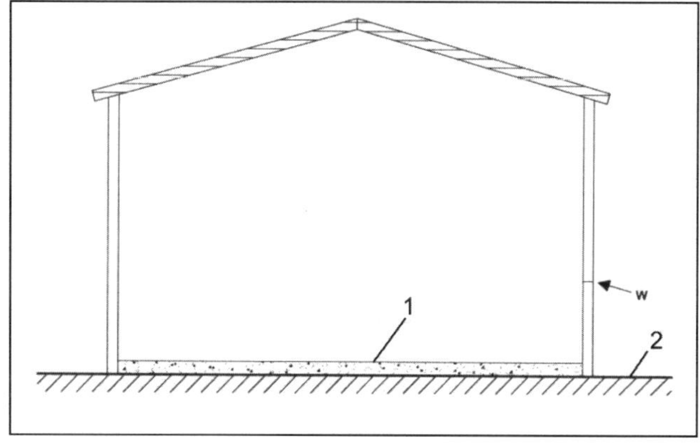

Abb. 12.1-1
Schematische Darstellung einer erdberührenden Bodenplatte nach DIN EN ISO 13370

1: Bodenplatte
2: Erdreich

Bei Bodenplatten auf Erdreich ist zur Berücksichtigung der Plattengeometrie das so genannte charakteristische Bodenplattenmaß *B* eingeführt worden. Dieses ergibt sich aus der Grundplattenfläche und dem exponierten Umfang der Bodenplatte:

$$B = \frac{A}{0{,}5 \cdot P} \quad \text{in m} \qquad (12.1\text{-}1)$$

mit: A = Grundplattenfläche in m^2
P = exponierter Umfang der Bodenplatte in m

Das charakteristische Bodenplattenmaß *B* drückt aus, ob es sich um eine schmale Bodenplatte mit großen Wärmeströmen zu den Rändern handelt oder ob die betrachtete Platte durch eine eher quadratische Form längere Wege der Wärmeströme zur Außenluft und somit einen höheren Wärmedurchlasswiderstand der Konstruktion bedingt.

In Gleichung 12.1-1 beinhaltet die Fläche der Grundplatte *A* die Bodenflächen des beheizten Gebäudes. Der exponierte Umfang *P* ergibt sich aus der Summe der äußeren Abmessungen der beheizten Bodenplatte. Schließt die Bodenplatte an beheizte Bereiche an (z. B. bei Reihenhäusern), sind die Grenzlinien zum beheizten Bereich nicht im Umfang *P* zu berücksichtigen. Bei einer unendlich langen Platte ist *B* die Bodenplattenbreite; für eine quadratische Platte ist *B* die Hälfte einer Seitenlänge. Der Einfluss des charakteristischen Maßes *B* auf den über die Grundfläche gemittelten Wärmedurchgangskoeffizienten ist aus Abb. 12.1-2 ablesbar.

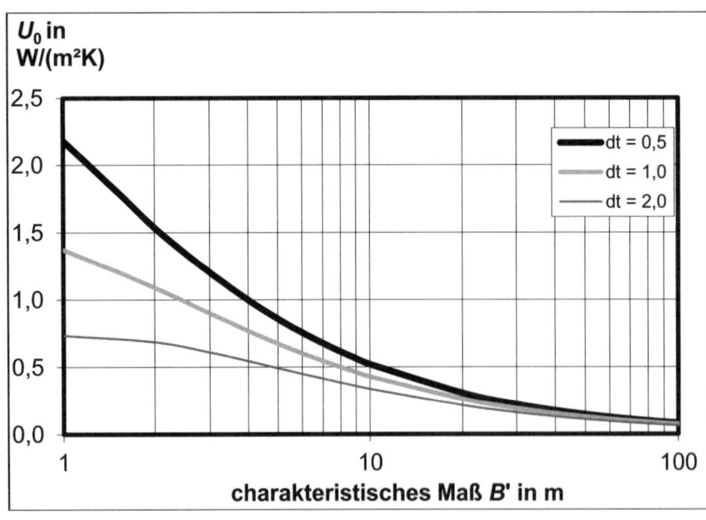

Abb. 12.1-2 Mittlerer Wärmedurchgangskoeffizient einer ungedämmten Betonplatte in Abhängigkeit des charakteristischen Maßes *B* und der wirksamen Gesamtdicke d_t

Der Grundwert des Wärmedurchgangskoeffizienten einer Bodenplatte ist vom charakteristischen Bodenplattenmaß B und von der wirksamen Gesamtdicke d_t abhängig. Letztere ergibt sich aus:

$$d_t = w + \lambda(R_{si} + R_f + R_{se}) \qquad \text{in m} \qquad (12.1\text{-}2)$$

mit: w = Dicke der Außenwand in m (alle Schichten)
λ = Wärmeleitfähigkeit des ungefrorenen Erdreichs
R_{si} = innerer Wärmeübergangswiderstand nach DIN EN ISO 6946
R_{se} = äußerer Wärmeübergangswiderstand nach DIN EN ISO 6946
R_f = Wärmedurchlasswiderstand der Bodenplatte

Die wirksame Gesamtdicke d_t steht mit der realen Grundplattendicke unter Verwendung der bereits erklärten Formelzeichen in folgendem Zusammenhang:

$$d_{Beton} = \lambda_{Beton}\left(\frac{d_t - w}{\lambda} - R_{si} - R_{se}\right) \qquad \text{in m} \qquad (12.1\text{-}3)$$

Mit den Gleichungen 12.1-1 und 12.1-2 folgt der Grundwert des Wärmedurchgangskoeffizienten einer Bodenplatte für $d_t < B$ einer ungedämmten oder leicht gedämmten Bodenplatte aus:

$$U_0 = \frac{2\lambda}{\pi \cdot B' + d_t} \ln\left(\frac{\pi \cdot B}{d_t} + 1\right) \qquad \text{in W/(m}^2\text{K)} \qquad (12.1\text{-}4)$$

und für $d_t \geq B'$ einer gut gedämmten Bodenplatte aus:

$$U_0 = \frac{\lambda}{0{,}457B' + d_t} \qquad \text{in W/(m}^2\text{K)} \qquad (12.1\text{-}5)$$

Bei Bodenplatten ohne Randdämmung ist:

$$U = U_0 \qquad \text{in W/(m}^2\text{K)} \qquad (12.1\text{-}6)$$

Und bei Bodenplatten mit Randdämmung ist:

$$U = U_0 + 2 \cdot \Delta\psi / B' \qquad \text{in W/(m}^2\text{K)} \qquad (12.1\text{-}7)$$

Der stationäre thermische Leitwert ist

$$L_S = A \cdot U_0 + P \cdot \Delta\psi \qquad \text{in W/K} \qquad (12.1\text{-}8)$$

In den Gleichungen 12.1-7 und 12.1-8 steht $\Delta\psi$ (in W/m) für den Korrekturwert des Wärmedurchgangskoeffizienten bei einer vorhandenen Randdämmung der Bodenplatte und wird nach Gleichung 12.2.1-1 bestimmt.

12.2 Bodenplatte auf Erdreich mit Randdämmung

Eine Bodenplatte auf Erdreich kann mit einer Randdämmung versehen sein. Diese ist entweder waagerecht oder senkrecht um den Umfang der Bodenplatte angeordnet. Für die wärmetechnische Betrachtung solcher Bodenplatten ist zunächst der Grundwert des Wärmedurchgangskoeffizienten U_0 nach Abschnitt 12.1 zu ermitteln, wobei die Randdämmung unberücksichtigt bleibt. Diese wird anschließend durch den Korrekturwert $\Delta\psi$ in Gleichung 12.1-7 erfasst. Die Gleichungen zur Berücksichtigung einer waagerechten bzw. senkrechten Randdämmung schließen die wirksame Dicke d' ein, die sich aus der Randdämmung ergibt:

$$d' = R' \cdot \lambda \qquad \text{in m} \qquad (12.2\text{-}1)$$

mit R' als zusätzlichem Wärmedurchlasswiderstand der Randdämmung

$$R' = R_\text{n} - \frac{d_\text{n}}{\lambda} \qquad \text{in m}^2\text{K/W} \qquad (12.2\text{-}2)$$

mit: R_n = Wärmedurchlasswiderstand der waagerechten oder senkrechten Randdämmung in m²K/W
d_n = Dicke der Randdämmung oder Gründung in m

12.2.1 Waagerechte Randdämmung

Für eine waagerechte auf dem Umfang der Bodenplatte angeordnete Dämmung nach Abbildung 12.2.1-1 ergibt sich der Korrekturwert $\Delta\psi$ wie folgt:

$$\Delta\psi = -\frac{\lambda}{\pi}\left[\ln\left(\frac{D}{d_\text{t}} + 1\right) - \ln\left(\frac{D}{d_\text{t}+d'} + 1\right)\right] \qquad \text{in W/(mK)} \qquad (12.2.1\text{-}1)$$

mit: $\Delta\psi$ = Korrekturwert zum Wärmedurchgangskoeffizienten bei vorhandener Randdämmung in W/(mK)
D = Breite der waagerechten Randdämmung
d_t = wirksame Gesamt-Dicke nach Gl. 12.1-2 in m
d' = wirksame Dicke nach Gl. 12.2-1 in m

1: Bodenplatte
2: Waagerechte Randdämmung mit Breite *D*
3: Wand bzw. Gründung mit Dicke *w*

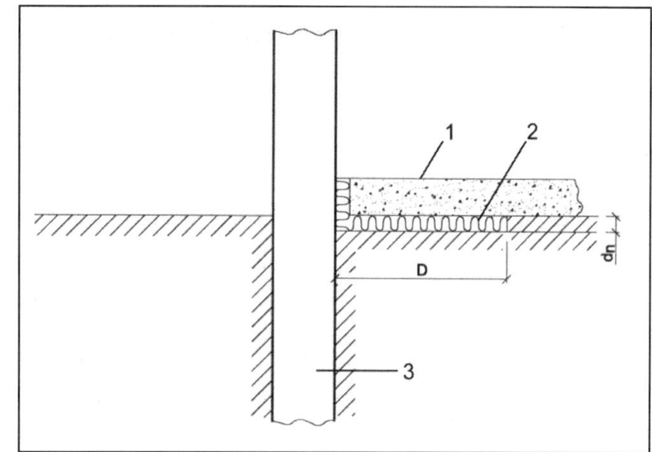

Abb. 12.2.1-1
Schematische Darstellung einer waagerechten Randdämmung nach DIN EN ISO 13370

12.2.2 Senkrechte Randdämmung

Für eine senkrechte im Erdreich entlang des Umfangs der Bodenplatte angeordnete Dämmung nach Abbildung 12.2.2-1 ergibt sich der Korrekturwert $\Delta\psi$ wie folgt:

$$\Delta\psi = -\frac{\lambda}{\pi}\left[\ln\left(\frac{2D}{d_t}+1\right)-\ln\left(\frac{2D}{d_t+d'}+1\right)\right] \quad \text{in W/(mK)} \quad (12.2.2\text{-}1)$$

1: Bodenplatte
2: Senkrechte Randdämmung mit der Breite *D*
3: Wand bzw. Gründung mit der Dicke *w*

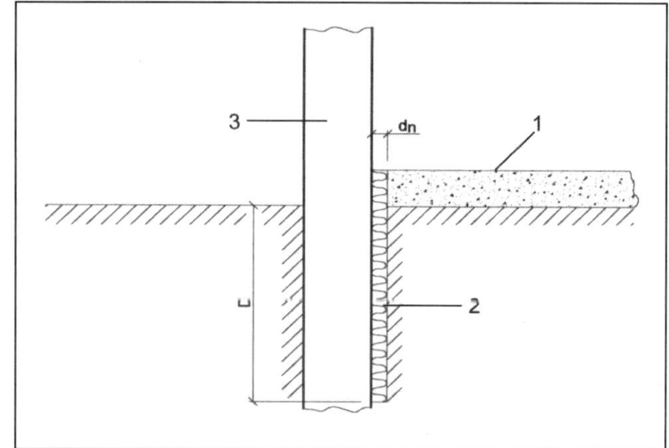

Abb. 12.2.2-1
Schematische Darstellung einer senkrechten Randdämmung (Dämmschicht) nach DIN EN ISO 13370

Für die Berechnung von aufgeständerten Bodenplatten mit belüftetem Kriechkeller sowie beheizter und unbeheizter Keller wird auf DIN EN ISO 13370 verwiesen.

12.3 Wärmestrom an das Erdreich

Für die Berechnung des Wärmestroms an das Erdreich stehen im Anhang der DIN EN ISO 13370 drei Verfahren zur Verfügung:

- Wärmestrom über das Erdreich für jeden Monat getrennt
- mittlerer Wärmestrom über das Erdreich während der Heizperiode
- mittlerer jährlicher Wärmestrom über das Erdreich.

Eine Berechnung des monatlichen Wärmestroms wird durchgeführt, wenn die große thermische Trägheit des Erdreichs berücksichtigt werden soll. Ist dagegen eine hinreichende Näherung ausreichend (zum Beispiel bei langen Heizperioden), kann der mittlere jährliche Wärmestrom bestimmt werden. Häufig interessiert jedoch der mittlere Wärmestrom über das Erdreich während der Heizperiode. Dieser lässt sich berechnen aus:

$$\Phi = L_S \cdot \Delta T - \gamma \cdot L_{pi} \cdot \hat{\theta}_i + \gamma \cdot L_{pe} \cdot \hat{\theta}_e \qquad (12.3\text{-}1)$$

mit: L_S = stationärer thermischer Leitwert in W/K
L_{pi} = innerer harmonischer Leitwert in W/K
L_{pe} = äußerer harmonischer Leitwert in W/K
$\hat{\theta}_i$ = Amplitude der Schwankung des Monatsmittels der Innentemperatur in K
$\hat{\theta}_e$ = Amplitude der Schwankung des Monatsmittels der Außentemperatur in K

In Gleichung 12.3-1 lässt sich γ mit n als Summe der Monate in der Heizperiode wie folgt bestimmen:

$$\gamma = \frac{12}{n \cdot \pi} \cdot \sin\left(\frac{n \cdot \pi}{12}\right) \qquad (12.3\text{-}2)$$

Die harmonischen Leitwerte infolge der Schwankung der Innen- bzw. Außentemperatur ergeben sich für Bodenplatten auf Erdreich (ungedämmt oder mit vollflächiger Dämmung) aus:

$$L_{pi} = A \cdot \frac{\lambda}{d_t} \sqrt{\frac{2}{(1+\delta/d_t)^2+1}} \quad \text{in W/K} \qquad (12.3\text{-}3)$$

$$L_{pe} = 0{,}37 \cdot P \cdot \lambda \cdot \ln\left(\frac{\delta}{d_t} + 1\right) \quad \text{in W/K} \qquad (12.3\text{-}4)$$

In Gleichung 12.3-3 steht der Wert δ für die periodische Eindringtiefe, die wie folgt zu bestimmen ist:

$$\delta = \sqrt{\frac{3{,}15 \cdot 10^7 \cdot \lambda}{\pi \cdot \rho \cdot c}} \quad \text{in m} \qquad (12.3\text{-}5)$$

mit: λ = Wärmeleitfähigkeit des Erdreichs in W/(m²K)
ρc = volumenbezogene Wärmekapazität in J/(m³K)

Für die in Tabelle 12-1 aufgeführten Arten an Erdreich sind die Näherungswerte der periodischen Eindringtiefe δ in Tabelle 12.3-1 angegeben.

Tabelle 12.3-1
Näherungswerte für die periodische Eindringtiefe δ

Kategorie	Beschreibung	Periodische Eindringtiefe δ in m
1	Ton, Schluff	2,2
2	Sand, Kies	3,2
3	Homogener Fels	4,2

Für Bodenplatten auf Erdreich mit Randdämmung wird der harmonische Leitwert infolge der Schwankung der Innentemperatur nach Gleichung 12.3-3 ermittelt, da die Randdämmung vernachlässigt werden kann.

Der Leitwert infolge der Schwankung der Außentemperatur setzt sich aus zwei Teilen zusammen, von denen einer auf den Rand und der andere auf die Mitte der Bodenplatte bezogen ist.

Bei Bodenplatten mit eingebauter waagerechter Randdämmung gilt:

$$L_{\text{pe}} = 0{,}37 \cdot P \cdot \lambda \left[\left(1 - e^{-\text{D}/\delta}\right) \cdot \ln\left(\frac{\delta}{d_\text{t}+d'} + 1\right) + e^{-\text{D}/\delta} \cdot \ln\left(\frac{\delta}{d_\text{t}} + 1\right)\right] \qquad (12.3\text{-}6)$$

Bei Bodenplatten mit eingebauter senkrechter Randdämmung gilt:

$$L_{\text{pe}} = 0{,}37 \cdot P \cdot \lambda \left[\left(1 - e^{-2\text{D}/\delta}\right) \cdot \ln\left(\frac{\delta}{d_\text{t}+d'} + 1\right) + e^{-2\text{D}/\delta} \cdot \ln\left(\frac{\delta}{d_\text{t}} + 1\right)\right] \qquad (12.3\text{-}7)$$

13 Luftdichtheit

Die Luftdichtigkeit gewinnt durch die zunehmenden Anforderungen an den Wärmeschutz von Gebäuden immer mehr an Bedeutung. Mit dem steigenden Wärmedämmstandard wachsen die durch Undichtigkeiten in der Gebäudehülle entstehenden Lüftungswärmeverluste relativ zu den durch Bauteile entstehenden Wärmeverlusten (den so genannten Transmissionswärmeverlusten) stark an. So können bei Gebäuden die dem Niedrigenergiehaus-Standard entsprechen, die Lüftungswärmeverluste zum Teil schon deutlich über den Transmissionswärmeverlusten liegen.

Durch undichte Anschlussfugen von Fenstern und Türen, aber auch durch sonstige Fugen in Außenbauteilen treten infolge Luftaustausches Wärmeverluste auf. Bereits eine Fuge von 1 mm Breite und 1 m Länge verringert den Dämmwert der Wärmedämmung um 35 bis 65 % (dies gilt für Windstärken zwischen drei und fünf).

Eine Abdichtung dieser Fugen ist deshalb erforderlich. Dies wird in DIN 4108 Teil 2 sowie der Energieeinsparverordnung (EnEV, siehe Kapitel 18) ausdrücklich verlangt. Dabei hat die Fugendurchlässigkeit der außen liegenden Fenster, Fenstertüren und Dachflächenfenster den Anforderungen der Vorschrift zu genügen (Tabelle 13-1). Dazu ist der in Tabelle 13-2 aufgeführte Fugendurchlasskoeffizient *a* einzuhalten.

Tabelle 13-1
Klasse der zulässigen Fugendurchlässigkeit von außen liegenden Fenstern, Fenstertüren und Dachflächenfenstern nach DIN 4108-2

Anzahl der Vollgeschosse	Klasse der Fugendurchlässigkeit nach DIN EN 12 207 Teil 1
bis zu 2	2
mehr als 2	3

Tabelle 13-2
Max. zul. Fugendurchlasskoeffizienten *a* in $m^3/(h\ m\ daPa^{2/3})$ für Fenster und Fenstertüren nach DIN 4108-2

Gebäude	Fugendurchlässigkeit Klasse 2	Fugendurchlässigkeit Klasse 3
≤ 2 Vollgeschosse	1,4	–
> 2 Vollgeschosse	–	0,5

Der a-Wert (Fugendurchlasskoeffizient) ergibt sich aus der Gleichung für den Volumenstrom bei Spaltströmung:

$$\dot{V}_l = a \cdot l \cdot \Delta p^n \qquad \text{in m}^3\text{/h} \qquad (13\text{-}1)$$

mit: a = Fugendurchlasskoeffizient in $m^3/(mhdaPa^n)$
l = Fugenlänge in m
Δp = am Bauteil wirkende Luftdruckdifferenz in daPa
n = Druckexponent (nach DIN 4108 und DIN 18055: n = 2/3)

Für Außentüren ist ein Fugendurchlasskoeffizient von $a \leq 2{,}0$ $m^3/(mhdaPa^n)$ einzuhalten. Anschlussfugen von Bauteilen sind mit $a \leq 0{,}1$ $m^3/(mhdaPa^n)$ auszuführen.

In Massivbauweise errichtete Außenwand- oder Dachkonstruktionen sind meist als ausreichend luftdicht anzusehen. In wärmegedämmten Dächern mit Lage der Dämmschicht zwischen den Sparren und anderen leichten Dach- und Wandbauteilen ist eine gesonderte Luftdichtigkeitsschicht anzuordnen, die eine Durchströmung dieser Bauteile verhindert. Die Vornorm DIN 4108-7 enthält Planungsempfehlungen für Bauteile mit Luftdichtigkeitsschicht und beispielhafte Prinzipskizzen für Anschlüsse, Stöße, Überlappungen und Durchdringungen.

Soll die Dichtheit des Gebäudes überprüft werden, so ist der zu erbringende Nachweis gemäß DIN EN 13829: „Bestimmung der Luftdurchlässigkeit von Gebäuden – Differenzdruckverfahren", und dem darin beschriebenen Verfahren B (Prüfung der Gebäudehülle) durchzuführen. Dabei wird die Luftwechselzahl n aus dem Quotienten aus Volumenstrom und Luftvolumen entweder für einen Raum oder ein gesamtes Bauwerk berechnet. Hierbei wird prüftechnisch der Luftwechsel eines Gebäudes oder einer Wohnung mittels eines Differenzdrucks von 50 Pa bestimmt. Daraus ergibt sich der so genannte n_{50}-Wert:

$$n_{50} = \frac{\dot{V}_{1,50}}{V_R} \qquad \text{in h}^{-1} \qquad (13\text{-}2)$$

mit: $\dot{V}_{1,50}$ = Volumenstrom in m^3/h, der sich infolge Undichtheiten in dem betreffenden Raum einstellt
V_R = Raumluftvolumen des untersuchten Raums in m^3

Eine Druckdifferenz von 50 Pa an einem Gebäude ergibt sich durch Windgeschwindigkeiten von ca. 10 m/s (vgl. Kapitel 14).

Bei einer Druckdifferenz zwischen innen und außen von 50 Pa darf nach aktuell gültiger Energieeinsparverordnung (EnEV 2014), Anlage 4 der auf das beheizte Luftvolumen gemessene Volumenstrom bei Gebäuden

- ohne raumlufttechnische Anlagen $n_{50} = 3{,}0\ h^{-1}$ und
- bei Gebäuden mit raumlufttechnischen Anlagen $n_{50} = 1{,}5\ h^{-1}$

nicht überschreiten. Weiterhin darf bei Gebäuden deren Luftvolumen 1.500 m³ übersteigt, der auf die Hüllfläche des Gebäudes bezogene Volumenstrom folgende Werte nicht überschreiten:

- bei Gebäuden ohne raumlufttechnische Anlagen $q_{50} = 4{,}5\ m{\cdot}h^{-1}$ und
- bei Gebäuden mit raumlufttechnischen Anlagen $q_{50} = 2{,}5\ m{\cdot}h^{-1}$

Die Anforderungen an die Dichtheit muss nach EnEV für das gesamte Gebäude nachgewiesen werden. Es ist aber darauf hinzuweisen, dass insbesondere bei Gebäuden mit Lüftungsanlagen mit Wärmerückgewinnung eine deutliche Unterschreitung der Grenzwerte der EnEV 2014 sinnvoll sind. Weiterhin kann selbst bei Einhaltung der Grenzwerte nicht ausgeschlossen werden, dass lokale Fehlstellen in der Luftdichtheitsschicht vorhanden sind. Es ist daher erforderlich, bei der Durchführung von Luftdichtheitstests für die gesamte Gebäudehülle eine Kontrolle von Anschlüssen und Durchdringungen durchzuführen, damit an diesen Stellen gegebenenfalls vorhandene Fehlstellen nicht zu Feuchteschäden durch Konvektion führen.

Tabelle 13-3
Richtwerte für die Dichtheit von Gebäuden nach DIN 4108-6 bei einem Drucktest (Blower-Door-Test) mit 50 Pa Druckdifferenz

Dichtheit des Gebäudes	Mehrfamilien-wohnhaus n_{50} in h^{-1}	Einfamilien-wohnhaus n_{50} in h^{-1}
sehr dicht	0,5 bis 2,0	1,0 bis 3,0
mitteldicht	2,0 bis 4,0	3,0 bis 8,0
wenig dicht	4,0 bis 10,0	8,0 bis 20,0

Die Anforderung, eine luftdichte Gebäudehülle zu erstellen, ist sowohl von planenden als auch von ausführenden Fachkräften am Bau zu beachten. Wirksamkeit und Dauerhaftigkeit der Luftdichtheitsschicht hängen wesentlich von ihrer fachgerechten Planung und Ausführung ab. Dabei ist die Dichtheit nicht nur eine Angelegenheit des Ausbaugewerbes, sondern auch andere Gewerke wie zum Beispiel Beton- und Mauerwerksbau, Zimmerer oder Dachdecker müssen rechtzeitig – am besten bereits mit einer detaillierten Ausschreibung – von dem geplanten Luftdichtheitskonzept informiert werden.

DIN 4108-7: Luftdichtheit von Gebäuden, gibt den Planenden ein dem Stand der Technik angepasstes Regelwerk an die Hand, in dem exemplarisch Planungs- und Ausführungsempfehlungen für die Dichtheit von Bauteilen und Anschlüssen gegeben werden. Mit diesen Empfehlungen können sich die Verantwortlichen der jeweiligen Baustelle bei Baubeginn ein geeignetes Luftdichtheitskonzept erstellen. In der Norm wird ausdrücklich verlangt, dass beim Herstellen der Luftdichtheitsschicht auf sorgfältige Planung, Ausschreibung, Ausführung und Abstimmung der Arbeiten aller am Bau Beteiligten zu achten ist.

Vorteilhaft ist, wenn luftdichte Schichten und zwischen verschiedenen Bauteilen vorhandene Dichtigkeitsanschlüsse in den Ausführungszeichnungen mit dargestellt und auch im Leistungsverzeichnis aufgeführt werden. Dabei ist insbesondere darauf zu achten, dass das Luftdichtheitskonzept von dem handwerklich orientierten Personal verstanden und auch pragmatisch umgesetzt werden kann. Hier fordert DIN 4108-7, dass „die Luftdichtheitsschicht und ihre Anschlüsse während und nach dem Einbau weder durch Witterungseinflüsse noch durch nachfolgende Arbeiten beschädigt werden“ darf. Nur so kann die nach Energieeinsparverordnung geforderte Luftdichtheitsprüfung mittels Blower-Door-Verfahren auch sicher bestanden werden. In den Abbildungen 13-1 bis 13-3 sind einige Konstruktionsbeispiele nach DIN 4108-7 aufgezeigt.

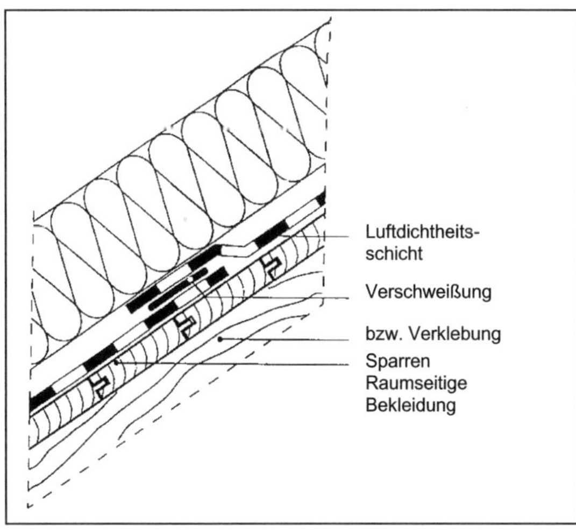

Die Notwendigkeit einer Luftdichtheitsschicht wird besonders deutlich bei raumseitigen Bekleidungen aus Profilholzschalungen; Überlappungen der Folie sind abzukleben.

Abb. 13-1
Luftdichtheitsschicht; Einbaubeispiel nach DIN 4108-7

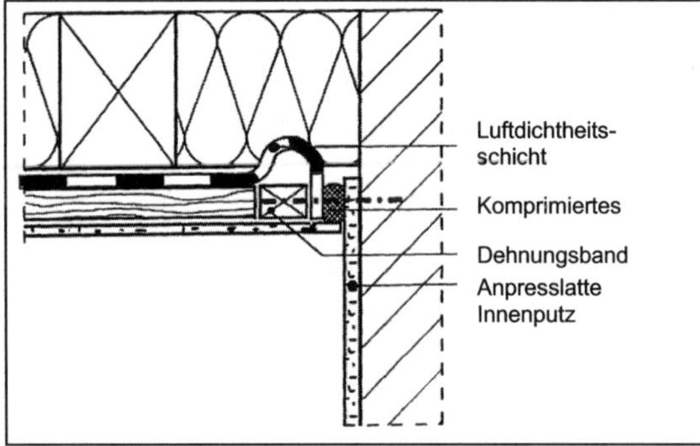

Anschluss der Bahn an eine Wand aus verputztem Mauerwerk oder Beton mit komprimiertem Dichtband bzw. geeigneter Klebemasse und verschraubter Anpresslatte

Abb. 13-2
Luftdichtheitsschicht;
Einbaubeispiel nach DIN 4108-7

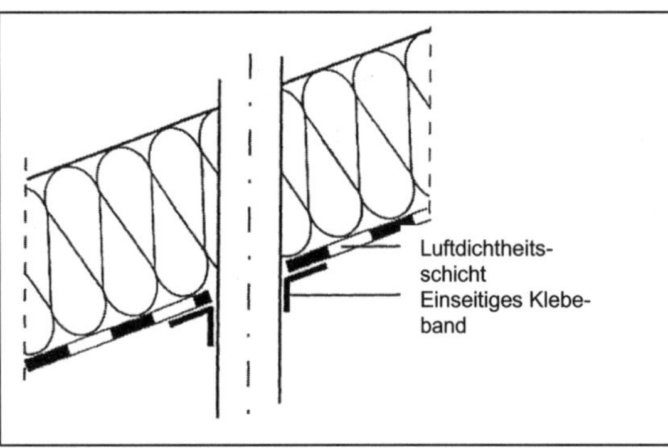

Prinzipskizze zum Anschluss einer Bahn an eine Durchdringung

Abb. 13-3
Luftdichtheitsschicht;
Einbaubeispiel nach DIN 4108-7

14 Lüftung von Gebäuden

Gleichzeitig mit der Luftdichtheit (siehe Kapitel 13) fordert die Energieeinsparverordnung (EnEV), dass der zum Zwecke der Gesundheit und Beheizung erforderliche Mindestluftwechsel sichergestellt sein muss. Ein Austausch „verbrauchter" Raumluft durch „frische" Außenluft ist erforderlich zur

- Zuführung von Sauerstoff
- Abführung von Schadstoffen und nutzungsbedingten Gerüchen
- Abführung nutzungsbedingter sowie neubaubedingter Feuchtigkeit.

Der Quotient aus dem Volumenstrom $\dot{V}_l$ der Raumlüftung, bezogen auf das Volumen der Raumluft V_l wird als Luftwechselzahl n bezeichnet (siehe Kapitel 13). Nach DIN 4701 ist die Mindestluftwechselzahl $n_{min} = 0{,}5\ h^{-1}$. Für Wohngebäude beträgt der Rechenwert nach Energieeinsparverordnung $n = 0{,}7\ h^{-1}$ (ohne nachgewiesene Luftdichtheit) bzw. $n = 0{,}6\ h^{-1}$ (mit nachgewiesener Luftdichtheit). In Bestandswohngebäuden mit offensichtlichen Undichtheiten der Gebäudehülle z. B. an Fenstern oder im Dach ist eine Luftwechselzahl von $n = 1{,}0\ h^{-1}$ anzusetzen.

Hinweise auf einen personen- und flächenbezogenen Mindest-Außenluftstrom finden sich unter anderem in DIN 1946-2: „Raumlufttechnik – Teil 2: Gesundheitstechnische Anforderungen" (zwischenzeitlich zurückgezogen und durch DIN EN 13779 ersetzt) und in DIN 1946-6: „Raumlufttechnik – Teil 6: Lüftung von Wohnungen – Allgemeine Anforderungen, Anforderungen zur Bemessung, Ausführung und Kennzeichnung, Übergabe/Übernahme (Abnahme) und Instandhaltung" sowie DIN EN 13779: „Lüftung von Nichtwohngebäuden – Allgemeine Grundlagen und Anforderungen an Lüftungs- und Klimaanlagen".

Da die Raumluftqualität einerseits durch die Qualität der Zuluft und andererseits durch nutzungs- und raumbedingte Verunreinigungen bestimmt wird, lässt sich der erforderliche Außenluftstrom entweder personen- oder flächenbezogen ermitteln. Die erforderlichen Luftvolumenströme können entweder durch Fensterlüftung, freie Lüftung mittels Außenluftdurchlässen (ALD) oder ventilatorgestützte Systeme erreicht werden. Dabei ist zu beachten, dass bei den genannten lüftungstechnischen Maßnahmen grundsätzlich auch schallschutztechnische Aspekte zu berücksichtigen sind. Beim Einsatz der Fensterlüftung oder Außenluftdurchlässen sind die vor dem Gebäude auftretenden bzw. zu erwartenden Außenlärmpegel zu berücksichtigen (siehe Kapitel 33). Dagegen muss bei lüftungstechnischen Anlagen auf den im Raum erzeugten Schalldruckpegel geachtet werden, sofern sich die Lüftungsanlage in schutzbedürftigen Räumen befindet (vgl. Abschnitt 34.1).

14.1 Fensterlüftung

Durch Fensterlüftung wird die Luftwechselzahl entsprechend gesteigert. Man unterscheidet „Stoßlüftung“ infolge kurzzeitigen Öffnens der Fenster und „Spaltlüftung“, die im Wesentlichen durch Fenster- und Türfugen verursacht wird. Die Lüftungsleistung unterschiedlicher Fensterstellungen ist in Tabelle 14.1-1 angegeben.

Tabelle 14.1-1
Lüftungsleistung unterschiedlicher Fensterstellungen

Lüftungsart	Luftwechsel-rate pro Stunde	Dauer der Lüftung für einen vollständigen Luftaustausch der Raumluft
Fenster gekippt, Rollladen geschlossen	0,3 bis 1,5	45 Minuten bis 3 Stunden
Fenster gekippt	0,5 bis 2,0	30 Minuten bis 2 Stunden
Halb geöffnetes Fenster	5 bis 10	6 bis 12 Minuten
Vollständig geöffnetes Fenster	9 bis 15	4 bis 7 Minuten
Gegenüberliegende Fenster, vollständig geöffnet	40	1,5 Minuten

Abbildung 14.1-1 zeigt den Luftvolumenstrom und Luftwechsel durch Fensterfugen in Abhängigkeit der Fugendurchlässigkeit a. Bei Niedrigenergiehäusern werden zur Sicherstellung des erforderlichen Mindestluftwechsels raumlufttechnische Anlagen mit Wärmerückgewinnung eingesetzt (siehe Abschnitt 14.3).

Die bei der Spaltlüftung antreibende Luftdruckdifferenz kann sich aus thermischem Auftrieb oder Windwirkung ergeben. Der Druckunterschied infolge thermischen Auftriebs ergibt sich aus Gleichung 14.1-1, infolge Windwirkung aus Gleichung 14.1-2:

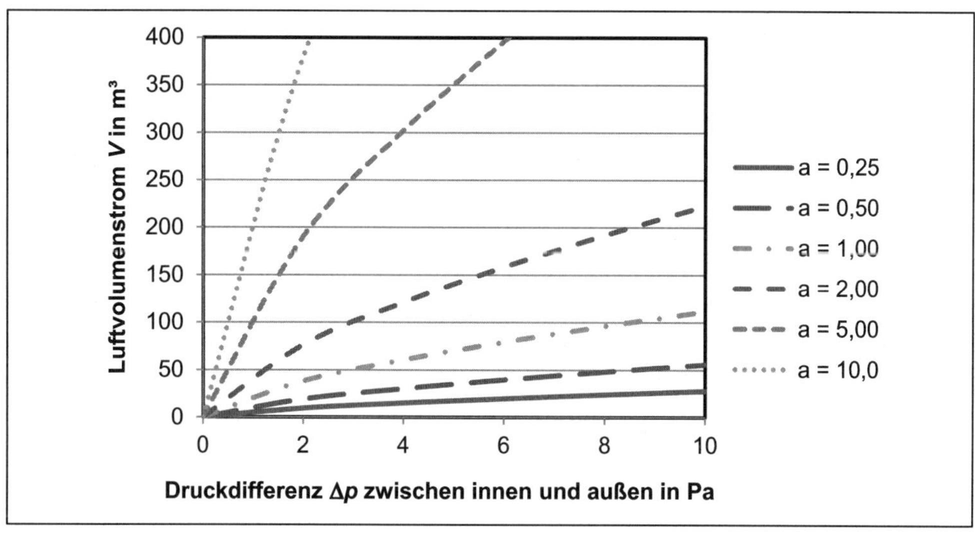

Abb. 14.1-1
Luftwechsel infolge Spaltlüftung; Luftvolumenstrom und Luftwechsel durch Fensterfugen in Abhängigkeit der Fugendurchlässigkeit; berechnet für einen Raum von 50 m³ mit 5 Fenstern 1,40 · 1,00 m

$$\Delta p(z) = \frac{p_0}{R_l} \cdot g \cdot z \cdot \left(\frac{1}{T_e} - \frac{1}{T_i}\right) \quad \text{in Pa} \qquad (14.1\text{-}1)$$

mit: p_0 = Luftdruck innen in neutraler Zone in Pa
g = Erdbeschleunigung = 9,81 m/s²
z = Höhe über neutraler Zone in m
R_l = Gaskonstante der Luft = 287 J/(kgK)
T_e, T_i = Temperaturen außen bzw. innen in K

$$\Delta p = c_p \cdot \frac{\rho_l}{2} \cdot v_w^2 \quad \text{in Pa} \qquad (14.1\text{-}2)$$

mit: c_p = Druckbeiwert
ρ_l = Luftdichte in kg/m³
v_w = Windgeschwindigkeit in m/s

Wegen der zunehmenden Windgeschwindigkeit mit der Gebäudehöhe lassen sich Obergeschosse besser lüften als Erdgeschosse. Eine Druckdifferenz von 50 Pa an einem Gebäude (vgl. Kapitel 13) verursacht eine Windgeschwindigkeit von $\boldsymbol{v_w} = \sqrt{\frac{2 \cdot \Delta p}{c_p \cdot \rho_l}} = \sqrt{\frac{2 \cdot 50}{0{,}8 \cdot 1{,}25}} = \mathbf{10}\ \text{m/s}$

14.2 Lüftung von Wohngebäuden

Die in älteren Bestandswohnbauten verwendeten Holzfenster wiesen hohe Fugendurchlässigkeiten auf. Hierdurch entstand ein so hoher Luftwechsel, dass oftmals zusätzliche Abdichtungsmaßnahmen vorzunehmen waren, um unerwünscht hohe Wärmeverluste zu vermeiden, da der konvektive Wärmestrom direkt vom Volumenstrom abhängt. Dagegen weisen die heute eingebauten Fenster oftmals wesentlich geringere Fugendurchlasskoeffizienten auf als z. B. nach EnEV gefordert (vgl. Kapitel 13), so dass eine Grundlüftung der Räume infolge Spaltlüftung oftmals völlig ausbleibt. Die Folge sind erhöhte Raumluftfeuchten mit der Gefahr der Schimmelpilzbildung (insbesondere nach Sanierungen mit Fensteraustausch). Aus diesem Grund ist sowohl beim Neubau als auch bei der Sanierung von Bestandsgebäuden die Sicherstellung eines ausreichenden Luftwechsels (ohne Nutzereinfluss, d. h. ohne eigenständiges Lüften der Nutzer z. B. durch Fensteröffnen) eine der wesentlichen Planungsaufgaben.

Dabei muss zunächst festgestellt werden, ob die trotz Berücksichtigung der Anforderungen der EnEV und anderer technischer Regeln dennoch vorhandenen und unvermeidbaren Undichtigkeiten in der Gebäudehülle ausreichen, den erforderlichen Luftwechsel zu erreichen. Aufgrund der hohen Anforderungen an die Dichtheit der wärmeübertragenden Gebäudehülle wird dies meist nicht mehr der Fall sein. In solchen Fällen ist grundsätzlich ein lüftungstechnisches Konzept nach DIN 1946-6 aufzustellen. Dieses legt fest, ob und in welchem Umfang lüftungstechnische Maßnahmen ergriffen werden müssen oder nicht.

In dem Ablaufschema der DIN 1946-6 wird zunächst ermittelt, wie hoch der Außenluftvolumenstrom über die Gebäudehülle ohne den Einfluss des Nutzers ist. Dieser als Infiltration bezeichnete Luftvolumenstrom wird mit dem in der Norm definierten mindestens erforderlichen Luftvolumenstrom verglichen, der zum Feuchteschutz für das Gebäude erforderlich ist (siehe Abbildung 14.2-1).

Bei dem in DIN 1946-6 vorgegebenen Mindestluftwechsel handelt es sich um die mindestens notwendige Lüftung zur Sicherstellung des Bautenschutzes (Feuchte) unter üblichen Nutzungsbedingungen bei teilweise reduzierten Feuchtelasten (d. h. unter üblichen Nutzungsbedingungen sind zeitweilig die Nutzer abwesend und es erfolgt kein Wäschetrocknen, Kochen etc. in der Nutzungseinheit). Dieser nach DIN 1946-6 definierte Mindestaußenluftvolumenstrom wird zunächst mit dem durch Infiltration in das Innere des Gebäudes bzw. der betrachteten Nutzungseinheit eindringenden Luftvolumenstrom verglichen.

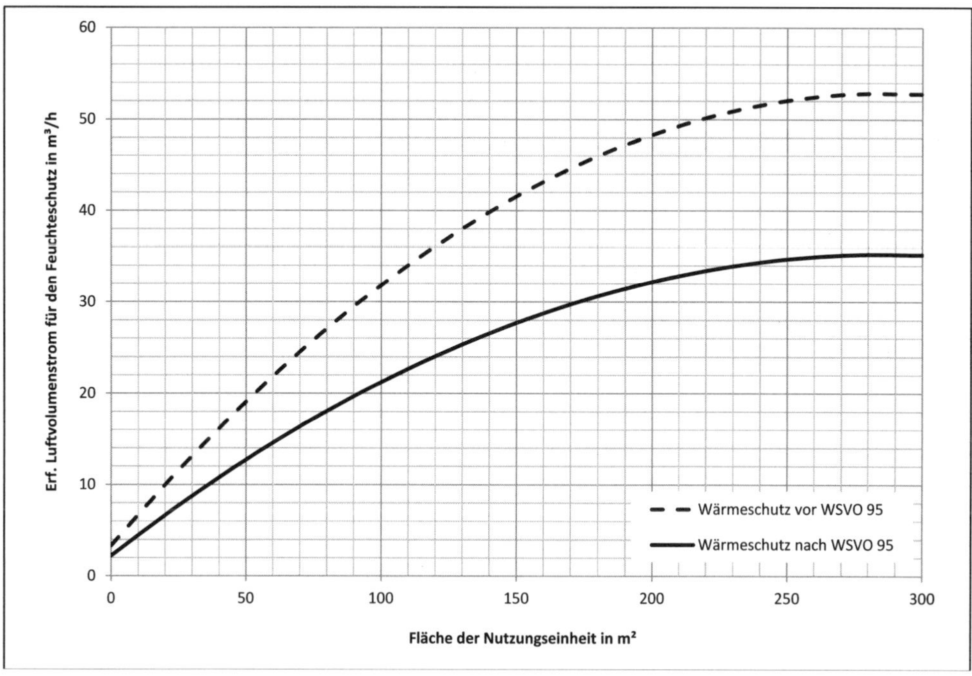

Abb. 14.2-1
Erforderliche Außenluftvolumenströme zur Sicherstellung der Lüftung zum Feuchteschutz für Wohneinheiten mit geringer Belegung (z. B. selbstgenutzte Einheiten) in Abhängigkeit der Fläche der Nutzungseinheit. Die Werte für geringen Wärmeschutz ergeben sich für Gebäude mit einem energetischen Standard vor der Wärmeschutzverordnung 1995. Die höheren Außenluftvolumenströme für Gebäude mit einem geringeren Wärmeschutz sind aufgrund der wärmeschutztechnisch schlechteren Bauteilausbildung und der höheren Tauwasser- bzw. Schimmelpilzgefahr an Wärmebrücken erforderlich.

Dabei werden unter Infiltration Luftvolumenströme verstanden, die durch unplanmäßige Undichtigkeiten in der Gebäudehülle in das Gebäude strömen. Dies kann z. B. eine nicht dichte Dampfsperre in einem geneigten Dach sein oder auch eine Fensterdichtung, die nicht dicht anliegt und dadurch mit Außen- bzw. Innenluft durchströmt wird. Dabei ist die durch Infiltration einströmende Außenluftmenge abhängig von:

- der Fläche der Nutzungseinheit,
- der Luftdichtheit der Gebäudehülle bei einem Differenzdruck von 50 Pa,
- der Lage des Gebäudes (hinsichtlich der Windgeschwindigkeiten) und
- der Geschossigkeit der Nutzungseinheit.

In Abbildung 14.2-2 sind exemplarisch die sich in Abhängigkeit der Fläche der betrachteten Nutzungseinheit anzunehmenden wirksamen Luftvolumenströme durch Infiltration für eine Luftdichtheit der Gebäudehülle von n = 1,5 h^{-1} dargestellt. Mit zunehmender Dichtheit der Hülle werden die Luftvolumenströme durch Infiltration kleiner.

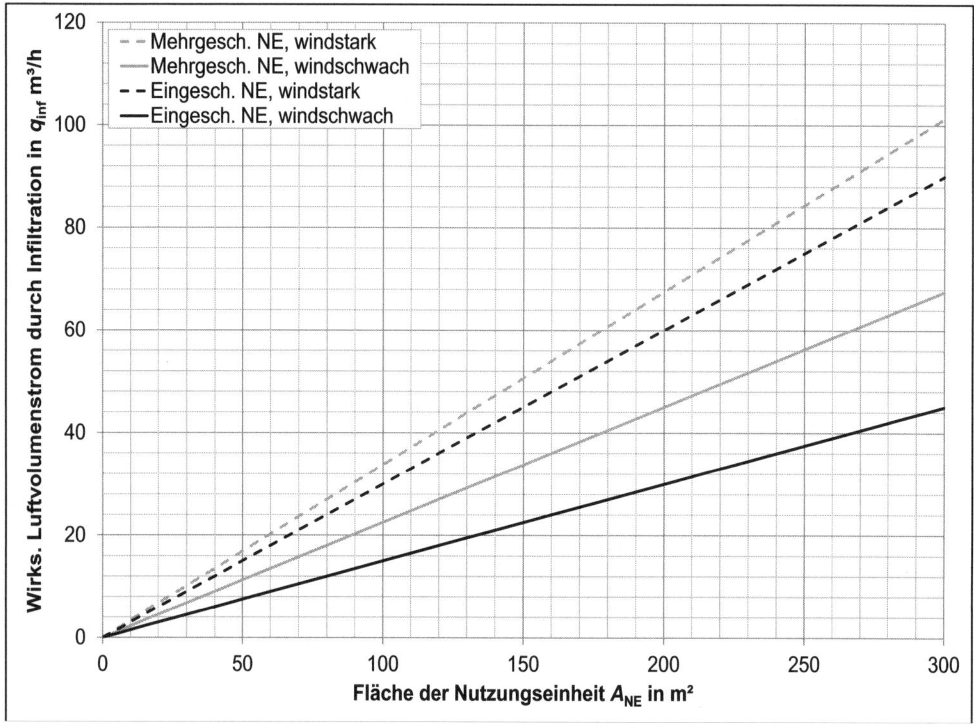

Abb. 14.2-2
Exemplarische Darstellung der in Abhängigkeit der Fläche der betrachteten Nutzungseinheit anzunehmenden wirksamen Luftvolumenströme durch Infiltration für eine Luftdichtheit der Gebäudehülle von n_{50} = 1,5 h^{-1}. Mit zunehmender Dichtheit der Hülle (kleine Luftwechselzahlen n) werden die Luftvolumenströme durch Infiltration kleiner.

Lüftungstechnische Maßnahmen sind in einer Nutzungseinheit immer dann erforderlich, wenn der notwendige Luftvolumenstrom zum Feuchteschutz $q_{v,ges,NE,FL}$ (siehe Abbildung 14.2-1) den Luftvolumenstrom durch Infiltration $q_{v,Inf,Konzept}$ (siehe Abbildung 14.2-2) überschreitet:

$$q_{v,ges,NE,FL} \geq q_{v,Inf,Konzept} \qquad (14.2\text{-}1)$$

mit: $q_{v,ges,NE,FL}$ = Luftvolumenstrom für den Feuchteschutz in m³/h
$q_{v,Inf,Konzept}$ = wirksamer Luftvolumenstrom durch Infiltration in m³/h

Beispiel:

Werden für eine eingeschossige Nutzungseinheit mit 50 m^2 Grundfläche in einem Gebäude mit hohem Wärmeschutz in den Abbildungen 14.2-1 und 14.2-2 die Luftvolumenströme abgelesen, ergibt sich ein Mindest-Gesamtaußenluftvolumenstrom zum Feuchteschutz von ca. $q_{v,ges,NE,FL}$ = 12,7 m^3/h (Abb. 14.2-1) und ein wirksamer Luftvolumenstrom durch Infiltration von ca. $q_{v,Inf,Konzept}$ = 7,5 m^3/h (windschwach) und 15 m^3/h (windstark). Demnach ist für eine Lage des Gebäudes in einer windschwachen Region $q_{v,ges,NE,FL} > q_{v,Inf,Konzept}$ und es sind lüftungstechnische Maßnahmen für die betrachtete Nutzungseinheit erforderlich.

Bei von Nutzern unabhängigen lüftungstechnischen Maßnahmen handelt es sich entweder um eine freie Lüftung (ALD zur Quer- bzw. Schachtlüftung) oder eine ventilatorgestützte Lüftung (Zu- oder Abluft bzw. Zu-/Abluftsysteme). Letztere können natürlich wesentlich größere Luftvolumenströme fördern und werden dort eingesetzt, wo es erforderlich ist. D. h. die Wahl einer freien oder ventilatorgestützten Lüftung ergibt sich immer aus den Anforderungen.

Diese Anforderungen können nach DIN 1946-6 definiert werden. Dabei unterscheidet die Norm zwischen folgenden Lüftungsstufen:

- Lüftung zum Feuchteschutz
- Reduzierte Lüftung
- Nennlüftung
- Intensivlüftung

Die erforderlichen Mindest-Außenluftvolumenströme zur Erreichung der genannten Lüftungsstufen ohne zusätzliche Fensterlüftung durch den Nutzer sind in Tabelle 14.2-1 dargestellt. Zwischenwerte der Tabelle können nach Gleichung 14.2-2 berechnet oder linear interpoliert werden:

$$q_{v,ges,NE} = f_{LSt} \cdot (-0{,}002 \cdot A_{NE}^2 + 1{,}15 \cdot A_{NE} + 11) \quad \text{in } m^3/h \qquad (14.2\text{-}2)$$

mit: f_{LSt} = Faktor zur Berücksichtigung der Lüftungsstufe nach Tabelle 14.2-2

A_{NE} = Fläche der Nutzungseinheit in m^2

Tabelle 14.2-1
Erforderliche Mindest-Außenluftvolumenströme zur Erreichung bestimmter Lüftungsstufen ohne zusätzliche Fensterlüftung durch den Nutzer

Fläche der Nutzungseinheit in m²	**20**	**30**	**50**	**70**	**90**	**110**	**130**	**150**	**170**	**190**	**210**
Lüftung zum Feuchteschutz (Wärmeschutz hoch)											
- geringe Belegung	-	-	15	15	20	25	25	30	30	30	35
- hohe Belegung	10	15	20	25	30	35	40	40	45	45	50
Lüftung zum Feuchteschutz (Wärmeschutz gering)											
- geringe Belegung	-	-	20	25	30	35	40	40	45	45	50
- hohe Belegung	15	20	25	35	40	45	50	55	60	65	65
Reduzierte Lüftung	25	30	45	55	70	80	90	95	105	110	115
Nennlüftung	35	45	65	80	100	115	125	140	150	155	165
Intensivlüftung	45	55	85	105	130	145	165	180	195	205	215

Tabelle 14.2-2
Faktor zur Berücksichtigung der Lüftungsstufe f_{LSt}

	Wärmeschutz hoch	**Wärmeschutz gering**
Lüftung zum Feuchteschutz (geringe Belegung)	0,2	0,3
Lüftung zum Feuchteschutz (hohe Belegung)	0,3	0,4
Reduzierte Lüftung	0,7	
Nennlüftung	1,0	
Intensivlüftung	1,3	

Die Bedeutung der Lüftung zum Feuchteschutz als Mindestanforderung wurde bereits erläutert. Bei der reduzierten Lüftung handelt es sich um die notwendige Lüftung, die zur Sicherstellung der hygienischen Mindestanforderungen sowie des Bautenschutzes (Feuchte) unter üblichen Nutzungsbedingungen bei teilweise reduzierten Feuchte- und Stofflasten (z. B. Abwesenheit der Nutzer) erforderlich ist. Die Nennlüftung geht einen Schritt weiter und stellt die notwendige

Lüftung dar, die sowohl die hygienischen Anforderungen als auch den Bautenschutz bei Anwesenheit der Nutzer sicherstellt. Diese Lüftungsstufe stellt den eigentlichen Normalbetrieb einer Nutzungseinheit dar und sollte einem Lüftungskonzept zugrunde gelegt werden. Bei der Intensivlüftung handelt es sich dagegen um eine ggf. zeitweilig notwendig werdende Lüftung mit einem erhöhtem Luftvolumenstrom. Diese kann Lastspitzen, die beispielsweise beim Kochen, Duschen auftreten können, abbauen. Der erforderliche Gesamt-Außenluftvolumenstrom ergibt sich aus den Einzelvolumenströmen des Infiltrations- und Lüftungsanlagen-Volumenstroms sowie dem Volumenstrom über Fenster. Auch wenn in den vorstehenden Abbildungen 14.2-1 und 14.2-2 sowie Tabelle 14.2-1 eine Fensterlüftung durch die Nutzer nicht berücksichtigt wird, kann diese zur Unterstützung des gewählten Lüftungssystems mit einbezogen werden. Allerdings ist die manuelle Fensterlüftung aufgrund des nicht vorhersehbaren Nutzerverhaltens nicht qualifizierbar. Aus diesem Grund wird die Fensterlüftung nicht für die Auslegung der erforderlichen Volumenströme eines Lüftungssystems herangezogen. Wird dennoch eine mögliche Fensterlüftung zur Unterstützung eines gewählten Lüftungssystems in der Dimensionierung angesetzt (z. B. wenn die lüftungstechnischen Maßnahmen nur für die reduzierte Lüftung ausgelegt werden), dann muss der Nutzer zusätzlich das Fenster öffnen um eine bestimmte Lüftungsstufe zu erreichen (z. B. den Mindestluftwechsel der Nenn- und Intensivlüftung). Dabei ist der zusätzliche durch Fensterlüftung zu erreichende Volumenstrom bekannt, so dass eine Aussage darüber getroffen werden kann, wie oft und wie lange die Fensterlüftung manuell erfolgen muss (und ob dies den Nutzern zumutbar ist). Der erforderliche Gesamt-Außenluftvolumenstrom ergibt sich wie folgt:

$$q_{v,ges} = q_{v,LtM} + q_{v,Inf,wirk} + q_{v,Fe,wirk} \quad \text{in m}^3\text{/h} \qquad (14.2\text{-}3)$$

mit: $q_{v,ges}$ = Gesamt-Außenluftvolumenstrom
$q_{v,LtM}$ = Luftvolumenstrom durch lüftungstechnische Maßnahmen
$q_{v,Inf,wirk}$ = wirksamer Luftvolumenstrom durch Infiltration
$q_{v,Fe,wirk}$ = wirksamer Luftvolumenstrom durch manuelles Fensteröffnen (kommt für die Auslegung von lüftungstechnischen Maßnahmen nicht zum Ansatz)

Wenn die lüftungstechnischen Maßnahmen und die Infiltration nicht ausreichen, um den erforderlichen Gesamtaußenluftvolumenstrom zu decken, dann ergibt sich der zusätzliche Luftvolumenstrom, der durch manuelles Fensteröffnen erforderlich ist, wie folgt:

$$q_{v,Fe,wirk} = q_{v,ges} - q_{v,LtM} + q_{v,Inf,wirk} \quad \text{in m}^3\text{/h} \qquad (14.2\text{-}3)$$

14.3 Lüftung von Nichtwohngebäuden

Die Lüftung von Nichtwohngebäuden hängt zunächst von den in dem Gebäude vorgesehenen Nutzungen ab (z. B. in den VDI-Lüftungsregeln VDI 2082: Raumlufttechnik – Verkaufsstätten oder Entwurf zur VDI 6040 Blatt 1: Raumlufttechnik – Schulen). Meist wird dafür eine bestimmte Raumluftqualität definiert. Allerdings existiert für diese in den verschiedenen DIN-Normen und VDI-Richtlinien kein gemeinsamer Standardindex. Die Raumluftqualität kann daher als das erforderliche Niveau der Lüftung oder CO_2-Konzentration angegeben werden (wie z. B. in DIN EN 15251). Die erforderliche Lüftung beruht auf Gesundheits- und Behaglichkeitsanforderungen, wobei in den meisten Fällen die Gesundheitskriterien durch die für die Behaglichkeit erforderliche Lüftung ebenfalls erfüllt werden.

Für die Lüftung von Räumen in Nichtwohngebäuden sind in Tabelle 14.3-1 personen- und flächenbezogener Mindest-Außenluftstrom nach DIN 1946-2 (VDI-Lüftungsregeln) angegeben. Dabei ist die Norm zwischenzeitlich durch die DIN EN 13779 ersetzt, weshalb die in Tabelle 14.3-1 angegebenen Werte lediglich zur Orientierung dienen sollen.

Tabelle 14.3-1
Personen- und flächenbezogener Mindest-Außenluftstrom nach der zwischenzeitlich zurückgezogenen DIN 1946-2 für Räume in Nichtwohngebäuden

Raumart	**Beispiel**	**Außenluftstrom**	
		Personen-bezogen $m^3/(Pers.\ h)$	**Flächen-bezogen[1)] $m^3/(m^2h)$**
Arbeitsräume	Einzelbüro Großraumbüro Verkaufsraum	40 60 20	4 6 3 bis 12
Versammlungsräume	Konzertsaal, Theater Konferenzraum	20 20	10 bis 20
Unterrichtsräume	Lesesaal Hörsaal	20 30	12 15
Räume mit Publikumsverkehr	Verkaufsraum Gaststätte Museum	20 30 –	3 bis 12 8 –

[1)] Auf die Grundfläche des Raumes bezogen.

15 Wärmespeicherung und instationärer Wärmetransport

Im Gegensatz zu stationären Verhältnissen (siehe Kapitel 6) wird bei instationären Berechnungen davon ausgegangen, dass die den Berechnungen zugrunde gelegten Randbedingungen (z. B. Innen- und Außentemperaturen) zeitlich veränderlich sind. Dabei handelt es sich um Zustände, die den realen Verhältnissen und Umgebungsbedingungen näher kommen, als die für viele bauphysikalische Berechnungen vereinfachend angenommenen stationären Randbedingungen. Instationäre Verhältnisse können sich zum Beispiel durch den zeitlich veränderlichen Tagesgang der Außentemperatur oder die Wärmespeicherfähigkeit der Bauteile ergeben.

15.1 Wärmespeicherfähigkeit

Als Speicherwärme Q_c wird derjenige Energiebetrag bezeichnet, der erforderlich ist, um eine Masse m um die Temperaturdifferenz ΔT zu erwärmen. Bezogen auf eine Ausgangstemperatur θ_0 gibt Q_c den Wärmeinhalt der Masse m an (siehe Abbildung 15.1-1).

Hieraus leitet sich die spezifische Wärmekapazität c als diejenige Wärmemenge ab, die zur Erwärmung eines Stoffes der Masse von 1 kg um 1 K erforderlich ist. Tabelle 15.1-1 gibt die Wärmekapazität einiger Bau- und Dämmstoffe an.

$$Q_c = c \cdot m \cdot \Delta T \quad \text{in J} \qquad (15.1\text{-}1)$$

mit: c = spezifische Wärmekapazität in J/(kgK)
m = Masse in kg
ΔT = Temperaturdifferenz bezogen auf die Schichtmittentemperatur nach Abb. 15.1.-1 in K

Für eine Bauteilschicht muss die sich ergebende Temperaturdifferenz aus der Schichtmittentemperatur θ_m (siehe Abbildung 15.1-1) und der Bezugstemperatur θ_0 (diese kann auch die Außenlufttemperatur sein) gewonnen werden:

$$\theta_m = 0{,}5 \cdot (\theta_2 - \theta_1) \quad \text{in K} \qquad (15.1\text{-}2)$$

$$\Delta T = \theta_m - \theta_0 \quad \text{in K} \qquad (15.1\text{-}3)$$

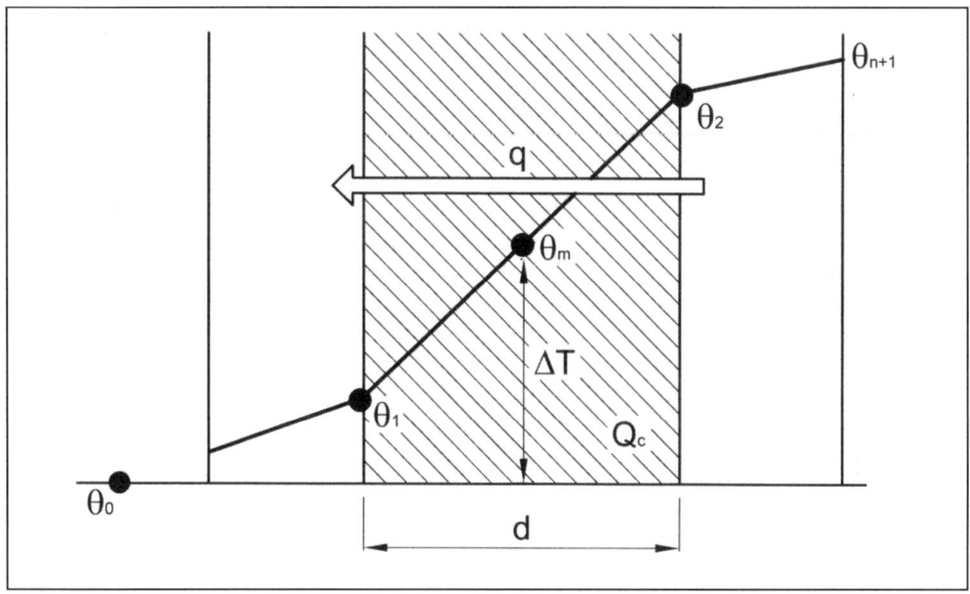

Abb. 15.1-1
Prinzipskizze zur Erläuterung der Schichtmittentemperatur [21]

Tabelle 15.1-1
Wärmekapazität von Bau- und Dämmstoffen; Rechenwerte nach DIN 4108-4

Baustoff	***c*** **in J/(kgK)**	***c*** **in Wh/(kgK)**
Anorganische Bau- und Dämmstoffe	1000	0,278
Holz- und Holzwerkstoffe einschl. HWL-Platten	2100	0,583
Pflanzliche Fasern und Textilfasern	1300	0,361
Schaumkunststoffe und Kunststoffe	1500	0,417
Metalle (außer Aluminium)	400	0,111
Aluminium	800	0,222
Luft (1,25 kg/m^3)	1000	0,278
Wasser	4200	1,167

Bezieht man die Speichermasse auf 1 m^2 Bauteilfläche, so erhält man mit der Schichtdicke d die flächenbezogene Masse:

$$m' = d \cdot \rho \qquad \text{in kg/m}^2 \qquad (15.1\text{-}4)$$

Damit lässt sich die Speicherfähigkeit q_c wie folgt ermitteln:

$$q_c = c \cdot m' \cdot \Delta T \qquad \text{in Wh/m}^2 \qquad (15.1\text{-}5)$$

Mit der Wärmestromdichte q und der Speicherfähigkeit q_c (beide in W/m²) bestimmt sich die Auskühlkennzahl z_h des Bauteils zu:

$$z_h = \frac{q_c}{q} \qquad \text{in h} \qquad (15.1\text{-}6)$$

Bei Bezug auf das gesamte Gebäude oder eines Gebäudeteils wird z_h auch als Zeitkonstante τ bezeichnet (siehe weiter unten und in Abschnitt 15.3).

15.2 Abkühlung eines Behälters

Unter der Annahme, dass der Behälterinhalt eine einheitliche, vom Ort unabhängige Temperatur besitzt, ergibt sich für das Zeitelement dt:

$$-m \cdot c_p \cdot d\theta = U \cdot A \cdot (\theta - \theta_e) \cdot dt \qquad (15.2\text{-}1)$$

Hierin sind m die Masse (in kg), c_p die spezifische Wärmekapazität (in J/(kgK) und θ die Temperatur des Behälterinhalts (in K); U ist der Wärmedurchgangskoeffizient in W/(m²K) und A die Hüllfläche der Behälterwandung in m². Durch Integration erhält man:

$$\ln\Theta = -\frac{1}{\tau}t \qquad (15.2\text{-}2)$$

mit

$$\tau = \frac{m \cdot c_p}{U \cdot A} \qquad (15.2\text{-}3)$$

und

$$\Theta = \frac{\theta(t) - \theta_e}{\theta_i - \theta_e} \qquad (15.2\text{-}4)$$

Die Zeitkonstante τ gibt an, in welcher Zeit sich der Behälterinhalt auf das 1/e-Fache der Anfangstemperatur abgekühlt oder erwärmt hat.

Beispiel:

Ein kugelförmiger Behälter (d = 6 m) ist mit Wasser gefüllt. Welcher U-Wert ist erforderlich, damit nach 6 Monaten nur 20 % Wärmeverluste auftreten?

$V = \pi \cdot d^3/6$ $\quad$ $A = \pi \cdot d^2$ $\quad$ $A/V = 6/d$

Nach 6 Monaten Abkühlung:

$\ln \Theta = \ln 0{,}8 = -\,0{,}223$

$$\tau = \frac{m \cdot c_p}{U \cdot A} = \frac{\rho \cdot V \cdot c_p}{U \cdot A} = \frac{6 \cdot \rho \cdot c_p}{U \cdot d} = 6 \cdot 30 \cdot 24 \cdot 3600/0{,}233 = 66\,746\,781 \text{ s}$$

$U = 6 \cdot 1000 \cdot 4180/(6 \cdot 66\,746\,781) = 0{,}063 \text{ W/(m}^2\text{K)}$

15.3 TAV-Wert und Phasenverschiebung

Weitere Kenngrößen für die thermische Stabilität von Bauteilen sind das Temperatur-Amplituden-Verhältnis TAV sowie die Phasenverschiebung η der Temperatur-Amplitude.

$$\text{TAV} = \hat{a}_{se}/\hat{a}_{si} \text{ und } \nu = 1/\text{TAV} \tag{15.3-1}$$

$$\hat{a}_{se} = \theta_{se} - \theta_s \text{ und } \hat{a}_{si} = \theta_{si} - \theta_s \tag{15.3-2}$$

Für einschalige Bauteile:

$$\nu = \frac{2}{e f_0} \text{ für } f_0 > 1{,}5 \text{ und } \eta = f_0 \frac{T}{2\pi} \tag{15.3-3}$$

Modifizierte Fourier-Zahl

$$f_0 = R \cdot b \cdot \sqrt{\frac{\pi}{T}} \tag{15.3-4}$$

mit: T = Schwingungsdauer

Wärmeeindringkoeffizient:

$$b = \sqrt{c \cdot \rho \cdot \lambda} \quad \text{in Ws}^{0,5}/(\text{m}^2\text{K}) \tag{15.3-5}$$

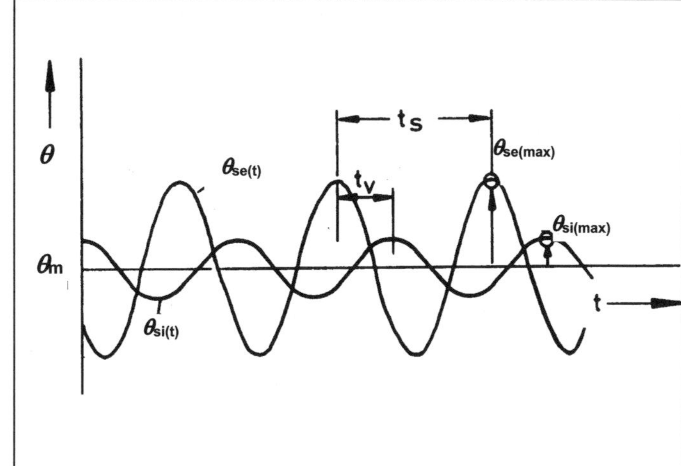

Abb. 15.3-1
Zeitlicher Verlauf der Oberflächentemperaturen einer Außenwand (Prinzip) [21]

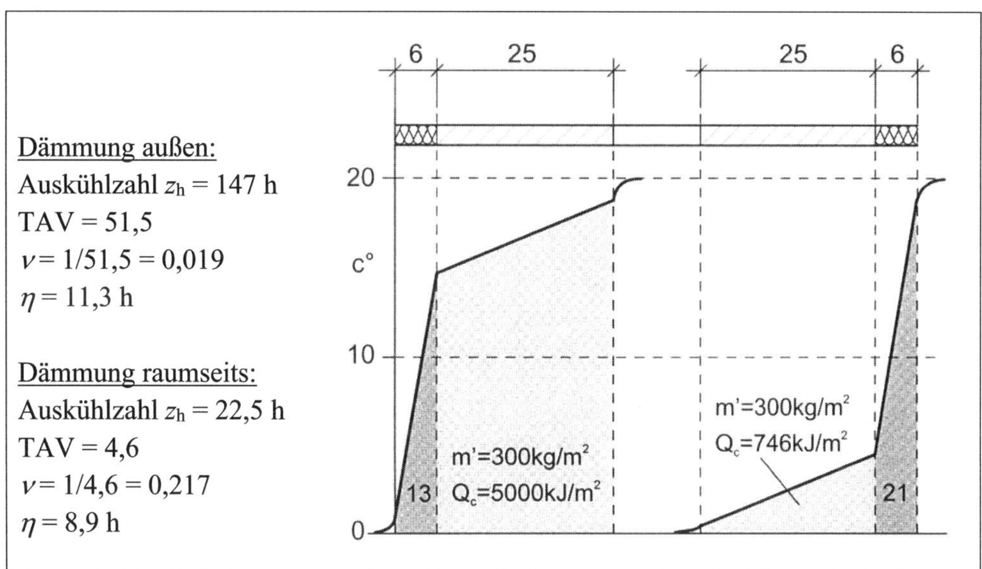

Abb. 15.3-2
Vergleich von zwei Außenwänden mit gleichem Wärmeschutz U = 0,472 W/(m^{2}K) und gleicher Masse m' = 300 kg/m^2, jedoch unterschiedlicher Anordnung der Wärmedämmschicht; die thermische Stabilität wird umso größer, je weiter nach außen die Wärmedämmschicht angeordnet ist [21].

15.4 Kontakttemperatur

Berühren sich zwei Körper von anfänglich unterschiedlicher Temperatur (z. B. ein unbekleideter Fuß auf einem Fußboden), so nehmen die Berührungsstellen bei gutem Kontakt eine gleiche Temperatur an. In diesem Fall spricht man von der so genannten Kontakttemperatur. Vereinfachend lässt sich die Kontakttemperatur mittels folgender Formel abschätzen:

$$\theta_K = \frac{\theta_H \cdot b_H + \theta_F \cdot b_F}{b_H + b_F} \tag{15.4-1}$$

mit: θ_H = Hauttemperatur in °C
θ_F = Fußbodentemperatur in °C
b_H = Wärmeeindringkoeffizient der Haut in $Wh^{0,5}/(m^2K)$
b_F = Wärmeeindringkoeffizient des Fußbodens in $Wh^{0,5}/(m^2K)$

Der Wärmeeindringkoeffizient b kann nach Gleichung 15.3-5 ermittelt werden.

Beispiel: Unbekleideter Fuß auf Fußboden

Für die Hautoberfläche des unbekleideten Fußes [36]:

$b_H = 18{,}6\ Wh^{0,5}/(m^2K)$; $\theta_H = 30$ °C

Parkettboden:

$c = 0{,}583$ Wh/(kg K); $\rho = 800$ kg/m³; $\lambda = 0{,}20$ W/(m K)
→ $b_F = 9{,}658\ Wh^{0,5}/(m^2K)$

$$\theta_K = \frac{30{,}0 \cdot 18{,}6 + 20{,}0 \cdot 9{,}658}{18{,}6 + 9{,}658} = 26{,}5\ °C$$

Anmerkung:

Nach Cammerer/Schüle gilt ab $\theta_H - \theta_K = 4$ K ein Bodenbelag als fußkalt!

16 Sommerlicher Wärmeschutz

Die Aufgabe des baulichen sommerlichen Wärmeschutzes in Mitteleuropa besteht darin, Raumtemperaturen zu vermeiden, die über der Außenlufttemperatur liegen. Die Aufwärmung von Aufenthaltsräumen hängt im Wesentlichen von der Größe der transparenten Außenbauteile, deren Gesamtenergiedurchlassgrad, der Wirksamkeit der Sonnenschutzvorrichtung, der Speicherfähigkeit der Umfassungsbauteile sowie der Intensität der Raumlüftung ab. Die Nachweisverfahren in DIN 4108-2 berücksichtigen auf einfache Weise diese Zusammenhänge. Nicht berücksichtigt werden die instationären Vorgänge in den Umfassungsbauteilen sowie die äußeren Oberflächentemperaturen, die sich unter Besonnung einstellen.

16.1 Oberflächentemperatur infolge Sonnenstrahlung

Die sich auf Wandoberflächen einstellenden Temperaturen hängen vor allem von ihrer Lage zum Sonnenstand und von ihrer Oberflächenfarbe ab. Der tageszeitliche Oberflächentemperaturverlauf einer Westwand mit verschiedenen Oberflächenfarben ist in Abbildung 16.1-1 dargestellt.

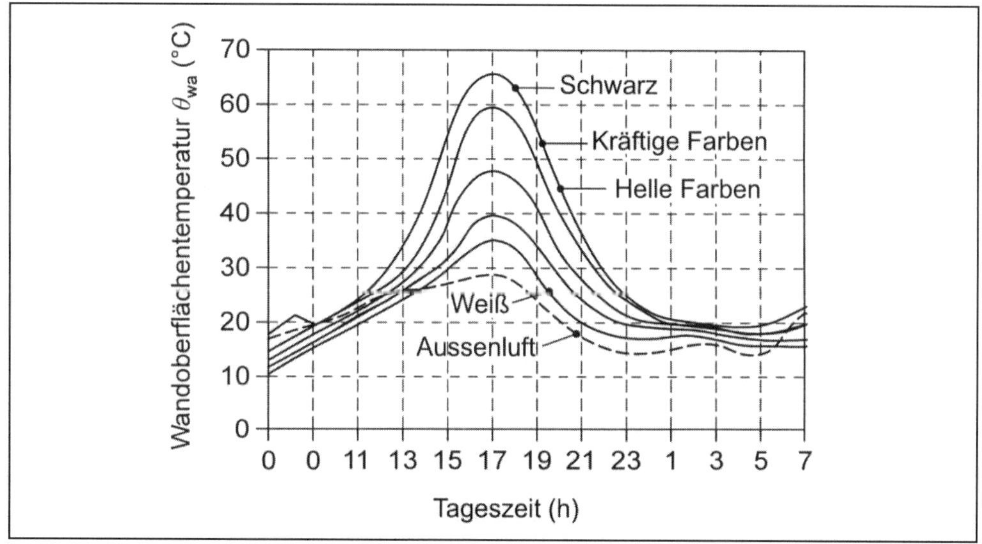

Abb. 16.1-1
Je dunkler die äußere Bauteiloberfläche dem Auge erscheint, umso stärker wird die auftreffende Sonnenstrahlung absorbiert. Die Abbildung zeigt den Temperaturverlauf von Außenputzflächen an einer Südfassade im Vergleich zur Temperatur der Außenluft [17].

16.2 Modifizierte Sonnenlufttemperatur

Die sich in Abhängigkeit der Farbe einstellende Oberflächentemperatur wird auch als „Sonnenlufttemperatur" bezeichnet. Die modifizierte Sonnenlufttemperatur bestimmt sich wie folgt:

$$\Theta = \theta_e + R_{se} \cdot (a_S \cdot I) - K \quad (16.2\text{-}1)$$

mit: θ_e = tatsächliche Außenlufttemperatur in °C
I = Intensität der Sonneneinstrahlung in W/m²
a_S = Absorptionsgrad für kurzwellige Strahlung
R_{se} = Wärmeübergangswiderstand außen in m²K/W
K = Korrekturglied zur angenäherten Berücksichtigung der langwelligen Abstrahlung der Bauteiloberfläche; ist die betrachtete Oberfläche keiner direkten Sonnenstrahlung ausgesetzt (z. B. nachts oder Westwand am Morgen)
K = 3 K für vertikale Flächen
K = 5 K für horizontale Flächen
bei direkter Sonnenstrahlung gilt K = 0 K

16.3 Nachweis des sommerlichen Wärmeschutzes nach DIN 4108-2

Das vereinfachte Nachweisverfahren nach DIN 4108-2 verwendet standardisierte Randbedingungen, mit denen eine sommerliche Überhitzung von Räumen vermieden werden soll. Ziel ist es, auf eine energie-intensive Kühlung mit RLT-Anlagen möglichst zu verzichten. Alternativ zum vereinfachten Nachweisverfahren kann der sommerliche Wärmeschutz auch durch eine thermische Gebäudesimulation und den Nachweis der Einhaltung der Anforderung einer Unterschreitung der maximalen Übertemperaturgradstundenanzahl nach Tabelle 16.3-1 angewendet werden.

Da die Grenzwertanforderung an den zulässigen Sonneneintragskennwert von der Außenlufttemperatur und der Intensität der Sonnenstrahlung abhängt, diese allerdings je nach Gebäudestandort stark variieren, wurde das Gebiet der Bundesrepublik in drei Klimazonen A, B und C eingeteilt (siehe Abbildung 16.3-1).

Tabelle 16.3-1
Bezugswerte der operativen Innentemperatur für die Sommerklimaregionen und Übertemperaturgradstundenanforderungswerte nach DIN 4108-2

Sommer-klima-region	Bezugswert $\theta_{b,op}$ der Innentemperatur in °C	Anforderungswert Übertemperaturgradstunden in Kh/a	
		Wohngebäude	Nichtwohngebäude
A	25	1.200	500
B	26		
C	27		

Als Bewertungsgröße für die Wärmebelastung eines Raumes (bzw. einer Raumgruppe) durch Sonnenstrahlung wird der „Sonneneintragskennwert S“ als maßgebende Größe definiert. Dieser Wert ist auf die Grundfläche A_G des betrachteten Raumes (bzw. einer Raumgruppe) zu beziehen. Der Sonneneintragskennwert ergibt sich aus:

$$S = \frac{\sum A_W \cdot g_{total}}{A_G} \quad (16.3\text{-}1)$$

mit: S = Sonneneintragskennwert
A_W = Fensterfläche in m^2
g_{total} = Gesamtenergiedurchlassgrad der Verglasung nach Gl. 16.3-2 (einschließlich Sonnenschutz)
A_G = Grundfläche des Raumes bzw. der Raumgruppe in m^2

Die durch direkt auftreffende Sonnenstrahlung verursachte Wärmezufuhr in Räume durch Fenster wird sowohl durch den Gesamtenergiedurchlassgrad g der Verglasung (siehe Tabelle 8.3-1) als auch durch eventuell vorhandene Sonnenschutzvorrichtungen reduziert. Diese beiden Einflussgrößen werden durch die Gesamtenergiedurchlässigkeit g_{total} zusammengefasst:

$$g_{total} = g \cdot F_C \quad (16.3\text{-}2)$$

mit: g = Energiedurchlassgrad der Verglasung nach DIN EN 410 (siehe Tabelle 8.3-1)
F_C = Abminderungsfaktor evtl. vorhandener Sonnenschutzvorrichtungen nach Tabelle 16.3-2

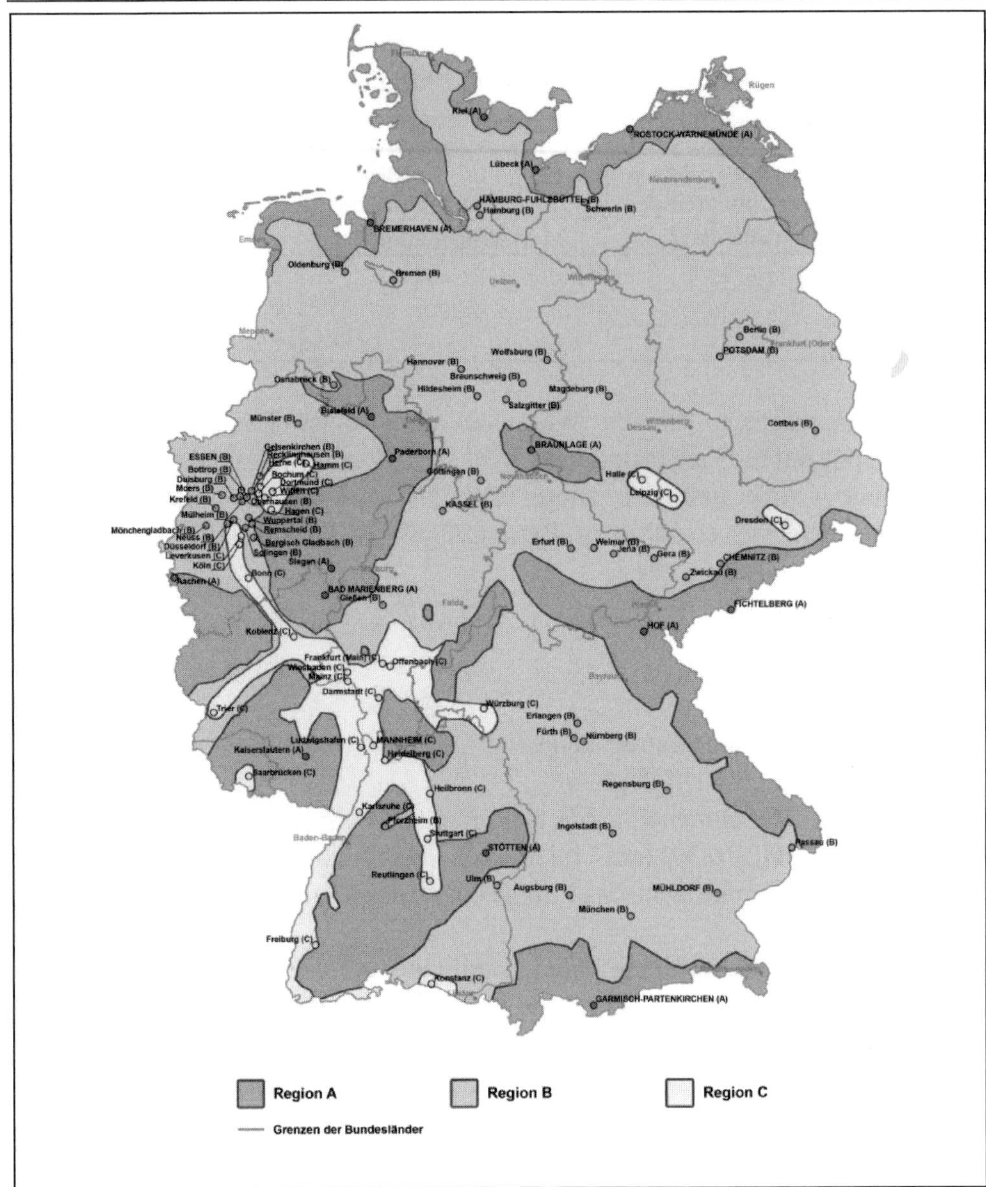

Abb. 16.3-1
Einteilung der Bundesrepublik Deutschland in die Klimaregionen A, B und C nach DIN 4108-2. Dabei herrscht in der Region A ein sommerkühles, in Region B ein gemäßigtes und in Region C ein sommerheißes Klima. Lässt sich ein Gebäudestandort anhand der Karte nicht eindeutig einer Klimaregion zuordnen, ist jeweils die wärmere Region zu wählen.

Tabelle 16.3-2

Abminderungsfaktoren F_C von fest installierten Sonnenschutzvorrichtungen (Anhaltswerte) nach DIN 4108-2

Zeile		Sonnenschutzvorrichtung [a]	F_C		
			g ≤ 0,40 Sonnenschutzglas	g > 0,40 Wärmedämmglas	
			zweifach	dreifach	zweifach
1		**Ohne Sonnenschutzvorrichtung**	1,00	1,00	1,00
2		**Innenliegend oder zwischen den Scheiben [b]**			
	2.1	weiß oder hoch reflektierende Oberflächen mit geringer Transparenz [c]	0,65	0,70	0,65
	2.2	helle Farben oder geringe Transparenz [d]	0,75	0,80	0,75
	2.3	dunkle Farben oder höhere Transparenz	0,90	0,90	0,85
3		**Außenliegend**			
	3.1	Fensterläden, Rollläden			
	3.1.1	Fensterläden, Rollläden, ¾ geschlossen	0,35	0,30	0,30
	3.1.2	Fensterläden, Rollläden, geschlossen[e]	0,15	0,10	0,10
	3.2	Jalousie und Raffstore; drehbare Lamellen			
	3.2.1	Jalousie und Raffstore; drehbare Lamellen, 45°-Lamellenstellung	0,30	0,25	0,25
	3.2.2	Jalousie und Raffstore; drehbare Lamellen, 10°-Lamellenstellung[e]	0,20	0,15	0,15
	3.3	Markise, parallel zur Verglasung	0,30	0,25	0,25
	3.4	Vordächer, Markisen allgemein, freistehende Lamellen[f]	0,55	0,50	0,50

[a] Die Sonnenschutzvorrichtung muss fest installiert sein; übliche dekorative Vorhänge gelten nicht als Sonnenschutzvorrichtung.

[b] Für innenliegende Sonnenschutzvorrichtungen ist eine genaue Ermittlung zu empfehlen.

[c] Hoch reflektierende Oberflächen mit geringer Transparenz, Transparenz ≤ 10 %, Reflexion ≥ 60 %.

[d] Geringe Transparenz, Transparenz < 15 %.

[f] Bauliche Verschattungen durch eigene oder fremde Gebäude können geometrisch berücksichtigt werden.Dabei muss näherungsweise sichergestellt sein, dass keine direkte Besonnung des Fensters erfolgt. Dies ist der Fall, wenn
- bei Südorientierung der Abdeckwinkel $\beta \geq 50°$ ist;
- bei Ost- oder Westorientierung der Abdeckwinkel $\beta \geq 85°$ oder $\gamma \geq 115°$ ist.

Der F_C-Wert darf auch für beschattete Teilflächen des Fensters angesetzt werden.
Zu den jeweiligen Orientierungen gehören Winkelbereiche von 22,5°. Bei Zwischenorientierungen ist der Abdeckwinkel $\beta \geq 80°$ erforderlich.

Je größer der nach Gleichung 16.3-1 bestimmte Sonneneintragskennwert S ist, desto höher wird die zu erwartende Raumlufttemperatur sein. Damit diese jedoch die in Tabelle 16.3-1 angegebenen Höchstwerte $\theta_{\mathrm{i,max}}$ nicht überschreitet, wird der Sonneneintragskennwert auf einen maximal zulässigen Eintragswert S_{zul} begrenzt. In dem Verfahren nach DIN 4108-2 wird der zulässige Eintragswert aus der Summe einzelner Zuschlagswerte (siehe Tabelle 16.3-3) gebildet:

$$S = \sum \Delta S_{\mathrm{x}} \qquad (16.3\text{-}3)$$

mit: ΔS_{x} = Zuschlagswerte nach Tabelle 16.3-3

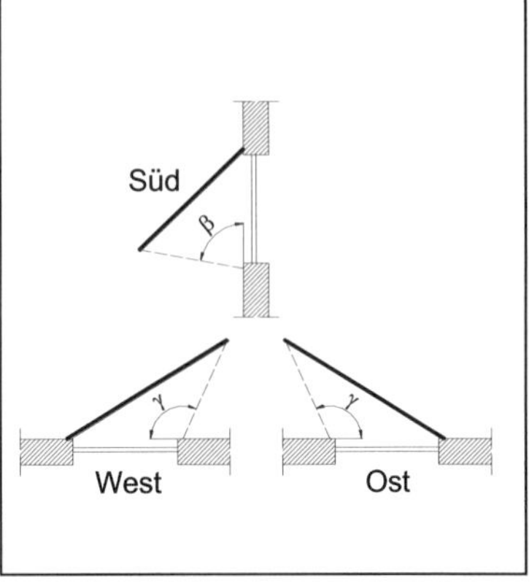

Abb. 16.3-2
Die Besonnung des dahinterliegenden Fensters ist zu vermeiden. Dies ist gegeben, wenn bei Südorientierung der vertikale Abdeckwinkel $\beta \geq 50°$ ist, bei Ost- bzw. Westorientierung $\beta \geq 85°$ oder der horizontale Abdeckwinkel $\gamma \geq 115°$ ist. Zu den jeweiligen Orientierungen gehören Winkelbereiche von ± 22,5°. Bei Zwischenorientierungen ist ein Abdeckwinkel von $\beta \geq 80°$ einzuhalten (nach DIN 4108-2).

Bild oben: Vertikalschnitt durch die Fassade
Bild unten: Horizontalschnitt

Tabelle 16.3-3
Anteilige Sonneneintragskennwerte zur Bestimmung des zulässigen Höchstwertes des Sonneneintragskennwertes

Nutzung		**Wohngebäude**			**Nichtwohngebäude**		
Klimaregion[a]		**A**	**B**	**C**	**A**	**B**	**C**
		Anteiliger Sonneneintragskennwert S_{x}					
Nachtlüftung und Bauart		S_1					
Nachtlüftung	**Bauart**[b]						
ohne	leicht	0,071	0,056	0,041	0,013	0,007	0,000
	mittel	0,080	0,067	0,054	0,020	0,013	0,006
	schwer	0,087	0,074	0,061	0,025	0,018	0,011
erhöhte Nachtlüftung[c] mit $n \geq 2\ \mathrm{h}^{-1}$	leicht	0,098	0,088	0,078	0,071	0,060	0,048
	mittel	0,114	0,103	0,092	0,089	0,081	0,072
	schwer	0,125	0,113	0,101	0,101	0,092	0,083
hohe Nachtlüftung[d] mit $n \geq 5\ \mathrm{h}^{-1}$:	leicht	0,128	0,117	0,105	0,090	0,082	0,074
	mittel	0,160	0,152	0,143	0,135	0,124	0,113
	schwer	0,181	0,171	0,160	0,170	0,158	0,145

Tabelle 16.3-3 (Forts.)
Anteilige Sonneneintragskennwerte zur Bestimmung des zulässigen Höchstwertes des Sonneneintragskennwertes

Nutzung		Wohngebäude			Nichtwohngebäude		
Klimaregion[a]		**A**	**B**	**C**	**A**	**B**	**C**
		Anteiliger Sonneneintragskennwert S_x					
Grundflächenbezogener Fensterflächenanteil f_{WG}[e]		S_2					
$\Delta S_2 = a - b \cdot f_{WG}$	a	0,060			0,030		
	b	0,231			0,115		
Sonnenschutzglas [f]		S_3					
Fenster mit Sonnenschutzglas mit $g \leq 0{,}4$		0,03					
Fensterneigung [g]		S_4					
$0° \leq$ Neigung $\leq 60°$ (gegenüber der Horizontalen)		$-0{,}035\,f_{neig}$[g]					
bei $f_{WG} \leq 0{,}15$							
Orientierung		S_5					
Nord-, Nordost- und Nordwest-orientierte Fenster		$+0{,}10\,f_{nord}$[h]					
soweit die Neigung gegenüber der Horizontalen > 60° ist sowie Fenster, die dauernd vom Gebäude selbst verschattet sind							
Einsatz passiver Kühlung [j]		S_6					
Bauart							
Leicht		0,02					
Mittel		0,04					
Schwer		0,06					

[a] Ermittlung der Klimaregion nach Abbildung 16.3-1.

[b] Ohne Nachweis der wirksamen Wärmespeicherfähigkeit ist von leichter Bauart auszugehen, wenn keine der im Folgenden genannten Eigenschaften für mittlere oder schwere Bauart nachgewiesen sind. Vereinfachend kann von

- mittlerer Bauart ausgegangen werden, wenn folgende Eigenschaften vorliegen:
  - Stahlbetondecke und massive Innen- und Außenbauteile (mittlere Rohdichte ≥ 600 kg/m^3)
  - keine innenliegende Wärmedämmung an den Außenbauteilen
  - keine abgehängte oder thermisch abgedeckte Decke
- schwerer Bauart ausgegangen werden, wenn folgende Eigenschaften vorliegen:
  - Stahlbetondecke und massive Innen- und Außenbauteile (mittlere Rohdichte ≥ 1600 kg/m^3)
  - keine innenliegende Wärmedämmung an den Außenbauteilen
  - keine abgehängte oder thermisch abgedeckte Decke

Die wirksame Wärmespeicherfähigkeit darf auch nach DIN EN ISO 13786 (Periodendauer einen Tag) für den betrachteten Raum bzw. Raumbereich bestimmt werden, um die Bauart einzuordnen; mit C_{wirk} als wirksame Wärmespeicherfähigkeit und A_G als Nettogrundfläche gilt:

- leichte Bauart: $C_{wirk} / A_G < 50$ Wh/(K m^2)
- mittlere Bauart: 50 Wh/(K m^2) $\leq C_{wirk} / A_G \leq 130$ Wh/(K m^2)
- schwere Bauart: $C_{wirk} / A_G > 130$ Wh/(K m^2)

[c] Bei der Wohnnutzung kann in der Regel von der Möglichkeit zu erhöhter Nachtlüftung ausgegangen werden, wenn im zu bewertenden Raum oder Raumbereich die Möglichkeit zur nächtlichen Fensterlüftung besteht.

Der Ansatz der erhöhten Nachtlüftung darf auch erfolgen, wenn durch eine Lüftungsanlage ein nächtlicher Luftwechsel von mindestens $n = 2\ h^{-1}$ sichergestellt werden kann. Wird bei der Nachweisführung die erhöhte Nachtlüftung als anteiliger Sonneneintragskennwert in Ansatz gebracht, ist ein Sonnenschutz vorzusehen mit dem $g_{total} < 0{,}4$ erreicht wird.

[d] Von hoher Nachtlüftung kann ausgegangen werden, wenn für den zu bewertende Raum oder Raumbereich die Möglichkeit besteht, geschossübergreifende Nachtlüftung zu nutzen (z. B. über angeschlossenes Atrium, Treppenhaus oder Galerieebene).

Der Ansatz der hohen Nachtlüftung darf auch erfolgen, wenn durch eine Lüftungsanlage ein nächtlicher Luftwechsel von mindestens $n = 5\ h^{-1}$ sichergestellt werden kann.

Wird bei der Nachweisführung die hohe Nachtlüftung als anteiliger Sonneneintragskennwert in Ansatz gebracht, ist ein Sonnenschutz vorzusehen mit dem $g_{total} < 0{,}4$ erreicht wird.

[e] $f_{WG} = A_W / A_G$

Dabei ist A_W die Fensterfläche und A_G die Nettogrundfläche.

[f] Als gleichwertige Maßnahme gilt eine Sonnenschutzvorrichtung, welche die diffuse Strahlung nutzerunabhängig permanent reduziert und hierdurch ein $g_{total} < 0{,}4$ erreicht wird.

[g] Die Anwendbarkeit dieses Verfahrens ist für geneigte Fensterflächen mit 0° ≤ Neigung ≤ 60° (gegenüber der Horizontalen) beschränkt aufgrundflächenbezogene Fensterflächenanteile $f_{WG} \leq 0{,}15$:

$f_{neig} = A_{W,neig} / A_{W,gesamt}$

Dabei ist $A_{W,neig}$die geneigte Fensterfläche und $A_{W,gesamt}$ die gesamte Fensterfläche.

[h] $f_{nord} = A_{W,nord} / A_{W,gesamt}$

Dabei ist $A_{W,nord}$ die Nord-, Nordost- und Nordwest-orientierte Fensterfläche soweit die Neigung gegenüber der Horizontalen > 60° ist sowie Fensterflächen, die dauernd vom Gebäude selbst verschattet sind; $A_{W,gesamt}$ die gesamte Fensterfläche.

[j] Von passiver Kühlung kann ausgegangen werden, wenn zur Raumkühlung passive Kühlsysteme eingesetzt werden (z. B. Kühldecke oder thermisch aktivierte Bauteile mit Nutzung eines Sohlplattenkühlers oder Erdwärmetauschers) durch die gezielt Wärme abgeführt werden kann. Wird Nachweisführung die passive Kühlung bei der als anteiliger Sonneneintragskennwert in Ansatz gebracht, ist ein Sonnenschutz vorzusehen mit dem $g_{total} < 0{,}4$ erreicht wird.

Der zur Ermittlung des maximalen Sonneneintragskennwertes erforderliche Zuschlagswert ΔS_x ist von verschiedenen Einflussfaktoren wie Klimaregion, wirksamer Wärmespeicherfähigkeit der raumumschließenden Bauteile (Raumgeometrie), Raumlüftung während der Nacht sowie Fensterorientierung und -neigung abhängig. Dabei wird der in Tabelle 16.3-3 angegebene Einflussfaktor „Raumgeometrie“ durch den gewichteten Formfaktor f_{gew} bewertet:

$$f_{gew} = \frac{A_W + 0{,}3 \cdot A_{AW} + 0{,}1 \cdot A_D}{A_G} \qquad (16.3\text{-}4)$$

mit: A_W = Fensterfläche, einschließlich Dachfenster in m^2

A_{AW} = Außenwandfläche in m^2

A_D = Dachfläche in m^2

A_G = Nettogrundfläche des Raumes bzw. der Raumgruppe in m^2

Der Einfluss der Fensterneigung wird durch den Neigungsfaktor berücksichtigt, der sich wie folgt bestimmt:

$$f_{\text{neig}} = \frac{A_{\text{W,neig}}}{A_{\text{G}}} \qquad (16.3\text{-}5)$$

mit: $A_{\text{W,neig}}$ = Fensterfläche, einschließlich Dachfenster in m^2
A_{G} = Nettogrundfläche des Raumes bzw. der Raumgruppe in m^2

Fenster die eine Nord-, Nordost/-west-Orientierung aufweisen sowie Fenster die ständig durch das Gebäude selbst verschattet sind, unterliegen einer geringeren Strahlenbelastung, was durch den Orientierungsfaktor f_{nord} berücksichtigt wird:

$$f_{\text{nord}} = \frac{A_{\text{W,nord}}}{A_{\text{W,ges}}} \qquad (16.3\text{-}6)$$

mit: $A_{\text{W,nord}}$ = Nord-, Nordost- und Nordwest-orientierte Fenster mit Fensterneigung von > 60° gegenüber der Horizontalen sowie vom Gebäude selbst verschattete Fensterflächen in m^2
$A_{\text{W,ges}}$ = gesamte Fensterfläche in m^2

Weiterhin wird in Tabelle 16.3-3 hinsichtlich der Wärmeaufnahmefähigkeit der raumumschließenden Bauteile zwischen extrem leichter, leichter und schwerer Bauweise unterschieden. Die Einteilung in eine dieser drei Bauweisen erfolgt mithilfe der wirksamen Wärmespeicherfähigkeit C_{wirk} nach Gleichung 16.3-7 und der Nettogrundfläche A_{G} des Raumes (siehe Tabelle 16.3-3).

$$C_{\text{wirk}} = \Sigma\,(c \cdot \rho \cdot d \cdot A) \qquad (16.3\text{-}7)$$

mit: c = spezifische Wärmekapazität des Baustoffs in J/(kgK) nach Tabelle 15.1-1
ρ = Rohdichte des Baustoffs in kg/m^3
d = wirksame Schichtdicke des Baustoffs in m
A = Fläche des Bauteils (lichte Rohbaumaße) in m^2

Bei der Summation werden alle Bauteilflächen erfasst, die mit der Raumluft in direktem Kontakt stehen, wobei aber nur die wirksamen Schichten d_i bis maximal 10 cm Bauteiltiefe berücksichtigt werden. Bei der Bestimmung der wirksamen Schichtdicken gelten folgende Regelungen:

- bei Schichten mit einer Wärmeleitfähigkeit $\lambda_i \geq 0{,}10$ W/(mK)
  1. die einseitig an die Raumluft grenzen, gilt: Aufsummierung aller Schichten bis zu einer max. Gesamtdicke von $d_{i,max} = 10$ cm;
  2. die beidseitig an die Raumluft angrenzen (Innenbauteile), gilt: halbe Bauteildicke bei einer Schicht, wenn die Dicke ≤ 20 cm ist oder höchstens 10 cm wenn die Dicke > 20 cm ist.
     Bei mehreren Schichten:
     Vorgehensweise wie bei 1., allerdings beidseitig angewendet.
- bei raumseitig vor Wärmedämmschichten (z. B. Estrich auf einer Wärmedämmschicht) liegenden Schichten mit einer Wärmeleitfähigkeit $\lambda_i \geq 0{,}10$ W/(mK) dürfen die Dicken der Schichten bis max. 10 cm in Ansatz gebracht werden. Als Wärmedämmschichten gelten Baustoffe mit Wärmeleitfähigkeiten $\lambda_i < 0{,}10$ W/(mK) und einem Wärmedurchlasswiderstand $R_i > 0{,}25$ m²K/W.

Sind alle Zuschlagswerte nach Tabelle 16.3-3 bestimmt und der maximal zulässige Sonneneintragskennwert S_{zul} berechnet, so kann der Nachweis des sommerlichen Wärmeschutzes geführt werden. Dieser gilt als erfüllt, wenn

$$S \leq S_{zul} \tag{16.3-8}$$

16.4 Nachweis des sommerlichen Wärmeschutzes mittels thermischer Simulation nach DIN 4108-2

Für Räume oder Raumgruppen, in denen im Sommer aufgrund des Fensterflächenanteils und/oder der Orientierung eine Überhitzung eintreten könnte, kann nach DIN 4108-2 der sommerliche Wärmeschutz auch mit einer thermischen Gebäudesimulation nachgewiesen werden. Damit im Rahmen des öffentlichrechtlichen Nachweises eine Vergleichbarkeit der Berechnungsergebnisse aus der thermischen Gebäudesimulation gegeben ist, werden in DIN 4108-2 Randbedingungen für die Nachweisführung angegeben. Dabei muss die thermische Gebäudesimulation mindestens auf Stundenbasis erfolgen. Der Nachweis eines ausreichenden sommerlichen Wärmeschutzes ist erbracht, wenn die in Tabelle 16.3-1 angegebenen Übertemperaturgradstunden nicht überschritten werden.

Nutzungen/Nutzungszeiten:
Wohngebäude: Mo. – So., 0:00 Uhr bis 24:00 Uhr
Nichtwohngebäude: Mo. – Fr., von 7:00 Uhr bis 18:00 Uhr.

Klimadaten für die Berechnungen:
Für die Räume bzw. Raumbereiche des zu simulierenden Gebäudes ist die zutreffenden Klimaregion als Klimarandbedingung der Berechnung zugrunde zu legen. Dabei handelt es sich um die Testreferenzjahre (TRY) aus dem Jahre 2011, die wie folgt anzusetzen sind:
Klimaregion A: Normaljahr TRY-Zone 2
Klimaregion B: Normaljahr TRY-Zone 4
Klimaregion C: Normaljahr TRY-Zone 12

Interne Wärmeeinträge:
Als mittlerer interner Wärmeeintrag ist anzusetzen (jeweils bezogen auf die betrachtete Nettogrundfläche):
Wohngebäude: 100 Wh/(m²d) und
Nichtwohngebäude: 144 Wh/(m²d)

Soll-Raumtemperatur:
Als Soll-Raumtemperatur für Heizzwecke (ohne Nachtabsenkung) gilt:
Wohngebäude: $\theta_{h,soll} \geq 20$ °C
Nichtwohngebäude: $\theta_{h,soll} \geq 21$ °C

Grundluftwechsel:
Die anzusetzenden Luftwechsel sind für die angegebenen Zeiträume des Gebäudetyps konstant anzusetzen, wenn weder die Bedingungen für erhöhte Taglüftung noch die Bedingungen für erhöhte Nachtlüftung erfüllt sind:
Wohngebäude: $n = 0{,}5\ h^{-1}$ (0:00 Uhr bis 24:00 Uhr)
Nichtwohngebäude: $n = 4 \cdot (A_G/V)\ h^{-1}$ (7:00 Uhr bis 18:00 Uhr)
$n = 0{,}24\ h^{-1}$ (18:00 Uhr bis 7:00 Uhr)

Erhöhter Tagluftwechsel:
Überschreitet die Raumlufttemperatur 23 °C und liegt die Raumlufttemperatur über der Außenlufttemperatur, darf der mittlere Luftwechsel während der Aufenthaltszeit (Nichtwohngebäude 7:00 Uhr bis 18:00 Uhr; Wohngebäude 6:00 Uhr bis 23:00 Uhr) bis auf $n = 3\ h^{-1}$ erhöht werden, um durch erhöhte Lüftung eine Überhitzung des Raumes zu vermeiden.

Nachtluftwechsel:
Außerhalb der Aufenthaltszeit (Nichtwohngebäude 18:00 Uhr bis 7:00 Uhr; Wohngebäude 23:00 Uhr bis 6:00 Uhr)
– ist von dem Grundluftwechsel auszugehen, wenn nicht die Möglichkeit zur Nachtlüftung besteht

- darf der Luftwechsel auf $n = 2\ h^{-1}$ erhöht werden (erhöhte Nachtlüftung), wenn die Möglichkeit zur nächtlichen Fensterlüftung besteht (bei der Wohnnutzung darf in der Regel von der Möglichkeit zu erhöhter Nachtlüftung ausgegangen werden, wenn im zu bewertenden Raum oder Raumbereich die Möglichkeit zur nächtlichen Fensterlüftung besteht)
- darf der Luftwechsel auf $n = 5\ h^{-1}$ erhöht werden (hohe Nachtlüftung), wenn für den zu bewertenden Raum oder Raumbereich die Möglichkeit besteht, geschossübergreifende Lüftungsmöglichkeiten (z. B. Lüftung über angeschlossenes Atrium) zu nutzen, um den Luftwechsel zu erhöhen
- bei Einsatz einer Lüftungsanlage darf der erhöhte Nachtluftwechsel gemäß der Dimensionierung der Anlage angesetzt werden.

Wird in den Simulationsrechnungen die erhöhte oder hohe Nachtlüftung berücksichtigt, so ist ein Sonnenschutz vorzusehen, mit dem $g_{tot} \leq 0{,}4$ erreicht wird.

Steuerung Sonnenschutz:
Sind zur geplanten Betriebsweise einer Sonnenschutzvorrichtung keine Steuer- bzw. Regelparameter bekannt, so ist im Fall einer automatischen Sonnenschutzsteuerung für die Berechnungen von einer strahlungsabhängigen Steuerung für Nord-, Nordost- und Nordwestorientierte Fenster mit einer Grenzbestrahlungsstärke von 200 W/m² (Wohngebäude) bzw. 150 W/m² (Nichtwohngebäude) und für alle anderen Orientierungen mit einer Grenzbestrahlungsstärke von 300 W/m² (Wohngebäude) bzw. 200 W/m² (Nichtwohngebäude) (Summe aus Direkt- und Diffusstrahlung, außen vor dem Fenster) pro Quadratmeter Fensterfläche auszugehen. Bei nicht-automatischer Sonnenschutzsteuerung erfolgt bei Nichtwohngebäuden keine Aktivierung am Wochenende (Samstag und Sonntag). Grundsätzlich ist für die Berechnungen von einer windunabhängigen Betriebsweise auszugehen. Wird planerisch eine hiervon abweichende Betriebsweise der Sonnenschutzvorrichtung vorgesehen, darf diese in der Simulationsrechnung angesetzt werden.

Passive Kühlung:
Ist in dem Gebäude eine passive Kühlung vorgesehen, darf diese in der thermischen Simulation berücksichtigt werden. Eine passive Kühlung im Sinne der DIN 4108-2 sind Systeme zur Raumkühlung, bei denen die erforderliche Energie ausschließlich zur Förderung des Kühlmediums erforderlich ist. Dies sind beispielsweise thermisch aktivierte Bauteile mit Nutzung eines Sohlplattenkühlers oder Erdwärmetauschers (geothermische Kühlung, kein bivalenter Betrieb mit Kältemaschinen) oder Systeme mit Kühlung über indirekte Verdunstung (monovalente Betriebsweise).

17 Wärmebilanz

Der Begriff der Wärmebilanz leitet sich vom Energieerhaltungssatz ab, wonach in einem geschlossenen System die Summe aller Wärmemengen konstant ist. Somit müssen alle an einem Bauteil oder Baukörper auftretenden Wärmeströme im Gleichgewicht stehen, d. h. es muss sein:

$$\sum \dot{Q} = 0 \qquad (17\text{-}1)$$

Wärmebilanzen werden häufig aufgestellt, um das unterschiedliche Wirken von Wärmetransportvorgängen sichtbar zu machen, um unbekannte Temperaturen zu berechnen oder im Zusammenhang mit der Ermittlung des Heizwärmebedarfs ungünstige (belastende) und günstige (entlastende) Wärmeströme miteinander zu vergleichen. Die Bilanz aller Wärmeströme ergibt dann den Heizwärmebedarf (siehe hierzu Kapitel 18).

Weitere Beispiele sind:

- Wärmeübergang bei Mischung
- Temperatur in einem unbeheizten Raum
- Temperatur im Belüftungsraum einer Dachkonstruktion
- Gesamtenergiedurchlassgrad (siehe Abbildung 8.3-1).

17.1 Wärmeübergang bei Mischung (Mischtemperatur)

Werden zwei Systeme mit unterschiedlicher Temperatur über eine wärmedurchlässige Systemgrenze miteinander verbunden, so geht Wärme von dem System höherer Temperatur (1) an das System niederer Temperatur (2) über.

Die Mischtemperatur wird aus der Energiebilanz ermittelt:

$$Q_{1,\mathrm{m}} + Q_{2,\mathrm{m}} = 0 \qquad (17.1\text{-}1)$$

Ohne Aggregatzustandsänderungen gilt:

$$m_1 \cdot c_1 \cdot (\theta_m - \theta_1) + m_2 \cdot c_2 \cdot (\theta_m - \theta_2) = 0 \qquad (17.1\text{-}2)$$

$$\theta_\mathrm{m} = \frac{m_1 \cdot c_1 \cdot \theta_1 + m_2 \cdot c_2 \cdot \theta_2}{m_1 \cdot c_1 + m_2 \cdot c_2} \quad \text{in K} \qquad (17.1\text{-}3)$$

Bei Systemen mit gleicher spezifischer Wärmekapazität vereinfacht sich Gleichung 17.1-2 zu:

$$\theta_{\mathrm{m}} = \frac{m_1 \cdot \theta_1 + m_2 \cdot \theta_2}{m_1 + m_2} \quad \text{in K} \qquad (17.1\text{-}4)$$

Hierbei wird vorausgesetzt, dass das Gesamtsystem keine Wärme nach außen abgibt. Tritt gleichzeitig ein Wärmeaustausch mit der Umgebung ein, so wird Gleichung 17.1-1 zu:

$$Q_{1,\mathrm{m}} + Q_{2,\mathrm{m}} = Q_{\mathrm{U}} \quad \text{in W} \qquad (17.1\text{-}5)$$

17.2 Lufttemperatur eines unbeheizten Raumes

Die Temperaturentwicklung in einem unbeheizten Raum hängt von seiner Geometrie und dem Wärmedurchgang seiner Begrenzungsflächen ab.

a) Unbeheizter Abseitenraum eines Daches:

Aus der Wärmestrombilanz

$$\Phi_{\mathrm{D}} + \Phi_{\mathrm{i},1} + \Phi_{\mathrm{i},2} = 0 \qquad (17.2\text{-}1)$$

folgt für die mittlere Temperatur im Abseitenraum

$$\theta_{\mathrm{x}} = \frac{U_{\mathrm{D}} A_{\mathrm{D}} \theta_{\mathrm{e}} + U_{\mathrm{i},1} A_{\mathrm{i},1} \theta_{\mathrm{i},1} + U_{\mathrm{i},2} A_{\mathrm{i},2} \theta_{\mathrm{i},2}}{U_{\mathrm{D}} A_{\mathrm{D}} + U_{\mathrm{i},1} A_{\mathrm{i},1} + U_{\mathrm{i},2} A_{\mathrm{i},2}} \quad \text{in K} \qquad (17.2\text{-}2)$$

b) Unbeheizter Spitzboden:

Hierbei ist zu unterscheiden, ob der Spitzbodenraum lediglich unbeheizt ist, oder ob er noch zusätzlich im Luftaustausch mit der Außenluft steht, also belüftet ist.

Für den unbelüfteten Fall lautet die Wärmestrombilanz:

$$\Phi_{\mathrm{D}} + \Phi_{\mathrm{i}} = 0 \qquad (17.2\text{-}3)$$

Daraus ergibt sich die Temperatur im Spitzboden

$$\theta_{\mathrm{x}} = \frac{U_{\mathrm{D}} A_{\mathrm{D}} \theta_{\mathrm{e}} + U_{\mathrm{i}} A_{\mathrm{i}} \theta_{\mathrm{i}}}{U_{\mathrm{D}} A_{\mathrm{D}} + U_{\mathrm{i}} A_{\mathrm{i}}} \quad \text{in K} \qquad (17.2\text{-}4)$$

Für den belüfteten Fall lautet die Wärmestrombilanz:

$$\Phi_{\mathrm{D}} + \Phi_{\mathrm{V}} + \Phi_{\mathrm{i}} = 0 \qquad (17.2\text{-}5)$$

Mit dem konvektiven Anteil

$$\Phi_{\mathrm{V}} = c_{\mathrm{L}} \rho_{\mathrm{L}} \dot{V}_{\mathrm{L}} \Delta\theta \quad \text{in W} \qquad (17.2\text{-}6)$$

ergibt sich die Temperatur im Spitzboden zu

$$\theta_{\mathrm{x}} = \frac{U_{\mathrm{D}} A_{\mathrm{D}} \theta_{\mathrm{e}} + U_{\mathrm{i}} A_{\mathrm{i}} \theta_{\mathrm{i}} + c_{\mathrm{L}} \rho_{\mathrm{L}} \dot{V}_{\mathrm{L}} \theta_{\mathrm{e}}}{U_{\mathrm{D}} A_{\mathrm{D}} + U_{\mathrm{i}} A_{\mathrm{i}} + c_{\mathrm{L}} \rho_{\mathrm{L}} \dot{V}_{\mathrm{L}}} \quad \text{in K} \qquad (17.2\text{-}7)$$

17.3 Temperatur im Belüftungsraum

Bei belüfteten Dach- und Wandkonstruktionen findet ein Luftaustausch zwischen Belüftungsraum und Außcnluft statt. Dic an dcr Wärmcbilanz bctciligtcn Wärmeströme bestehen somit aus dem Wärmetransport infolge Wärmeleitung, Strahlung und Konvektion. Grundsätzlich wäre der Temperaturverlauf im Belüftungsraum auch mittels des Ansatzes aus Abschnitt 2.5.3 möglich, jedoch würde dann der Ansatz konstanter Wärmeübergänge eine allzu große Vereinfachung darstellen. Nach Liersch ergibt sich die Wärmebilanz aus den in Abb. 17.3-1 dargestellten Wärmeströmen.

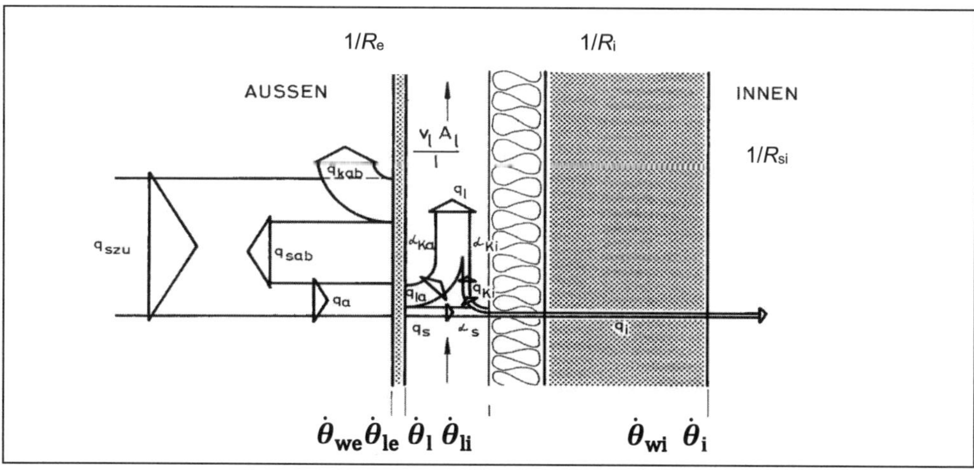

Abb. 17.3-1
Wärmeströme und Temperaturverlauf in einer belüfteten Dach- oder Wandkonstruktion bei sommerlichen Temperaturen [21]

Zur Ermittlung der Temperaturen im Belüftungsraum ist folgendes lineares Gleichungssystem zu lösen:

θ_{le}	θ_l	θ_{li}	= Abs.
$\Lambda_e + \alpha_s + \alpha_{le}$	$-\alpha_{le}$	$-\alpha_s$	$= \Lambda_e \cdot \theta_D$
$-\alpha_s$	$-\alpha_{li}$	$k_i' + \alpha_s + \alpha_{li}$	$= k_i' \cdot \theta_i$
$-\alpha_{le}$	$\alpha_{li} + \alpha_{le} + \ldots + 0{,}1 \cdot \rho_l \cdot v*$	$-\alpha_{li}$	$= 0{,}1 \cdot \rho_l \cdot v* \cdot \theta_e$

(17.3-1)

mit: $v* = \frac{v_l \cdot A_l}{l}$ in m/s (17.3-2)

Zur Lösung des Gleichungssystems müssen Belüftungsstromgeschwindigkeit v_l, Belüftungsraumquerschnitt A_l und Dachtiefe bzw. Wandhöhe l bekannt sein; ferner die Wärmedurchlasskoeffizienten, die Übergangskoeffizienten sowie die Temperaturen der Innenraumluft und der Dach- bzw. Fassadenoberfläche. Die Luftdichte in Gleichung 17.3-1 kann genügend genau mit $\rho_l = 1{,}25$ kg/m^3 angenommen werden oder aus thermodynamischen Zustandsgleichungen ermittelt werden. Die Wärmeübergänge ergeben sich aus den vorhergehenden Abschnitten. Die in Gleichung 17.3-1 unbekannte Belüftungsstromgeschwindigkeit v_l für thermischen Auftrieb ergibt sich in m/s aus:

$$v_l = \sqrt{\frac{\frac{2gH}{T_e}(T_l - T_e)}{1 + S_z}} \quad \text{in m/s} \qquad (17.3\text{-}3)$$

mit: H = Höhendifferenz zwischen Luftein- und Luftauslass in m
g = Erdbeschleunigung = 9,81 m/s^2
T_l = absolute Temperatur im Belüftungsraum in K
T_e = absolute Temperatur der Außenluft in K
S_z = Summe der Bewegungswiderstände

Eine Auswertung der Gleichung 17.3-3 zeigt Abbildung 17.3-2.

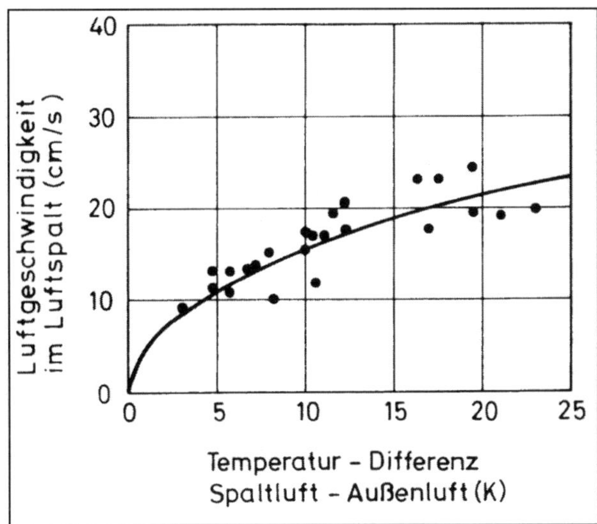

Abb. 17.3-2
Mittlere Belüftungsstromgeschwindigkeit in Abhängigkeit der Differenz von Belüftungsstromtemperatur bei sommerlichen Verhältnissen (Windgeschwindigkeit unter 3 m/s) [19]

18 Energiesparender Wärmeschutz

Mit Energie muss sowohl aus ökologischer Sicht als auch aus volks- und privatwirtschaftlichen Gründen sparsam umgegangen werden. Aber auch vor dem Hintergrund der vom Menschen verursachten Erwärmung der Erdatmosphäre durch steigenden CO_2-Gehalt und der nur in begrenzten Mengen vorhandenen Primärenergien wie Öl, Kohle, Gas sowie Uran, müssen energieeffizientere Techniken zunehmend mehr an Bedeutung gewinnen. Nach Angaben der AGEP AG Energiebilanzen e.V. betrug der Anteil an erneuerbaren Energien (Wasser- und Windkraft sowie Solarenergie und Photovoltaik) von der im Jahre 2018 in Deutschland insgesamt verbrauchten Primärenergie (ca. 13 EJ, mit 1 Exajoule = ca. 278 Milliarden Kilowattstunden (kWh)) lediglich ca. 13,8 % (im Vergleich zum Jahr 2008 ein Anstieg von ca. 5,8 %).

Abbildung 18-1 stellt den Endenergieverbrauch für das Jahr 2016, aufgeteilt nach den einzelnen Verbrauchern, gegenüber. Insgesamt wurden ca. 9 EJ Endenergie verbraucht, wobei der Anteil von Gewerbe, Handel und Dienstleistung von ca. 44,5 % den Verbrauch der gewerblichen Industrie mit einschließt. Aus der Gegenüberstellung geht aber auch hervor, dass die privaten Haushalte mit gut einem Viertel noch immer einen sehr großen Anteil am Endenergieverbrauch besitzen. Von diesem Viertel stammen wiederum mehr als 60 % der CO_2-Emissionen aus der Beheizung der Gebäude (siehe Abb. 18-1, rechts).

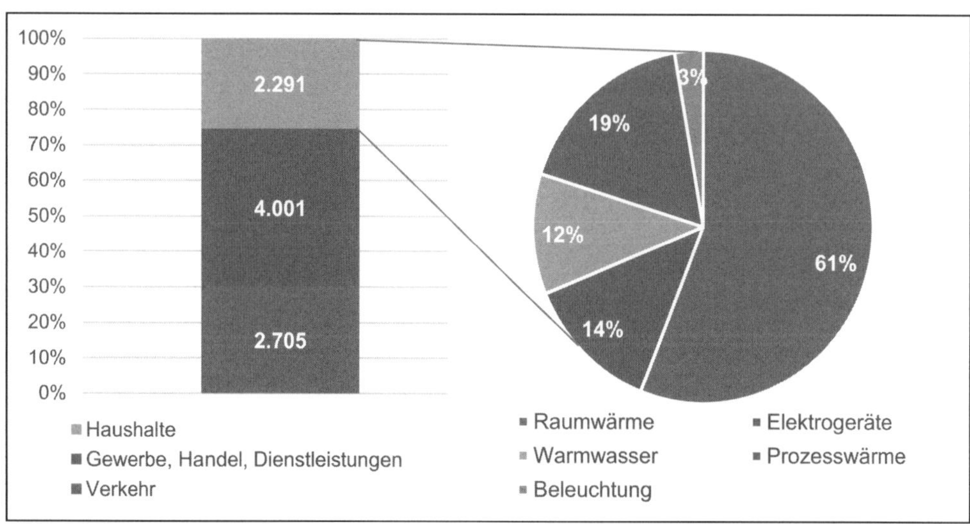

Abb. 18-1
Prozentuale Aufteilung Endenergieverbrauchs der einzelnen Verbraucher (Angabe in Petajoule) und der CO_2-Emissionen der Haushalte in der Bundesrepublik Deutschland 2016 (Quelle: Statistisches Bundesamt)

Im Bereich des Industrie-, Wohn- und Gewerbebaus werden vor allem fossile Energieträger wie zum Beispiel Öl, Kohle und Gas zur Beheizung der Gebäude eingesetzt. Die Heizenergieträgerstruktur des Wohnungsbestandes wie sie sich in Deutschland im Jahre 2018 darstellte, zeigt dies ganz deutlich (Abb. 18-2). Die Einsparung dieser fossilen Energieträger hat aber nicht nur die Schonung der noch vorhandenen Ressourcen zum Ziel, sondern es soll vor allem auch ein Beitrag zum Umwelt- und Klimaschutz – hier ist insbesondere der Treibhauseffekt zu erwähnen – geleistet werden.

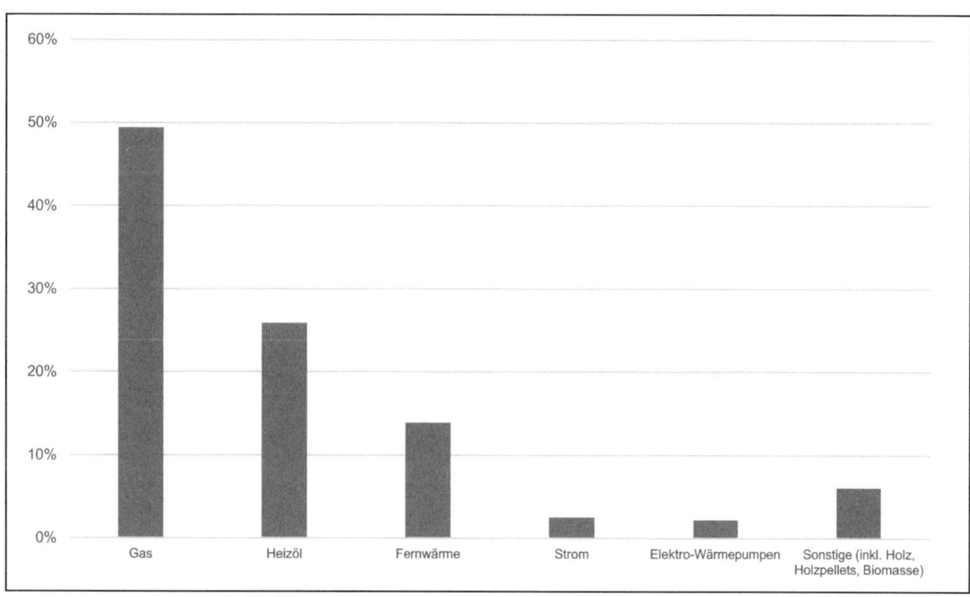

Abb. 18-2
Heizenergieträgerstruktur im Jahr 2018 für Wohngebäude in Deutschland. Es kommen weiterin hauptsächlich fossile Energieträger zum Einsatz (Quelle: BDEW Bundesverband der Energie- und Wasserwirtschaft e.V.).

Bei allen Verbrennungsprozessen fossiler Energieträger wird Kohlendioxid CO_2 frei. Die Bedeutung für die Umwelt liegt beim CO_2 in seiner Eigenschaft, die Strahlungsdurchlässigkeit der Atmosphäre für die langwellige Wärmestrahlung zu beeinflussen. Dies gemeinsam mit anderen Stoffen wie Methan CH_4 (aus Erdgasförderung und Landwirtschaft), N_2O und FCKW (Treibgase) und Ozon, wobei CO_2 einen etwa 50%igen Anteil einnimmt. Die genannten Gase werden als „Treibhausgase“ bezeichnet, da sie einen Treibhauseffekt in der Atmosphäre ergeben. Der in den vergangenen 100 Jahren feststellbare Anstieg der CO_2-Konzentration (von 299 ppm im Jahre 1909 auf 386 ppm im Jahre 2008, vgl. Abb. 18-3) führt zu einer weltweiten Erhöhung der mittleren Temperatur um ca. 1 K, die sich auf das Abschmelzen von Gletschern und der Polkappen, somit also auf den Anteil flüssigen Wassers, auf den Energieinhalt der Atmosphäre (Neigung zu Sturm- und Flutkatastrophen) etc. auswirkt. Der Ausstoß von Kohlendioxid kann weiterhin durch Veränderung des Energieträgers beeinflusst werden. Wie in Abbildung 18-4 zu erkennen ist, gibt z. B. Braunkohle, bezogen auf den Energieinhalt, das Doppelte an CO_2 im Vergleich zu Erdgas ab.

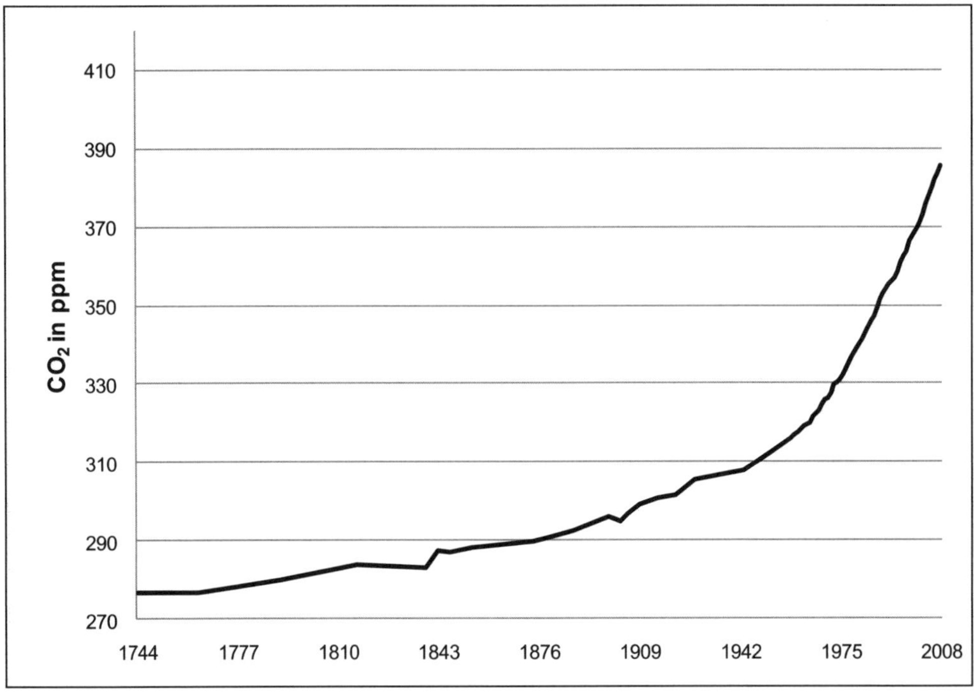

Abb. 18-3
Energieverbrauch und CO_2-Ausstoß steigt seit 1700 mit Zunahme der Weltbevölkerung deutlich an; eine Trendwende ist nur durch drastische Reduktion des Energieverbrauchs möglich.

Seit 1977 müssen in der BRD Gebäude nicht nur nach dem Mindestwärmeschutz, sondern auch für einen erhöhten – energiesparenden – Wärmeschutz ausgeführt werden. Die Grundlage hierfür liefert das Energieeinsparungsgesetz EnEG, auf dessen Grundlage die ersten Wärmeschutzverordnungen und anschließend die Energieeinsparverordnungen (EnEV) erlassen wurden. Vergleichbar neu ist, dass ein gewisser Prozentsatz des Heiz- und Kühlbedarfs von Gebäuden durch erneuerbare Energien gedeckt werden muss, was im Erneuerbaren-Energien-Wärmegesetz (EEWärmeG) festgelegt wurde. Die drei genannten Gesetzte sollen zukünftig im Gebäudeenergiegesetz (GEG) zusammengefasst werden.

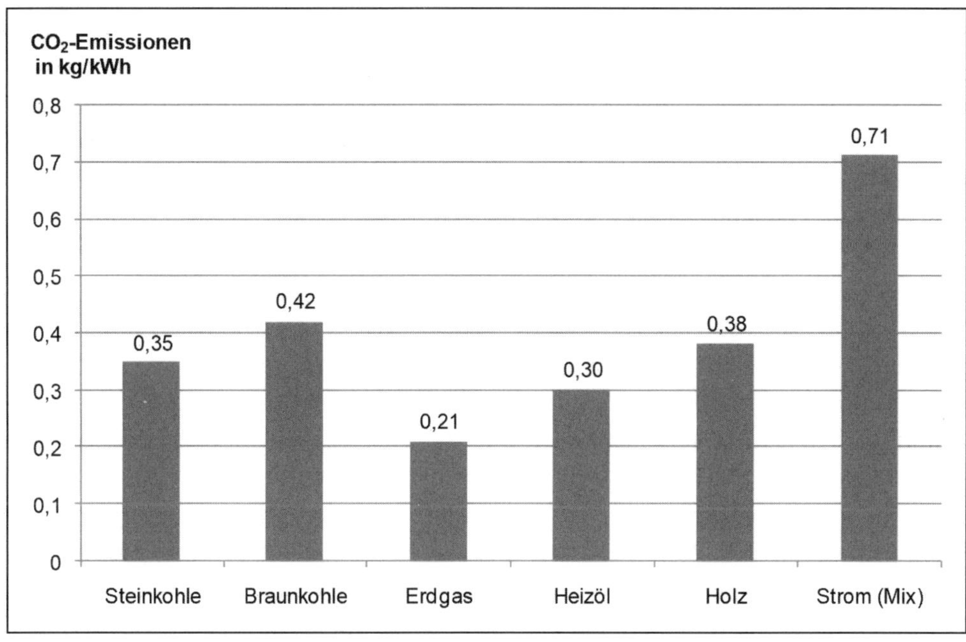

Abb. 18-4
CO_2-Inhalt verschiedener Energieträger. Bei der Angabe der CO_2-Emissionen von Holz ist zu berücksichtigen, dass bei dessen Verbrennung nur so viel CO_2 freigesetzt, wie vorher durch Photosynthese aus der Atmosphäre aufgenommen worden ist.

18.1 Von der Wärmeschutzverordnung zum Gebäudeenergiegesetz (GEG)

Als Reaktion auf die erste große Energiekrise der Jahre 1973/74 wurde 1976 von der Bundesregierung ein Gesetz zur Einsparung von Energie in Gebäuden verabschiedet. Dieses Energieeinsparungsgesetz (EnEG) bildete die Grundlage für die im November 1977 in Kraft getretene erste Wärmeschutzverordnung (WSVO) der Bundesrepublik Deutschland. 1978 folgte die Heizungsanlagen-Verordnung (HeizAnlVO). Neben dem primären Ziel der Energieeinsparung sollte auch der Verbrauch fossiler Brennstoffe eingeschränkt und damit Ressourcen geschont werden. Beide Verordnungen wurden in den folgenden Jahren mehrfach novelliert, bis zuletzt die Wärmeschutzverordnung 1995 herausgegeben wurde.

In den achtziger Jahren führten Erkenntnisse über den Treibhauseffekt und den sauren Regen dazu, dass die Bundesregierung den novellierten Verordnungen die Gesichtspunkte Emissionsminderung und Umweltschutz hinzufügte. Auf den Weltklimagipfeln von Rio und Berlin (1992 und 1995) verpflichtete sich die

BRD, zum Schutz der Erdatmosphäre den Ausstoß von klimaschädigendem Kohlendioxid bis zum Jahr 2005 im Vergleich zu 1990 um 25 Prozent zu senken. Aus diesem Grund wurde bereits in der Begründung zur Novelle der Wärmeschutzverordnung 1995 gefordert, spätestens bis zum Ende des Jahrhunderts das Anforderungsniveau des Wärmeschutzes – sowohl für Neubauten als auch für den Gebäudebestand – nochmals zu verschärfen.

Dies erfolgte mit der am 16. November 2001 von der Bundesregierung verabschiedeten Energieeinsparverordnung (kurz: EnEV). Die Verordnung war im Februar 2002 mit dem Ziel in Kraft getreten, den Heizenergiebedarf von Gebäuden um 30 % gegenüber dem Anforderungsniveau der dritten Wärmeschutzverordnung (WSVO ′95) zu senken (Abb. 18.1-1). Da mit der EnEV 2007 ein vollständig neues Berechnungsverfahren eingeführt wurde, das erstmals Wohn- und Nichtwohngebäude getrennt betrachtete, wurden die Anforderungen im Vergleich zur EnEV 2002 zunächst nicht verschärft. Dies erfolgte erst mit der novellierten Fassung EnEV 2009, die eine 30%ige Reduzierung der zulässigen Anforderungswerte im Vergleich zur EnEV 2007 umsetzte.

Im Jahr 2009 trat neben einer neuen Fassung der Energieeinsparverordnung auch das Erneuerbare-Energien-Wärmegesetz (EEWärmeG) in Kraft. In diesem Gesetzt ist geregelt, dass bei neu errichteten Gebäuden neben der Einhaltung der energetischen Anforderungen der EnEV 2009 ein gewisser Prozentsatz des Heiz- und Kühlenergiebedarfs durch erneuerbare Energien gedeckt werden muss (Nutzungspflicht erneuerbarer Energien). Als erneuerbare Energien im Sinne des EEWärmeG gelten dabei Geothermie, Umweltwärme, solare Strahlungsenergie und Biomasse. Je nachdem, welche Art der erneuerbaren Energie dazu eingesetzt wird, ist ein Anteil zwischen 15 % (solare Strahlungsenergie) bis zu 50 % (Biomasse sowie Geothermie und Umweltwärme) des Gesamtenergiebedarfs des betrachteten Gebäudes von diesen zu decken. Auf die Nutzung erneuerbarer Energien kann verzichtet werden, wenn bestimmte Ersatzmaßnahmen ergriffen werden (z. B. Übererfüllung der Anforderungen der EnEV in deren jeweils gültigen Fassung um mindestens 15 %).

Mit der nächsten Novelle, der am 01. Mai 2014 eingeführten EnEV 2014, wurde die nächste Verschärfung der energetischen Anforderungen vorbereitet. Nachdem die Anforderungen zwischen EnEV 2009 und EnEV 2014 zunächst für knapp zwei Jahre unverändert blieben, sind die Anforderungen an den Jahres-Primärenergiebedarf seit dem 01.01.2016 um 25 % und an die wärmeübertragende Gebäudehülle von Nichtwohngebäuden um ca. 20 % verschärft worden.

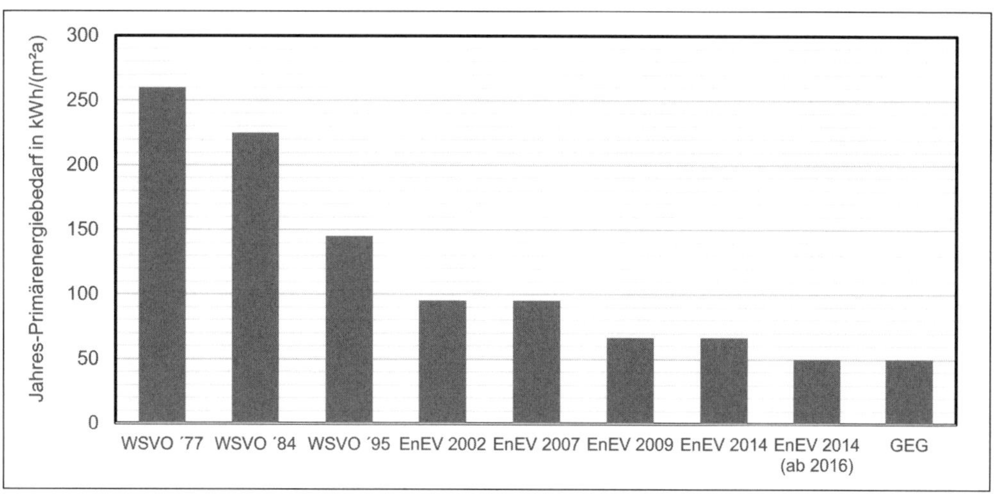

Abb. 18.1-1
Maximal zulässiger Jahres-Primärenergiebedarf in kWh/(m^2a) für Wohngebäude der verschiedenen Wärmeschutz- (WSVO) bzw. Energieeinsparverordnungen (EnEV) bis hin zum neuen Gebäudeenergiegesetz (GEG)

Im Oktober 2019 wurde vom Bundeskabinett der Gesetzentwurf für das neue Gebäudeenergiegesetz (GEG) beschlossen. Hierbei handelt es sich um ein Gesetz zur Vereinheitlichung und Vereinfachung des Energieeinsparrechts für Gebäude. In dem GEG werden dabei das Energieeinsparungsgesetz (EnEG), die Energieeinsparverordnung (EnEV) und das Erneuerbare-Energien-Wärmegesetz (EEWärmeG) in einem Gesetz zusammengefasst und aufeinander abgestimmt. Eine Verschärfung der geltenden energetischen Anforderungen der Energieeinsparverordnung an Neubauten (seit 01.01.2016) und an den Gebäudebestand, einschließlich der Nutzungspflichten nach dem Erneuerbare-Energien-Wärmegesetz, sind in der vorliegenden Entwurfsfassung des Gesetzes nicht vorgesehen.

18.2 Gesamtenergetische Bewertung von Gebäuden mit dem Gebäudeenergiegesetz (GEG)

Da sich der vorliegende Entwurf zum Gebäudeenergiegesetz (GEG) im Wesentlichen auf die Anforderungen der Energieeinsparverordnung EnEV 2014 mit dem seit 01.01.2016 geltenden Anforderungsniveau und die aktuelle Fassung des Erneuerbare-Energien-Wärmegesetzes (EEWärmeG) bezieht, soll im Folgenden die gesamtenergetische Bewertung von Gebäuden auf Basis des Entwurfs zum Gebäudeenergiegesetzt betrachtet werden. Änderungen und Abweichungen zu den derzeit gültigen Fassungen der EnEV und des EEWärmeG werden gesondert gekennzeichnet.

Der Zweck des Gebäudeenergiegesetzes ist die Vorgabe von Anforderungen und Berechnungsansätzen zur energetischen Bewertung von Wohn- und Nichtwohngebäuden, um für diese einen möglichst sparsamem Einsatz von Energie einschließlich einer verpflichtenden Nutzung erneuerbarer Energien zur Erzeugung von Wärme, Kälte und Strom für den Gebäudebetrieb sicherzustellen. Dies soll unter Beachtung des Grundsatzes der Wirtschaftlichkeit zur Schonung fossiler Ressourcen und der Minderung der Abhängigkeit von Energieimporten dazu beitragen, die energie- und klimapolitischen Ziele der Bundesregierung sowie eine weitere Erhöhung des Anteils erneuerbarer Energien am Endenergieverbrauch für Wärme und Kälte zu erreichen. Fernziel ist dabei ein nahezu klimaneutraler Gebäudebestand bis zum Jahr 2050.

Hauptmerkmal des Gebäudeenergiegesetzes (GEG) ist die Zusammenführung und Vereinheitlichung der Energieeinsparverordnung EnEV 2014 und des Erneuerbare-Energien-Wärmegesetzes (EEWärmeG). Damit erfolgt eine gemeinsame Betrachtung und Bewertung der Wärmedämmung bzw. des Wärmeschutzes und der Anlagentechnik eines Gebäudes als ganzheitliche energetische Einheit, in der ein gewisser Prozentsatz des Energiebedarfs mit erneuerbarer Energie gedeckt werden muss. Das GEG bezieht dazu die energetische Qualität der Gebäudehülle (Wärmedämmung der Bauteile, Wärmebrücken und Luftdichtheit) und die technische Gebäudeausrüstung einschließlich des Anteils erneuerbarer Energien in die Rechnung ein. Die energetische Kennzeichnung eines Gebäudes erfolgt, bedingt durch die getrennte Betrachtung von Wohn- und Nichtwohngebäuden neben dem Heiz- auch für den Kühlenergiebedarf sowie dem Strombedarf für die Beleuchtung (nur Nichtwohngebäude), die Warmwasserbereitung und Lüftung. Die einzelnen Bedarfsanteile für Heizung, Kühlung, Warmwasser und Lüftung sowie Beleuchtung werden in Form eines Energieausweises zusammengestellt.

Im Vergleich zur alten EnEV 2014 wird in dem Gesetzentwurf zum Gebäudeenergiegesetz das Anforderungsniveau zunächst nicht verschärft. Dieses beträgt weiterhin das seit dem 01. Januar 2016 geltende Anforderungsniveau der EnEV 2014. Danach wurde für Neubauten der bisher (EnEV 2014) zulässige Jahres-Primärenergiebedarf durch Multiplikation mit dem Faktor 0,75 um 25 % verschärft. Gleichzeitig ergab sich für Nichtwohngebäude auch eine Verschärfung an den mittleren Wärmedurchgangskoeffizienten der wärmeübertragenden Außenbauteile um ca. 20 %. Für Bestandsgebäude wurden dagegen die Anforderungen der Fassung der EnEV 2014 auch für den Zeitraum nach dem 01. Januar 2016 unverändert übernommen. Diese aktuellen energetischen Anforderungen für den Neubau und den Gebäudebestand gelten gemäß des vorliegenden Gesetzentwurfes auch im geplanten GEG unverändert fort.

Die Nachweisführung erfolgt demnach weiterhin mit dem so genannten Referenzgebäudeverfahren für Wohngebäude und Nichtwohngebäude. Damit ist der maximal zulässige Primärenergiebedarfskennwert für das nachzuweisende Gebäude jeweils individuell anhand eines Referenzgebäudes mit gleicher Nutzung, Geometrie, Ausrichtung und Nutzfläche unter der Annahme standardisierter Bauteile und Anlagentechnik zu ermitteln.

Für zu errichtende Wohngebäude und das entsprechende Referenzgebäude ist der Jahres-Primärenergiebedarf nach DIN V 18599 zu ermitteln. Alternativ können für nicht gekühlte Wohngebäude bis zum 31.12.2023 auch weiterhin die DIN V 4108-6 in Verbindung mit der DIN V 4701-10 als Bilanzierungsverfahren herangezogen werden. Dabei muss aufgrund der methodisch vollständig unterschiedlichen Ansätze zwischen DIN V 18599 und DIN V 4108-6/DIN V 4701-10 das zu berechnende Gebäude und das Referenzgebäude nach dem gleichen Verfahren berechnet werden.

Neben dem Jahres-Primärenergiebedarf ist für Wohngebäude der einzuhaltende Höchstwert des spezifischen, auf die wärmeübertragende Umfassungsfläche bezogenen Transmissionswärmeverlustes H'_T nachzuweisen. Dieser darf den entsprechenden Wert des jeweiligen Referenzgebäudes nicht überschreiten ($H'_{T,vorh} \leq H'_{T,Ref}$). Für Nichtwohngebäude ist stattdessen der mittlere Wärmedurchgangskoeffizient ($\bar{U}$-Wert) für die einzelnen Bauteilgruppen (z. B. opake oder transparente Bauteile) nachzuweisen.

Obwohl auch das neue GEG hauptsächlich eine Verordnung für Neubauten ist und für Bestandsgebäude keine Verschärfung der energetischen Anforderungen im Sanierungsfall vorgesehen sind, hat sie in Teilen auch Auswirkungen auf bestehende Gebäude und Anlagen (beispielsweise kann ab 2026 in einem Bestandsgebäude ein alter Öl-Heizkessel nur dann gegen einen neuen Öl-Heizkessel ausgetauscht werden, wenn in dem Gebäude der Wärme- und Kältebedarf anteilig durch die Nutzung erneuerbarer Energien gedeckt wird).

Aber auch ohne weitere Verschärfung der Anforderungen bei Sanierungen in der neuen Fassung des GEG ist das große Energieeinsparpotenzial bei Bestandsimmobilien zu berücksichtigen. Nach Abbildung 18.2-1 wurden in der Bundesrepublik mehr als 60 Prozent aller Wohngebäude vor 1978 errichtet. Für diese Bauwerke waren also nicht einmal die Anforderungen der ersten Wärmeschutzverordnung maßgebend. Dies belegt die außerordentlich wichtige Stellung, die der Gebäudebestand in Bezug auf Energieeinsparung und CO_2-Reduktion einnimmt.

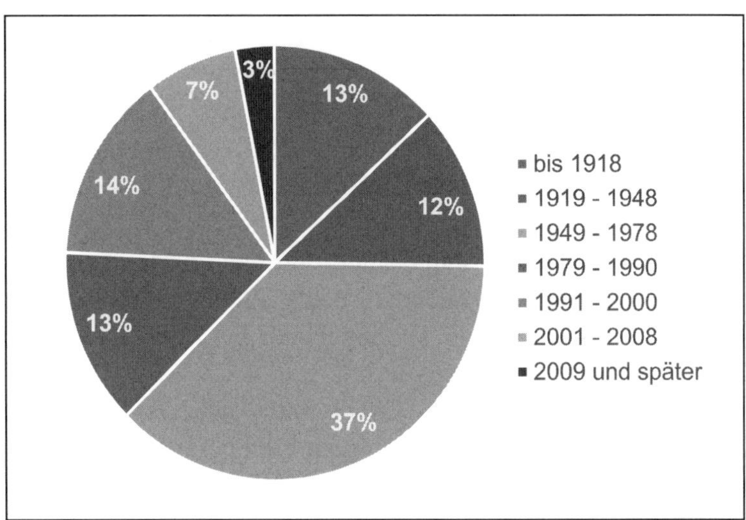

Abb. 18.2-1 Prozentuale Verteilung des Baujahrs bewohnter Wohnungen in Deutschland. Lediglich 37 % der bewohnten Wohnungen wurden nach 1978 errichtet (Quelle: dena).

Der rechnerische Nachweis der Hauptanforderungsgröße „Primärenergie" kann wie vorstehend bereits ausgeführt für Wohngebäude nach verschiedenen Methoden erfolgen. Bis Ende 2023 ist dies das schon aus der ersten Energieeinsparverordnung bekannte Monatsbilanzverfahren nach DIN EN 832 bzw. DIN V 4108-6. Die Wärmebilanz setzt sich dabei aus den zu ermittelnden Wärmegewinnen und -verlusten zusammen sowie aus dem Ausnutzungsgrad der Wärmegewinne. Als zweite, zwischenzeitlich zu bevorzugende Nachweismethode für Wohngebäude ist der ganzheitliche Ansatz der DIN V 18599 zugelassen.

Die Bilanzierung von Wohngebäuden nach der Methodik der DIN EN 832 und der DIN V 4108-6 berücksichtigt Art und Effizienz der Heizung und Warmwasserbereitung. In Abbildung 18.2-2 sind die dabei anzusetzenden Bilanzströme dargestellt. Mit diesem Ansatz folgt das GEG der DIN EN 832 „Wärmetechnisches Verhalten von Gebäuden", in der die Heizungsanlage in der Bilanzformel mit einbezogen wird.

Diese europäische Norm lässt insbesondere im Bereich nationaler Besonderheiten wie Klimadaten oder Daten, die von der Nutzung und dem Lebensstandard geprägt sind (z. B. Innentemperatur oder interne Wärmegewinne) Freiräume, die durch die einzelnen Länder geregelt werden müssen. Die Anpassung von DIN

EN 832 an die deutschen Gegebenheiten wird durch DIN V 4108-6 vorgenommen. Für den rechnerischen Nachweis des Primärenergiebedarfs ist allerdings das Referenzklima nach DIN V 18599-10, Anhang E zu verwenden.

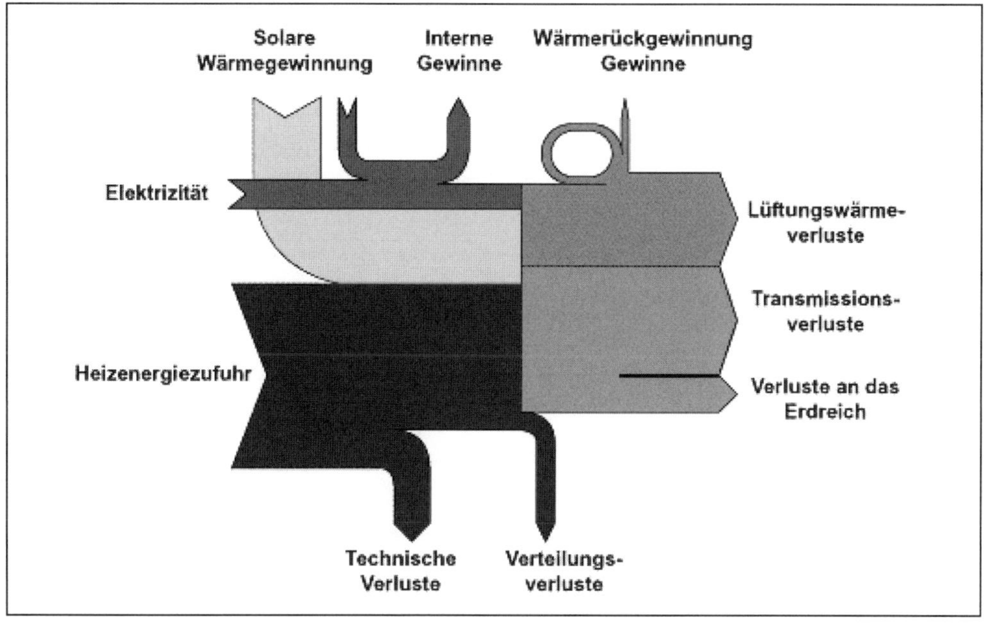

Abb. 18.2-2
Bilanzierungsmodell des GEG (bzw. der EnEV 2014) für Wohngebäude nach der Methodik der DIN EN 832 bzw. DIN V 4108-6

Die Ermittlung der Energiebilanz eines Wohngebäudes mit dem Verfahren der DIN V 18599 folgt einem integralen Ansatz. Dies bedeutet, dass eine gemeinschaftliche Bewertung des Baukörpers, der Nutzung und der Anlagentechnik unter Berücksichtigung der gegenseitigen Wechselwirkungen erfolgt. Dabei werden neben dem Energiebedarf für Beheizung und Warmwasserbereitung auch die Beleuchtung und die ggf. vorhandene Kühlung des Wohngebäudes erfasst. Die erweiterte Bilanz einer konditionierten Zone nach DIN V 18599 ist in Abbildung 18.2-3 dargestellt.

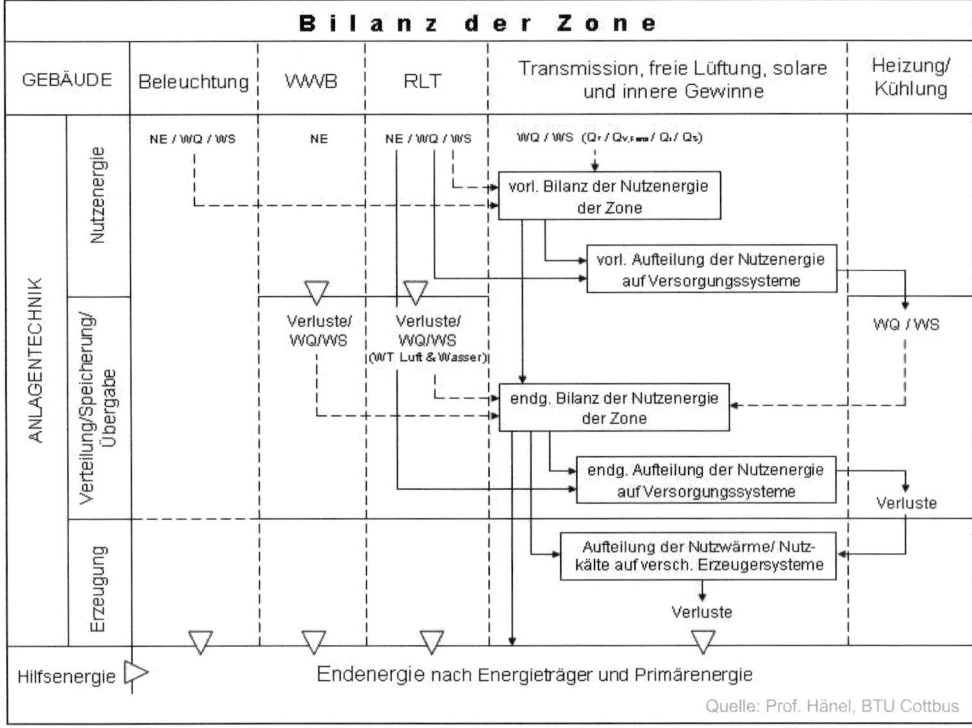

Abb. 18.2-3
Bilanzierungsmodell des GEG (der EnEV 2014) nach der Methodik der DIN V 18599

18.3 Anforderungen des Gebäudeenergiegesetztes

Das Gebäudeenergiegesetz (GEG) gilt grundsätzlich für Gebäude, die unter Einsatz von Energie beheizt oder gekühlt werden sowie für Anlagen und Einrichtungen der Heizungs-, Kühl-, Raumluft- und Beleuchtungstechnik sowie der Warmwasserversorgung in diesen Gebäuden. Dabei werden Wohngebäude als solche Gebäude definiert, die ihrer Zweckbestimmung nach überwiegend dem Wohnen dienen. Dies trifft sinngemäß auch für Wohn-, Alten- und Pflegeheime sowie ähnlichen Einrichtungen und Gebäude mit wohnähnlichen Nutzungen zu. Alle anderen Gebäude werden nach ihrer Nutzung als Nichtwohngebäude bezeichnet (siehe Tabelle 18.3-1).

In DIN V 18599 Teil 10 werden dazu entsprechende Nutzungsprofile angegeben. Als beheizte Räume werden in diesen Gebäuden solche Räume verstanden, die aufgrund bestimmungsgemäßer Nutzung direkt (z. B. durch Heizkörper) oder durch Raumverbund indirekt beheizt werden. Gleiches gilt für gekühlte Räume.

Tabelle 18.3-1
Unterscheidung der EnEV in Wohn- und Nichtwohngebäude

Wohngebäude	Nichtwohngebäude
Wohngebäude	Bürogebäude
Wohnheime	Verwaltungsbauten
Altenheime	Schulen
Pflegeheime	Hotels
	Theater
	Museum
	Sporthalle
	etc.

18.3.1 Bezugsgrößen

Die im GEG (bzw. der EnEV 2014) beschriebenen Anforderungen beziehen sich auf bestimmte Bezugsgrößen. Die wesentlichen sind dabei die wärmeübertragende Hüllfläche des Gebäudes A, das beheizte Gebäudevolumen V_e und die Gebäudenutzfläche A_N. Dabei ist die wärmeübertragende Umfassungsfläche A eines Wohngebäudes nach den in DIN V 18599-1 angegebenen Bemaßungsregeln so festzulegen, dass sie alle beheizten und gekühlten Räume einschließt. Für alle umschlossenen Räume sind dabei die gleichen Nutzungsrandbedingungen anzunehmen (Ein-Zonen-Modell).

Eine weitere Festlegung für die wärmeübertragende Umfassungsfläche A ist, dass ein in DIN V 18599-1 oder in DIN EN 832 beschriebenes Ein-Zonen-Modell entsteht, das mindestens die beheizten Räume einschließt. Mit der Definition der wärmeübertragenden Hüllfläche steht auch das beheizte Gebäudevolumen V_e fest. Dieses ist das Volumen, welches von der wärmeübertragenden Umfassungsfläche A umschlossen wird.

Beim Wärmeschutznachweis nach GEG wird für die betrachteten Gebäude der nachzuweisende Jahres-Primärenergiebedarf auf die Gebäudenutzfläche A_N bezogen. Diese entspricht nicht der Nutzfläche nach DIN 277 und wird für die energetischen Berechnungen bei Wohngebäuden wie folgt ermittelt:

$$A_N = 0{,}32\ \mathrm{m}^{-1} \cdot V_e \quad \text{in } \mathrm{m}^2 \qquad (18.3.1\text{-}1)$$

mit: A_N = Gebäudenutzfläche in m^2
V_e = beheiztes Gebäudevolumen in m^3

Diese Formel besitzt allerdings nur Gültigkeit für Räume mit einer Höhe zwischen 2,5 und 3,0 m. Beträgt dagegen die durchschnittliche Geschosshöhe h_G eines Wohngebäudes (gemessen von der Oberfläche des Fußbodens zur Oberfläche des Fußbodens des darüberliegenden Geschosses) mehr als 3,0 m (zum Beispiel in Altbauten) oder weniger als 2,5 m, ist die Gebäudenutzfläche A_N wie folgt zu ermitteln:

$$A_N = (1/h_G - 0{,}04\ m^{-1}) \cdot V_e \quad \text{in } m^2 \qquad (18.3.1\text{-}2)$$

mit: A_N = Gebäudenutzfläche in m²
h_G = lichte Raumhöhe unter 2,5 m und über 3,0 m
V_e = beheiztes Gebäudevolumen in m³

Die neu eingeführte Differenzierung der Gebäudenutzfläche in Abhängigkeit zur Geschosshöhe ist insbesondere der genaueren energetischen Bewertung von Bestandsgebäuden geschuldet. Mit Gleichung (18.3.1-2) wird berücksichtigt, dass Altbauten mit Raumhöhen über 3,0 m eine deutlich geringere Nutzfläche im Verhältnis zum beheizten Gebäudevolumen besitzen als Gebäude mit üblichen Raumhöhen. Bei vergleichbaren beheizten Gebäudevolumen ist die Nutzfläche von Altbauten je nach deren Raumhöhe ca. 10 bis 20 % geringer als die heutiger Neubauten mit Raumhöhen zwischen 2,5 und 3,0 m.

18.3.2 Referenzgebäudeverfahren

Bereits mit der EnEV 2007 wurde das so genannte Referenzgebäudeverfahren für Nichtwohngebäude eingeführt. Ab der EnEV 2009 wurde dieses auch für Wohngebäude angewendet. Danach darf der Jahres-Primärenergiebedarf für Heizung, Warmwasserbereitung, Lüftung und Kühlung den Wert des Jahres-Primärenergiebedarfs eines Referenzgebäudes gleicher Geometrie, Gebäudenutzung und -nutzfläche sowie Ausrichtung nicht überschreiten (siehe Abb. 18.3.2-1):

$$Q_{P,max} = Q_{P,Ref} \geq Q_{P,vorh} \qquad (18.3.2\text{-}1)$$

Als weitere Anforderung darf nach dem GEG für zu errichtende Wohngebäude der Höchstwerte des spezifischen, auf die wärmeübertragende Umfassungsfläche bezogenen Transmissionswärmeverlusts $H'_{T,vorh}$ des geplanten Gebäudes den entsprechenden sich für das Referenzgebäude ergebenden Wert $H'_{T,Ref}$ nicht überschreiten:

$$H'_{T,max} = H'_{T,Ref} \geq H'_{T,vorh} \qquad (18.3.2\text{-}2)$$

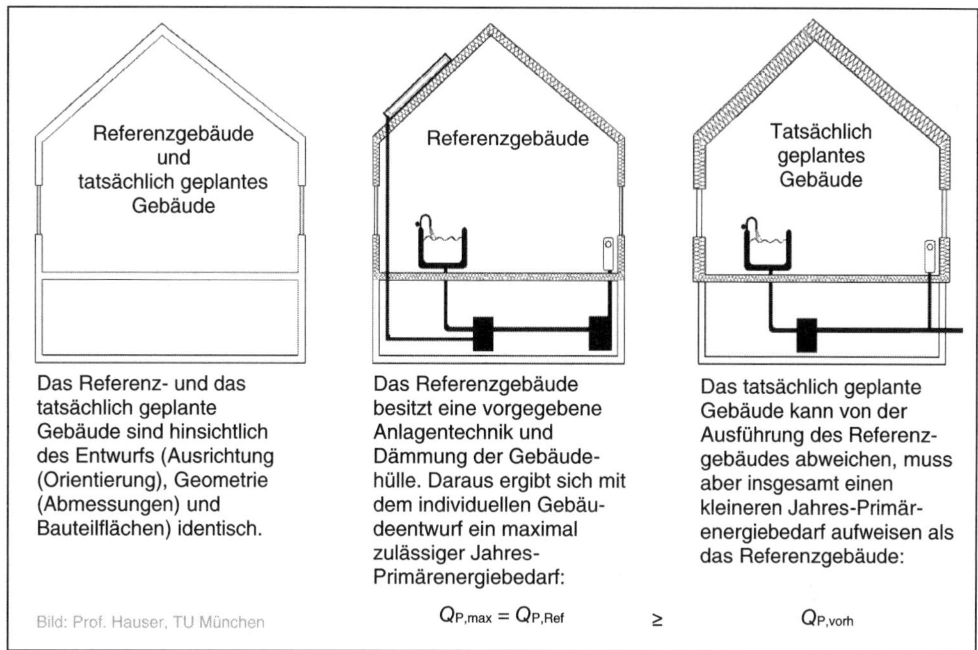

Abb. 18.3.2-1
Nachweis nach dem Prinzip des Referenzgebäudeverfahrens. Mit diesem Nachweisverfahren wird im GEG der Jahres-Primärenergiebedarf eines Referenzgebäudes ($Q_{P,Ref}$) verglichen mit dem Jahres-Primärenergiebedarf des tatsächlich geplanten Gebäudes ($Q_{P,vorh}$). Dabei entsprechen sich beide Gebäude hinsichtlich ihres Gebäudeentwurfes (Gebäudeausrichtung bzw. Orientierung der Bauteile, Geometrie des Gebäudes und Bauteilflächen) und der vorgesehenen Nutzung. Sie können sich jedoch in ihrer technischen Ausstattung und Dämmung der Bauteile unterscheiden. Der Nachweis gilt als erfüllt, wenn der Jahres-Primärenergiebedarf des geplanten Gebäudes kleiner oder gleich dem des Referenzgebäudes ist (Bildquelle: Prof. Hauser, TU München).

Die noch in der EnEV 2014 geltende Unterscheidung des Gebäudetyps (z. B. kleines oder großes, freistehendes Einfamilienhaus, einseitig angebautes Wohngebäude oder andere Wohngebäude) entfällt. Für Nichtwohngebäude ist nicht der spezifische, auf die wärmeübertragende Umfassungsfläche bezogene Transmissionswärmeverlust, sondern der durchschnittliche Höchstwert der Wärmedurchgangskoeffizienten der wärmeübertragenden Umfassungsfläche als nachzuweisende Größe anzugeben (siehe Tabelle 18.3.2-1).

Bei der Berechnung des Mittelwerts des jeweiligen Bauteils sind die Bauteile gemäß ihres vorhandenen Flächenanteils an der wärmeübertragenden Gebäudehülle zu berücksichtigen. Die Wärmedurchgangskoeffizienten von Bauteilen gegen unbeheizte Räume (außer Dachräume) oder Erdreich sind zusätzlich mit dem Faktor 0,5 zu gewichten. Bei der Berechnung des Mittelwerts der an das

Erdreich angrenzenden Bodenplatten sind Flächen, die mehr als 5 m vom äußeren Rand des Gebäudes entfernt sind, nicht zu berücksichtigen. Die Berechnung ist für Zonen mit unterschiedlichen Raum-Solltemperaturen im Heizfall getrennt durchzuführen.

Weiterhin ist für die Berechnung des Wärmedurchgangskoeffizienten der an Erdreich grenzenden Bauteile DIN V 18599-2, Abschnitt 6.1.4.3 und für opake Bauteile DIN 4108-4 in Verbindung mit DIN EN ISO 6946 anzuwenden. Für die Berechnung des Wärmedurchgangskoeffizienten transparenter Bauteile sowie von Vorhangfassaden ist DIN 4108-4 anzuwenden.

Tabelle 18.3.2-1
Höchstwert der mittleren Wärmedurchgangskoeffizienten der wärmeübertragenden Umfassungsfläche von Nichtwohngebäuden nach Entwurf zum GEG, Anlage 3

Zeile	Bauteil	Anforderung	Maximale $\bar{U}$-Werte (als Mittelwerte der Wärmedurchgangskoeffizienten der jeweiligen Bauteile) für Zonen mit Raum-Solltemperaturen im Heizfall von	
			≥ 19 °C	12 bis < 19 °C
1	Opake Außenbauteile, soweit nicht in Bauteilen der Zeilen 3 und 4 enthalten	Entwurf GEG	$\bar{U}$ = 0,28 W/(m²K)	$\bar{U}$ = 0,5 W/(m²K)
2	Transparente Außenbauteile, soweit nicht in Bauteilen der Zeilen 3 und 4 enthalten	Entwurf GEG	$\bar{U}$ = 1,5 W/(m²K)	$\bar{U}$ = 2,8 W/(m²K)
3	Vorhangfassade	Entwurf GEG	$\bar{U}$ = 1,5 W/(m²K)	$\bar{U}$ = 3,0 W/(m²K)
4	Glasdächer, Lichtbänder, Lichtkuppeln	Entwurf GEG	$\bar{U}$ = 2,5 W/(m²K)	$\bar{U}$ = 3,1 W/(m²K)

Die Anforderungen an zu errichtende Wohn- und Nichtwohngebäude werden im vorliegenden Entwurf zum GEG in Abschnitt 3, §20 (Wohngebäude) und §21 (Nichtwohngebäude) sowie der Anlage 1 (Wohngebäude) und 2 (Nichtwohngebäude) formuliert. Die in den Anlagen 1 und 2 des GEG angegebenen technischen Referenzausführungen sind in Tabelle 18.3.2-2 für Wohngebäude und in Tabelle 18.3.2-3 für Nichtwohngebäude wiedergegeben.

Tabelle 18.3.2-2

Ausführung des Referenzgebäudes – Wohngebäude nach Entwurf zum GEG, Anlage 1

Zeile	Bauteil/System	Referenzausführung bzw. Wert (Maßeinheit)	
		Eigenschaft (zu Zeilen 1.1 – 4)	
1.0	Der berechnete Jahres-Primärenergiebedarf des Referenzgebäudes nach den Zeilen 1.1 bis 8 ist für Neubauvorhaben nach dem vorliegenden Entwurf zum GEG mit dem Faktor 0,75 zu multiplizieren.		
1.1	Außenwand (einschl. Einbauten wie Rollladenkästen), Geschossdecke gegen Außenluft	Wärmedurchgangskoeffizient	$U = 0{,}28$ W/(m²K)
1.2	Außenwand gegen Erdreich, Bodenplatte, Wände und Decken zu unbeheizten Räumen (außer solche nach Zeile 1.1)	Wärmedurchgangskoeffizient	$U = 0{,}35$ W/(m²K)
1.3	Dach, oberste Geschossdecke, Wände zu Abseiten	Wärmedurchgangskoeffizient	$U = 0{,}20$ W/(m²K)
1.4	Fenster, Fenstertüren	Wärmedurchgangskoeffizient	$U_W = 1{,}3$ W/(m²K)
		Gesamtenergiedurchlassgrad der Verglasung	Bei Berechnung nach DIN V 4108-6: $g_\perp = 0{,}60$ Bei Berechnung nach DIN V 18599-2: $g = 0{,}60$
1.5	Dachflächenfenster, Glasdächer und Lichtbänder	Wärmedurchgangskoeffizient	$U_W = 1{,}4$ W/(m²K)
		Gesamtenergiedurchlassgrad der Verglasung	Bei Berechnung nach DIN V 4108-6: $g_\perp = 0{,}60$ Bei Berechnung nach DIN V 18599-2: $g = 0{,}60$
1.6	Lichtkuppeln	Wärmedurchgangskoeffizient	$U_W = 2{,}7$ W/(m²K)
		Gesamtenergiedurchlassgrad der Verglasung	Bei Berechnung nach DIN V 4108-6: $g_\perp = 0{,}64$ Bei Berechnung nach DIN V 18599-2: $g = 0{,}64$

Tabelle 18.3.2-2 (Forts.)
Ausführung des Referenzgebäudes – Wohngebäude nach Entwurf zum GEG, Anlage 1

Zeile	Bauteil/System	Referenzausführung bzw. Wert (Maßeinheit)	
		Eigenschaft (zu Zeilen 1.1 – 4)	
1.7	Außentüren, Türen gegen unbeheizte Räume	Wärmedurchgangskoeffizient	U = 1,8 W/(m²K)
2	Bauteile nach den Zeilen 1.1 bis 1.7	Wärmebrückenzuschlag	ΔU_{WB} = 0,05 W/(m²K)
3	Solare Wärmegewinne über opake Bauteile	wie das zu errichtende Gebäude	
4	Luftdichtheit der Gebäudehülle	Bemessungswert n_{50}	Bei Berechnung nach – DIN V 4108-6: mit Dichtheitsprüfung – DIN V 18 599-2: nach Kategorie I
5	Sonnenschutzvorrichtung	keine Sonnenschutzvorrichtung	
6	Heizungsanlage	• Wärmeerzeugung durch Brennwertkessel (verbessert, bei der Berechnung nach § 20 Absatz 1 nach 1994), Erdgas, Aufstellung: - für Gebäude bis zu 500 m² Gebäudenutzfläche innerhalb der thermischen Hülle - für Gebäude mit mehr als 500 m² Gebäudenutzfläche außerhalb der thermischen Hülle • Auslegungstemperatur 55/45 °C, zentrales Verteilsystem innerhalb der wärmeübertragenden Umfassungsfläche, innen liegende Stränge und Anbindeleitungen, Standard-Leitungslängen nach DIN V 4701-10 (2003-08) Tabelle 5.3-2, Pumpe auf Bedarf ausgelegt (geregelt, Δp const), Rohrnetz ausschließlich statisch hydraulisch abgeglichen • Wärmeübergabe mit freien statischen Heizflächen, Anordnung an normaler Außenwand, Thermostatventile mit Proportionalbereich 1 K nach DIN V 4701-10 bzw. P-Regler (nicht zertifiziert) nach DIN V 18599-5	
7	Anlage zur Warmwasserbereitung	• gemeinsame Wärmebereitung mit Heizungsanlage nach Nummer 6 • bei Berechnung nach § 20 Absatz 1: allgemeine Randbedingungen gemäß DIN V 18599-8, Tabelle 6, Solaranlage mit Flachkollektor nach 1998 sowie Speicher ausgelegt gemäß DIN V 18599-8, Abschnitt 6.4.3	

Tabelle 18.3.2-2 (Forts.)

Ausführung des Referenzgebäudes – Wohngebäude nach Entwurf zum GEG, Anlage 1

Zeile	Bauteil/System	Referenzausführung bzw. Wert (Maßeinheit)	
		Eigenschaft (zu Zeilen 1.1 – 4)	
7	Anlage zur Warmwasserbereitung	• bei Berechnung nach § 20 Absatz 2: Solaranlage mit Flachkollektor zur ausschließlichen Trinkwassererwärmung entsprechend den Vorgaben nach DIN V 4701-10, Tabelle 5.1-10 mit Speicher, indirekt beheizt (stehend), gleiche Aufstellung wie Wärmeerzeuger, - kleine Solaranlage bei $A_N \leq 500$ m² (bivalenter Solarspeicher - große Solaranlage bei $A_N > 500$ m² • Verteilsystem mit Zirkulation, innerhalb der wärmeübertragenden Umfassungsfläche, innen liegende Stränge, gemeinsame Installationswand, Standard-Leitungslängen nach DIN V 4701-10, Tabelle 5.1-2	
8	Kühlung	keine Kühlung	
9	Lüftung	zentrale Abluftanlage, nicht bedarfsgeführt mit geregeltem DC-Ventilator, • DIN V 4701: Anlagen-Luftwechsel $n_A = 0{,}4$ h^{-1} • DIN-V 18599-10: nutzungsbedingter Mindestaußenluftwechsel n_{Nutz}: 0,55 h^{-1}	
10	Gebäudeautomation	Klasse C nach DIN V 18599-11	

Hinsichtlich der Ausführung des Referenzgebäudes für Wohngebäude werden für die wesentlichen Bauteile der wärmeübertragenden Hülle Referenzwerte für den Wärmedurchgangskoeffizienten U angegeben. Die angegebenen Werte müssen dabei nicht verbindlich eingehalten werden und stellen auch keine maximal zulässigen Höchstwerte dar. Vielmehr müssen die Bauteile insgesamt die Anforderungen an den Höchstwert des spezifischen Transmissionswärmeverlustes des Referenzgebäudes $H'_{T,Ref}$ nach Gleichung 18.3.2-2 erfüllen. Dabei kann der Referenzwert für Außenwände bereits mit 12 cm Dämmung der Wärmeleitfähigkeitsgruppe 035, der Wert für Dächer mit 18 cm (ebenfalls WLG 035) erreicht werden. Der pauschale Wärmebrückenzuschlag für Bauteile wird mit dem Referenzwert von ΔU_{WB} = 0,05 W/(m²K) angegeben, was für zu errichtende Wohngebäude dem Stand der Technik entspricht. Die erforderlichen Detailausführungen der Bauteilanschlüsse und -übergänge müssen dabei DIN 4108 Beiblatt 2 entsprechen bzw. es ist eine Gleichwertigkeit nachzuweisen, wenn von den Wärmebrückendetails des Beiblatts 2 zu DIN 4108 abweichende Konstruktionen ausgebildet werden. Das Beiblatt 2 zu DIN 4108 ist im Juni 2019 neu herausgegeben worden und enthält einen deutlich umfangreicheren Detailkatalog inkl. Bauteilanschlüssen für Pfosten-Riegel-Konstruktionen.

Auch die Referenzausführung der Heizungsanlage mit einem Brennwertkessel (Auslegungstemperatur von 55/45°C) kann als Stand der Technik bezeichnet werden. Erwähnenswert ist die Referenzausführung der Trinkwarmwasserbereitung, die ein Kombisystem aus Wärmeerzeuger für das Heizsystem (Brennwerttechnik) und einer Solaranlage beschreibt. Durch die solarunterstützte Trinkwarmwasserbereitung werden für das Referenzgebäude die Anforderungen des GEG hinsichtlich des Einsatzes von erneuerbaren Energien erfüllt.

Auch wenn in Wohngebäuden weiterhin keine Kühlung vorgesehen ist, wird das Referenzwohngebäude mit einer nicht bedarfsgeführten zentralen Abluftanlage mit geregeltem Gleichstrom-Ventilator (DC-Ventilator) ausgestattet. Für diese kontrollierte Wohnungslüftung wird bei der Referenzausführung auch die Luftdichtheit der Gebäudehülle erforderlich. Wie auch bei allen anderen Angaben zur Ausführung des Referenzgebäudes gilt auch in diesem Fall, dass die Abluftanlage im geplanten Wohngebäude nicht verbindlich vorgeschrieben ist.

Die Einführung einer Abluftanlage im Referenzwohngebäude ist als sensibilisierende Maßnahme für die Gebäudenutzer zu sehen. Es soll verdeutlicht werden, dass solche Anlagen hinsichtlich der Energiebedarfsbilanz gegenüber der Fensterlüftung (kontrollierte Stoßlüftung) als gleichwertig anzusehen und weiterhin zur Vermeidung von Feuchteschäden und Schimmelpilzbildung auch als bauphysikalisch sinnvoll anzusehen sind(siehe dazu auch Abschnitt 14.2).

Die Einführung der Abluftanlage im Referenzwohngebäude sollte bereits mit der EnEV 2014 die Ablösung der Fensterlüftung als Standardlüftung von Wohngebäuden hin zu mechanischen Lüftungsanlagen einleiten. Allerdings ist dies im GEG beibehalten worden, während es energetisch sinnvoller gewesen wäre, die schon in der EnEV 2014 enthaltene Abluftanlage im neuen GEG für Wohngebäude als Zu- und Abluftanlage (mit Wärmerückgewinnung) für das Referenzgebäude einzuführen.

Wird ein projektiertes Wohngebäude identisch der Vorgaben des Referenzgebäudes nach Tabelle 18.3.2-2 geplant und gebaut (1:1-Umsetzung des Referenzgebäudes), werden die Anforderungen des GEG automatisch erfüllt. Ein rechnerischer Nachweis kann dabei entfallen. Allerdings ist die in Tabelle 18.3.2-2 angegebene Referenzausführung bzw. -anlagentechnik nur eine mögliche Gebäudekonfiguration, die zur Einhaltung der Anforderungen des GEG führt. Es gibt darüber hinaus zahlreiche weitere wirtschaftliche Lösungen, was eine Herausforderung und Chance für Planer und Fachingenieure darstellt.

Bei der Anwendung des Referenzgebäudeverfahrens und der Tabelle 18.3.2-2 für Wohngebäude kann der Jahres-Primärenergiebedarf sowohl für das zu errichtende Wohngebäude als auch für das Referenzgebäude entweder nach DIN V 18599 oder bis zum 31.12.2023 alternativ nach DIN V 4108-6 in Verbindung mit DIN V 4701-10 ermittelt werden. Eine Vermischung der beiden Berechnungsmethoden ist nicht zulässig. Erfolgt die Berechnung nach DIN V 4108-6, kann nur noch das Monatsbilanzverfahren angewendet werden. Das vereinfachte Periodenbilanzverfahren ist nicht zulässig.

Analog dem Referenzwohngebäude werden auch bei den Angaben des Referenzgebäudes für den Nichtwohnbau zunächst die Bauteile der wärmeübertragenden Hüllfläche beschrieben (siehe Tabelle 18.3.2-3).

Tabelle 18.3.2-3
Ausführung des Referenzgebäudes – Nichtwohngebäude nach Entwurf zum GEG, Anlage 2

Zeile	Bauteil/System	Referenzausführung bzw. Wert (Maßeinheit)		
		Eigenschaft (zu Zeilen 1.1 bis 1.13)	**Raum-Solltemperaturen im Heizfall von ≥ 19 °C**	**Raum-Solltemperaturen im Heizfall von 12 bis < 19 °C**
1.0	Der berechnete Jahres-Primärenergiebedarf des Referenzgebäudes nach den Zeilen 1.1 bis 8 ist bei Neubauvorhaben nach dem vorliegenden Entwurf zum GEG mit dem Faktor 0,75 zu multiplizieren.			
1.1	Außenwand (einschl. Einbauten wie Rollladenkästen), Geschossdecke gegen Außenluft	Wärmedurchgangskoeffizient	U = 0,28 W/(m²K)	U = 0,35 W/(m²K)
1.2	Vorhangfassade (siehe auch Zeile 1.14)	Wärmedurchgangskoeffizient	U = 1,4 W/(m²K)	U = 1,9 W/(m²K)
		Gesamtenergiedurchlassgrad der Verglasung g	0,48	0,60
		Lichttransmissionsgrad der Verglasung $\tau_{D65,SNA}$	0,72	0,78
1.3	Wand gegen Erdreich, Bodenplatte, Wände und Decken zu unbeheizten Räumen (außer Bauteile nach Zeile 1.4)	Wärmedurchgangskoeffizient	U = 0,35 W/(m²K)	U = 0,35 W/(m²K)

Tabelle 18.3.2-3 (Forts.)
Ausführung des Referenzgebäudes – Nichtwohngebäude nach Entwurf zum GEG, Anlage 2

Zeile	Bauteil/System	Referenzausführung bzw. Wert (Maßeinheit)		
		Eigenschaft (zu Zeilen 1.1 bis 1.13)	Raum-Solltemperaturen im Heizfall von ≥ 19 °C	Raum-Solltemperaturen im Heizfall von 12 bis < 19 °C
1.4	Dach (soweit nicht unter Zeile 1.5), oberste Geschossdecke, Wände zu Abseiten	Wärmedurchgangs-koeffizient	U = 0,20 W/(m²K)	U = 0,35 W/(m²K)
1.5	Glasdächer	Wärmedurchgangs-koeffizient	U_W = 2,7 W/(m²K)	U_W = 2,7 W/(m²K)
		Gesamtenergiedurch-lassgrad der Verglasung g	0,63	0,63
		Lichttransmissionsgrad der Verglasung $\tau_{D65,SNA}$	0,76	0,76
1.6	Lichtbänder	Wärmedurchgangs-koeffizient	U_W = 2,4 W/(m²K)	U_W = 2,4 W/(m²K)
		Gesamtenergiedurch-lassgrad der Verglasung g	0,55	0,55
		Lichttransmissionsgrad der Verglasung $\tau_{D65,SNA}$	0,48	0,48
1.7	Lichtkuppeln	Wärmedurchgangs-koeffizient	U_W = 2,7 W/(m²K)	U_W = 2,7 W/(m²K)
		Gesamtenergiedurch-lassgrad der Verglasung g	0,64	0,64
		Lichttransmissionsgrad der Verglasung τ_{D65}	0,59	0,59
1.8	Fenster, Fenstertüren (siehe auch Zeile 1.14)	Wärmedurchgangs-koeffizient	U_W = 1,3 W/(m²K)	U_W = 1,9 W/(m²K)
		Gesamtenergie-durchlassgrad der Verglasung g	0,60	0,60
		Lichttransmissionsgrad der Verglasung $\tau_{D65,SNA}$	0,78	0,78

Tabelle 18.3.2-3 (Forts.)
Ausführung des Referenzgebäudes – Nichtwohngebäude nach Entwurf zum GEG, Anlage 2

Zeile	Bauteil/System	Referenzausführung bzw. Wert (Maßeinheit)		
		Eigenschaft (zu Zeilen 1.1 bis 1.13)	Raum-Solltemperaturen im Heizfall von ≥ 19 °C	Raum-Solltemperaturen im Heizfall von 12 bis < 19 °C
1.9	Dachflächenfenster (siehe auch Zeile 1.14)	Wärmedurchgangskoeffizient	U_W = 1,4 W/(m²K)	U_W = 1,9 W/(m²K)
		Gesamtenergiedurchlassgrad der Verglasung g	0,60	0,60
		Lichttransmissionsgrad der Verglasung $\tau_{D65,SNA}$	0,78	0,78
1.10	Außentüren, Türen gegen unbeheizte Räume, Tore	Wärmedurchgangskoeffizient	1,8 W/(m²·K)	2,9 W/(m²·K)
1.11	Bauteile in Zeilen 1.1 und 1.3 bis 1.10	Wärmebrückenzuschlag	ΔU_{WB} = 0,05 W/(m²K)	ΔU_{WB} = 0,10 W/(m²K)
1.12	Gebäudedichtheit	Bemessungswert n_{50} und q_{50} (nach Tab. 7 der DIN V 18599-2)	Kategorie I	Kategorie I
1.13	Tageslichtversorgung bei Sonnen- und/oder Blendschutz	Tageslichtversorgungsfaktor $C_{TL,Vers,SA}$ nach DIN V 18599-4	– kein Sonnen- oder Blendschutz vorhanden: 0,70 – Blendschutz vorhanden: 0,15	
1.14	Sonnenschutzvorrichtung	Für das Referenzgebäude ist die tatsächliche Sonnenschutzvorrichtung des zu errichtenden Gebäudes anzunehmen. Sie ergibt sich gegebenenfalls aus den Anforderungen zum sommerlichen Wärmeschutz nach §14 (GEG) oder aus Erfordernissen des Blendschutzes. Soweit hierfür Sonnenschutzverglasung zum Einsatz kommt, sind für diese Verglasung folgende Kennwerte anzusetzen: • anstelle der Werte der Zeile 1.2: - Gesamtenergiedurchlassgrad der Verglasung g = 0,35 - Lichttransmissionsgrad der Verglasung $\tau_{v,D65,SNA}$ = 0,58 • anstelle der Werte der Zeilen 1.8 und 1.9: - Gesamtenergiedurchlassgrad der Verglasung g = 0,35 - Lichttransmissionsgrad der Verglasung $\tau_{v,D65,SNA}$ = 0,62		

Tabelle 18.3.2-3 (Forts.)
Ausführung des Referenzgebäudes – Nichtwohngebäude nach Entwurf zum GEG, Anlage 2

Zeile	Bauteil/System	Referenzausführung bzw. Wert (Maßeinheit)
2	Solare Wärmegewinne über opake Bauteile	Wie beim zu errichtenden Gebäude
3.1	Beleuchtungsart	direkt/indirekt mit elektronischem Vorschaltgerät und stabförmiger Leuchtstofflampe
3.2	Regelung der Beleuchtung	Präsenzkontrolle: - in Zonen der Nutzungen 4, 15 bis 19, 21 und 31*: mit Präsenzmelder - im Übrigen: manuell Konstantlichtkontrolle/tageslichtabhängige Kontrolle: - in Zonen der Nutzungen 5, 9, 10, 14, 22.1 bis 22.3, 29, 37 bis 40*: Konstantlichtkontrolle gemäß DIN V 18599-4, Abschnitt 5.4.6 - in Zonen der Nutzungen 1 bis 4, 8, 12, 28, 31 und 36*: tageslichtabhängige Kontrolle, Kontrollart „gedimmt, nicht ausschaltend“ gemäß DIN V 18599-4, Abschnitt 5.5.4 (einschließlich Konstantlichtkontrolle) - im Übrigen: manuell
4.1	Heizung (Raumhöhen ≤ 4 m) – Wärmeerzeuger	Brennwertkessel (verbessert, nach 1994) nach DIN V 18 599-5, Erdgas, Aufstellung außerhalb der thermischen Hülle, Wasserinhalt > 0,15 l/kW
4.2	Heizung (Raumhöhen ≤ 4 m) – Wärmeverteilung	- bei statischer Heizung und Umluftheizung (dezentrale Nachheizung in RLT-Anlage): Zweirohrnetz, außen liegende Verteilleitungen im unbeheizten Bereich, innen liegende Steigstränge, innen liegende Anbindeleitungen, Systemtemperatur 55/45 °C, ausschließlich statisch hydraulisch abgeglichen, Δp const, Pumpe auf Bedarf ausgelegt, Pumpe mit intermittierendem Betrieb, keine Überströmventile, für den Referenzfall sind die Rohrleitungslängen und die Umgebungstemperaturen gemäß den Standardwerten nach DIN V 18599-5 zu ermitteln. - bei zentralem RLT-Gerät: Zweirohrnetz, Systemtemperatur 70/55 °C, ausschließlich statisch hydraulisch abgeglichen, Δp const, Pumpe auf Bedarf ausgelegt, für den Referenzfall sind die Rohrleitungslängen und die Lage der Rohrleitungen wie beim zu errichtenden Gebäude anzunehmen.

Tabelle 18.3.2-3 (Forts.)
Ausführung des Referenzgebäudes – Nichtwohngebäude nach Entwurf zum GEG, Anlage 2

Zeile	Bauteil/System	Referenzausführung bzw. Wert (Maßeinheit)
4.3	Heizung (Raumhöhen ≤ 4 m) – Wärmeübergabe	- bei statischer Heizung: freie Heizflächen an der Außenwand (bei Anordnung vor Glasflächen mit Strahlungsschutz), ausschließlich statisch hydraulisch abgeglichen, P-Regler (nicht zertifiziert), keine Hilfsenergie - bei Umluftheizung (dezentrale Nachheizung in RLT-Anlage): Regelgröße Raumtemperatur, hohe Regelgüte.
4.4	Heizung (Raumhöhen > 4 m)	Dezentrales Heizsystem: Wärmeerzeuger gemäß DIN V 18599-5, Tabelle 52: - Dezentraler Warmlufterzeuger - nicht kondensierend - Leistung 25 bis 50 kW je Gerät - Energieträger Erdgas - Leistungsregelung 1 (einstufig oder mehrstufig/modulierend ohne Anpassung der Verbrennungsluftmenge) Wärmeübergabe gemäß DIN V 18599-5, Tabelle 16 und 22: - Radialventilator, Auslass horizontal, ohne Warmluftrückführung, Raumtemperaturregelung P-Regler (nicht zertifiziert)
5.1	Warmwasser – zentrales System	Wärmeerzeuger: allgemeine Randbedingungen gemäß DIN V 18599-8, Tab. 6, Solaranlage mit Flachkollektor (nach 1998) zur ausschließlichen Trinkwassererwärmung nach DIN V 18599-8 mit Standardwerten gemäß Tabelle 19 bzw. Abschnitt 6.4.3, jedoch abweichend auch für zentral warmwasserversorgte Nettogrundflächen über 3000 m² Restbedarf über Wärmeerzeuger der Heizung Wärmespeicherung: bivalenter, außerhalb der thermischen Hülle aufgestellter Speicher nach DIN V 18599-8, Abschnitt 6.4.3 Wärmeverteilung: mit Zirkulation, für den Referenzfall sind die Rohrleitungslänge und die Lage der Rohrleitungen wie beim zu errichtenden Gebäude anzunehmen.
5.2	Warmwasser – dezentrales System	hydraulisch geregelter Elektro-Durchlauferhitzer, eine Zapfstelle und 6 m Leitungslänge pro Gerät bei Gebäudezonen, die einen Warmwasserbedarf von höchstens 200 Wh/(m²d) aufweisen

Tabelle 18.3.2-3 (Forts.)
Ausführung des Referenzgebäudes – Nichtwohngebäude nach Entwurf zum GEG, Anlage 2

Zeile	Bauteil/System	Referenzausführung bzw. Wert (Maßeinheit)
6.1	Raumlufttechnik – Abluftanlage	spezifische Leistungsaufnahme Ventilator P_{SFP} = 1,0 kW/(m³/s)
6.2	Raumlufttechnik – Zu- und Abluftanlage	- Luftvolumenstromregelung Soweit für Zonen der Nutzungen 4, 8, 9, 12, 13, 23, 24, 35, 37 und 40* eine Zu- und Abluftanlage vorgesehen wird, ist diese mit bedarfsabhängiger Luftvolumenstromregelung Kategorie IDA-C4 gemäß DIN V 18599-7, Abschnitt 5.8.1 auszulegen. - Spezifische Leistungsaufnahme - Zuluftventilator PSFP = 1,5 kW/(m³/s) - Abluftventilator PSFP = 1,0 kW/(m³/s) Erweiterte PSFP-Zuschläge nach DIN EN 16798-3, Abschnitt 9.5.2.2 können für HEPA-Filter, Gasfilter sowie Wärmerückführungsbauteile der Klassen H2 oder H1 nach DIN EN 13053 angerechnet werden. - Wärmerückgewinnung über Plattenwärmeübertrager Temperaturänderungsgrad $\eta_{t,comp}$= 0,6 Zulufttemperatur 18 °C Druckverhältniszahl f_P = 0,4 - Luftkanalführung: innerhalb des Gebäudes - Bei Kühlfunktion: Auslegung für 6/12 °C, keine indirekte Verdunstungskühlung
6.3	Raumlufttechnik – Luftbefeuchtung	für den Referenzfall ist die Einrichtung zur Luftbefeuchtung wie beim zu errichtenden Gebäude anzunehmen
6.4	Raumlufttechnik – Nur-Luft-Klimaanlagen	als kühllastgeregeltes Variabel-Volumenstrom-System ausgeführt: Druckverhältniszahl f_P = 0,4 konstanter Vordruck Luftkanalführung: innerhalb des Gebäudes
7	Raumkühlung	- Kältesystem: Kaltwasser-Ventilatorkonvektor, Brüstungsgerät Kaltwassertemperatur 14/18 °C - Kaltwasserkreis Raumkühlung: Überströmung 10%, spezifische elektrische Leistung der Verteilung $P_{d,spez}$ = 30 Wel/kWKälte hydraulisch abgeglichen, geregelte Pumpe, Pumpe hydraulisch entkoppelt, saisonale sowie Nacht- und Wochenendabschaltung nach DIN V 18599-7, Anhang D

Tabelle 18.3.2-3 (Forts.)
Ausführung des Referenzgebäudes – Nichtwohngebäude nach Entwurf zum GEG, Anlage 2

Zeile	Bauteil/System	Referenzausführung bzw. Wert (Maßeinheit)
8	Kälteerzeugung	Erzeuger: Kolben/Scrollverdichter mehrstufig schaltbar, R134a, außenluftgekühlt, kein Speicher, Baualterfaktor $f_{c,B}$ = 1,0, Freikühlfaktor f_{FC} = 1,0 Kaltwassertemperatur: - bei mehr als 5000 m² mittels Raumkühlung konditionierter Nettogrundfläche, für diesen Konditionierungsanteil 14/18 °C - im Übrigen: 6/12 °C Kaltwasserkreis Erzeuger inklusive RLT-Kühlung: Überströmung 30 % spezifische elektrische Leistung der Verteilung $P_{d,spez}$ = 20 Wel/kWKälte hydraulisch abgeglichen, ungeregelte Pumpe, Pumpe hydraulisch entkoppelt, saisonale sowie Nacht- und Wochenendabschaltung nach DIN V 18599-7, Anhang D, Verteilung außerhalb der konditionierten Zone. Der Primärenergiebedarf für das Kühlsystem und die Kühlfunktion der raumlufttechnischen Anlage darf für Zonen der Nutzungen 1 bis 3, 8, 10, 16, 18 bis 20 und 31* nur zu 50% angerechnet werden.
9	Gebäudeautomation	Klasse C nach DIN V 18599-11

*) Nutzungen nach Tabelle 5 der DIN V 18599-10: 2018-09.

Bei Wohngebäuden wurden einige Bauteile, die in der EnEV 2014 nur für Nichtwohngebäude aufgeführt waren, zusätzlich aufgenommen. Darunter sind Glasdächer und Lichtbänder sowie Lichtkuppeln. Vorhangfassaden werden weiterhin nur bei Nichtwohngebäuden aufgelistet. Weiterhin werden die Anhaltswerte der Wärmedurchgangskoeffizienten bei Nichtwohngebäuden für Nutzungen mit Raum-Solltemperaturen im Heizfall von ≥ 19 °C und für Temperaturen von 12 °C bis < 19 °C differenziert. Die U-Werte für Nutzungen mit Solltemperaturen im Heizfall von ≥ 19 °C sind dabei denen von Wohngebäuden identisch. Auch der angesetzte Wärmebrückenzuschlagswert ΔU_{WB} = 0,05 W/(m²K) entspricht dem der Wohngebäude (für Gebäude mit niedrigen Innentemperaturen wird dagegen ΔU_{WB} = 0,10 W/(m²K) als Referenzwert festgelegt).

Die Anhaltswerte zur Beleuchtung des Referenzgebäudes berücksichtigen nutzungsspezifische Gegebenheiten, um die Anforderungen für alle Nutzungsarten wirtschaftlich festzulegen. Eine wichtige Größe ist dabei die elektrische Bewertungsleistung. In dieser ist ein Wartungsfaktor enthalten, mit dem Alterung und Verschmutzung der Beleuchtungseinrichtung rechnerisch berücksichtigt werden. Den diesbezüglichen Angaben in der DIN V 18599-4 liegen Empfehlungen eines Industrieverbandes zugrunde, die pauschal auch Räume mit hoher Staubbelastung, seltener Leuchtenreinigung, erhöhter Lichtstromabnahme und Ausfallquote der eingesetzten Lampen berücksichtigen; und somit auch in Normalfällen zu hohen Bewertungsleistungen führen.

Für Heizung des Referenzgebäudes wird zwischen Raumhöhen $h \leq 4$ m und $h > 4$ m unterschieden. Bei Raumhöhen von bis zu 4 m wird als Wärmeerzeuger ein Brennwertkessel berücksichtigt, welcher der Effizienzanforderung „verbessert, nach 1994" nach DIN V 18599-5 entspricht. Bei der Anordnung der Heizflächen wird davon ausgegangen, dass dies in der Referenzausführung an den Außenwänden erfolgt. Bei Raumhöhen von mehr als 4 m wird für die Beheizung von einem dezentralen Warmlufterzeuger mit dem Energieträger Erdgas ausgegangen.

Bei der Ermittlung der Länge der Verteilleitungen lassen sich bei praktisch allen Gebäuden deutlich kürzer ausführen als nach den Standardannahmen der DIN V 18599-5. Diesbezüglich ist anzumerken, dass die nach DIN V 18599 erlaubte vereinfachte Ermittlung der Rohrleitungslängen auf Basis charakteristischer Abmessungen eines Gebäudes bzw. einer Zone zu einer deutlichen Überschätzung der Rohrleitungslängen in einem Gebäude führt. Dies hat entsprechend große Auswirkungen auf den Jahres-Primärenergiebedarf (dieser fällt je nach Gebäude und Nutzung deutlich größer aus als tatsächlich zu erwarten). Darüber hinaus ist auch die Ermittlung der für die Anwendung des vereinfachten Verfahrens notwendigen charakteristischen Längen und Breiten bei komplexen Gebäudegrundrissen nur mit erheblichem Zeitaufwand möglich. Aus den genannten Gründen ist zu empfehlen, eine ausführliche Ermittlung der Rohrleitungslängen aus den Planunterlagen und/oder einer Vor-Ort-Besichtigung vorzunehmen.

Der Warmwasserwärmebedarf von Nichtwohngebäuden ist in Abhängigkeit der jeweiligen Nutzung sehr unterschiedlich. Unabhängig davon wird analog der Referenzausführung bei Wohngebäuden auch bei Nichtwohngebäuden eine solarunterstützte Trinkwarmwassererwärmung mit einem Flachkollektor (nach 1998) angesetzt. Bei Gebäuden mit sehr hohem Warmwasserbedarf sind dabei Ausstattungen wirtschaftlich, bei denen etwa die Hälfte des darauf entfallenden

Bedarfs durch erneuerbare Energien gedeckt wird. Die festgelegte Grenze orientiert sich wegen der zonenweise unterschiedlichen Einzelwerte des Warmwasserbedarfs an einem für das Gebäude zu ermittelnden Gesamtwert.

Für die Referenz-Raumlufttechnik wird das Anforderungsniveau durch die spezifischen Ventilatorleistungen (P_{SFP}) angegeben. Bei zu errichtenden Gebäuden kann diese Anforderung insbesondere durch eine energiesparende Kanalnetzgestaltung und eine gute Planung erfüllt und sogar unterschritten werden.

18.4 Jahres-Heizenergiebedarf Q

Der Jahres-Heizenergiebedarf ist die Energiemenge, die dem Heizungssystem eines Gebäudes zuzuführen ist, damit der Heizwärmebedarf abgedeckt werden kann. Der Heizenergiebedarf eines Gebäudes ergibt sich nach DIN EN 832 wie folgt:

$$Q = Q_h + Q_w + Q_t - Q_r \qquad \text{in kWh/a} \qquad (18.4\text{-}1)$$

mit: Q_h = Jahres-Heizwärmebedarf
Q_w = Nutzwärmebedarf für Warmwasserbereitung
Q_t = Verluste der gesamten Anlagentechnik für Heizung, Warmwasser, Pumpen, raumlufttechnische Anlagen
Q_r = Energiegewinne aus der Umwelt

Die Energiegewinne Q_r, die durch Zusatzeinrichtungen (z. B. Solaranlagen) aus der Umwelt gewonnen und dem Heizsystem zugeführt werden, berücksichtigen nicht direkte solare Wärmegewinne und Wärmerückgewinnung aus Lüftungsanlagen. Diese werden im Jahres-Heizwärmebedarf Q_h erfasst.

18.5 Jahres-Primärenergiebedarf Q_P

Der Jahres-Primärenergiebedarf Q_P ist die Energiemenge, die zur Deckung des Jahres-Heizenergiebedarfs und des Warmwasserbedarfs (Trinkwasserbedarf) benötigt wird. Unter Verwendung der Aufwandszahl e_p, die das Verhältnis vom Aufwand zum erwünschten Nutzen der nach DIN 4701-10 eingesetzten Anlagentechnik beschreibt, ergibt sich Q_P aus:

$$Q_P = (Q_h + Q_w) \cdot e_P \qquad \text{in kWh/a} \qquad (18.5\text{-}1)$$

mit: Q_P = Jahres-Primärenergiebedarf in kWh/a
Q_h = Jahres-Heizwärmebedarf in kWh/a
Q_w = Nutzwärmebedarf für Warmwasserbereitung in kWh/a
e_P = Anlagen-Aufwandszahl [-]

Der Jahres-Primärenergiebedarf erfasst die wärmeschutztechnischen Eigenschaften des betrachteten Bauwerks durch den Jahres-Heizwärmebedarf Q_h (nach DIN V 4108-6), während der Wärmebedarf für die Warmwasseraufbereitung Q_w sich aus folgender Gleichung ergibt:

$$Q_w = 12{,}5 \cdot A_N \qquad \text{in kWh/a} \qquad (18.5\text{-}2)$$

Dabei ist der pauschal angesetzte Faktor 12,5 in kWh/m²a der flächenbezogene Trinkwasser-Wärmebedarf q_{tw}, der ungefähr einem täglichen Warmwasserbedarf von 23 Litern pro Person bei 50 °C Wassertemperatur entspricht. A_N ist die anzusetzende Nutzfläche des Gebäudes, die sich aus dem Bruttovolumen V_e des Gebäudes wie folgt bestimmen lässt:

$$A_N = 0{,}32 \cdot V_e \qquad \text{in m}^2 \qquad (18.5\text{-}3)$$

Die im Gebäude zum Einsatz kommende Anlagentechnik geht durch die Anlagen-Aufwandszahl e_P (nach DIN V 4701-10) in die Rechnung ein. Diese kann nach allen in DIN V 4701-10 angegebenen Verfahren bestimmt werden.

18.6 Jahres-Heizwärmebedarf Q_h nach dem Monatsbilanzverfahren

Im Folgenden soll die Ermittlung des Jahres-Heizwärmebedarfs Q_h nach dem Monatsbilanzverfahren beschrieben werden. Das vereinfachte Periodenbilanzverfahren ist seit Einführung der EnEV 2009 als Nachweisverfahren nicht mehr zulässig. Hinsichtlich der Berechnungsmethodik nach DIN V 18599 muss aufgrund des erheblichen Umfangs dieser Verordnung auf diesbezüglich weiterführende Literatur verwiesen werden. Allgemeine Hinweise zur Berechnung von Nichtwohngebäuden nach DIN V 18599 finden sich in Abschnitt 18.8.

Der Jahres-Heizwärmebedarf Q_h gibt die Wärmeenergie an, die einem Gebäude über eine Heizungsanlage zusätzlich zugeführt werden muss, damit eine bestimmte mittlere Raumtemperatur (nach EnEV: 20 °C) während der Heizperiode nicht unterschritten wird. Q_h bestimmt sich unter Anrechnung monatlich erzielbarer Wärmegewinne $Q_{g,M}$ aus den monatlich entstehenden Wärmeverlusten $Q_{l,M}$.

Dabei werden die monatlichen Wärmegewinne $Q_{g,M}$ mit dem Faktor η_M – dem so genannten Ausnutzungsgrad – multipliziert. Dieser Faktor berücksichtigt, dass nicht sämtliche durch innere und solare Quellen erzeugten Wärmegewinne genutzt werden können. Für das Monatsbilanzverfahren wird ein monatlicher Zeitraum t_M vorgegebenen. Der monatliche Heizwärmebedarf ergibt sich dann aus:

$$Q_{h,M} = Q_{l,M} - \eta_M \cdot Q_{g,M} \quad \text{in kWh/Monat} \qquad (18.6\text{-}1)$$

mit: $Q_{h,M}$ = Jahres-Heizwärmebedarf
$Q_{l,M}$ = monatliche Wärmeverluste
$Q_{g,M}$ = monatliche Wärmegewinne
η_M = monatlicher Ausnutzungsgrad der Wärmegewinne nach Abb. 18.6-1

Ausnutzungsgrad η_M

Der Ausnutzungsgrad η_M der Wärmegewinne zur Beheizung eines Gebäudes hängt vom Wärmegewinn-/-verlustverhältnis γ (Gleichung 18.6-2) und von einer Zeitkonstanten τ des Gebäudes ab und bestimmt sich nach den Gleichungen 18.6-3 und 18.6-4:

$$\gamma = \frac{Q_g}{Q_l} \quad [-] \qquad (18.6\text{-}2)$$

mit: Q_g = Wärmegewinne in kWh
Q_l = Wärmeverluste in kWh

$$\text{für } \gamma \neq 1: \quad \eta = \frac{1-\gamma^a}{1-\gamma^{a+1}} \qquad (18.6\text{-}3)$$

$$\text{für } \gamma = 1: \quad \eta = \frac{a}{a+1} \qquad (18.6\text{-}4)$$

mit: γ = Wärmegewinn-/-verlustverhältnis [–]
a = numerischer Parameter [–]

Der numerische Parameter a lässt sich bei der monatlichen Bilanzierung mit $a_0 = 1$ und $\tau_0 = 16$ wie folgt berechnen:

$$a = a_0 + \frac{\tau}{\tau_0} \qquad [-] \qquad (18.6\text{-}5)$$

Die Zeitkonstante τ in Gleichung 18.6-5 bestimmt sich aus:

$$\tau = \frac{C_{\text{wirk}}}{H} \qquad \text{in h} \qquad (18.6\text{-}6)$$

mit: C_{wirk} = wirksame Wärmespeicherfähigkeit der Bauteile in Wh/K
H = spezifischer Wärmeverlust nach Gl. 18.6-11 in W/K

Die in ein Gebäude einfallende Sonneneinstrahlung kann durch die Wärmespeicherfähigkeit der raumabschließenden Bauteile aufgenommen werden. In Gleichung 18.6-7 wird bei der Berechnung der wirksamen Wärmespeicherfähigkeit aber auch die auf die Tagstunden begrenzte Sonneneinstrahlung berücksichtigt.

$$C_{\text{wirk}} = \sum (c_i \cdot \rho_i \cdot d_i \cdot A_i) \qquad \text{in Wh/K} \qquad (18.6\text{-}7)$$

mit: c_i = Wärmespeicherfähigkeit des Materials der Schicht i in J/(kgK)
ρ_i = Rohdichte des Materials der Schicht i in kg/m^3
d_i = Dicke der Schicht i in m
A_i = Bauteilfläche der Schicht i in m^2

Bei der Summation werden alle Bauteilflächen erfasst, die mit der Raumluft in direktem Kontakt stehen, wobei aber nur die wirksamen Schichten d_i bis maximal 10 cm Bauteiltiefe berücksichtigt werden. Bei der Bestimmung der wirksamen Schichtdicken gelten folgende Regelungen:

- bei Schichten mit einer Wärmeleitfähigkeit $\lambda_i \geq 0{,}1$ W/(m^{2}K)

    1. die einseitig an die Raumluft grenzen gilt:
    Aufsummierung aller Schichten bis zu einer max. Gesamtdicke von $d_{i,\max} = 10$ cm;

    2. die beidseitig an die Raumluft angrenzen (Innenbauteile) gilt:
    halbe Bauteildicke bei einer Schicht, wenn die Dicke ≤ 20 cm ist oder höchstens 10 cm, wenn die Dicke > 20 cm ist.

Bei mehreren Schichten:

Vorgehensweise wie bei 1., allerdings beidseitig angewendet.

- bei raumseitig vor Wärmedämmschichten (z. B. Estrich auf einer Wärmedämmschicht) liegenden Schichten mit einer Wärmeleitfähigkeit $\lambda_{Ri} \geq 0{,}10$ W/(m²K) dürfen die Dicken der Schichten bis max. 10 cm in Ansatz gebracht werden. Als Wärmedämmschichten gelten Baustoffe mit Wärmeleitfähigkeiten $\lambda_{Ri} < 0{,}10$ W/(m²K) und einem Wärmedurchlasswiderstand $R_i > 0{,}25$ m²K/W.

Sind in frühen Planungsphasen die genauen Materialdaten noch nicht bekannt, so kann in einer vereinfachten Berechnung in Abhängigkeit der Schwere der Bauart folgender Ansatz gewählt werden:

- für leichte Gebäude $C = 15\ \text{Wh/(m}^3\text{K)} \cdot V_e$ in Wh/K (18.6-8)
- für schwere Gebäude $C = 50\ \text{Wh/(m}^3\text{K)} \cdot V_e$ in Wh/K (18.6-9)

Die Einstufung eines Gebäudes als leicht oder schwer lässt sich aus Tabelle 18.6-1 entnehmen.

Tabelle 18.6-1
Einteilung von Gebäuden nach der Schwere der Bauart

leichte Gebäude	schwere Gebäude
– Gebäude in Holztafelbauart ohne massive Innenbauteile	– Gebäude mit massiven Innen- und Außenbauteilen ohne abgehängte Decken
– Gebäude mit abgehängten Decken und überwiegend leichten Trennwänden	
– Gebäude mit hohen Räumen (Turnhallen, Museen, usw.)	

Monatliche Wärmeverluste $Q_{l,M}$

Die monatlichen Wärmeverluste $Q_{l,M}$ ergeben sich aus dem spezifischen Wärmeverlust H_M, der sich aus der Summe der Transmissions- und Lüftungswärmeverluste $H_T + H_V$ bestimmt. Der Faktor 0,024 in Gleichung 18.6-10 ergibt sich aus der Umrechnung von einem Heizgradtag [Wd] in Heizgradstunden und des Wärmestroms von Watt in Kilowatt:

$$Q_{l,M} = 0{,}024 \cdot H_M \cdot (\theta_i - \theta_{e,M}) \cdot t_M \quad \text{in kWh} \qquad (18.6\text{-}10)$$

mit: 0,024 in kWh = 1 Wd
H_M = Spezifischer Wärmeverlust in W/K
$H_M = H_T + H_V$ (18.6-11)
θ_i = Innenlufttemperatur in °C
$\theta_{e,M}$ = Außenlufttemperatur in °C

t_M = Anzahl der Tage des betreffenden Monats

Transmissionswärmeverlust H_T

Der spezifische Transmissionswärmeverlust beschreibt den mittleren *U*-Wert der wärmeübertragenden Umfassungsfläche des Gebäudes, wobei auch Wärmebrückenverluste mit einen Zuschlag ΔU_{WB} erfasst werden. Mit dieser (pauschalen) Erfassung der Wärmebrücken soll berücksichtigt werden, dass bei Gebäuden mit einem sehr guten Wärmeschutz die Wärmeverluste über Wärmebrücken einen erheblichen Anteil am gesamten Wärmeverlust haben können und deshalb berücksichtigt werden müssen. Der Zuschlag erfasst bestimmte typische Wärmebrückentypen wie zum Beispiel:

- Gebäudekanten
- Fenster- und Türlaibungen
- Wand- und Deckeneinbindungen
- Deckenauflager
- wärmetechnisch entkoppelte Balkonplatten.

Der spezifische Transmissionswärmeverlust H_T (inklusive der Wärmeverluste über Wärmebrücken) bestimmt sich wie folgt:

$$H_T = \sum (F_{x,i} \cdot U_i \cdot A_i) + H_{WB} \quad \text{in W/K} \qquad (18.6\text{-}12)$$

mit: $F_{x,i}$ = Temperatur-Korrekturfaktor nach Tabelle 18.6-2
U_i = Wärmedurchgangskoeffizient des Bauteils i in W/(m²K)
A_i = Fläche des Bauteils i in m²
H_{WB} = pauschale Berücksichtigung von Wärmeverlusten über Wärmebrücken in W/K

$$H_{WB} = \Delta U_{WB} \cdot A \quad \text{in W/K} \qquad (18.6\text{-}13)$$

mit: ΔU_{WB} = Wärmebrücken-Zuschlag nach Tabelle 18.6-3 in $W/(m^2K)$
A = gesamte Außenbauteilflächen in m^2

Löst man das Summenzeichen in Gleichung 18.6-12 auf, so ergibt sich unter Verwendung von 18.6-13 folgende Schreibweise:

$$H_T = (F_{AW} \cdot U_{AW} \cdot A_{AW} + F_W \cdot U_W \cdot A_W + F_D \cdot U_D \cdot A_D + F_{DR} \cdot U_{DR} \cdot A_{DR} + F_U \cdot U_U \cdot A_U + F_{UR} \cdot U_{UR} \cdot A_{UR} + F_G \cdot U_G \cdot A_G) + \Delta U_{WB} \cdot A \quad (18.6\text{-}14)$$

Grenzen Bauteile der wärmeübertragenden Hüllfläche des Gebäudes nicht direkt an die Außenluft, so wird der über diese Bauteile verringert abfließende Wärmestrom durch die Reduktionsfaktoren $F_{x,i}$ berücksichtigt. In Tabelle 18.6-2 finden sich neben den Temperatur-Korrekturfaktoren $F_{x,i}$ der verschiedenen Bauteile auch deren entsprechende Kurzbezeichnungen.

Die Werte der Wärmcdurchgangskoeffizienten U von nicht transparenten Bauteilen sind gemäß DIN EN ISO 6946 zu bestimmen. Für Fenster, Türen und Abschlüsse ist in DIN EN ISO 10077-1 ein vereinfachtes Verfahren zur Berechnung des Wärmedurchgangskoeffizienten U angegeben. Dagegen beschreibt Teil 2 der DIN EN ISO 10077 ein numerisches Verfahren für die wärmeschutztechnische Beurteilung von Rahmen.

Die Erfassung der Wärmeverluste über Wärmebrücken kann bei der Berechnung des Wärmeschutznachweises mit dem Monatsbilanzverfahren auf eine der folgenden Arten erfolgen (siehe Tabelle 18.6-3):

a) pauschal ohne weiteren Nachweis durch Erhöhung der Wärmedurchgangskoeffizienten um $\Delta U_{WB} = 0{,}10\ W/(m^2K)$ für die gesamte wärmeübertragende Umfassungsfläche A,

b) pauschal bei Anwendung der Planungsbeispiele nach DIN 4108 Bbl. 2, Berücksichtigung durch Erhöhung der Wärmedurchgangskoeffizienten um $\Delta U_{WB} = 0{,}05\ W/(m^2K)$ für die gesamte wärmeübertragende Umfassungsfläche A, oder

c) bei bestehenden Gebäuden sind Wärmebrücken in dem Fall, dass mehr als 50 % der Außenwand mit einer innen liegenden Dämmschicht und einbindender Massivdecke versehen sind, durch Erhöhung der Wärmedurchgangskoeffizienten um $\Delta U_{WB} = 0{,}15\ W/(m^2K)$ für die gesamte wärmeübertragende Umfassungsfläche zu berücksichtigen, oder

d) individuell durch einen genauen Nachweis der Wärmebrücken nach DIN V 4108-6 in Verbindung mit weiteren anerkannten Regeln der Technik.

Tabelle 18.6-2
Temperatur-Korrekturfaktoren $F_{x,i}$ für verschiedene Bauteile im Monatsbilanzverfahren

Wärmestrom nach außen über das Bauteil i							$F_{x,i}$
Außenwand (AW), Fenster (W)							1,0
Dach (als Systemgrenze) (D)							1,0
Oberste Geschossdecke (Dachraum nicht ausgebaut) (DR)							0,8
Abseitenwand (Drempelwand) (u)							0,8
Wände und Decken zu unbeheizten Räumen (u)							0,5
Wände und Decken zu niedrig beheizten Räumen (nb)							0,35
Wände und Fenster zu unbeheiztem Glasvorbau bei einer Verglasung des Glasvorbaus mit (u):							
– Einfachverglasung							0,8
– Zweischeibenverglasung							0,7
– Wärmeschutzverglasung							0,5
Flächen		B' in m					
		< 5		5 bis 10		> 10	
		R_f und R_w [1)]		R_f und R_w [1)]		R_f und R_w [1)]	
		≤ 1	> 1	≤ 1	> 1	≤ 1	> 1
Flächen beheizter Keller:							
– Fußboden	$F_G = F_{bf}$	0,30	0,45	0,25	0,40	0,20	0,35
– Wand	$F_G = F_{bw}$	0,40	0,60	0,40	0,60	0,40	0,60
		R_f und R_w [1)]		R_f und R_w [1)]		R_f und R_w [1)]	
		≤ 1	> 1	≤ 1	> 1	≤ 1	> 1
Fußboden[2)] auf Erdreich ohne Randdämmung	$F_G = F_{bf}$	0,45	0,60	0,40	0,50	0,25	0,35
Fußboden[2)] auf Erdreich mit Randdämmung[3)]:							
– 2 m breit, waagerecht	$F_G = F_{bf}$	0,30		0,25		0,20	
– 2 m breit, senkrecht	$F_G = F_{bf}$	0,25		0,20		0,15	
Kellerdecke:							
– zum unbeheizten Keller mit Perimeterdämmung	F_G	0,55		0,50		0,45	
– zum unbeheizten Keller ohne Perimeterdämmung	F_G	0,70		0,65		0,55	
Aufgeständerter Fußboden	F_G	0,90					
Niedrig beheizte Räume:							
Bodenplatte	F_G	0,20	0,55	0,15	0,50	0,10	0,35

Fußnoten zu Tabelle 18.6-2:

1) Wärmedurchlasswiderstand der Kellerdecke R_f bzw. Kellerwand R_w.
2) Bei fließendem Grundwasser erhöhen sich die Korrekturfaktoren um 15 %.
3) Bei einem Wärmedurchlasswiderstand der Randdämmung > 2 m²K/W.

Tabelle 18.6-3
Pauschale Berücksichtigung von Wärmebrückeneffekten

	ΔU_{WB} in W/(m²K)
Ohne weiteren Nachweis	0,10
Ausführung der Anschlüsse gemäß DIN 4108 Beiblatt 2	0,05
mehr als 50 % der Außenwand sind mit einer innen liegenden Dämmschicht und einbindender Massiv-decke versehen	0,15
Genauer rechnerischer Nachweis	< 0,05[1]

1) Durch einen genauen rechnerischen Nachweis der Wärmebrücken sind Zuschlagswerte ΔU_{WB} von kleiner als 0,05 W/(m²K) möglich.

Eine Vermengung der Verfahren a), b), c) oder d) zur Berücksichtigung von Wärmebrücken ist nach EnEV und DIN V 4108-6 nicht zugelassen. Für eine vereinfachte Berechnung sind die pauschalen Werte nach Tabelle 18.6-3 anzusetzen. Bei genauerer Betrachtung der Wärmebrücken kann H_{WB} aber auch nach Gleichung 18.6-15 bestimmt werden:

$$H_{WB} = \sum F_{x,j} \cdot \Psi_j \cdot l_j + \sum F_{x,k} \cdot \chi_k \quad \text{in W/K} \qquad (18.6\text{-}15)$$

mit: Ψ_j = der längenbezogene Wärmedurchgangskoeffizient der zweidimensionalen Wärmebrücke j nach DIN EN ISO 14683 in W/(mK)

l_j = die Länge der jeweiligen Wärmebrücke j in m

χ_k = der punktbezogene Wärmebrückenverlustkoeffizient der dreidimensionalen Wärmebrücke k nach DIN EN ISO 14683 in W/K

F_x = Temperaturkorrekturfaktor der Wärmebrücke

Die längen- bzw. punktbezogenen Wärmebrückenverlustkoeffizienten in Gleichung 18.6-15 können entweder direkt aus DIN EN ISO 14683 bzw. Wärmebrückenkatalogen (z. B. [12] entnommen oder mithilfe von mehrdimensionalen

Berechnungsverfahren nach DIN EN ISO 10211-2 berechnet werden (siehe auch Kapitel 11: „Wärmebrücken“).

Den auf die wärmeübertragende Umfassungsfläche A bezogenen spezifischen Transmissionswärmeverlust H_T' erhält man aus:

$$H_T' = \frac{H_T}{A} \quad \text{in W/m}^2\text{K} \qquad (18.6\text{-}16)$$

Dabei ist H_T der nach Gleichung 18.6-12 ermittelte spezifische Transmissionswärmeverlust. Der flächenbezogene Wert H_T' darf bei Wohngebäuden die in Tabelle 18.3.2-2 festgelegten Höchstwerte nicht überschreiten.

Lüftungswärmeverlust H_V

Lüftungswärmeverluste entstehen hauptsächlich durch das Öffnen von Fenstern und Türen, hängen aber auch ganz allgemein von der Luftdichtigkeit des Gebäudes, der Windgeschwindigkeit und Windrichtung, der Temperaturdifferenz zwischen innen und außen sowie der Gebäudeform und einer eventuell vorhandenen Lüftungsanlage ab. Der Lüftungswärmeverlust H_V kann durch folgende Gleichung berechnet werden:

H_V = Lüftungswärmeverlust

$$H_V = \rho_L \cdot c_{p,L} \cdot n \cdot V \quad \text{in kWh} \qquad (18.6\text{-}17)$$

mit: $\rho_L \cdot c_{p,L}$ = 0,34 Wh/(m³K)
n = Luftwechsel in h^{-1}
n = 0,7 h^{-1} (bei freier Lüftung)
n = 0,6 h^{-1} (bei nachgewiesener Luftdichtheit)

Der Faktor $\rho_L \cdot c_{p,L}$ = 0,34 Wh/(m³K) ergibt sich aus der spezifischen Wärmekapazität der Luft mit $c_{p,L}$ = 1,0 J/(kgK) und der Luftdichte mit ρ_L = 1,2 kg/m³. Die Luftwechselrate n gibt an, wie oft die Luft in einem Raum oder Gebäude pro Stunde ausgetauscht wird. Zum Beispiel bedeutet eine Luftwechselzahl n = 1,0 h^{-1}, dass sich das vorhandene Luftvolumen in einer Stunde vollständig erneuert.

Da die Lüftungsgewohnheiten der Nutzer sehr unterschiedlich sind und auch stark variieren können, soll zur näherungsweisen Berücksichtigung von einer in der Betrachtungsperiode konstanten Luftwechselrate ausgegangen werden. Nach DIN EN 832 und DIN V 4108-6 wird für übliche Gebäude eine mittlere Standard-Luftwechselrate bei freier (d. h. nicht maschineller) Lüftung von $n = 0,7\ h^{-1}$ angesetzt, wenn keine Luftdichtheitsprüfung stattgefunden hat. Ist zum Beispiel die Luftdichtheit mit einem Blower-Door-Test nachgewiesen worden[1], so darf $n = 0,6\ h^{-1}$ angenommen werden (siehe Kapitel 13: „Luftdichtheit“). Demnach bestimmt sich der spezifische Lüftungswärmeverlust aus dem Nettovolumen des Gebäudes nach Gleichung 18.6-18, wenn keine Luftdichtheitsprüfung vorgenommen wurde bzw. nach Gleichung 18.6-19, wenn die Luftdichtheit der Gebäudehülle sichergestellt ist (und mit einem geeigneten Verfahren nachgewiesen wurde):

$$H_V = 0{,}19 \cdot V_e \quad \text{(ohne Luftdichtheitsprüfung)} \qquad (18.6\text{-}18)$$

$$H_V = 0{,}163 \cdot V_e \quad \text{(mit Luftdichtheitsprüfung)} \qquad (18.6\text{-}19)$$

Beim Einsatz einer maschinellen Lüftung ist die Luftwechselrate nach folgender Gleichung zu ermitteln:

$$n = n_{Anl} \cdot (1 - \eta_V) + n_x \quad \text{in } h^{-1} \qquad (18.6\text{-}20)$$

mit: n_{Anl} = Anlagenluftwechselzahl in h^{-1}
η_V = Nutzfaktor des Abluft-Zuluft-Wärmetauschersystems
n_x = zusätzliche Luftwechselrate infolge Undichtigkeiten und Fensteröffnungen in h^{-1}
n_x = $0,2\ h^{-1}$
V = Nettovolumen des Gebäudes in m^3
V = $0,80 \cdot V_e$
V = $0,76 \cdot V_e$ (bei Ein- und Zweifamilienhäusern mit bis zu 2 Vollgeschossen und nicht mehr als 3 Wohneinheiten)

mit: V_e = Bruttovolumen in m^3

Wärmegewinne im Monatsmittel $Q_{g,M}$

Die Wärmegewinne im Monatsmittel ergeben sich aus den monatlichen solaren und internen Wärmegewinnen.

---

[1] Der Nachweis der Luftdichtheit gilt als erfüllt, wenn bei einem Druckunterschied zwischen innen und außen von 50 Pa die Luftwechselzahl $n_{50} \leq 3,0\ h^{-1}$ ist.

Solare Wärmegewinne

Die in das Bauwerk durch Fenster und sonstige Verglasungsbauteile oder transparente Wärmedämmungen etc. gelangenden solaren Wärmegewinne können wesentlich zur Reduzierung des Heizwärmebedarfs beitragen. Die solaren Strahlungsgewinne lassen sich aus der Größe der Fensterflächen, deren Gesamtenergiedurchlassgrad g, der spezifischen Strahlungsenergiekonstante I_S und verschiedenen Abminderungsfaktoren bestimmen:

$$Q_{g,M} = 0{,}024 \cdot (\Phi_{S,M} + \Phi_{I,M}) \cdot t_M \quad \text{in kWh} \qquad (18.6\text{-}21)$$

mit: $\Phi_{S,M}$ = mittlerer monatlicher Strahlungswärmegewinn in W

$$\Phi_{S,M} = \sum_{j=1}^{m} I_{S,M,j} \sum_{i=1}^{n} F_{F,i} \cdot F_{S,i} \cdot F_{C,i} \cdot g_i \cdot A_i \quad \text{in W} \qquad (18.6\text{-}22)$$

mit: $\sum I_{S,M,j}$ = mittlere monatliche Strahlungsintensitäten nach Tabelle 18.6-4 in W/m²

$F_{F,i}$ = Abminderungsfaktor infolge des Fensterrahmens
$F_{F,i}$ = 0,7 (im Normalfall)

$F_{S,i}$ = Verschattungsfaktor
$F_{S,i}$ = 0,9 (für übliche Anwendungsfälle)
$F_{S,i}$ = 1,0 (ohne Verschattung)
$F_{C,i}$ = Abminderungsfaktor für den Sonnenschutz
$F_{C,i}$ = 1,0 (für nicht permanenten Sonnenschutz)

g_i = wirksamer Gesamtenergiedurchlassgrad
g_i = $F_W \cdot g_\perp$

A = Fensterfläche in m²

i = Bauteil i
j = Bauteilorientierung (Süd, West, Ost, Nord)

Die in Tabelle 18.6-4 angegebenen Strahlungsintensitäten sind DIN V 4108-6 entnommen. Sie beschreiben die Globalstrahlung und umfassen sowohl die direkte als auch die diffuse Strahlung. Sofern eine Sonnenschutzvorrichtung am Gebäude vorgesehen ist, bestimmt sich der Abminderungsfaktor F_C in Abhängigkeit der Lage, Art und Farbe der Schutzvorrichtung nach Tabelle 16.3-2.

Strahlungsdurchlässige Stoffe, wie z. B. Fenstergläser oder transparente Wärmedämmungen werden durch den Energiedurchlassgrad g gekennzeichnet (siehe Abb. 8.3-1). Die Berücksichtigung von Energiegewinnen über transparente Wärmedämmung oder Wintergärten ist im Monatsbilanzverfahren ebenfalls möglich. Für deren energetische Ausnutzung in den Berechnungen sei an dieser Stelle auf die weiterführende Fachliteratur verwiesen.

Interne Wärmegewinne $Q_{\mathrm{i,HP}}$

Je nach Gebäudeart und -nutzung (Wohngebäude, Bürogebäude) können erhebliche Wärmegewinne auftreten. Dies hängt insbesondere von den vorhandenen inneren Wärmequellen ab, wie zum Beispiel sich im Gebäude befindende Personen und/oder die technische Ausstattung (Beleuchtung, Computer, sonstige Anlagen). Die internen Wärmegewinne ergeben sich aus:

$\Phi_{\mathrm{i,M}}$ = mittlere monatliche interne Wärmegewinne

$$\Phi_{\mathrm{i,M}} = q_{\mathrm{i,M}} \cdot A_{\mathrm{B}} \quad \text{in W} \qquad (18.6\text{-}23)$$

mit: $q_{\mathrm{i,M}}$ = mittlere flächenbezogene interne Wärmeleistung nach Tabelle 18.5-5 in W/m²

A_{B} = Bezugsfläche in m²

$A_{\mathrm{B}} = A_{\mathrm{N}} = 0{,}32 \cdot V_{\mathrm{e}}$

Besonders in Büro- und Verwaltungsgebäuden können die Wärmegewinne während der Tagstunden unterschiedlich groß sein. Die mittlere interne Wärmeleistung $q_{\mathrm{i,M}}$ lässt sich dann nach Gleichung 18.6-24 ermitteln:

$$q_{\mathrm{i,M}} = \frac{q_{\mathrm{i,tA}} \cdot t_A + q_{\mathrm{i,tNA}} \cdot (24 - t_A)}{24} \quad \text{in W/m}^2 \qquad (18.6\text{-}24)$$

mit: $q_{\mathrm{i,tA}}$ = mittlere interne Wärmeleistung in W/m² in der Büro- oder Aufenthaltszeit t_{A}

$q_{\mathrm{i,tNA}}$ = mittlere interne Wärmeleistung in W/m² in der Nicht-Bürozeit t_{NA}

t_{A} = Aufenthaltszeit in h

t_{NA} = Nicht-Aufenthaltszeit in h

t_{NA} = $24 - t_{\mathrm{A}}$

Tabelle 18.6-4
Referenzwerte der Strahlungsintensitäten und Außentemperaturen für das Referenzklima Deutschland*) (Potsdam) nach DIN V 18599-10

Region 4 - Potsdam		Mittlere monatliche Strahlungsintensität I_s W/m²												Jahreswert kWh/(m²a)
Orientierung	Neigung	Jan	Feb	Mrz	Apr	Mai	Jun	Jul	Aug	Sep	Okt	Nov	Dez	Jan bis Dez
horizontal	0°	29	44	97	189	221	241	210	180	127	77	31	17	1 072
Süd	30°	50	55	121	217	230	241	208	199	157	110	41	26	1 211
	45°	57	56	124	214	218	224	194	193	160	119	44	29	1 195
	60°	61	55	121	201	196	197	172	178	155	121	44	31	1 122
	90°	59	47	98	147	132	124	113	127	123	106	39	29	838
Süd-Ost	30°	46	52	114	214	227	242	212	194	147	102	38	23	1 179
	45°	51	53	116	212	217	229	201	188	148	107	39	25	1 159
	60°	54	51	112	201	198	207	183	175	141	107	38	26	1 092
	90°	50	42	90	156	143	146	132	130	111	91	32	23	841
Süd-West	30°	40	49	110	201	222	234	201	188	145	96	37	23	1 133
	45°	43	48	110	195	209	218	188	181	145	99	38	24	1 098
	60°	44	46	105	181	190	195	169	167	138	97	37	25	1 021
	90°	40	36	83	136	137	135	120	123	108	80	31	22	771
Ost	30°	31	43	95	189	211	231	205	173	122	77	30	17	1 042
	45°	31	41	91	181	198	217	194	163	115	74	28	16	988
	60°	30	38	85	170	180	198	179	150	106	70	26	15	912
	90°	25	29	68	134	137	150	138	115	83	55	20	12	707
West	30°	25	40	90	172	202	219	188	165	120	70	29	16	978
	45°	24	36	84	159	187	201	174	153	112	65	27	16	907
	60°	22	33	78	146	169	181	157	139	103	60	25	14	824
	90°	17	24	60	114	127	136	117	105	79	47	19	11	628
Nord-West	30°	16	32	68	139	178	199	173	138	91	47	22	12	817
	45°	15	28	58	116	151	169	149	116	77	40	20	11	695
	60°	13	25	50	101	130	144	128	99	66	35	18	9	600
	90°	11	18	38	78	96	108	95	74	51	28	13	7	451
Nord-Ost	30°	17	34	71	151	185	209	187	144	93	50	22	12	861
	45°	15	29	61	131	160	181	167	123	79	42	20	11	746
	60°	14	26	54	114	139	157	148	107	68	36	18	9	651
	90°	11	19	41	87	104	116	112	81	52	29	13	7	493
Nord	30°	16	29	56	128	172	197	175	129	77	36	21	11	766
	45°	15	26	43	90	136	161	145	95	56	33	19	10	608
	60°	13	24	39	71	101	119	113	72	50	30	17	9	482
	90°	10	18	31	58	75	83	81	57	41	25	13	7	365
		Außenlufttemperatur Θ_e in °C												Jahreswert in °C
Außenlufttemperatur		1	1,9	4,7	9,2	14,1	16,7	19	18,6	14,3	9,5	4,1	0,9	9,5

*) Referenzorte nach DIN V 18599-10 siehe Anhang E.

Der Jahres-Heizwärmebedarf ergibt sich aus der Summe der Monate mit einer positiven Wärmebilanz:

$$Q_h = \sum Q_{h,M/pos} \quad \text{in kWh/a} \qquad (18.6\text{-}25)$$

mit: $Q_{h,M/pos}$ = monatlicher Heizwärmebedarf mit einer positiven Wärmebilanz $Q_{h,M} > 0$

Tabelle 18.6-5
Nutzflächenbezogene interne Brutto-Wärmegewinne

Wärmequelle	**Mittlere interne Wärmeleistung $\Phi_{i,M}$ in W**
Personen (N_D = Anzahl Personen)	$65 \cdot N_D$
Warmwasser (N_D = Anzahl Personen)	$25 + 15 \cdot N_D$
Kochen	110,0
Technische Geräte	
– Fernsehapparat	35,0
– Kühlschrank	40,0
– Wasserkocher	20,0
– Gefriertruhe	90,0
– Waschmaschine	10,0
– Geschirrspüler, Wäschetrockner	20,0
Beleuchtung bei Wohneinheiten	
– von 50 m^2 bis 100 m^2	30,0
– über 100 m^2	45,0
Nutzungsart der Gebäude	**Pauschale Richtwerte für flächenbezogene interne Wärmegewinne q_i in W/m^2**
Wohngebäude (24 h/Tag)	5

18.7 Ermittlung der Anlagen-Aufwandszahl e_P nach DIN V 4701-10: Diagrammverfahren

Die Anlagen-Aufwandszahl e_P ist eine Kennzahl, in der die gesamte im betrachteten Gebäude zum Einsatz kommende Anlagentechnik zusammengefasst wird. Sie ist ein Maß für die energetische Qualität der Anlagentechnik auf Basis der zum Betrieb der Anlage eingesetzten Primärenergie und erlaubt einen Vergleich der eingesetzten Komponenten und Systeme untereinander.

Die Berechnung der Anlagen-Aufwandszahl e_P erfolgt nach DIN V 4701-10, indem das Verhältnis der von den Anlagensystemen benötigten Primärenergie zu der abgegebenen Nutzwärme gebildet wird:

$$e_P = \frac{Q_P}{Q_{tw}+Q_h} = \frac{Q_{TW,P}+Q_{L,P}+Q_{H,P}}{(q_{tw}+q_h)\cdot A_N} \qquad (18.7\text{-}1)$$

mit:
Q_P = Jahres-Primärenergiebedarf
Q_{tw} = Wärmebedarf für Trinkwasser
Q_h = Jahres-Heizwärmebedarf
$Q_{TW,P}$ = Primärenergiebedarf der Trinkwarmwasseranlage
$Q_{L,P}$ = Primärenergiebedarf der Lüftungsanlage
$Q_{H,P}$ = Primärenergiebedarf der Heizungsanlage
q_{tw} = Wärmebedarf für Trinkwasser (flächenbezogen)
q_h = Jahres-Heizwärmebedarf (flächenbezogen)
A_N = Nutzfläche

Die Anlagen-Aufwandszahl e_P kennzeichnet also die energetische Qualität der gesamten im Gebäude installierten Anlagentechnik. Diese ist umso besser bzw. effektiver, je kleiner die Anlagen-Aufwandszahl ist.

An Gleichung 18.7-1 ist zu erkennen, dass zur Berechnung der Anlagen-Aufwandszahl e_P der Jahres-Heizwärmebedarf Q_h (oder flächenbezogen q_h) und die Nutzfläche A_N bekannt sein muss. Deren Ermittlung erfolgt nach dem Monatsbilanzverfahren gemäß DIN V 4108-6. Der flächenbezogene Wärmebedarf für Trinkwasser q_{tw} wird in DIN 4701-10 und EnEV mit 12,5 kWh/(m^{2}a) angegeben, was ungefähr dem täglichen Warmwasserbedarf einer Person von 23 Litern mit 50 °C entspricht.

Die Anlagenaufwandszahl wird nur noch für die Berechnung des Jahres-Primärenergiebedarfs von Wohngebäuden benötigt, wenn dieser nach DIN V 4108-6 in Verbindung mit DIN 4701-10 ermittelt wird. Dabei kann die Anlagenaufwandszahl entweder nach dem Diagramm- oder dem Tabellenverfahren erfolgen (für Letzteres sei auf die weiterführende Fachliteratur verwiesen).

Auf den ersten Blick ist es verwunderlich, dass in Gleichung 18.7-1 im Zähler $Q_{TW,P}$, $Q_{H,P}$ und $Q_{L,P}$ aufgeführt sind, im Nenner jedoch nur q_{tw} und q_h addiert werden. Dies begründet sich dadurch, dass der Primärenergiebedarf separat für die verschiedenen Anlagentechniken (Heizungs-, Lüftungs- und Trinkwarmwasseranlage) bestimmt wird. Dagegen setzt sich der Wärmebedarf eines Gebäudes aus dem Wärmebedarf der Trinkwassererwärmung q_{tw} sowie des Heizwärmebedarfs q_h zusammen, wobei q_h von maximal drei verschiedenen Wärmequellen gedeckt werden kann: zum einen durch die eigentliche Heizungsanlage $q_{h,H}$, dann – sofern vorhanden – durch eine Lüftungsanlage $q_{h,L}$ und zum Teil auch durch die Wärmeverluste der Trinkwasseranlage $q_{h,TW}$:

$$q_h = q_{h,H} + q_{h,L} + q_{h,TW} \quad \text{in kWh/(m}^2\text{a)} \qquad (18.7\text{-}2)$$

mit: $q_{h,H}$ = Heizwärmeleistung der Heizungsanlage
$q_{h,L}$ = Heizwärmeleistung der Lüftungsanlage
$q_{h,TW}$ = Wärmeverluste der Trinkwarmwasseranlage als Beitrag zum Heizwärmebedarf

Einen Überblick über die energetischen Zusammenhänge zwischen Primärenergiebedarf und Wärmebedarf eines Gebäudes gibt das Energieflussdiagramm in Abbildung 18.2-2.

Die Berechnung des Primärenergiebedarfs der einzelnen Anlagen (Heizung, Lüftung und Trinkwarmwasser) erfolgt immer getrennt nach der Energie, die zur unmittelbaren Erzeugung der Nutzwärme benötigt wird, und der Energie, die zur Deckung des Hilfsenergiebedarfs der Anlagen erforderlich ist (z. B. der Energiebedarf von Pumpen bei Zirkulationsleitungen). Bei Anlagen, die für die Wärmeerzeugung, -speicherung und -verteilung ohne zusätzliche, elektrisch betriebene Hilfsgeräte auskommen, wird demzufolge auch kein Hilfsenergiebedarf bestehen. Es gilt:

$$q_{HE} = 0{,}0 \text{ kWh/(m}^2\text{a)}$$

Für andere Anlagen werden dem erforderlichen Wärmebedarf der Hilfsgeräte die bei der Übergabe, Speicherung und Verteilung entstehenden Wärmeverluste hinzuaddiert und anschließend mit einer Erzeuger-Aufwandszahl und dem Primärenergiefaktor f_P multipliziert. Letzterer berücksichtigt dabei Verluste, die bei der Umwandlung der Primärenergie bestimmter Energieträger in Endenergie entstehen (siehe Tabelle 18.7-1).

Ein Primärenergiefaktor $f_P = 0$ ergibt sich für regenerative Energien, da bei der Erschließung solcher Energiequellen – zum Beispiel Solaranlagen – kein energetischer Aufwand entsteht. Auch bei einer Lüftungsanlage mit Wärmerückgewinnung beträgt $f_P = 0$.

Beim Einsatz eines Lüftungs-Wärmerückgewinnungssystems ist die nach Gleichung 18.7-1 ermittelte Aufwandszahl e_P, welche sich auf Q_h ohne Berücksichtigung einer Wärmerückgewinnung bezieht, für die Berechnung der Wärmebilanz wie folgt umzurechnen:

$$e_P^* = e_P \cdot \frac{(Q_h + Q_{WR} + Q_w)}{Q_h + Q_w} \qquad (18.7\text{-}3)$$

mit: e_P = Anlagen-Aufwandszahl nach Gleichung 18.7-1
Q_h = Jahres-Heizwärmebedarf
Q_{WR} = Wärmegewinn durch eine Lüftungs-Wärmerückgewinnungsanlage
Q_w = Wärmebedarf für Trinkwasser

Tabelle 18.7-1
Primärenergiefaktoren f_P (nicht erneuerbarer Anteil) verschiedener Energieträger

Energieträger		Primärenergiefaktoren f_P
Brennstoffe (Bezugsgröße ist der untere Heizwert H_u)	Heizöl EL	1,1
	Erdgas H	1,1
	Flüssiggas	1,1
	Steinkohle	1,1
	Braunkohle	1,2
	Holz	0,2
Nah-/Fernwärme aus KWK (Angaben sind typisch für durchschnittliche Nah-/Fernwärme mit einem Anteil der KWK von 70 %.)	fossiler Brennstoff	0,7
	erneuerbarer Brennstoff	0,0
Nah- und Fernwärme aus Heizwerken	fossiler Brennstoff	1,3
	erneuerbarer Brennstoff	0,0
Strom	Strom-Mix	1,8
Biogene Brennstoffe	Biogas, Bioöl	0,4
Umweltenergie	Solarenergie, Umgebungswärme	0,0

Die Anlagen-Aufwandszahl e_P kann nach DIN V 4701-10 für sechs verschiedene Anlagentypen mit dem so genannten Diagrammverfahren bestimmt werden. Dabei wird mithilfe von Aufwandszahl-Diagrammen eine grafische Ermittlung von e_P und des Endenergiebedarfs in Abhängigkeit vom flächenbezogenen Heizwärmebedarf q_h und der beheizten Nutzfläche A_N vorgenommen. Das Diagrammverfahren eignet sich im Rahmen der Entwurfsplanung zur Bestimmung des Primärenergiebedarfs, wenn noch keine genaueren Anlagenkomponenten festgelegt wurden. Die hierbei erzielten Ergebnisse dürfen in der weiteren Ausführungsplanung nicht mehr unterschritten werden, lediglich Effizienzverbesserungen sind erlaubt. Für u. a. folgende Anlagen sind in DIN 4701-10 Anlagen-Aufwandszahlen-Diagramme enthalten:

Anlage 1 – Niedertemperaturkessel mit gebäudezentraler Trinkwassererwärmung

Heizung:	Übergabe: Speicherung: Verteilung: Erzeugung:	Radiatoren mit Thermostatventil 1K – max. Vorlauf-/Rücklauftemperatur 70 °C/55 °C, horizontale Verteilung außerhalb der thermischen Hülle, vertikale Stränge innen liegend, geregelte Pumpe Niedertemperaturkessel außerhalb der thermischen Hülle
TWW:	Speicherung: Verteilung: Erzeugung:	Indirekt beheizter Speicher außerhalb der thermischen Hülle Horizontale Verteilung außerhalb der thermischen Hülle, mit Zirkulation Zentral, Niedertemperaturkessel
Lüftung:	Übergabe: Verteilung: Erzeugung:	– – –

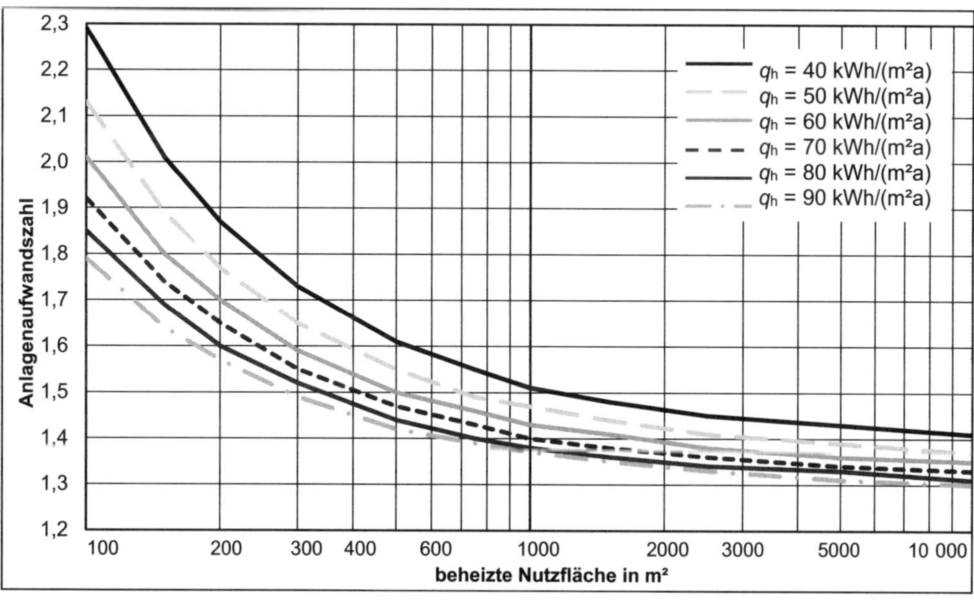

Abb. 18.7-1
Anlagen-Aufwandszahl für Standard-Anlagensystem 1

Anlage 2 – Brennwertkessel mit gebäudezentraler Trinkwassererwärmung

Heizung:	Übergabe: Speicherung: Verteilung: Erzeugung:	Radiatoren mit Thermostatventil 1K – max. Vorlauf-/Rücklauftemperatur 55 °C/45 °C, horizontale Verteilung außerhalb der thermischen Hülle, vertikale Stränge innen liegend, geregelte Pumpe Brennwertkessel außerhalb der thermischen Hülle
TWW:	Speicherung: Verteilung: Erzeugung:	Indirekt beheizter Speicher außerhalb der thermischen Hülle Horizontale Verteilung außerhalb der thermischen Hülle, mit Zirkulation Zentral, Brennwertkessel
Lüftung:	Übergabe: Verteilung: Erzeugung:	– – –

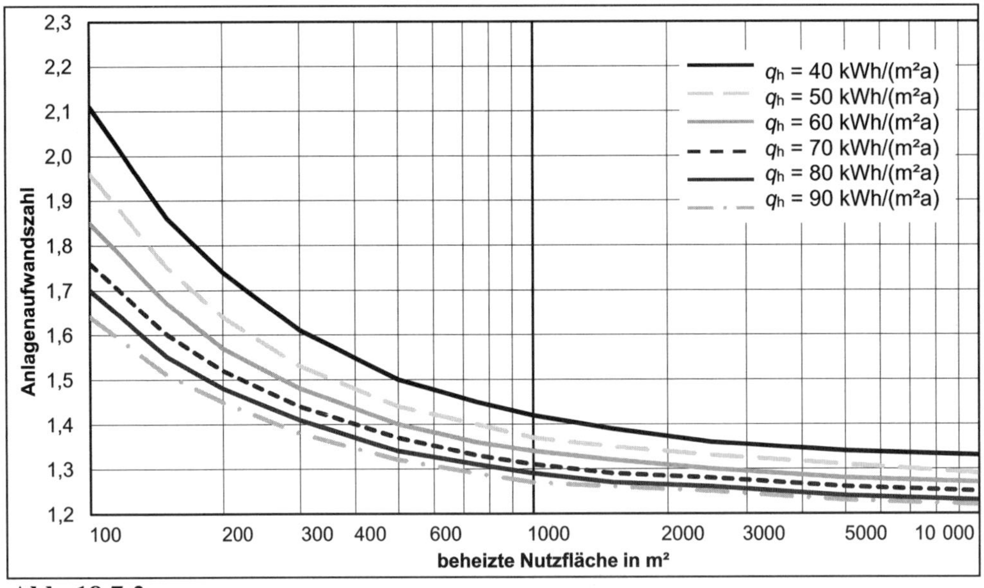

Abb. 18.7-2
Anlagen-Aufwandszahl für Standard-Anlagensystem 2

Anlage 3 – Brennwertkessel und solar unterstützte Trinkwassererwärmung

Heizung:	Übergabe: Speicherung: Verteilung: Erzeugung:	Radiatoren mit Thermostatventil 1K – Aufstellung innerhalb der thermischen Hülle, Stränge innen liegend, max. Vorlauf-/Rücklauftemperatur 55 °C/45 °C, geregelte Pumpe Brennwertkessel, Gas, Aufstellung innerhalb der thermischen Hülle
TWW:	Speicherung: Verteilung: Erzeugung:	Indirekt beheizter Speicher, Aufstellung innerhalb der thermischen Hülle Gebäudezentral, ohne Zirkulation, horizontale Verteilung innerhalb der thermischen Hülle Brennwertkessel und Solaranlage
Lüftung:	Übergabe: Verteilung: Erzeugung:	– – –

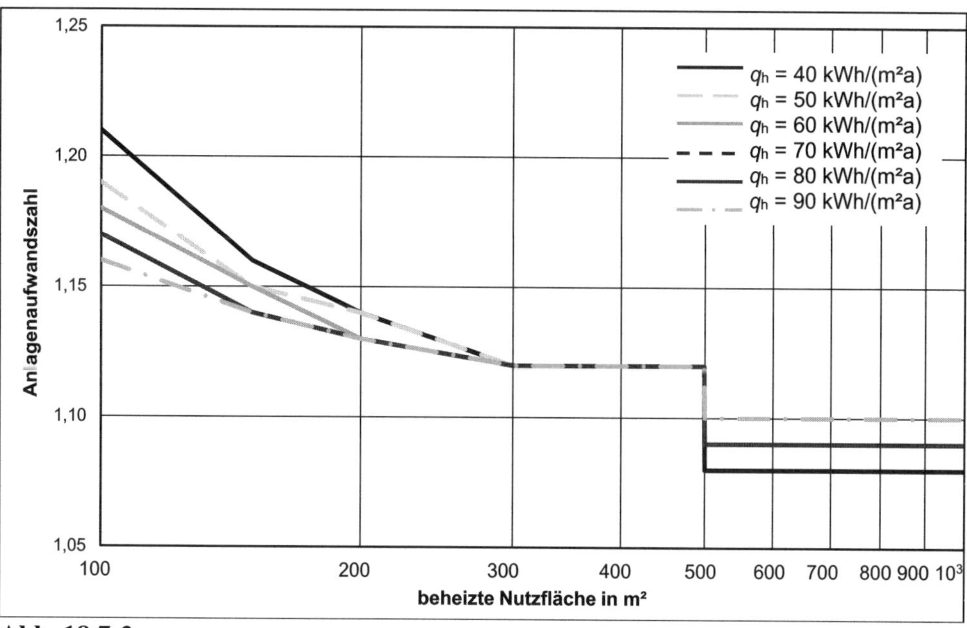

Abb. 18.7-3
Anlagen-Aufwandszahl für Standard-Anlagensystem 3

Anlage 4 – Brennwertkessel und Lüftungsanlage mit Wärmerückgewinnung

Heizung:	Übergabe:	Radiatoren mit Thermostatventil 1K
	Speicherung:	–
	Verteilung:	max. Vorlauf-/Rücklauftemperatur 55 °C/45 °C, horizontale Verteilung innerhalb der thermischen Hülle, vertikale Stränge innen liegend, geregelte Pumpe
	Erzeugung:	Brennwertkessel innerhalb der thermischen Hülle
TWW:	Speicherung:	Indirekt beheizter Speicher innerhalb der thermischen Hülle
	Verteilung:	Horizontale Verteilung innerhalb der thermischen Hülle, mit Zirkulation
	Erzeugung:	Zentral, Brennwertkessel
Lüftung:	Übergabe:	Lüftungsanlage mit Lufttemperaturen kleiner 20 °C
	Verteilung:	Zentrale Zu- und Abluftanlage, Luftwechsel 0,4 h^{-1}, DC-Ventilatoren
	Erzeugung:	Wärmerückgewinnung 80 %

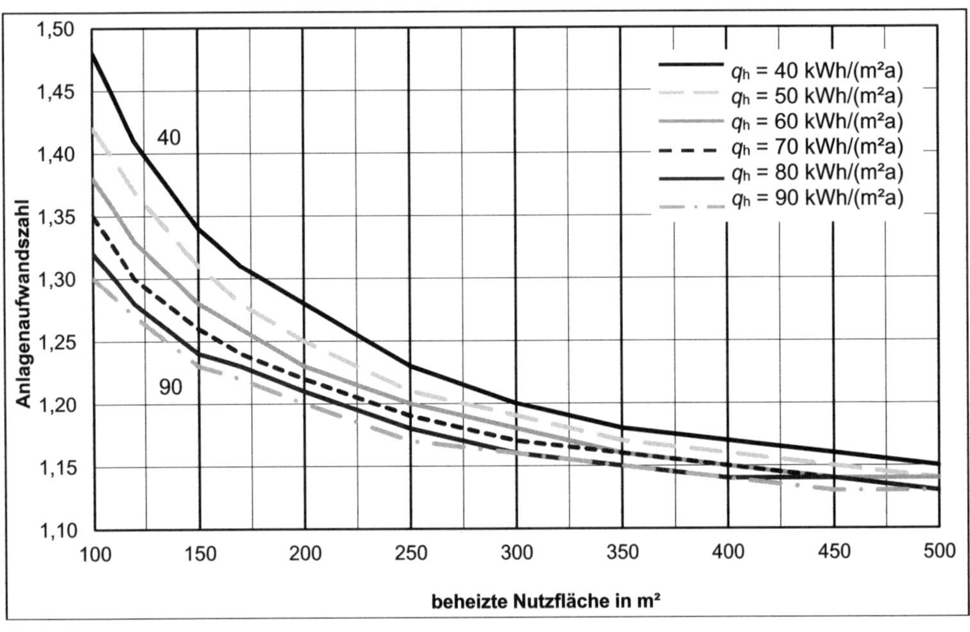

Abb. 18.7-4
Anlagen-Aufwandszahl für Standard-Anlagensystem 4

Anlage 5 – Wärmepumpe mit gebäudezentraler Trinkwassererwärmung

Heizung:	Übergabe:	Flächenheizung mit Einzelraumregelung 2K
	Speicherung:	Pufferspeicher außerhalb der thermischen Hülle
	Verteilung:	max. Vorlauf-/Rücklauftemperatur 35 °C/28 °C, horizontale Verteilung außerhalb der thermischen Hülle, vertikale Stränge innen liegend, geregelte Pumpe
	Erzeugung:	Sole/Wasser-Wärmepumpe außerhalb der thermischen Hülle
TWW:	Speicherung:	Indirekt beheizter Speicher außerhalb der thermischen Hülle
	Verteilung:	Horizontale Verteilung innerhalb der thermischen Hülle, ohne Zirkulation
	Erzeugung:	Zentral, Sole/Wasser-Wärmepumpe
Lüftung:	Übergabe:	–
	Verteilung:	–
	Erzeugung:	–

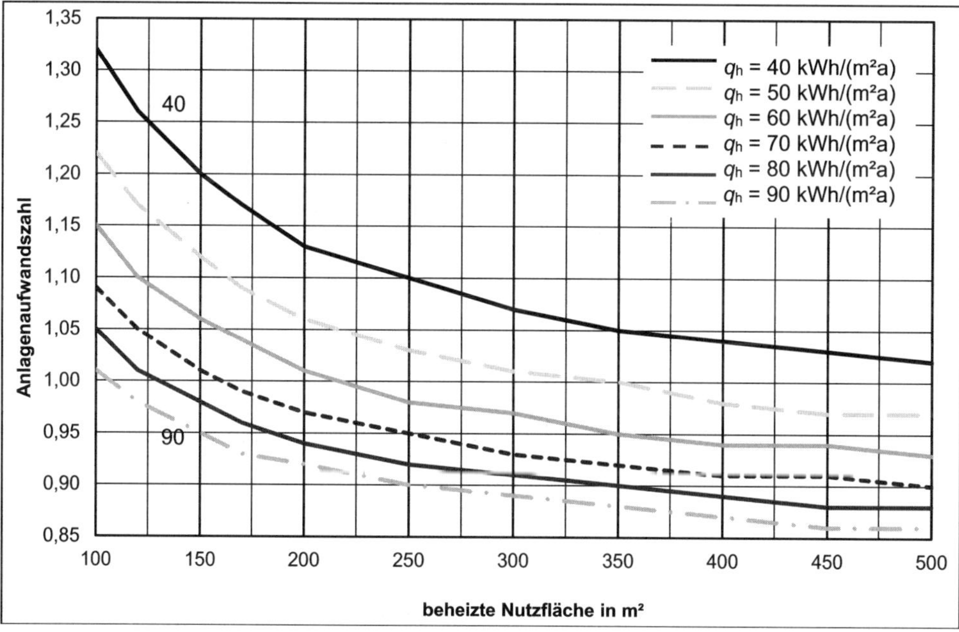

Abb. 18.7-5
Anlagen-Aufwandszahl für Standard-Anlagensystem 5

Anlage 6 – Dezentrale elektrische Direktheizung mit Lüftungsanlage, dezentrale Trinkwassererwärmung

Heizung:	Übergabe:	Direktheizung
	Speicherung:	–
	Verteilung:	–
	Erzeugung:	dezentrale elektrische Direktheizung
TWW:	Speicherung:	–
	Verteilung:	–
	Erzeugung:	wohnungszentral, elektrischer Durchlauferhitzer
Lüftung:	Übergabe:	Luftauslässe im Außenwandbereich, ohne Einzelraumregelung, mit zentraler Vorregelung
	Verteilung:	Innerhalb der thermischen Hülle, zentrale Zu- und Abluftanlage, Luftwechsel 0,6 h^{-1}, DC-Ventilatoren
	Erzeugung:	Abluft/Zuluft-Wärmepumpe mit Wärmeübertrager innerhalb der thermischen Hülle, Wärmerückgewinnung 60 %

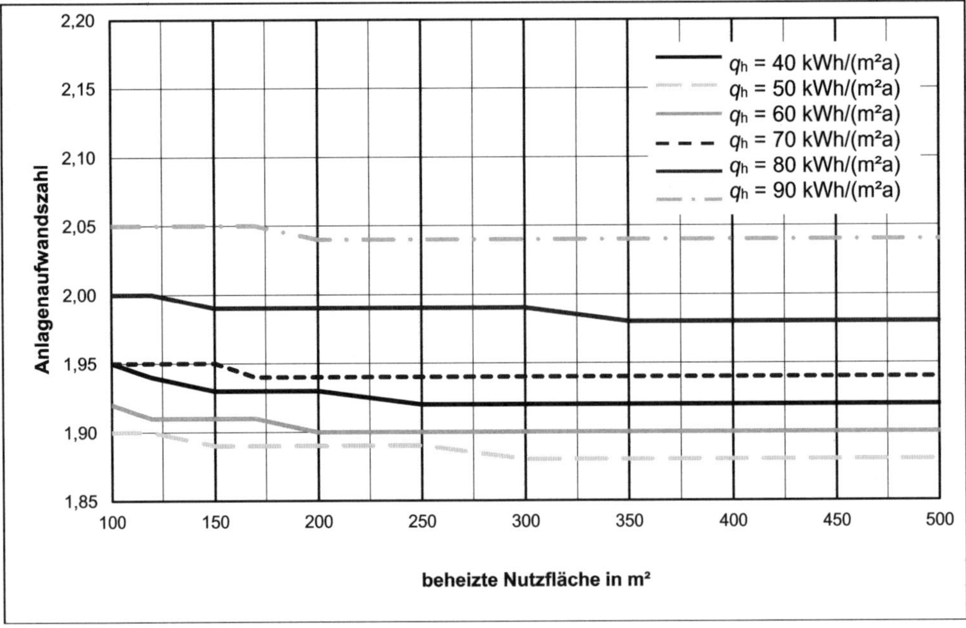

Abb. 18.7-6
Anlagen-Aufwandszahl für Standard-Anlagensystem 6

Mit dem zuvor zu bestimmendem Heizwärmebedarf q_h und der beheizten Nutzfläche A_N lassen sich aus den Diagrammen 1–6 in Abhängigkeit des gewählten Anlagensystems die Anlagen-Aufwandszahlen bestimmen.

Ermittlung des Jahres-Primärenergiebedarfs Q_P

Unter Verwendung der aus den Diagrammen entnommenen Aufwandszahlen e_p kann der primärenergetisch bewertete Heizenergiebedarf (Primärenergiebedarf) nach Gleichung 18.5-1 bestimmt werden.

18.8 Energetische Bewertung von Nichtwohngebäuden nach dem Gebäudeenergiegesetz

Seit Einführung der Energieeinsparverordnung 2007 (EnEV 2007) werden bei Nichtwohngebäuden auch die Anteile des Energiebedarfs von Beleuchtung und Klimaanlagen mit in die energetischen Betrachtungen einbezogen. Im Gegensatz zu der Fassung der EnEV aus dem Jahre 2004 lassen sich damit Nichtwohngebäude wesentlich besser abbilden. Die für die ganzheitliche Bewertung eines Gebäudes erforderlichen Berechnungsvorschriften finden sich in der DIN V 18599: „Energetische Bewertung von Gebäuden – Berechnung des Nutz-, End- und Primärenergiebedarfs für Heizung, Kühlung, Lüftung, Trinkwarmwasser und Beleuchtung“. Diese Vornorm besteht zurzeit aus den folgenden elf Teilen (siehe Abbildung 18.8-1):

Teil 1: Allgemeine Bilanzierungsverfahren, Begriffe, Zonierung und Bewertung der Energieträger
Teil 2: Nutzenergiebedarf für Heizen und Kühlen von Gebäudezonen
Teil 3: Nutzenergiebedarf für die energetische Luftaufbereitung
Teil 4: Nutz- und Endenergiebedarf für Beleuchtung
Teil 5: Endenergiebedarf von Heizsystemen
Teil 6: Endenergiebedarf von Lüftungsanlagen, Luftheizungsanlagen und Kühlsystemen für den Wohnungsbau
Teil 7: Endenergiebedarf von Raumlufttechnik- und Klimakältesystemen für den Nichtwohnungsbau
Teil 8: Nutz- und Endenergiebedarf von Warmwasserbereitungssystemen
Teil 9: End- und Primärenergiebedarf von stromproduzierenden Anlagen
Teil 10: Nutzungsrandbedingungen, Klimadaten
Teil 11: Gebäudeautomation

Mit der Einführung der EnEV 2009 können die in der DIN V 18599 angegebenen Berechnungsvorschriften alternativ zu dem Monatsbilanzverfahren der DIN V 4108-6 (siehe Abschnitt 18.6 und 18.7) auch für Wohngebäude angewendet werden.

Dabei wird auch in der DIN V 18599 eine Energiebilanz für ein Gebäude aufgestellt, indem eine gemeinschaftliche Bewertung des Baukörpers, der Nutzung und der Anlagentechnik erfolgt. Besonders berücksichtigt werden die gegenseitigen Wechselwirkungen von Energieströmen im Gebäude und die sich daraus ergebenden planerischen Konsequenzen.

Die Bilanzierung der DIN V 18599 umfasst die Energieaufwendungen von Gebäuden (einschließlich der Stromaufwendungen (Hilfsenergien), die unmittelbar mit der Energieversorgung zusammenhängen) für Heizung und Lüftung, Klimatisierung (einschließlich Kühlung und Befeuchtung), Trinkwarmwasserversorgung sowie Beleuchtung.

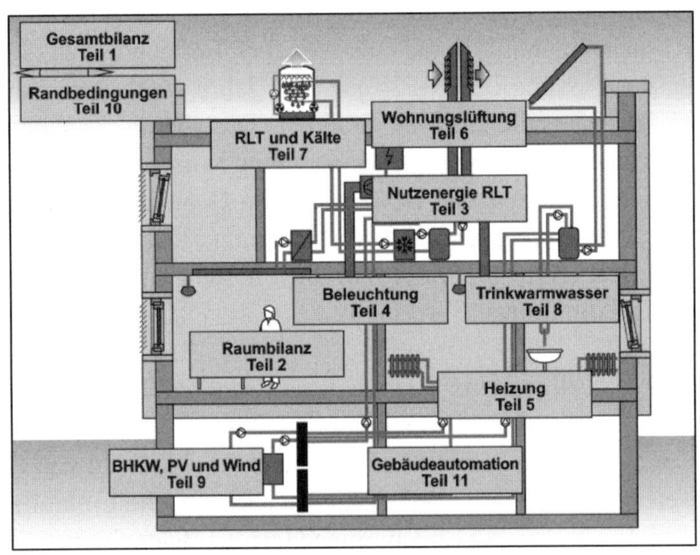

Abb. 18.8-1
Teile der DIN V 18599

Wesentliche Merkmale der DIN V 18599 sind, neben dem erweiterten aber prinzipiell bereits bekannten Berechnungsverfahren, vor allem die nutzungsbezogenen Randbedingungen. Diese sollen insbesondere für Nichtwohngebäude und deren vielfältige Nutzungsmöglichkeiten eine neutrale Bewertung zur Ermittlung des Energiebedarfs ermöglichen (unabhängig von individuellem Nutzerverhalten und lokalen Klimadaten). Die Bilanzierungsmethodik der DIN V 18599, die für Wohn- und Nichtwohngebäude als Neu- oder Bestandsbauten anwendbar ist, kann herangezogen werden für:

- eine Energiebedarfsbilanzierung von Gebäuden mit teilweise festgelegten Randbedingungen im Rahmen des öffentlich-rechtlichen Nachweises;
- eine allgemeine, ingenieurmäßige Energiebedarfsbilanzierung von Gebäuden mit frei wählbaren Randbedingungen;

– eine allgemeine, ingenieurmäßige Energiebilanzierung von Gebäuden mit dem Ziel des Abgleichs zwischen Energiebedarf und Energieverbrauch (Bedarfs-Verbrauchs-Abgleich) mit frei wählbaren Randbedingungen.

Neben der Berechnungsmethodik wurden mit der DIN V 18599 auch neue Begriffsbestimmungen eingeführt. Zum Beispiel wird in der DIN V 18599 ein Nutzwärme- und Nutzkältebedarf berechnet. Dies hängt damit zusammen, dass die Gebäude nicht mehr als Ganzes, sondern in kleinen Nutzungseinheiten betrachtet werden. Je nach Nutzung in einer Zone entsteht ein gewisser Bedarf an zusätzlicher Beheizung oder Kühlung. Zusätzlich deshalb, weil in den Zonen neben gewissen Wärmeeinträgen auch Verluste auftreten. Dabei werden in den meisten Nutzungsfällen weder die Wärmeeinträge noch die Verluste ausreichen, um den gesamten erforderlichen Bedarf an Wärme oder Kälte zu decken. Die sich dabei ergebende Differenz ist der nach DIN V 18599 zu bestimmende Wärme- oder Kältebedarf.

Nutzwärmebedarf $Q_{h,b}$: Rechnerisch ermittelter Wärmebedarf, der zur Aufrechterhaltung der festgelegten thermischen Raumkonditionen innerhalb einer Gebäudezone während der Heizzeit (zusätzlich) benötigt wird.

Nutzkältebedarf $Q_{c,b}$: Rechnerisch ermittelter Kühlbedarf, der zur Aufrechterhaltung der festgelegten thermischen Raumkonditionen innerhalb einer Gebäudezone (zusätzlich) benötigt wird. Dies gilt für Zeiten, in denen die Wärmequellen eine höhere Energiemenge anbieten als benötigt wird.

Es gilt unbedingt zu beachten, dass unter fest vorgegebenen Randbedingungen ein rechnerischer Bedarf ermittelt wird. Das dabei erzielte Ergebnis kann unter keinen Umständen mit dem tatsächlichen Verbrauch verglichen werden.

Ein weiterer in der DIN V 18599 neu eingeführter Begriff ist der so genannte Wärmetransferkoeffizient. Dieser kennzeichnet die Verluste über die Gebäudehülle, die durch Transmission und Lüftung entstehen. Es wird dann entweder vom Transmissionswärmetransferkoeffizienten oder dem Lüftungswärmetransferkoeffizienten gesprochen. Die alte Bezeichnung dieser Größe in DIN 4108-6 war der spezifische Wärmeverlust infolge Transmission und Lüftung. Allerdings unterscheidet sich die Berechnung der beiden Größen in einigen Punkten erheblich voneinander.

Dies gilt insbesondere für die Lüftung, für die Anteile von Infiltration, nutzerbedingter Fensterlüftung und mechanischer Lüftung zu unterscheiden sind.

Wärmetransferkoeffizient H: Kennzeichnet dic Summe der Wärmeverluste über die Gebäudehülle (Transmission H_T) und durch Lüftung (Infiltration $H_{V,inf}$, Fensterlüftung $H_{V,win}$ und mechanische Lüftung $H_{V,mech}$).

Neu eingeführt wurden auch die Begriffe Wärmequelle und Wärmesenke. Dabei sind Quellen die Wärmemengen in einer Zone, deren Temperaturen über der Raum-Solltemperatur liegen und somit der Zone zugeführt werden (es handelt sich nur um die nicht geregelt in die Zone eingetragenen Wärmemengen). Geregelt über eine Anlage (Heizung, Lüftung) in die Zone eingebrachte Wärme (zur Aufrechterhaltung der Solltemperatur) wird in diesem Zusammenhang nicht als Wärmequelle bezeichnet.

Wärmesenken sind Wärmemengen in einer Zone, deren Temperaturen sich unter der Raumsolltemperatur befinden und somit der Zone Wärme entziehen. Auch in diesem Fall wird nur der ungeregelte Wärmeentzug berücksichtigt. Bei einer geregelten Wärmeabfuhr über ein Kühlsystem zur Erzielung einer bestimmten Solltemperatur wird in diesem Zusammenhang nicht von Senken gesprochen.

Wärmequellen Q_{source}: Wärmemengen mit Temperaturen über der Innentemperatur, die der Gebäudezone zugeführt werden oder innerhalb der Zone entstehen. Nicht erfasst werden Wärmeeinträge, die geregelt über die Anlage (Heizung, Lüftung) der Zone zugeführt werden, um die erforderliche Innentemperatur aufrecht zu erhalten.

Wärmesenken Q_{sink}: Wärmemengen, die der Gebäudezone entzogen werden. Die geregelte Abfuhr von Wärme über ein Kühlsystem wird nicht als Wärmesenke bezeichnet.

Die prinzipielle Methodik der DIN V 18599 zur Bilanzierung von Energieströmen ist nicht neu. Die Ansätze der Energiebilanzverfahren nach DIN EN 832, DIN V 4108-6, DIN V 4701-10, DIN V 4701-12 und DIN EN ISO 13790 wurden in der DIN V 18599 dahingehend erweitert, dass nun eine Bilanzierung der Nutzenergie für Heizen und Kühlen unter Beachtung aller Wärmequellen und -senken (neue Bezeichnungen für Wärmegewinne und -verluste) möglich ist. Dabei bleibt das bekannte Schema, das ausgehend von der Nutzenergie über die Endenergie hin zur Primärenergie bilanziert, erhalten.

Eine wesentliche Veränderung zum bisherigen Berechnungsablauf ist, dass das Gebäude nicht mehr überwiegend als Ganzes betrachtet wird, sondern eine Aufteilung in verschiedene Zonen unterschiedlicher Nutzung erfolgt. Damit kann vor allem in Nichtwohngebäuden der große Einfluss der Nutzung auf den Energiebedarf genauer erfasst werden. Diese Gebäudetypen zeichnen sich vor allem dadurch aus, dass in ihnen zahlreiche Räume und Bereiche mit sehr unterschiedlichen Nutzungsrandbedingungen vorhanden sind. Aus diesem Grund werden für die Energiebilanzierung zunächst Zonen gebildet, die sich durch einheitliche Nutzungsrandbedingungen kennzeichnen. Anschließend wird für jede Zone der Nutzenergiebedarf für Heizen (früher Heizwärmebedarf) und Kühlen getrennt bestimmt. Die Gesamtbilanz ergibt sich abschließend aus der Zusammenfassung des Nutzenergiebedarfs für Heizen und Kühlen aller Zonen.

Näheres zu der Berechnung des Energieeinsparnachweises für Nichtwohngebäude nach EnEV 2014 in Verbindung mit DIN V 18599 ist der weiterführenden Literatur zu entnehmen.

19 Feuchteschutz – Übersicht

19.1 Feuchtebeanspruchung eines Bauwerks

Ein Bauwerk wird immer durch verschiedene Feuchtequellen belastet. Zur Beurteilung des Feuchtehaushalts müssen diese berücksichtigt werden. In Abbildung 19.1-1 sind die unterschiedlichen Beanspruchungen eines Bauwerks durch Wasser und Feuchtigkeit dargestellt. Dabei kann unterschieden werden zwischen:

- **Baufeuchte:** Viele Baustoffe sind nur mit Wasser herstellbar (z.B. Beton, Mörtel, Putze, Estrich). Dieses Wasser wird bei der Herstellung eines Gebäudes „eingebaut“ und muss feuchtetechnisch berücksichtigt werden.
- **Bodenfeuchte:** Erdreich besitzt immer eine gewisse Grundfeuchtigkeit. Stehen Bauteile mit dem Erdreich in Kontakt, können sie aus diesem Feuchte aufnehmen.
- **Niederschläge:** Das Bauwerk wird durch Niederschläge wie Regen, Schnee, Hagel beansprucht. Tritt mit dem Niederschlagsereignis auch Wind auf, spricht man z.B. von Schlagregen oder Flugschnee.
- **Wohnfeuchte:** In einem bewohnten Gebäude gibt es eine Reihe von Feuchtequellen. Neben den Bewohnern geben meist Pflanzen oder Aquarien ständig Feuchtigkeit in die Raumluft ab. Diese kann auch kurzfristig durch höhere Wasserdampfmengen beim Kochen, Duschen oder Wäschetrocknen belastet werden.

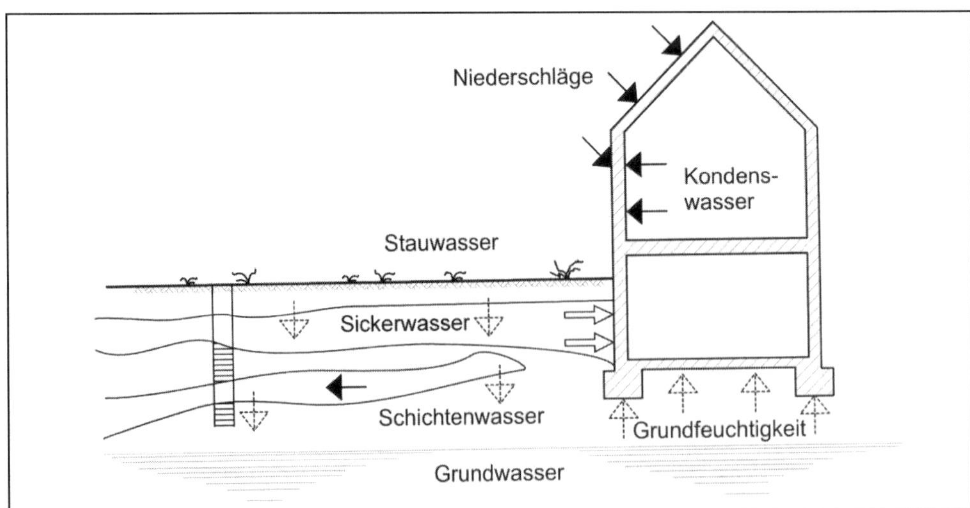

Abb. 19.1-1
Beanspruchung eines Bauwerks durch Wasser und Feuchtigkeit

Tabelle 19.1-1
Übersicht über die Schutzmaßnahmen gegen Feuchtigkeit [28]

Schutz vor Niederschlagswasser	Schutz vor Wasser im Baugrund	Feuchteschutz im Bauwerk
– an Fassaden – an gedeckten Dächern – an abgedichteten Dächern – an genutzten Dächern	– bei Bodenfeuchtigkeit – bei nicht drückendem Wasser – bei drückendem Wasser	– Tauwasserschutz für Bauteiloberflächen, Bauteilquerschnitte, Luftschichten, Kanäle und Spalte – Schutz vor Brauchwassereinwirkung – Maßnahmen gegen Baufeuchte – Maßnahmen nach Überflutung
Messmethoden vor Ort und im Labor (Wassergehalt, Salzgehalt, Sorption, s_d-Wert etc.) Baustoffbewertung		

19.2 Eigenschaften des Wassers

Wasser ist ein Stoff, der bei üblichen klimatischen Bedingungen in fester, flüssiger und gasförmiger Form auftreten kann. Wasser hat seine größte Dichte mit 1000 kg/m³ bei 4 °C. Der Übergang von flüssiger zu fester Form (Eisbildung) ist mit einem Dichtesprung verbunden (Abb. 19.2-1). Dadurch ergibt sich eine Volumendilatation (Ausdehnung); findet diese in einer geschlossenen Porenstruktur statt, kann es durch inneren Sprengdruck zu Frostschäden kommen.

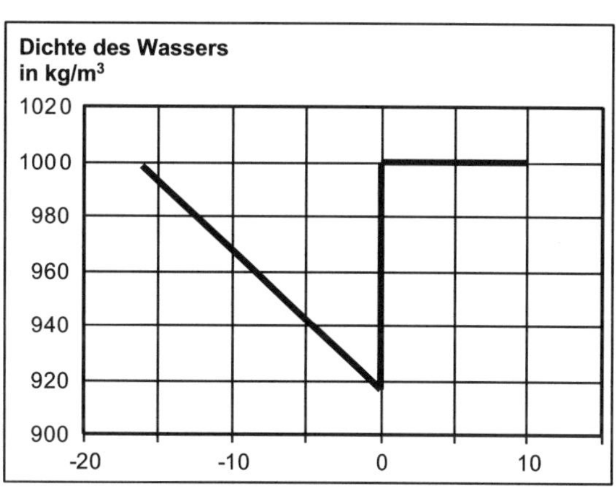

Abb. 19.2-1
Dichteverlauf des Wassers; bei 0 °C findet ein Dichtesprung statt, der eine Volumenausdehnung von 9,5 % zur Folge hat

Die Änderung des Aggregatzustandes erfolgt mit einer Energieaufnahme ohne Temperaturänderung in der Richtung fest/flüssig (Schmelzwärme) sowie flüssig/gasförmig (Verdampfungswärme). In umgekehrter Richtung wird Wärme frei (Abb. 19.2-2).

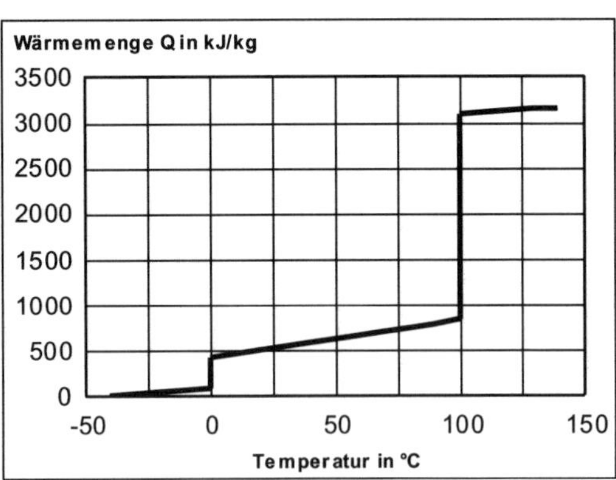

Abb. 19.2-2
Energieaufnahme des Wassers mit zunehmender Temperatur bei Normalluftdruck von 1013 hPa; der vertikale Verlauf bei 0 °C ergibt sich aus der Schmelzwärme, der bei 100 °C aus der Verdampfungswärme.

Die Wärmeleitfähigkeit des Wassers beträgt mit 0,58 W/(mK) das 24-Fache gegenüber stehender Luft. Somit wird deutlich, dass mit Wasser gefüllte Baustoffporen einen nur geringen Wärmeschutz erbringen können. Demgegenüber ist die Wärmespeicherfähigkeit von Wasser mit 4,186 kJ/(kgK) mehr als 4-mal so groß als die üblicher Baustoffe. Demzufolge ist der Erwärmungsvorgang von feuchten Bauteilen langsamer als bei trockenen.

Eine für den Wassertransport wichtige Eigenschaft ist die Oberflächenspannung des Wassers. Hierunter ist das Verhältnis der zur Vergrößerung der Oberfläche erforderlichen Arbeit ΔW zur Oberflächenvergrößerung ΔA zu verstehen.

$$\sigma = \frac{\Delta W}{\Delta A} \qquad \text{in Nm/m}^2 = \text{N/m} \qquad (19.2\text{-}1)$$

Die Oberflächenspannung des Wassers bei 20 °C beträgt $\sigma = 0{,}0726$ N/m.

Die Benetzbarkeit eines Stoffes mit Wasser wird durch den Randwinkel θ beschrieben.

Der Randwinkel ergibt sich aus

$$\cos\theta = \frac{\sigma_{\text{fest/gas}} - \sigma_{\text{fest/flüssig}}}{\sigma_{\text{flüssig/gas}}} \qquad (19.2\text{-}2)$$

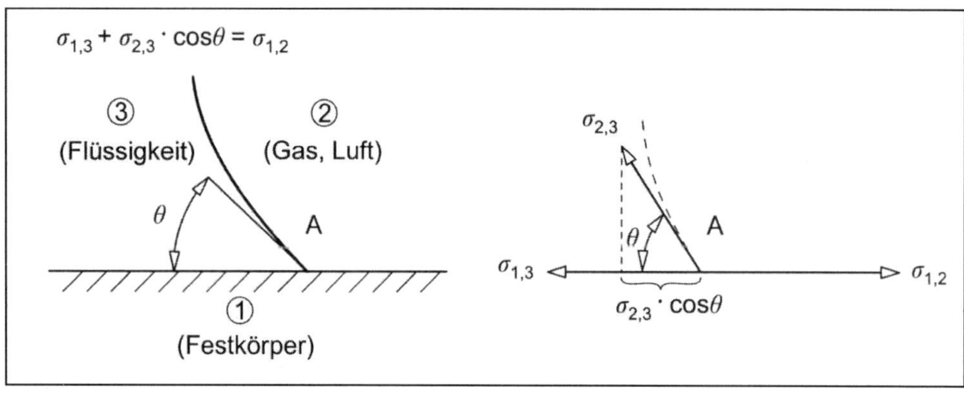

Abb. 19.2-3
Darstellung des Randwinkels θ als Maß der Benetzbarkeit [14], [28]

Tabelle 19.2-1
Randwinkel und Benetzbarkeit

Randwinkel	Benetzbarkeit
$\theta = 0°$	vollständig
$0° < \theta \leq 90°$	unvollständig
$90° < \theta \leq 180°$	keine

20 Feuchte in Baustoffen

Porige Baustoffe sind im praktischen Einbauzustand zu einem gewissen Anteil mit Wasser gefüllt. Die Menge hängt von der Porenstruktur und dem Umgebungsklima ab.

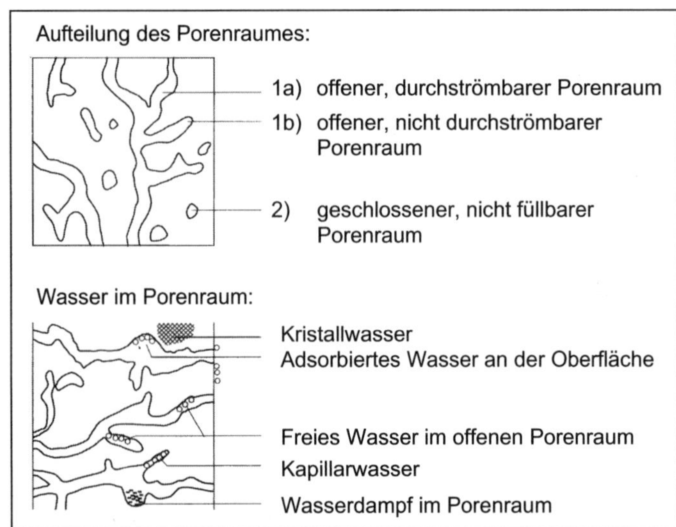

Abb. 20-1
Porenstrukturen und deren Füllung mit Wasser [34]

Der Feuchtegehalt wird üblicherweise massebezogen angegeben:

$$u_{\mathrm{m}} = \frac{m_{\mathrm{w}}}{m_{\mathrm{tr}}} \cdot 100\ \% = \frac{m_{\mathrm{f}} - m_{\mathrm{tr}}}{m_{\mathrm{tr}}} \cdot 100\ \% \qquad \text{in Masse-\%} \qquad (20\text{-}1)$$

mit: m_{w} = Wassergehalt in kg
m_{tr} = Trockenmasse des Baustoffs in kg
m_{f} = Masse des feuchten Baustoffs in kg

Der volumenbezogene Feuchtegehalt ergibt sich aus:

$$u_{\mathrm{V}} = \frac{V_{\mathrm{w}}}{V_{\mathrm{tr}}} \cdot 100\ \% \qquad \text{in Volumen-\%} \qquad (20\text{-}2)$$

mit: V_{w} = Volumen des Wassergehaltes in m^3
V_{tr} = äußeres Volumen der Trockenmasse des Baustoffs in m^3

Die Verknüpfung von u_{V} und u_{m} ergibt sich aus:

$$u_{\mathrm{V}} = u_{\mathrm{m}} \cdot \frac{\rho_{\mathrm{tr}}}{\rho_{\mathrm{w}}} \qquad (20\text{-}3)$$

mit: $\rho_W = 1000$ kg/m³ und $\rho_{tr} = \frac{m_{tr}}{V_{tr}}$

Als „praktischer Feuchtigkeitsgehalt" wird derjenige Wassergehalt von Baustoffen verstanden, der in ausreichend getrockneten Bauten in 90 % aller Fälle nicht überschritten wird (siehe Tabelle 20-1).

Tabelle 20-1
Praktischer Feuchtigkeitsgehalt von Baustoffen

Baustoff	**Dichte kg/m³**	**Feuchtegehalt Vol.-%**	**Masse-%**
Tondachziegel, Mauerziegel	800	1,5	1,9
	1200	1,5	1,3
	1600	1,5	0,9
Kalksandsteine	1200	5,0	4,2
	1400	5,0	3,6
	1600	5,0	3,1
Leichtbeton	800	4,0 – 5,0	5,0 – 6,3
Schwerbeton	1200	5,0	4,2
	1800	5,0	2,8
	2400	5,0	2,1
Porenbeton, Gasbeton	400	3,5	8,8
	600	3,5	5,8
	800	3,5	4,4
Gipsputz, Gipsplatten	600	2,0	3,3
	800	2,0	2,5
	1000	2,0	2,0
	1200	2,0	1,7
Anhydritestrich	2100	2,0	1,0
Gussasphalt, Asphaltmastix			0,0
Schaumglas			0,0
Mineralfaser-Dämmstoffe			5,0
Hartschaum- Dämmstoffe			5,0
Korkdämmstoffe			10,0

Abb. 20-2
Füllung von Kapillarporen infolge Kapillarkondensation in Abhängigkeit von der relativen Luftfeuchte der Umgebungsluft bei 20 °C aus Thomson'scher Beziehung:

$$r = -\frac{2\sigma}{R_d T \ln\phi}$$

σ Oberflächenspannung des Wassers
R_d Gaskonstante des Wasserdampfs
T die absolute Temperatur
φ die relative Luftfeuchte (als Dezimalzahl)

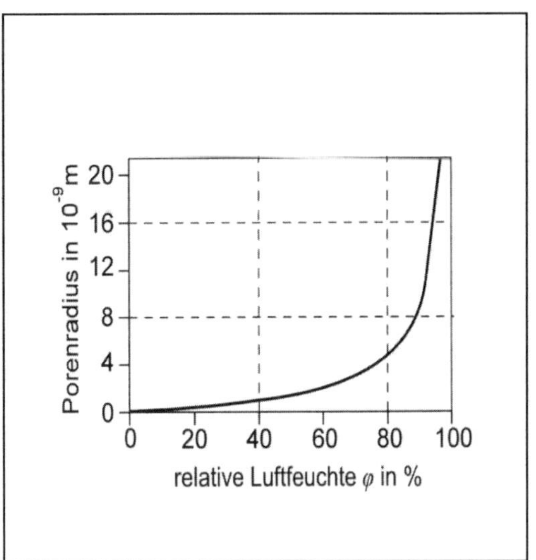

Abb. 20-3
Sorptionsisothermen verschiedener Baustoffe und Labormaterialien; man erkennt, dass Papier etwa bei einer relativen Luftfeuchte von 75 % einen Wassergehalt von 20 Masse-% aufweist; somit erklärt sich Schimmelpilzbefall auch an Stellen, an denen noch keine Tauwasserbildung infolge Wasserdampfkondensation stattgefunden hat [23].

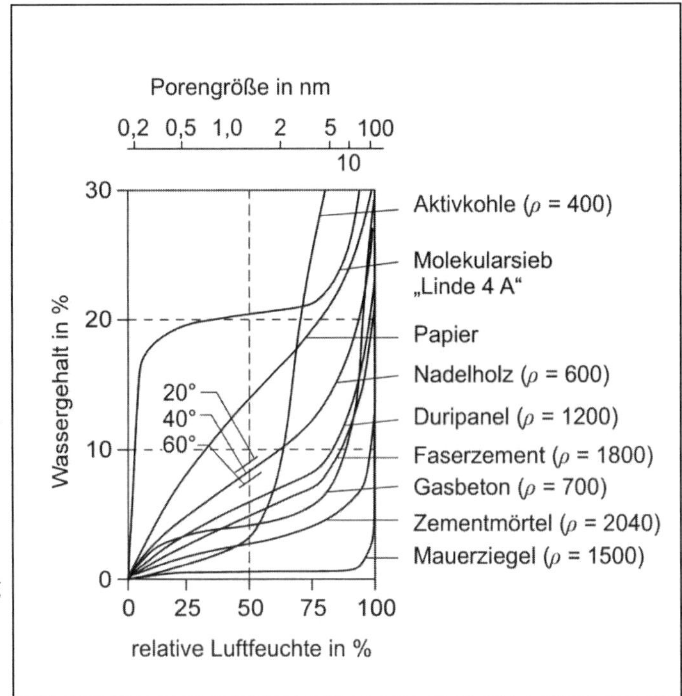

Kapillare Steighöhe für eine zylindrische Modellkapillare

$$h_{\max} = \frac{2 \cdot \sigma \cdot \cos\theta}{\rho_W \cdot g \cdot r \cdot \cos\gamma} \quad \text{in m} \qquad (20\text{-}4)$$

mit: ρ = Oberflächenspannung des Wassers
θ = Benetzungswinkel

ρ_W = Dichte des Wassers in kg/m³
g = Erdbeschleunigung = 9,81 m/s²
r = Porenradius in m
γ = Neigungswinkel der Modellkapillaren

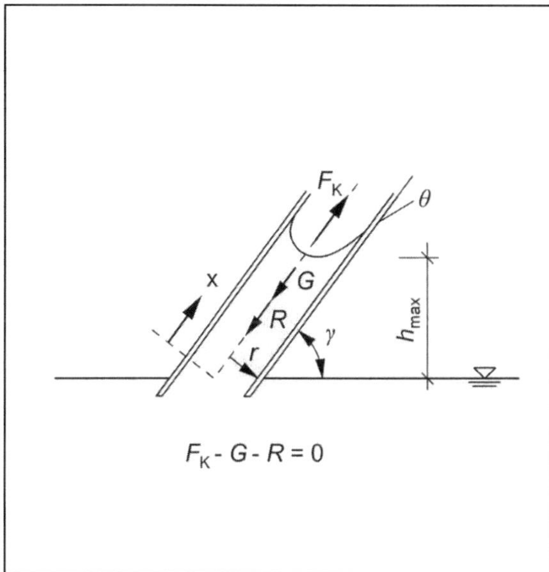

Abb. 20-4
Kapillarität ist ein Transportmechanismus von Wasser in seiner flüssigen Phase, wobei der Vorgang in porösen Baustoffen durch die „Oberflächenspannung“ (Benetzbarkeit) des Wassers verursacht wird. Sie ergibt sich aus den gegenseitigen Anziehungskräften der Wassermoleküle und der Kraftwirkung an den Grenzflächen zwischen Feststoff und Flüssigkeit. Durch die Kapillarkräfte kann Wasser in porösen Baustoffen erheblich über den freien Wasserspiegel ansteigen.

Unter der Bedingung einer völlig benetzbaren vertikalen Porenwandung erhält man mit dem Porenradius r in µm = 10^{-6} m:

$$h_{max} = \frac{2 \cdot \sigma}{\rho_{H_2O} \cdot g \cdot r} = \frac{14{,}82}{r} \quad \text{in m} \qquad (20\text{-}5)$$

Von praktischer Bedeutung für das Problem aufsteigender Feuchte ist nur der Kapillarporenbereich zwischen 50 µm und 1 mm, d.h. Mauerwerk ist betroffen, verdichteter Beton jedoch nicht.

Wasseraufnahme infolge kapillarer Feuchtigkeitsleitung

$$W = w \cdot \sqrt{t} \quad \text{in kg/m}^2 \qquad (20\text{-}6)$$

mit: W = Wasseraufnahme je Flächeneinheit in kg/m²
w = Wasseraufnahmekoeffizient in kg/(m²h^0,5)
t = Zeit in Stunden [h]

Tabelle 20-2
Klassifizierung von Putzen und Oberflächen

Wasseraufnahmekoeffizient *w* in kg/(m²h^0,5)	**Verhalten gegenüber Wasser**
> 2,0	stark saugend
≤ 2,0	wasserhemmend
≤ 0,5	wasserabweisend
≤ 0,001	wasserdicht

Tabelle 20-3
Wasseraufnahmekoeffizient *w* einiger Baustoffe

Baustoff	**Rohdichte in kg/m³**	**Wasseraufnahme-koeffizient *w* in kg/(m²h^0,5)**
Vollziegel	1800	20 – 30
Kalksandvollstein	1800	4 – 8
Bimsbeton	600	1,5 – 2,5
Porenbeton	400	4 – 8
Gipsbauplatten	900	35 – 70
Weißkalkputz	1200	7
Kalkzementputz	1800	2 – 4
Zementputz	2100	2 – 3
Kunststoffdispersion	1400	0,05 – 0,2

21 Luftfeuchte und Raumklima

21.1 Luftfeuchte

Wasser kommt unter normalen Klimabedingungen in allen drei möglichen Phasenzuständen vor: in fester Form als Schnee, Eis oder Hagel, in flüssiger Form als Niederschlags- oder Tauwasser und im gasförmigen Zustand als Wasserdampf. Allgemein wird ein Gas nahe der Verflüssigung als Dampf bezeichnet. Wasserdampf wird nicht nur durch Sieden des Wassers bei 100 °C erzeugt, sondern befindet sich auch in der Luft bei niedrigeren Temperaturen. Die Wasserdampfkonzentration, die von der Luft in Abhängigkeit der jeweiligen Temperatur maximal aufgenommen werden kann, wird als Wasserdampfsättigungsgehalt c_s bezeichnet. Sie nimmt mit zunehmender Temperatur überproportional zu.

Tabelle 21.1-1
Wasserdampfgehalt und zugehöriger Dampfdruck gesättigter Luft in Abhängigkeit der Temperatur

Lufttemperatur in °C	**Wasserdampf-konzentration c_s in g/m³**	**Wasserdampf-druck p_s in Pa**
20	17,3	2340
15	12,8	1706
10	9,4	1228
5	6,8	872
0	4,8	611
–5	3,2	401
–10	2,1	260

In der Luft befindet sich jedoch praktisch nie der maximal mögliche Wasserdampfgehalt, sondern eine geringere Menge. Das Verhältnis vom Wasserdampfgehalt der Luft c_d zur Wasserdampfsättigungsmenge c_s wird *relative Luftfeuchtigkeit* genannt und üblicherweise in % angegeben.

$$\phi = \frac{c_d}{c_s} \quad \text{in \%} \qquad (21.1\text{-}1)$$

Eine rel. Feuchte von 50 % bei 20 °C heißt demzufolge, dass sich in der Luft eine Wasserdampfkonzentration von

$c_d = 0{,}50 \cdot 17{,}3 = 8{,}65 \text{ g/m}^3$

befindet; 80 % bei –10 °C ergeben hingegen

$c_d = 0{,}80 \cdot 2{,}1 = 1{,}68 \text{ g/m}^3$

also deutlich weniger, obwohl die Luft relativ feuchter ist. Diese Eigenschaft der Luft, bei unterschiedlichen Temperaturen unterschiedliche Wasserdampfmengen zu beinhalten, bewirkt unter bestimmten baukonstruktiven und klimatischen Umständen den Tauwasserausfall.

In der Bauphysik ist es üblich, anstelle der Wasserdampfkonzentration den Wasserdampfteildruck sowie den temperaturabhängigen Wasserdampfsättigungsdruck für Berechnungen zu verwenden. Somit erhält man für die relative Luftfeuchtigkeit:

$$\phi = \frac{p_d}{p_s} \quad \text{in \%} \qquad (21.1\text{-}2)$$

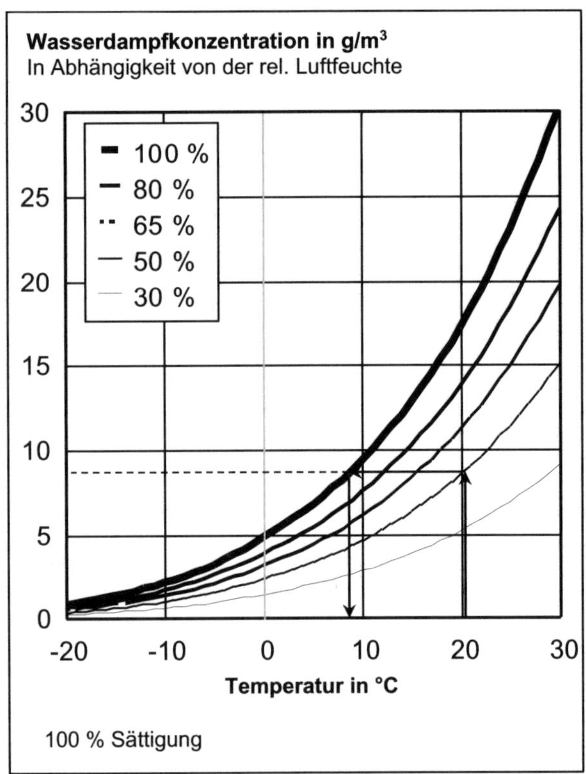

Abb. 21.1-1
Wasserdampfgehalt der Luft in Abhängigkeit der Temperatur [°C] und der relativen Luftfeuchtigkeit [%]

Ablesebeispiel:

1. Bei 20 °C und 50 % Luftfeuchte befinden sich 8,6 g Wasserdampf in jedem m³ Luft; der Taupunkt liegt bei 9,2 °C.
2. Schimmelpilzbildung kann bereits ab einer oberflächennahen Luftfeuchte von 80 % auftreten, bei 20 °C und 50 % Raumluftfeuchte ergibt sich somit die kritische Temperatur zu 12,6 °C.

Die Verbindung zwischen Wasserdampfkonzentration und Wasserdampfteildruck erhält man aus der allgemeinen Gasgleichung:

$$p_\mathrm{d} \cdot V = m_\mathrm{d} \cdot R_\mathrm{d} \cdot T \qquad (21.1\text{-}3)$$

Wegen

$$c_\mathrm{d} = \frac{m_\mathrm{d}}{V} \qquad \text{in kg/m}^3 \qquad (21.1\text{-}4)$$

erhält man

$$c_\mathrm{d} = \frac{p_\mathrm{d}}{R_\mathrm{d} \cdot T} \qquad \text{in kg/m}^3 \qquad (21.1\text{-}5)$$

Mit der Gaskonstante des Wasserdampfs R_d = 462 J/(kgK) ergibt sich mit der Temperatur T in Kelvin, umgerechnet in g

$$c_\mathrm{d} = 2{,}165 \cdot p_\mathrm{d}/T \qquad \text{in g/m}^3 \qquad (21.1\text{-}6)$$

z.B. bei 0 °C, $\Rightarrow$ $T = 273$ K

$p_\mathrm{s} = 611$ Pa

$c_\mathrm{s} = 2{,}165 \cdot 611/273 = 4{,}845$ g/m³

Die Wasserdampfsättigungsdrücke sind in DIN 4108-3 tabelliert. Sie dürfen durch die folgende Potenzfunktion angenähert werden:

$$p_\mathrm{s} = a \cdot \left(b + \frac{\theta}{100}\right)^n \qquad \text{in Pa} \qquad (21.1\text{-}7)$$

Tabelle 21.1-2
Koeffizienten zur Bestimmung des Wasserdampfsättigungsdrucks

Koeffizienten	**$\theta \geq 0$ °C**	**$\theta < 0$ °C**
a	288,680 Pa	4,689 Pa
b	1,098	1,486
n	8,020	12,300

21.2 Taupunkt

Definitionsgemäß hat Luft, die mit Wasserdampf gesättigt ist, eine relative Luftfeuchtigkeit von 100 %. Bei Erwärmung der feuchten Luft sinkt die relative Luftfeuchtigkeit, da der höheren Temperatur ein höherer Sättigungsgehalt zugeordnet ist. Voraussetzung dafür ist allerdings, dass dem betreffenden Luftvolumen kein weiterer Wasserdampf zugeführt wird. Beim Abkühlen des betrachteten Luftraums erhöht sich dessen relative Luftfeuchtigkeit. Diejenige kritische Temperatur, auf die sich ein Luftvolumen abkühlen muss, bis es die relative Luftfeuchtigkeit von 100 % erreicht hat, wird als „Taupunkttemperatur“ oder kurz „Taupunkt“ bezeichnet.

Aus dem oberen Rechenbeispiel kann das verdeutlicht werden: bei 20 °C und 50 % rel. Feuchte befinden sich in der Luft 8,65 g/m^3 Wasserdampf. Aus der tabellarischen Aufstellung folgt dann, dass etwas unterhalb 10 °C dieser Wert der Wasserdampfsättigungsmenge entspricht. Dort liegt also der „Taupunkt“ (genau bei 9,3 °C).

Beim Unterschreiten des Taupunktes wird Wasserdampf als Nebel, auf festen Oberflächen als Tauwasser, ausgefällt. Sonst auch übliche Begriffe (wenn auch physikalisch nicht absolut zutreffend) sind „Kondenswasser“ oder „Kondensation“. Hingegen ist der umgangssprachlich übliche Begriff „Schwitzwasser“ nicht sinnvoll, da er physikalisch unzutreffende Inhalte unterstellt. Hingegen liegt dem Morgentau der gleiche beschriebene Vorgang zugrunde.

Bei Temperaturen unter dem Gefrierpunkt wird Tauwasser als Reif auskondensiert. Umgekehrt wird Wasser beim Überschreiten des Taupunkts verdunstet und zwar umso mehr, je höher die Temperatur über dem Taupunkt liegt. Dies gilt auch für Temperaturen unter 0 °C, da auch Eis verdunstet. Den direkten Übergang von Eis zu Wasserdampf bezeichnet man als „Sublimation“.

Die Taupunkttemperatur ist somit abhängig vom Klimazustand des betrachteten Luftraums. Eine oberflächige Tauwasserbildung findet statt, wenn die Oberflächentemperatur des betrachteten Bauteils unterhalb des Taupunktes der angrenzenden Luft liegt.

Die Taupunkttemperatur θ_s für ein Raumklima mit der Lufttemperatur und der relativen Feuchte ergibt sich zu

$$p_s(\theta_s) = \phi \cdot p_s(\theta) \qquad (21.2\text{-}1)$$

Tabelle 21.2-1
Wasserdampfsättigungsdrücke p_s in Pascal

[°C]	,0	,1	,2	,3	,4	,5	,6	,7	,8	,9
30	4244	4269	4294	4319	4344	4369	4394	4419	4445	4469
29	4006	4030	4053	4077	4101	4124	4148	4172	4196	4219
28	3781	3803	3826	3848	3871	3894	3916	3939	3961	3984
27	3566	3588	3609	3631	3652	3674	3695	3717	3793	3759
26	3362	3382	3403	3423	3443	3463	3484	3504	3525	3544
25	3169	3188	3208	3227	3246	3266	3284	3304	3324	3343
24	2985	3003	3021	3040	3059	3077	3095	3114	3132	3151
23	2810	2827	2845	2863	2880	2897	2915	2932	2950	2968
22	2645	2661	2678	2695	2711	2727	2744	2761	2777	2794
21	2487	2504	2518	2535	2551	2566	2582	2598	2613	2629
20	2340	2354	2369	2384	2399	2413	2428	2443	2457	2473
19	2197	2212	2227	2241	2254	2268	2283	2297	2310	2324
18	2065	2079	2091	2105	2119	2132	2145	2158	2172	2185
17	1937	1950	1963	1976	1988	2001	2014	2027	2039	2052
16	1818	1830	1841	1854	1866	1878	1889	1901	1914	1926
15	1706	1717	1729	1739	1750	1762	1773	1784	1795	1806
14	1599	1610	1621	1631	1642	1653	1663	1674	1684	1695
13	1498	1508	1518	1528	1538	1548	1559	1569	1578	1588
12	1403	1413	1422	1431	1441	1451	1460	1470	1479	1488
11	1312	1321	1330	1340	1349	1358	1367	1375	1385	1394
10	1228	1237	1245	1254	1262	1270	1279	1287	1296	1304
9	1148	1156	1163	1171	1179	1187	1195	1203	1211	1218
8	1073	1081	1088	1096	1103	1110	1117	1125	1133	1140
7	1002	1008	1016	1023	1030	1038	1045	1052	1059	1066
6	935	942	949	955	961	968	975	982	988	995
5	872	878	884	890	896	902	907	913	919	925
4	813	819	825	831	837	843	849	854	861	866
3	759	765	770	776	781	787	793	798	803	808
2	705	710	716	721	727	732	737	743	748	753
1	657	662	667	672	677	682	687	691	696	700
0	611	616	621	626	630	635	640	645	648	653
−0	611	605	600	595	592	587	582	577	572	567
−1	562	557	552	547	543	538	534	531	527	522
−2	517	514	509	505	501	496	492	489	484	480
−3	476	472	468	464	461	456	452	448	444	440
−4	437	433	430	426	423	419	415	412	408	405
−5	401	398	395	391	388	385	382	379	375	372
−6	368	365	362	359	356	353	350	347	343	340
−7	337	336	333	330	327	324	321	318	315	312
−8	310	306	304	301	298	296	294	291	288	286
−9	284	281	279	276	274	272	269	267	264	262
−10	260	258	255	253	251	249	246	244	242	239
−11	237	235	233	231	229	228	226	224	221	219
−12	217	215	213	211	209	208	206	204	202	200
−13	198	197	195	193	191	190	188	186	184	182
−14	181	180	178	177	175	173	172	170	168	167
−15	165	164	162	161	159	158	157	155	153	152
−16	150	149	148	146	145	144	142	141	139	138
−17	137	136	135	133	132	131	129	128	127	126
−18	125	124	123	122	121	120	118	117	116	115
−19	114	113	112	111	110	109	107	106	105	104
−20	103	102	101	100	99	98	97	96	95	94

und mit der dargestellten Potenzfunktion:

$$\theta_s = \phi^{0,125} \cdot (110 + \theta) - 110 \qquad (21.2\text{-}2)$$

Die relative Luftfeuchte φ muss hierin als Dezimalzahl eingesetzt werden.

Beispiele:

$\varphi = 65\ \% = 0{,}65$
$\theta = 24\ °C$

$\theta_s = 0{,}65^{0,125} \cdot (110 + 24) - 110 = 0{,}94758 \cdot 134 - 110 = 126{,}97572 - 110 = 17\ °C$

$\varphi = 70\ \% = 0{,}70$
$\theta = 20\ °C$

$\theta_s = 0{,}70^{0,125} \cdot (110 + 20) - 110 = 0{,}95639 \cdot 130 - 110 = 124{,}3307 - 110 = 14{,}3\ °C$

Tabelle 21.2-2
Taupunkttemperaturen in Abhängigkeit der Lufttemperatur und der relativen Luftfeuchtigkeit

rel. Luftfeuchte in %	Raum-temperatur 16 °C	Raum-temperatur 20 °C	Raum-temperatur 24 °C
80	12,6	16,4	20,3
75	11,6	15,4	19,3
70	10,5	14,4	18,2
65	9,4	13,2	17,0
60	8,2	12,0	15,8
55	7,0	10,7	14,4
50	5,6	9,3	12,9
40	2,4	6,0	9,6
30	–1,4	1,9	5,4

Die Menge an gebildetem Tauwasser lässt sich mit dem Diffusionsübergangskoeffizienten berechnen (siehe Kapitel 24).

21.3 Raumklima

Zur Charakterisierung des Raumklimas sind die Angaben der Temperatur sowie der relativen Luftfeuchtigkeit notwendig. Für normale Wohnbauten ist in der DIN 4108-3 das Normklima mit 20 °C und 50 % relative Luftfeuchtigkeit festgelegt worden. Das Raumklima wird aber auch durch die Nutzung bestimmt. In der Praxis sind Begriffe wie „Feuchtraum“ oder „Nassraum“ üblich.

Für die Wohnraumnutzung ist die Wärme- und Wasserdampfabgabe des Menschen von Bedeutung. Bereits in Ruhe gibt ein Mensch in 8 Stunden etwa 250 Gramm Feuchtigkeit als Wasserdampf ab, dem entspricht ein Viertel Liter Wasser. Wird nicht ausreichend gelüftet, erhöht sich also die relative Luftfeuchtigkeit auch in sonst trockenen Räumen. Insgesamt ist davon auszugehen, dass in einer normal genutzten Wohnung je Woche etwa 100 bis 150 Liter Wasser als Wasserdampf abgegeben werden. Dies entspricht dem Inhalt einer Badewanne.

Tabelle 21.3-1
Raumklimate, Benennungen

Raumklima	relative Luftfeuchtigkeit bei 20 °C in %	Beispiele
trocken	40 %	Büchereien, Trockenlager
normal	50 %	Wohnbauten, Schulen, Büros, Sporthallen, Ausstellungs- und Montagehallen
feucht	60 – 70 %	Speisesäle, Gaststätten, Versammlungsräume, Druckereien, Spinnereien, Webereien
nass	80 %	Bäckereien, Wäschereien, Wasch- und Duschräume; bei ≥ 24 °C: Schwimmhallen, Gewächshäuser, Leder-, Papier-, Tabak-, Gummi-, Textilindustrie

Tabelle 21.3-2
Wasserdampfabgabe und Verdunstungswerte in Wohnräumen

Feuchtequelle	Feuchteabgabe in g/h
Mensch, je nach Aktivität	20 – 300
Trocknende Wäsche (4,5-kg-Trommel) – geschleudert – tropfnass	 50 – 200 100 – 500
Kochen, Backen	600 – 1500
Zimmerblumen, Topfpflanzen	5 – 20
Aquarium, je m^2	ca. 40

21.4 Rohbaufeuchte

Genügend trockene Baustoffe beinhalten in Abhängigkeit des Umgebungsklimas einen Ausgleichsfeuchtegehalt („praktische Feuchtigkeit“). Ist der Wassergehalt des Baustoffs beim Einbau höher als die Ausgleichsfeuchte, so gibt das Bauteil so lange Wasser ab, bis der Gleichgewichtszustand erreicht ist. Kann wegen der Schichtenfolge die Wasserabgabe nur an den Innenraum erfolgen, so ist mit einer beträchtlichen Anreicherung der Raumluftfeuchte zu rechnen.

Beispiel:

KS-Außenwand (24 cm Dicke und 1800 kg/m^3, Dichte = 432 kg/m^2) mit Wärmedämmverbundsystem und Kunstharzputz.

Rohbaufeuchte: 8 – 10 Masse-%

Die Abgabe der erhöhten Feuchtigkeit kann bei diesem Wandsystem nur an die Innenluft erfolgen. Um zur Ausgleichsfeuchte von 3 Masse-% zu gelangen, müssen von jedem m^2 Mauerwerk 432 · (8 – 3)/100 = 22 Liter Wasser an die Raumluft abgegeben werden.

Die zeitliche Feuchteabgabe lässt sich über den Diffusionsübergangskoeffizienten ermitteln.

21.5 Außenluft

Das Klima der Außenluft wird wie das der Raumluft durch Temperatur und relative Luftfeuchte beschrieben. Es wird durch die meteorologische Situation bestimmt. In DIN 4710 sind aus langfristigen Wetteraufzeichnungen entsprechende Daten aufgeführt. Hieraus ergibt sich eine Abhängigkeit der relativen Luftfeuchte von der Temperatur. Sie lässt sich zusammenfassen zu:

$$\phi_{m,e} = \frac{470-\theta_e}{6} \qquad \text{in } \% \qquad (21.5\text{-}1)$$

Für –10 °C ergibt sich für die Luftfeuchte (470+10)/6 = 80 %. Dies wird in DIN 4108-3 als Standardklima für die Tauperiode verwendet.

22 Tauwasser an Oberflächen – Schimmelpilzbildung

22.1 Oberflächentemperatur

Die Oberflächentemperatur bei stationärem Wärmestrom (q = const) folgt aus:

$$\theta_{si} = \theta_i - R_{si} \cdot q = \theta_i - R_{si} \cdot U \cdot \Delta T \quad \text{in °C} \qquad (22.1\text{-}1)$$

Bei winterlichen Temperaturverhältnissen

$$\Delta T = \theta_i - \theta_e \quad \text{in K} \qquad (22.1\text{-}2)$$

Bedingung zur Tauwasserfreiheit:

$$U \leq \frac{1}{R_{si}} \cdot \frac{\theta_i - \theta_{si}}{\theta_i - \theta_e} \quad \text{in W/(m}^2\text{K)} \qquad (22.1\text{-}3)$$

Nach DIN 4108-3 und DIN 4108-2 ist der Tauwassernachweis als Nachweis der Sicherheit gegen Schimmelpilzbildung mit θ_e = – 5 °C, θ_{si} = 12,6 °C und R_{si} = 0,25 m²K/W zu führen. Es ergibt sich nach Gleichung 22.1-3 folgender Höchstwert für den Mindestwärmeschutz (hygienischer Wärmeschutz) einer Außenwand:

$$U = \frac{1}{0{,}25} \cdot \frac{20 - 12{,}6}{20 - (-5)} = 1{,}18 \text{ W/(m}^2\text{K)}$$

Berücksichtigt man Wärmebrückeneinflüsse im Wandeckbereich, an Laibungen etc. durch eine näherungsweise Erhöhung des Wärmeflusses von ca. 50 %, so erhält man:

$$\text{erf. } U \leq 0{,}80 \text{ W/(m}^2\text{K)}$$

Dies führt zu einem mindestens einzuhaltenden Wärmedurchlasswiderstand von:

$$\text{erf. } R = 1/0{,}8 - (R_{si} + R_{se}) \cong 1{,}00 \text{ m}^2\text{K/W}$$

Aus Sicherheitsgründen ist in der DIN 4108-2 dieser Wert auf R = 1,20 m²K/W erhöht worden (siehe Kapitel 10).

Beispiel:

φ = 65 %; θ = 24 °C; θ_{si} = 17 °C

$U \leq 4 \cdot (24 - 17)/(24 + 5) = 0{,}97$ W/(m²K)

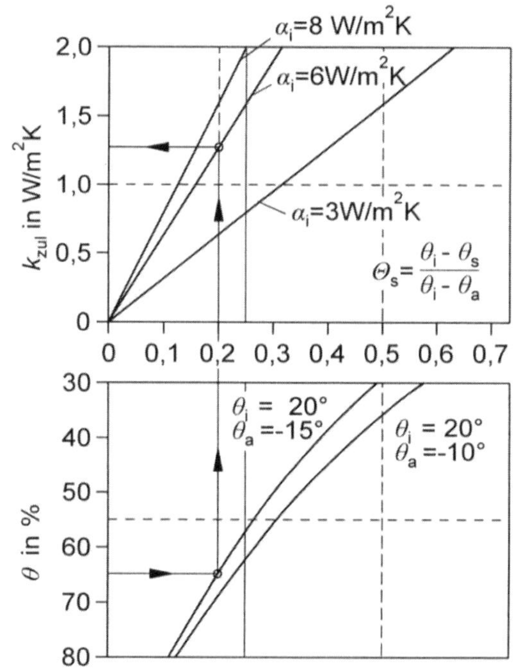

Abb. 22.1-1
Höchstzulässiger Wärmedurchgangskoeffizient U von ebenen Außenbauteilen ohne Wärmebrücken zur Vermeidung von Tauwasserbildung an der raumzugewandten Oberfläche in Abhängigkeit von Raumluftfeuchte und dem inneren Wärmeübergang; ermittelt für θ_i = 20 °C und θ_e = –10 °C [23]

Mit der dimensionslosen Temperatur

$$\theta = \frac{\theta_{si} - \theta_e}{\theta_i - \theta_e} \tag{22.1-4}$$

erhält man

$$\theta_{si} = \theta \cdot \Delta T + \theta_e \tag{22.1-5}$$

Die Oberflächentemperatur eines ebenen Bauteils wird dann zu:

$$\theta = 1 - U \cdot R_{si} \tag{22.1-6}$$

Weiteres siehe unter Wärmebrücken (siehe Kapitel 11).

22.2 Relative Raumluftfeuchte als Funktion der zu- und abgehenden Feuchteströme

Zur Bestimmung der relativen Raumluftfeuchte sind folgende zugehende und abgehende Feuchteströme zu berücksichtigen (siehe Abbildung 22.2-1):

1. Feuchteaustausch durch Lüftung von innen nach außen

$$\dot{m}_{\mathrm{L,e}} = m_{\mathrm{e}} \cdot n_{\mathrm{L}} = c_{\mathrm{e}} \cdot V_{\mathrm{R}} \cdot n_{\mathrm{L}} \qquad \text{in kg/h} \qquad (22.2\text{-}1)$$

2. Feuchteaustausch durch Lüftung von außen nach innen

$$\dot{m}_{\mathrm{L,i}} = m_{\mathrm{i}} \cdot n_{\mathrm{L}} = c_{\mathrm{i}} \cdot V_{\mathrm{R}} \cdot n_{\mathrm{L}} \qquad \text{in kg/h} \qquad (22.2\text{-}2)$$

Hierin sind $c_{\mathrm{i,e}} = \phi_{\mathrm{i,e}} \cdot c_{\mathrm{si,e}}$

3. Wasserdampfdiffusionsstrom durch Bauteile

$$\dot{m}_{\mathrm{W}} = i \cdot A = \frac{\Delta p}{1{,}5 \cdot 10^6 \cdot s_{\mathrm{d}}} \qquad \text{kg/h} \qquad (22.2\text{-}3)$$

4. Feuchteproduktion im Raum durch Personen, Pflanzen, Waschen, Kochen etc.

$$\sum_{i=1}^{n} \dot{m}_{\mathrm{D,i}} \qquad (22.2\text{-}4)$$

Mit $\dot{m}_{\mathrm{zu}} = \dot{m}_{\mathrm{L,e}} + \sum_{i=1}^{n} \dot{m}_{\mathrm{D,i}}$ und $\dot{m}_{\mathrm{ab}} = \dot{m}_{\mathrm{L,i}}$ sowie der Bedingung $\sum \dot{m} = \dot{m}_{\mathrm{zu}} - \dot{m}_{\mathrm{ab}} = 0$ erhält man unter Vernachlässigung der sehr kleinen Wasserdampfdiffusionsströme die relative Luftfeuchtigkeit für den Innenraum:

$$\phi_{\mathrm{i}} = \phi_i \frac{c_{\mathrm{se}}}{c_{\mathrm{si}}} + \frac{\sum_{i=1}^{n} \dot{m}_{\mathrm{D,i}}}{n_{\mathrm{L}} \cdot V_{\mathrm{R}} \cdot c_{\mathrm{si}}} \qquad (22.2\text{-}5)$$

Hieraus lässt sich zur Einhaltung einer nicht zu überschreitenden relativen Luftfeuchte im Wohnraum die erforderliche Luftwechselzahl ermitteln.

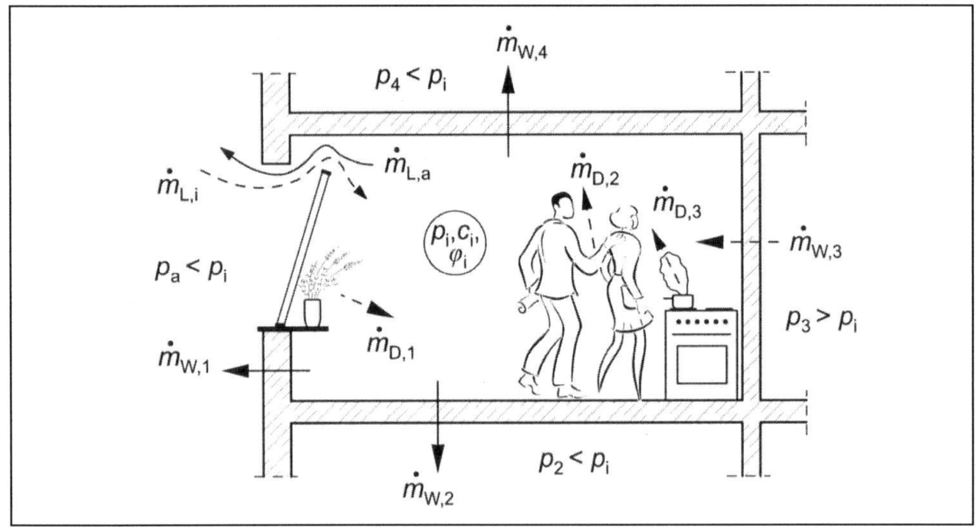

Abb. 22.2-1
Zugehende und abgehende Feuchteströme [14]

Beispiel:

Schlafzimmer mit 2 Personen:

$\sum_{i=1}^{n} \dot{m}_{D,i} = 2 \cdot 30 = 60$ g/h

$V_R = 3 \cdot 4 \cdot 2{,}5 = 30$ m^3
$n_L = 0{,}5$ h^{-1}
$V^* = 15$ m^3/h

20 °C $\Rightarrow$ $c_{si} = 17{,}2$ g/m^3
–10 °C $\Rightarrow$ $c_{se} = 2{,}1$ g/m^3

$\varphi_i = 0{,}8 \cdot 2{,}1/17{,}2 + 60/15/17{,}2 = 0{,}33 = 33$ %

Erforderlicher Raumluftwechsel zur Erzielung einer maximalen Luftfeuchte von 50 % in Abhängigkeit von der Wasserdampfbelastung $\dot{m}$ in g/h; für mittlere Wohnverhältnisse ist der Rechenwert nach WSVO von $n_L = 0{,}8$ h^{-1} mehr als ausreichend.

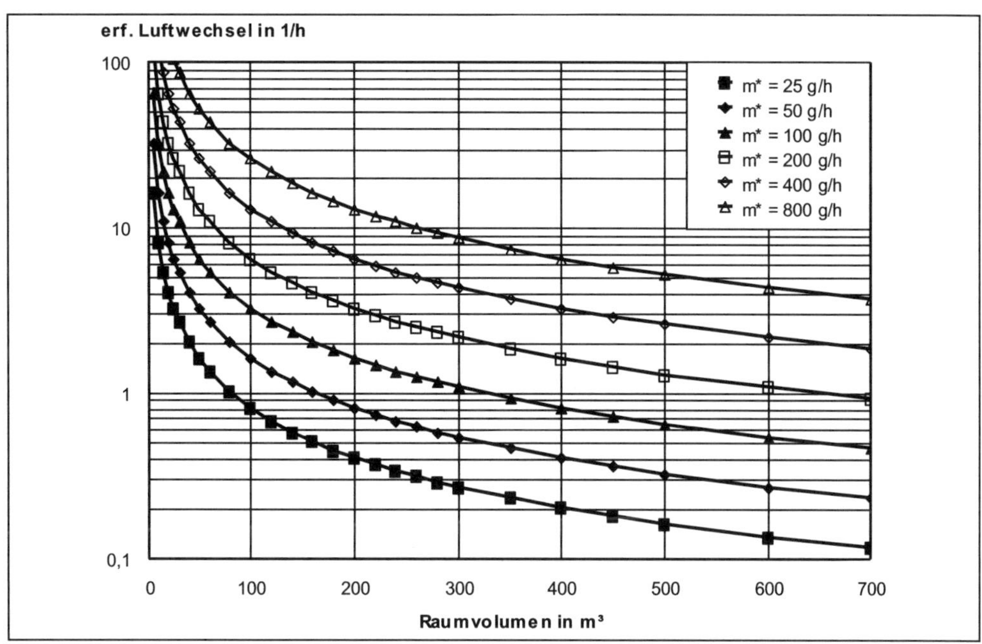

Abb. 22.2-2
Erforderlicher Luftwechsel in Wohnräumen in Abhängigkeit der Feuchtigkeitsbelastung; Ziel = relative Luftfeuchte 50 Prozent bei 20 °C; die Außenluft werde mit 80 % bei 0 °C angenommen.

23 Feuchtetransport – Übersicht

Tabelle 23-1 zeigt eine Übersicht möglicher Feuchtetransportvorgänge.

Tabelle 23-1
Feuchtetransportmechanismen [28]

Mechanismus	Merkmale	Beispiele
Lösungsdiffusion	Wassermoleküle, quasi oder echt als Flüssigkeit oder Gel gelöst; Moleküle des durchwanderten Körpers müssen relativ beweglich sein, z.B. quellbar, aber nicht kristallin	Quellbare, organische Polymere, z.B. Gummi, Bitumen, Kunststoffe und Beschichtungen auf Basis organischer, polymerer Flüssigkeiten
Wasserdampfdiffusion	Wassermoleküle im Gaszustand in der Porenluft; durchgehende Porenräume erforderlich	Gase, Poren relativ trockener, poröser Stoffe, z.B. Faserzement, Holz, Gips, Ziegel, silikatische Beschichtungen
Oberflächendiffusion	Wassermoleküle diffundieren in dünner Schicht auf Porenwandungen; durchgehende Porenräume erforderlich; stets mit Wasserdampfdiffusion gekoppelt	Poröse Stoffe mit großer innerer Oberfläche in mäßig feuchtem Zustand, z.B. Sandstein, gebrannter Ton, Papier
Kapillarität	Flüssiges Wasser fließt in Poren eines Körpers unter der Wirkung seiner Oberflächenspannung; Poren des Körpers müssen durchgehend und wasserbenetzbar sein	Wasserbenetzbare, poröse Stoffe, z.B. Faserzement, Gips, Ziegel, Kalkstein, wenn diese in relativ trockenem Zustand mit flüssigem Wasser in Kontakt kommen
Sickerströmung	Flüssiges Wasser fließt in Poren infolge Druckunterschieden; Oberflächenspannung ist ausgeschaltet	Grobporige Stoffe oder Bezirke in Baustoffen oder im Baugrund bei teilweiser oder völliger Wassersättigung
Elektrokinese (Elektroosmose)	Flüssiges Wasser fließt unter Wirkung eines elektrischen Feldes durch den Porenraum	Feinporige Stoffe oder wasseranquellbare, organische Polymere, z.B. Schluff- und Sandböden, Sandstein, Beschichtungen
Wasserdampfkonvektion	Wassermoleküle im Gaszustand werden durch Luftströmung mitgenommen; Luftdruckunterschiede erforderlich	Raumlüftung Spaltströmung durch Fugen Fugendurchlässigkeit

24 Wassertransport in Feststoffen (Diffusion)

24.1 Wasserdampfdiffusion

Wasserdampfdiffusion ist ein Feuchtetransport, bei dem Wasserdampf aufgrund von Konzentrationsdifferenzen bzw. eines Dampfteildruckgefälles durch feste, porige Stoffe wandert. Im Gegensatz zur Gasströmung (z.B. Luftströmung infolge Winddruckunterschieden) werden bei der Diffusion keine mechanischen Kräfte frei. Beidseits des Bauteils, durch welches Wasserdampf diffundiert, herrscht identischer atmosphärischer Druck. Demzufolge ist bei einem Feuchtetransport infolge Wasserdampfdiffusion ein in entgegengesetzter Richtung verlaufender Luftdiffusionsvorgang zu erwarten.

Der Ansatz für die Bewegungsgleichung der Wasserdampfdiffusion erfolgt analog dem stationären eindimensionalen Wärmetransport. Die Wasserdampfdiffusionsstromdichte g in der Einheit kg/(m²h) ergibt sich somit aus dem Diffusionsdurchgangskoeffizienten k_d und der wirksamen Teildruckdifferenz

$$g = k_d \cdot \Delta p \qquad \text{in kg/(m}^2\text{h)} \qquad (24.1\text{-}1)$$

Hierin ist die Teildruckdifferenz

$$\Delta p = p_1 - p_2 \qquad \text{in Pa} \qquad (24.1\text{-}2)$$

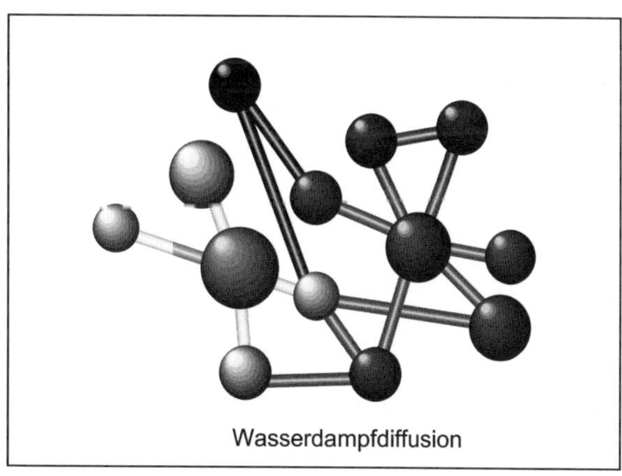

Abb. 24.1-1
Prinzipielle Darstellung der Wasserdampfdiffusion; infolge der Eigenbewegung der Moleküle folgt eine Durchdringung durch die Porenstruktur des Baustoffs [28]

Der Diffusionsdurchgangskoeffizient k_d errechnet sich aus dem Wasserdampfdiffusionsdurchlasswiderstand Z und den Übergangswiderständen des Wasserdampfs $1/\beta_{i,e}$.

$$\frac{1}{k_\mathrm{d}} = \frac{1}{\beta_\mathrm{i}} + \frac{1}{\Delta} + \frac{1}{\beta_\mathrm{e}} \qquad \text{in m}^2\text{hPa/kg} \qquad (24.1\text{-}3)$$

Der Wasserdampfdiffusionsdurchlasswiderstand berechnet sich für eine Baustoffschicht aus

$$Z = \frac{d}{\delta} = \frac{R_\mathrm{d}T}{D} s_\mathrm{d} \qquad \text{in m}^2\text{hPa/kg} \qquad (24.1\text{-}4)$$

Hierin sind R_d = 462 J/(kgK) die Gaskonstante des Wasserdampfes, T die absolute Temperatur der beobachteten Bauteilschicht in Kelvin und δ der Wasserdampfdiffusionsleitwert, der sich aus der diffusionsäquivalenten Luftschichtdicke des Baustoffs s_d und dem Diffusionskoeffizient D berechnet.

D ergibt sich nach Schirmer aus:

$$D = 0{,}083 \cdot \frac{p}{p_0} \cdot \left(\frac{T}{T_0}\right)^{1{,}81} \qquad \text{in m}^2\text{/h} \qquad (24.1\text{-}5)$$

mit: p = Luftdruck im Klimaraum mit der Temperatur T
p_0 = normierter Luftdruck bei T_0 = 273,16 K = 1013,25 hPa

Die diffusionsäquivalente Luftschichtdicke s_d ergibt sich aus dem Produkt aus Baustoffschichtdicke d in m und der Diffusionswiderstandszahl μ:

$$s_\mathrm{d} = \mu \cdot d \qquad \text{in m} \qquad (24.1\text{-}6)$$

Die Diffusionswiderstandszahl μ ist eine Baustoffkenngröße, die angibt, um wieviel dampfdichter der Baustoff gegenüber Luft ist; es ist somit eine Verhältniszahl. Entsprechend der Definition ist

$$\mu_{(\mathrm{Luft})} = 1$$

Beispiele:

1) Gipskartonplatte 12,5 mm, $\mu = 8$: s_d = 12,5/1000 · 8 = 0,10 m

2) Polyethylen-Folie (PE-Folie) 0,1 mm, μ = 100 000:
s_d = 0,1/1000 · 100 000 = 10,0 m

Der Wert von μ bzw. s_d muss aus Versuchen bestimmt werden (DIN EN ISO 12 572: Wärme- und feuchtetechnisches Verhalten von Baustoffen und Bauprodukten – Bestimmung der Wasserdampfdurchlässigkeit). In DIN 4108-4 sind für die gebräuchlichen Baustoffe Angaben für μ enthalten. Manchmal sind zwei Werte eingetragen, z.B. für Beton 70/150.

Die beiden Werte resultieren nicht nur aus den schwankenden Eigenschaften, sondern sind auch abhängig von der Messmethode. Wird mit dem Trockenverfahren gearbeitet (Gefälle zwischen 0 und 50 % rel. Feuchte), sind die gewonnenen Werte meist höher als beim Feuchtverfahren mit einem Gefälle zwischen 50 und 100 % relativer Feuchte.

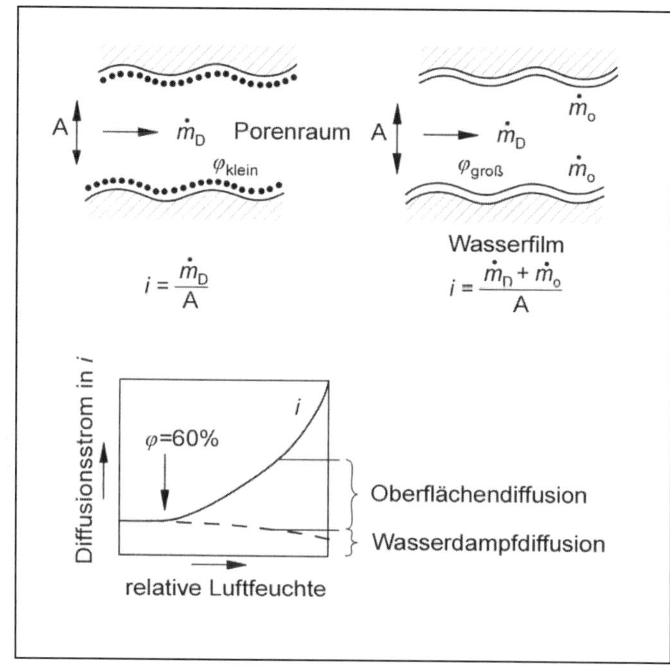

Abb. 24.1-2
Scheinbare Abnahme der Diffusionswiderstandszahl mit zunehmender relativer Luftfeuchtigkeit und Feuchtigkeit des Baustoffs [16]

Der Diffusionskoeffizient D ist der Proportionalitätskoeffizient zwischen dem Wasserdampfteildruckgefälle $p = p_1 - p_2$ und der bewegten Wasserdampfmasse bei der Diffusion von Wasserdampf in unbewegter Luft. Für eine Temperatur von 10 °C erhält man:

$$Z = 1{,}5 \cdot 10^6 \cdot s_d \quad \text{in m}^2\text{hPa/kg}$$

bzw. (24.1-7)

$$Z = 1500 \cdot s_d \quad \text{in m}^2\text{hPa/g}$$

Da die Übergangswiderstände des Wasserdampfs vernachlässigbar geringe Werte haben, erhält man für die Diffusionsstromdichte

$$i = \frac{\Delta p}{1500 \cdot s_d} \qquad \text{in g/(m}^2\text{h)} \qquad (24.1\text{-}8)$$

Die durch Diffusion geförderte Wasserdampfmenge ist sehr gering. Bei p = 1500 Pa und s_d = 1,0 m diffundiert gerade 1 g/(m²h). Diese Menge reicht bei weitem nicht aus, um den durch Nutzung erzeugten Wasserdampf abzuführen. Somit ist eine Feuchtigkeitsreduzierung in beheizten Wohnräumen nur durch Lüftung möglich (Fensterlüftung oder mit raumlufttechnischen Anlagen).

24.2 Wasserdampfübergangskoeffizient

Beim Wasserdampftransport gibt es – wie beim Wärmetransport – eine Übergangsphase. Der Diffusionsübergangskoeffizient beträgt bei 20 °C etwa $\beta = 10^{-4}$ kg/(m²hPa). Da $1/\beta$ mit der Größenordnung 10^4 somit weniger als 1/100 des 1/Δ-Wertes üblicher Bauteile beträgt, ist die Vernachlässigung von β für baupraktische Berechnungen gerechtfertigt.

Eine weitere Anwendung von β besteht in der Ermittlung der Menge von Oberflächentauwasser. Wie beim Wärmeübergang wird definiert

$$i = \beta_i \cdot (p_i - p_{si}) \qquad \text{in g/(m}^2\text{h)} \qquad (24.2\text{-}1)$$

Mit abfallender Temperatur nimmt β_i näherungsweise linear zu

$$\beta_i = 0{,}1556 - 0{,}0027 \cdot \theta_{si} \qquad \text{in g/(m}^2\text{hPa)} \qquad (24.2\text{-}2)$$

Beispiel: Wärmebrücke

Raumluft: θ_i = 20 °C; φ = 65 %: p_i = 0,65 · 2340 = 1521 Pa
Oberflächentemperatur an der Wärmebrücke: θ_{si} = 12 °C; p_s = 1403 Pa

p = 1521 – 1403 = 118 Pa
β_i = 0,1556 – 0,0027 · 12 = 0,1232 g/(m²hPa)

Tauwasserbildung W_T = 0,1232 · 118 = 14,5 g/(m²h)

24.3 Mittlerer s_d-Wert (flächengemittelte diffusionsäquivalente Luftschicht-dicke)

Besteht die Schicht aus zwei Bereichen, werden die Diffusionsströme flächenbezogen addiert:

$$\frac{A}{s_{d,m}} = \frac{A_1}{s_{d,1}} + \frac{A_2}{s_{d,2}} \qquad \text{in m} \qquad (24.3\text{-}1)$$

hieraus erhält man mit $A = A_1 + A_2$

$$s_{d,m} = \frac{A}{\frac{A_1}{s_{d,1}} + \frac{A_2}{s_{d,2}}} \qquad \text{in m} \qquad (24.3\text{-}2)$$

Beispiel:

Holzsparschalung $d = 20$ mm, $B = 100$ mm mit Fuge 10 mm

Holz: $s_{d,1} = 40 \cdot 0{,}02 = 0{,}80$ m
Luft: $s_{d,2} = 1 \cdot 0{,}02 = 0{,}02$ m

$s_{d,m} = 110/(100/0{,}8 + 10/0{,}02) = 0{,}18 \text{ m} < 0{,}50$ m, d.h. die Fläche gilt nach Definition der DIN 4108-3 als diffusionsoffen.

25 Tauwasserbildung und Verdunstung im Bauteilinneren

25.1 Methodik nach DIN 4108-3 (Glaserverfahren)

Innerer Tauwasserausfall kann in Bauteilen dann auftreten, wenn der Wasserdampfteildruck den Wert des Wasserdampfsättigungsdruckes erreicht. Dies kann an einer oder auch an mehreren Stellen bzw. in einer Zone des Bauteils der Fall sein. Man spricht demzufolge von Tauwasserebenen oder -zonen. Zur Überprüfung, ob und in welcher Größenordnung Tauwasser auskondensiert, dient das in der DIN 4108 erläuterte Diffusionsdiagramm, das nach seinem Urheber auch als „Glaserdiagramm“ bezeichnet wird.

Die Möglichkeit der Bildung von Tauwasser im Inneren eines Bauteils hängt einerseits von den klimatischen Randbedingungen und andererseits von der Anordnung der Bauteilschichten und deren Wasserdampfdurchlässigkeit ab. Hierbei sind vor allem mehrschichtige Bauteile betroffen, bei denen Schichten mit sehr unterschiedlichen Wasserdampfdurchlässigkeiten hintereinander geschaltet sind.

Der innere Tauwasserausfall in Bauteilen ist jedoch nach DIN 4108-3 nicht grundsätzlich ausgeschlossen. Eine Tauwasserbildung ist unschädlich, wenn durch Erhöhung des Feuchtegehaltes der Bau- und Dämmstoffe der Wärmeschutz und die Standsicherheit der Bauteile nicht gefährdet werden. Diese Voraussetzungen gelten im Allgemeinen als erfüllt, wenn folgende Bedingungen eingehalten sind:

a) Das während der Tauperiode durch Tauwasserbildung im Innern des Bauteils anfallende Wasser muss während der Verdunstungsperiode wieder an die Umgebung abgeführt werden können.

b) Die Baustoffe, die mit dem Tauwasser in Berührung kommen, dürfen dadurch nicht geschädigt werden (z.B. durch Korrosion, Pilzbefall).

c) Bei Dach- und Wandkonstruktionen darf eine Tauwassermasse von insgesamt 1,0 kg/m^2 nicht überschritten werden. Dies gilt nicht für die Bedingungen d) und e).

d) Tritt Tauwasser an Berührungsflächen von kapillar nicht wasseraufnahmefähigen Schichten auf, so darf zur Begrenzung des Ablaufens oder Abtropfens eine Tauwassermasse von 0,5 kg/m^2 nicht überschritten werden (z.B. Berührungsflächen von Faserdämmstoffen und Luftschichten einerseits und Dampfsperr- oder Betonschichten andererseits).

e) Bei Holz ist eine Erhöhung des massebezogenen Feuchtegehaltes um mehr als 5 %, bei Holzwerkstoffen um mehr als 3 % unzulässig. Holzwolle-Leichtbauplatten und Mehrschicht-Leichtbauplatten nach DIN 1101 sind hiervon ausgenommen.

25.2 Klimatische Annahmen

Nach DIN 4108-3 sind für normal genutzte Räume, die für den dauernden Aufenthalt von Menschen bestimmt sind, die in Tabelle 25.2-1 aufgeführten Klimawerte bei den rechnerischen Nachweisen zu verwenden. Die Wasserdampfteildrücke sind in Tabelle 25.2-2 aufgelistet.

Tabelle 25.2-1
Rechenwerte für die Tau- und Verdunstungsperiode im Tauwassernachweis nach DIN 4108-3 (Glaserverfahren)

Klima	Temperatur	Relative Luftfeuchte	Wasserdampfteildruck	Dauer		
	θ	φ	p	t		
	°C	%	Pa	d	h	s
Tauperiode von Dezember bis Februar						
Innenklima	20	50	1168	90	2160	$7776 \cdot 10^3$
Außenklima	– 5	80	321			
Verdunstungsperiode von Juni bis August [a]						
Wasserdampfteildruck Innenklima			1200	90	2160	$7776 \cdot 10^3$
Wasserdampfteildruck Außenklima			1200			
Sättigungsdampfdruck im Tauwasserbereich:						
- Wände, die Aufenthaltsräume gegen Außenluft abschließen; Decken unter nicht ausgebauten Dachräumen			1700			
- Dächer, die Aufenthaltsräume gegen Außenluft abschließen			2000			

[a] In der Verdunstungsperiode werden im Rahmen des Perioden-Bilanzverfahrens nicht die Temperaturen und Luftfeuchten, sondern nur die gerundeten Wasserdampfteildrücke als Klima-Randbedingung vorgegeben.

Tabelle 25.2-2
Teildruck für Wasserdampf in Luft in Abhängigkeit von der Temperatur und der relativen Luftfeuchte nach DIN 4108-3

Temperatur [°C]	Wasserdampfteildruck [Pa] bei einer relativen Luftfeuchte [%]						
	30	40	50	60	70	80	90
30	1272	1696	2120	2544	2968	3392	3816
29	1201	1601	2002	2402	2802	3203	3603
28	1133	1511	1889	2267	2644	3022	3400
27	1069	1425	1782	2138	2494	2851	3207
26	1008	1344	1680	2016	2352	2688	3024
25	950	1266	1583	1900	2216	2533	2849
24	895	1193	1491	1789	2088	2386	2684
23	842	1123	1404	1685	1965	2246	2527
22	793	1057	1321	1585	1850	2114	2378
21	746	994	1243	1491	1740	1988	2237
20	701	935	1168	1402	1636	1870	2103
19	659	878	1098	1318	1537	1757	1977
18	619	825	1031	1238	1444	1650	1857
17	581	775	968	1162	1356	1549	1743
16	545	727	909	1090	1272	1454	1636
15	511	682	852	1023	1193	1364	1534
14	479	639	799	959	1118	1278	1438
13	449	599	748	898	1048	1198	1347
12	421	561	701	841	981	1121	1262
11	394	525	656	787	918	1050	1181
10	368	491	614	736	859	982	1105

In der Verdunstungsperiode muss das unter Winterbedingungen gebildete Tauwasser restlos wieder abgeführt werden.

Aus den klimatischen Annahmen für den Winter resultiert für die Raumluft gemäß DIN 4108-3 ein Wasserdampfteildruck von p_i = 1168 Pa, für die Außenluft p_e = 321 Pa. Die Differenz beider Teildrücke ergibt sich zu Δp = 847 Pa.

25.3 Regelfälle nach DIN 4108-3

Die DIN 4108 unterscheidet im Teil 3 für die sich im Winter einstellenden Wasserdampfteildruckverläufe vier mögliche Fälle, denen entsprechende Verdunstungsvorgänge gegenübergestellt werden. Hierbei wird stets von einer zeitlich definierten Tau- bzw. Verdunstungsperiode ausgegangen. In DIN EN ISO 13 788 wird als Berechnungszeitraum ein Monat angegeben.

Tabelle 25.3-1

Wasserdampfdiffusionsdiagramme von Bauteilen in der Tauperiode

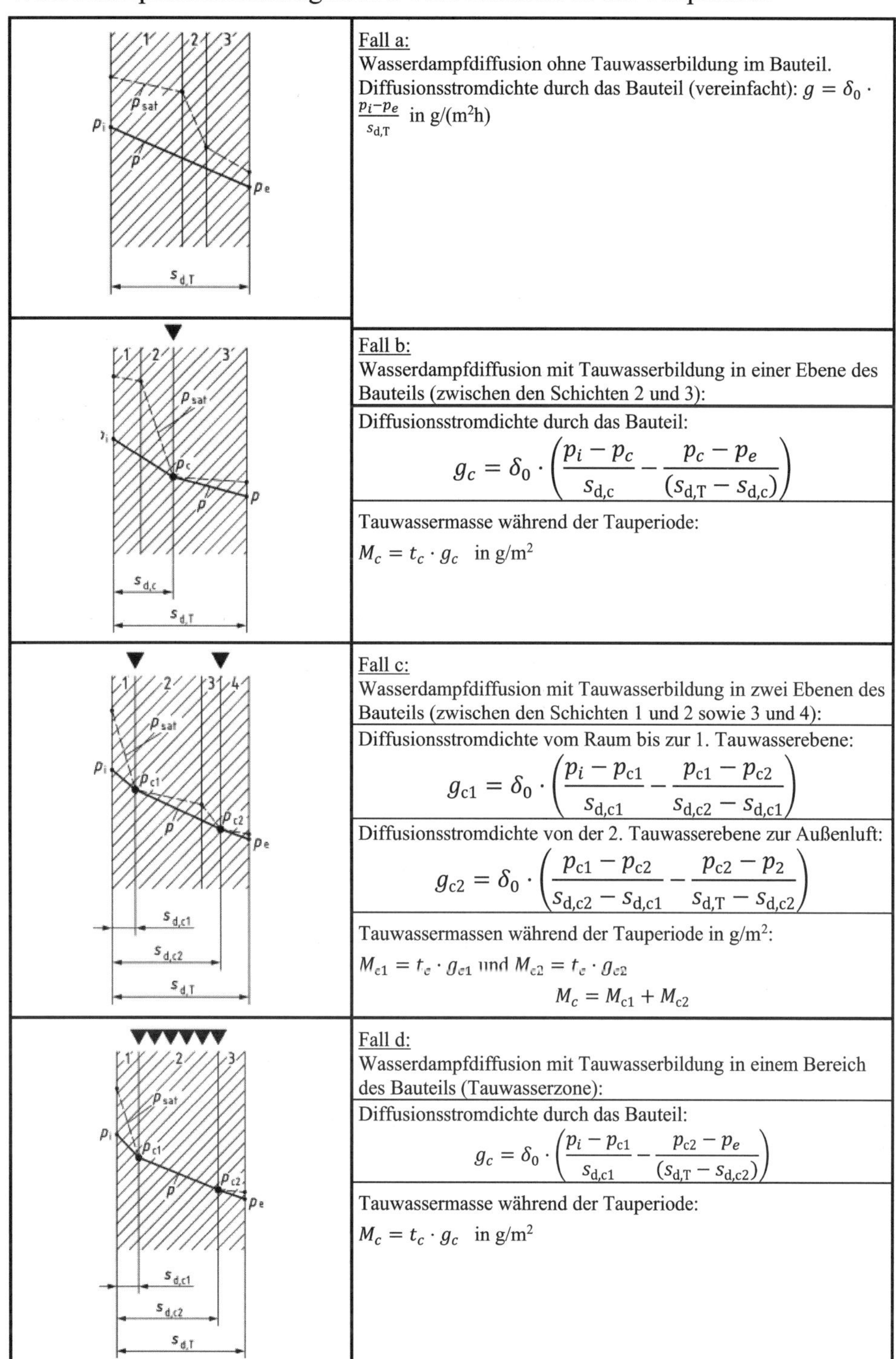

	<u>Fall a:</u> Wasserdampfdiffusion ohne Tauwasserbildung im Bauteil. Diffusionsstromdichte durch das Bauteil (vereinfacht): $g = \delta_0 \cdot \frac{p_i - p_e}{s_{d,T}}$ in g/(m²h)
	<u>Fall b:</u> Wasserdampfdiffusion mit Tauwasserbildung in einer Ebene des Bauteils (zwischen den Schichten 2 und 3): Diffusionsstromdichte durch das Bauteil: $g_c = \delta_0 \cdot \left(\frac{p_i - p_c}{s_{d,c}} - \frac{p_c - p_e}{(s_{d,T} - s_{d,c})} \right)$ Tauwassermasse während der Tauperiode: $M_c = t_c \cdot g_c$ in g/m²
	<u>Fall c:</u> Wasserdampfdiffusion mit Tauwasserbildung in zwei Ebenen des Bauteils (zwischen den Schichten 1 und 2 sowie 3 und 4): Diffusionsstromdichte vom Raum bis zur 1. Tauwasserebene: $g_{c1} = \delta_0 \cdot \left(\frac{p_i - p_{c1}}{s_{d,c1}} - \frac{p_{c1} - p_{c2}}{s_{d,c2} - s_{d,c1}} \right)$ Diffusionsstromdichte von der 2. Tauwasserebene zur Außenluft: $g_{c2} = \delta_0 \cdot \left(\frac{p_{c1} - p_{c2}}{s_{d,c2} - s_{d,c1}} - \frac{p_{c2} - p_2}{s_{d,T} - s_{d,c2}} \right)$ Tauwassermassen während der Tauperiode in g/m²: $M_{c1} = t_c \cdot g_{c1}$ und $M_{c2} = t_c \cdot g_{c2}$ $M_c = M_{c1} + M_{c2}$
	<u>Fall d:</u> Wasserdampfdiffusion mit Tauwasserbildung in einem Bereich des Bauteils (Tauwasserzone): Diffusionsstromdichte durch das Bauteil: $g_c = \delta_0 \cdot \left(\frac{p_i - p_{c1}}{s_{d,c1}} - \frac{p_{c2} - p_e}{(s_{d,T} - s_{d,c2})} \right)$ Tauwassermasse während der Tauperiode: $M_c = t_c \cdot g_c$ in g/m²

Tabelle 25.3-2
Wasserdampfdiffusionsdiagramme in der Verdunstungsperiode

Diagramm	Beschreibung
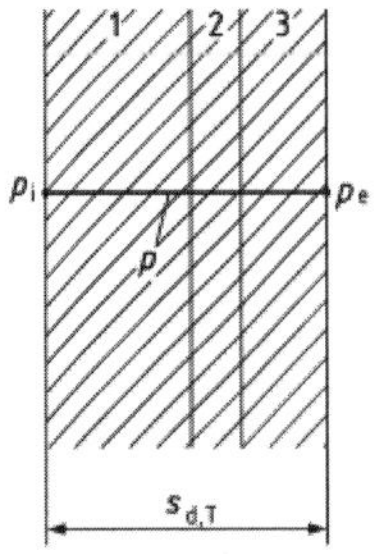 1 2 3 p_i p_e p $s_{d,T}$	Fall a: Keine Untersuchung der Verdunstung erforderlich, da keine Tauwasserbildung während der Tauperiode.
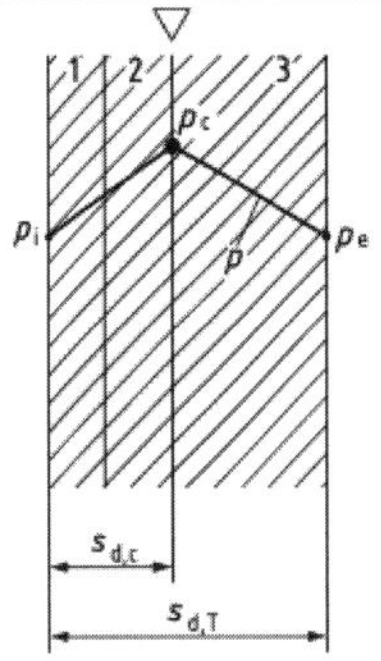 1 2 3 p_c p_i p_e p $s_{d,c}$ $s_{d,T}$	Fall b: Wasserdampfdiffusion während der Verdunstung nach Tauwasserbildung in einer Ebene des Bauteils (zwischen den Schichten 2 und 3): Diffusionsstromdichte von der Tauwasserebene zur Umgebung: $$\boldsymbol{g}_{\mathbf{ev}} = \boldsymbol{\delta}_{\mathbf{0}} \cdot \left(\frac{\boldsymbol{p}_c - \boldsymbol{p}_i}{\boldsymbol{s}_{\mathbf{d,c}}} - \frac{\boldsymbol{p}_c - \boldsymbol{p}_e}{(\boldsymbol{s}_{\mathbf{d,T}} - \boldsymbol{s}_{\mathbf{d,c}})} \right)$$ Verdunstende Wassermasse: $M_{\mathrm{ev}} = t_{\mathrm{ev}} \cdot g_{ev}$ in g/m²
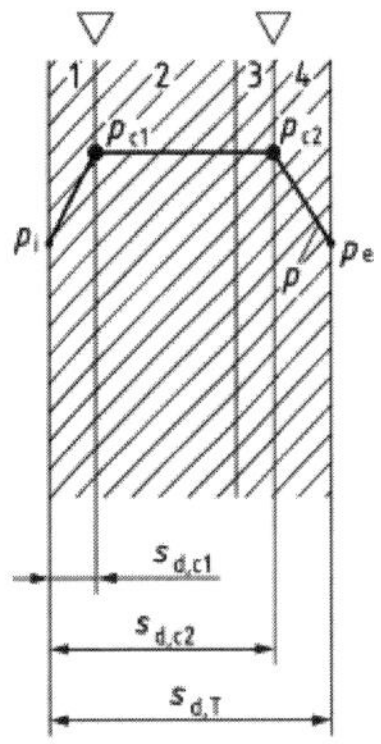 1 2 3 4 p_{c1} p_{c2} p_i p_e p $s_{d,c1}$ $s_{d,c2}$ $s_{d,T}$	Fall c: Wasserdampfdiffusion während der Verdunstung nach Tauwasserbildung in zwei Ebenen des Bauteils (zwischen den Schichten 1 und 2 sowie 3 und 4): Diffusionsstromdichte von der 1. Tauwasserebene bis zur Raumluft: $$g_{\mathrm{ev1}} = \delta_0 \cdot \frac{p_c - p_i}{s_{\mathrm{d,c1}}}$$ Diffusionsstromdichte von der 2. Tauwasserebene zur Außenluft: $$g_{\mathrm{ev2}} = \delta_0 \cdot \frac{p_c - p_e}{s_{\mathrm{d,T}} - s_{\mathrm{d,c2}}}$$ Verdunstende Wassermasse: $M_{\mathrm{ev1}} = t_{\mathrm{ev1}} \cdot g_{ev1}$ und $M_{\mathrm{ev2}} = t_{\mathrm{ev2}} \cdot g_{\mathrm{ev2}}$ in g/m² $M_{\mathrm{ev}} = M_{\mathrm{ev1}} + M_{\mathrm{ev2}}$ in g/m²
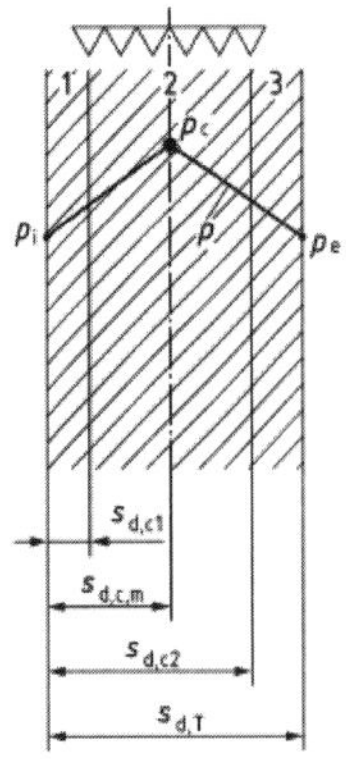 1 2 3 p_c p_i p_e p $s_{d,c1}$ $s_{d,c,m}$ $s_{d,c2}$ $s_{d,T}$	Fall d: Wasserdampfdiffusion während der Verdunstung nach Tauwasserbildung in einem Bereich des Bauteils: Diffusionsstromdichte von der Tauwasserzone zur Umgebung: $$\boldsymbol{g}_{\mathbf{ev}} = \boldsymbol{\delta}_{\mathbf{0}} \cdot \left(\frac{\boldsymbol{p}_c - \boldsymbol{p}_i}{\boldsymbol{s}_{\mathbf{d,c,m}}} - \frac{\boldsymbol{p}_c - \boldsymbol{p}_e}{(\boldsymbol{s}_{\mathbf{d,T}} - \boldsymbol{s}_{\mathbf{d,c,m}})} \right)$$ mit: $\boldsymbol{s}_{\mathbf{d,c,m}} = \boldsymbol{s}_{\mathbf{d,c1}} + \mathbf{0{,}5} \cdot (\boldsymbol{s}_{\mathbf{d,c2}} - \boldsymbol{s}_{\mathbf{d,c1}})$ Verdunstende Wassermasse: $M_{\mathrm{ev}} = t_{\mathrm{ev}} \cdot g_{\mathrm{ev}}$ in g/m²

Beispiel: Feuchteschutztechnischer Nachweis nach DIN 4108-3 für eine Stahlbetonwand mit einer stark belüfteten Dämmung und Natursteinfassade

Zu der nachstehenden Außenwand mit Wärmedämmverbund-System soll im Folgenden der feuchteschutztechnische Nachweis nach DIN 4108-3 geführt werden. Im Gegensatz zu der *U*-Wert-Berechnung sind bei der Anwendung des Periodenbilanzverfahrens in allen vier Fällen der Tauwasserberechnung nach zur Bestimmung der Temperaturverteilungen die Wärmeübergangswiderstände mit R_{si} = 0,25 m²K/W und R_{se} = 0,04 m²K/W anzusetzen. Zu dem damit ermittelten Temperaturverlauf sind die Wasserdampfsättigungsdrücke nach Tabelle 21.2-1 zuzuordnen.

Tabelle 25.3-3

Formblatt zur Berechnung des feuchteschutztechnischen Nachweises

Nr.	Schicht	Dicke	Wärmeleitfähigkeit	Wärmedurchlasswiderstand	Temperaturunterschied	Schichttemperatur	Wasserdampfsättigungsdruck	Wasserdampfdiffusionswiderstand	äquivalente Luftschichtdicke
		d_i [m]	λ_i [W/mK]	$R_i = d_i / \lambda_i$ [m²K/W]	$\Delta T_i = R_i \cdot q$ [K]	$T_i = T_{i-1} - \Delta T_i$ [°C]	p_{si} [Pa]	μ_i [-]	$s_{di} = d_i \cdot \mu_i$ [m]
						20,00	2339		
	Wärmeübergangswiderstand innen		R_{si}	0,25	1,10				
						18,90	2185		
1	Innenputz	0,015	1,00	0,02	0,07			15	0,23
						18,84	2176		
2	Mauerwerk	0,240	0,99	0,24	1,06			20	4,80
						17,77	2036		
3	Wärmedämmung PS-Hartschaum	0,180	0,035	5,14	22,58			15	2,70
						-4,80	409		
4	Außenputz	0,005	1,000	0,01	0,02			15	0,08
5								-	-
6									
	Wärmeübergangswiderstand außen		R_{se}	0,04	0,18			Σs_d =	7,80
						-5,00	402		
	Bauteildicke $d = \Sigma d_i$ = 0,440 [m]								
	Wärmeübergangswiderstand Bauteil $R_T = R_{si} + \Sigma R_i + R_{se}$ = 5,70 [m²K/W]							$s_d = \Sigma s_{di}$ =	7,80
	Wärmedurchgangskoeffizient Bauteil $U = 1 / R_T$ = 0,176 [W/m²K]								
	Temperaturdifferenz $\Delta T = T_i - T_a$ = 25,00 [K]								
	Wärmestrom $q = U \cdot \Delta T$ = 4,39 [W/m²]								

Der sich im Bauteilquerschnitt einstellende Temperaturverlauf wird anschließend in ein Diagramm eingetragen, in dem auf der *x*-Achse die sich aus μ-Wert und jeweiliger Schichtdicke ergebenden s_d-Werte und auf der *y*-Achse der Wasserdampfdruck aufgetragen sind. Dabei wird zum einen der Wasserdampfsättigungsdruck (siehe Abb. 25-3-1, durchgezogene Linie) und zum anderen der Wasserdampfteildruck (siehe Abb. 25.3-1, gestrichelte Linie) eingetragen. Wenn die Verbindung des Wasserdampfteildruckes innen und außen ohne Berührung des Wasserdampfsättigungsdruckes möglich ist, fällt – wie in dem gezeigten Beispiel – kein Tauwasser aus:

Tauwassermenge: 0,0 kg/m²

In der nachstehenden Abbildung 25.3-1sind die Tauwasserperiode (Winter, links) und die Verdunstungsperiode (Sommer, rechts) dargestellt. Die Darstellung wird als Glaser-Diagramm bezeichnet.

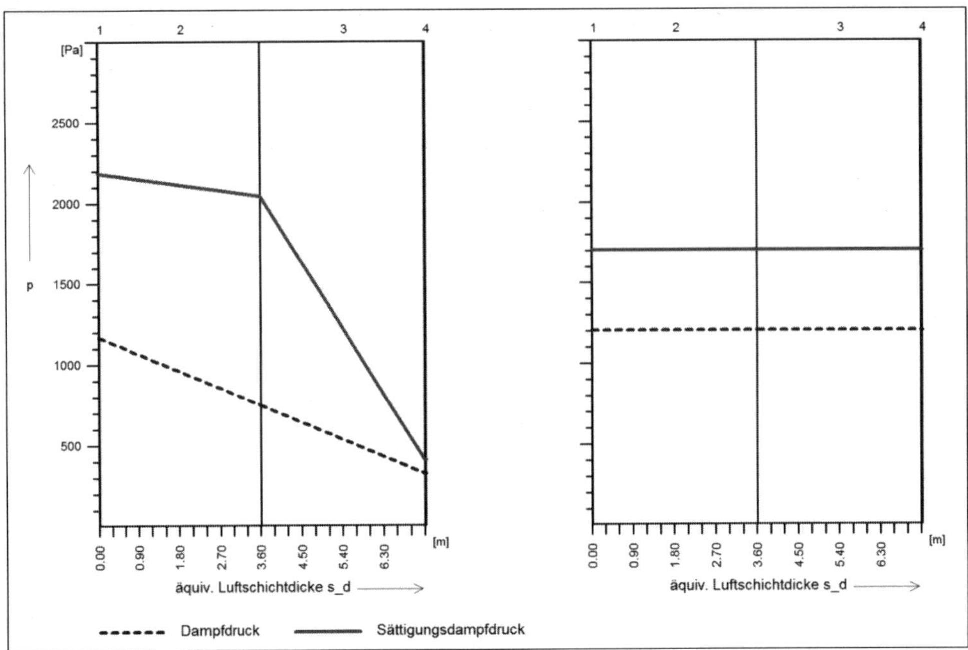

Abb. 25.3-1
Glaserdiagramme für die Tauwasserperiode (Winter, links) und die Verdunstungsperiode (Sommer, rechts). In dem Beispiel fällt in der Konstruktion einer außen gedämmten Mauerwerkswand kein Tauwasser aus.

26 Wasserdampftransport in belüfteten Hohlräumen

26.1 Feuchteschutztechnische Funktionssicherheit

Die Hauptaufgabe des Belüftungsraums hinter Dachdeckungen und Wandbekleidungen besteht darin, Feuchtigkeit aus dem Gebäudeinneren oder der Konstruktion ohne Tauwasserbildung abzuführen (Abb. 26.1-1).

Zum Nachweis des Tauwasserschutzes in einer hinterlüfteten Dach- oder Wandkonstruktion ist es erforderlich, den in den Belüftungsraum eindiffundierenden Wasserdampfstrom G_i zu berechnen und ihn mit dem Wasserdampfstrom G_l, der konvektiv über den Belüftungsraum weggeführt wird, zu vergleichen. Der Quotient aus beiden Größen wird als „feuchtigkeitstechnische Funktionssicherheit Φ“ bezeichnet.

$$\Phi = \frac{G_l}{G_i} \qquad (26.1\text{-}1)$$

Folgende Kriterien sind denkbar:

$\Phi > 1$: Hierbei ist kein Tauwasser im Belüftungsraum zu befürchten, da die abführbare Wasserdampfmasse I_l größer ist als die vorhandene Wasserdampfbelastung I_i.

$\Phi = 1$: Dies ist der Grenzfall, bei dem der Belüftungsstrom genauso viel Wasserdampf wegführt, wie durch Wasserdampfdiffusion herangeführt wird. Geringfügige Veränderungen der klimatischen Situation können jedoch Tauwasser ergeben.

$\Phi < 1$: Hierbei muss mit Tauwasserausfall gerechnet werden, da effektiv mehr Wasserdampf zum Belüftungsraum hingebracht wird, als durch ihn wegtransportiert werden kann. Je kleiner Φ ist, umso mehr Tauwasser fällt im Belüftungsraum aus.

Es gilt nämlich

$$m_T = G_i \cdot (1 - \Phi) \qquad (26.1\text{-}2)$$

Nach den Erläuterungen in Kapitel 25 ergibt sich mit der Dachlänge Traufe/First bzw. der Fassadenhöhe l

$$G_i = \frac{\Delta p}{1500 \cdot s_d} \cdot l \qquad (26.1\text{-}3)$$

Die über den Belüftungsraum transportierte Wasserdampfmasse resultiert aus den Daten der Belüftungsstromgeschwindigkeit v_l, dem Belüftungsquerschnitt A_l sowie der Temperatur im Belüftungsraum θ_l. Dabei gilt für

die relative Luftfeuchte im Belüftungsraum

$$\phi_l = \phi_e \cdot \frac{p_{Se}}{p_{sl}} \qquad (26.1\text{-}4)$$

die Wasserdampfsättigungsmenge im Belüftungsraum

$$c_{sl} = \frac{p_{sl}}{462 \cdot T_l} \qquad (26.1\text{-}5)$$

die aufnehmbare Wasserdampfmenge

$$c_l = c_{sl} \cdot (1 - \phi_l) \qquad (26.1\text{-}6)$$

Die relative Luftfeuchtigkeit im Belüftungsraum ist als Dezimalzahl einzusetzen.

Der Volumenstrom V'_l in m^3/h berechnet sich mit der Belüftungsstromgeschwindigkeit v_l in m/s und dem auf 1 m Dachstreifen bezogenen Belüftungsquerschnitt A_l in cm^2/m aus

$$V_l' = 0{,}36 \cdot v_l \cdot A_l \qquad (26.1\text{-}7)$$

Somit erhält man den Wasserdampfstrom durch den Belüftungsraum aus:

$$G_l = \rho_l \cdot V_l' \qquad (26.1\text{-}8)$$

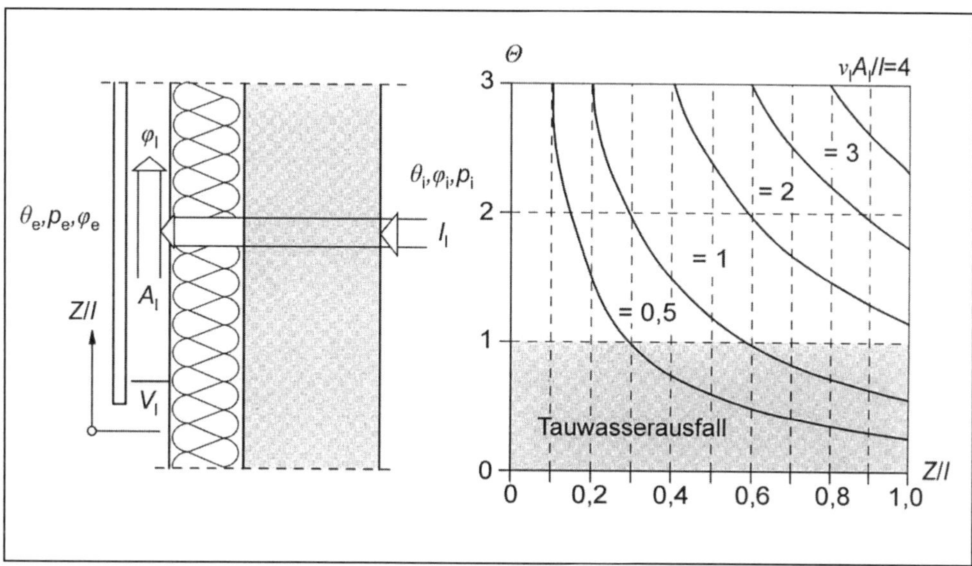

Abb. 26.1-1
Prinzipielle Darstellung der Feuchtigkeitsabführung über den Belüftungsstrom [21] –

links: Wasserdampfdiffusion und -konvektion bei der vorgehängten hinterlüfteten Fassade; die Einflüsse auf die Tauwasserbildung ergeben sich aus der Fassadenhöhe, dem Belüftungsraum sowie den Diffusionswiderständen

rechts: Auswertung von Φ für eine 24 cm dicke KS-Mauerwerkswand mit 6 cm Wärmedämmung und vorgehängter hinterlüfteter Fassade zur Bestimmung des erforderlichen Belüftungsquerschnitts

Beispiel:

$v_l = 0{,}10$ m/s und $l = 10$ m

erf. $v_l \cdot A_l / l \geq 2$ für $\Phi > 1$

$\rightarrow$ erf. $A_l = 2 \cdot 10/0{,}1 = 200$ cm²/m

26.2 Belüftungsstromgeschwindigkeit infolge thermischen Auftriebs

Die Luftgeschwindigkeit im Belüftungsraum ist die maßgebende Größe für die Funktionsfähigkeit belüfteter Dach- und Wandkonstruktionen. Antrieb für die Belüftungsstromgeschwindigkeit sind thermischer Auftrieb und Windwirkung, die sich im realen Fall überlagern.

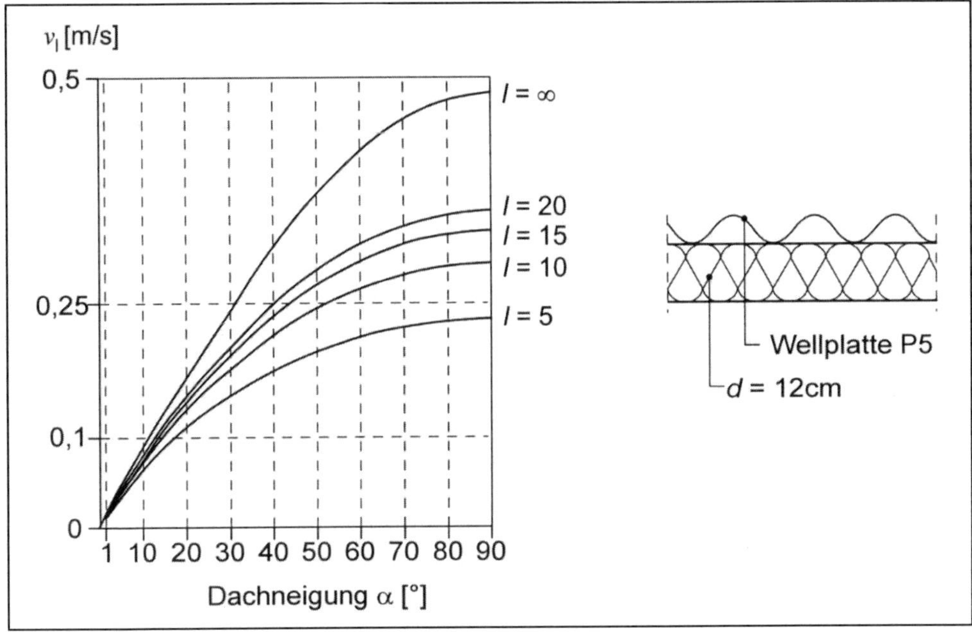

Abb. 26.2-1
Belüftungsstromgeschwindigkeit infolge thermischen Auftriebs bei einem Wellplattendach mit Kaltdachfirst ohne Querschnittsverengungen; bei großen Dachneigungen nimmt v_l mit zunehmender Dachtiefe l erheblich zu [23]

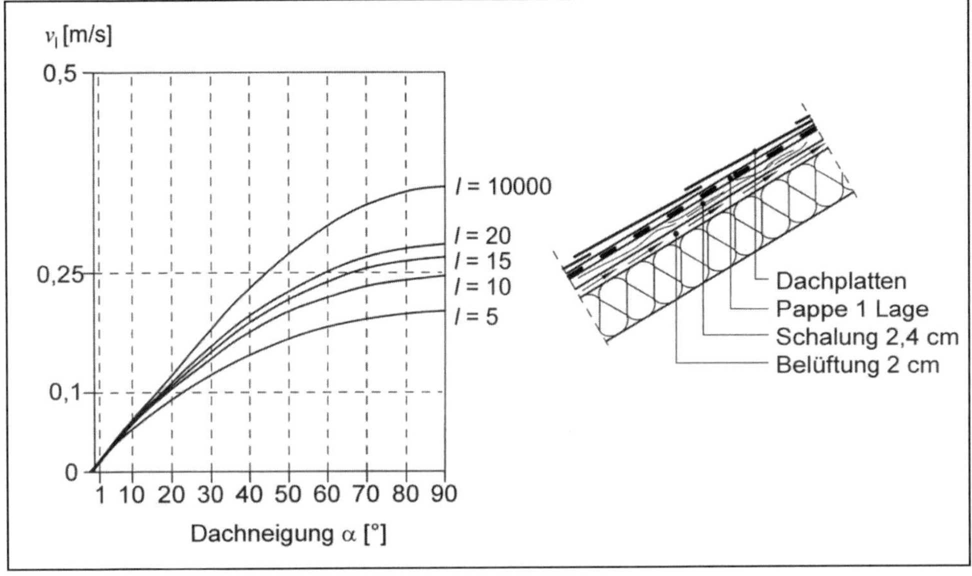

Abb. 26.2-2
Belüftungsstromgeschwindigkeit infolge thermischen Auftriebs bei einem Dachplattendach; Gegenüberstellung der Werte mit Querschnittsverengung nach DIN 4108 ($\varepsilon_A = A_l/A_A = 4$) und ohne Querschnittsverengung am First ($\varepsilon_A = 1$) [23]

Es ist deutlich erkennbar, dass mit abnehmender Dachneigung die Thermik an Bedeutung verliert, sodass die Belüftungsfunktion bei Flachdächern unter 5° Neigung praktisch nur aus Windwirkung resultiert.

26.3 Belüftungsstromgeschwindigkeit infolge thermischen Auftriebs und Windeinwirkung

Bei der Untersuchung von Strömungsvorgängen in einer Dachkonstruktion kann man an einem Satteldach verschiedene, voneinander abweichende Strömungsverläufe feststellen. In Abbildung 26.3-1 sind die möglichen Strömungsbilder und deren Häufigkeit an einem Untersuchungsobjekt dargestellt.

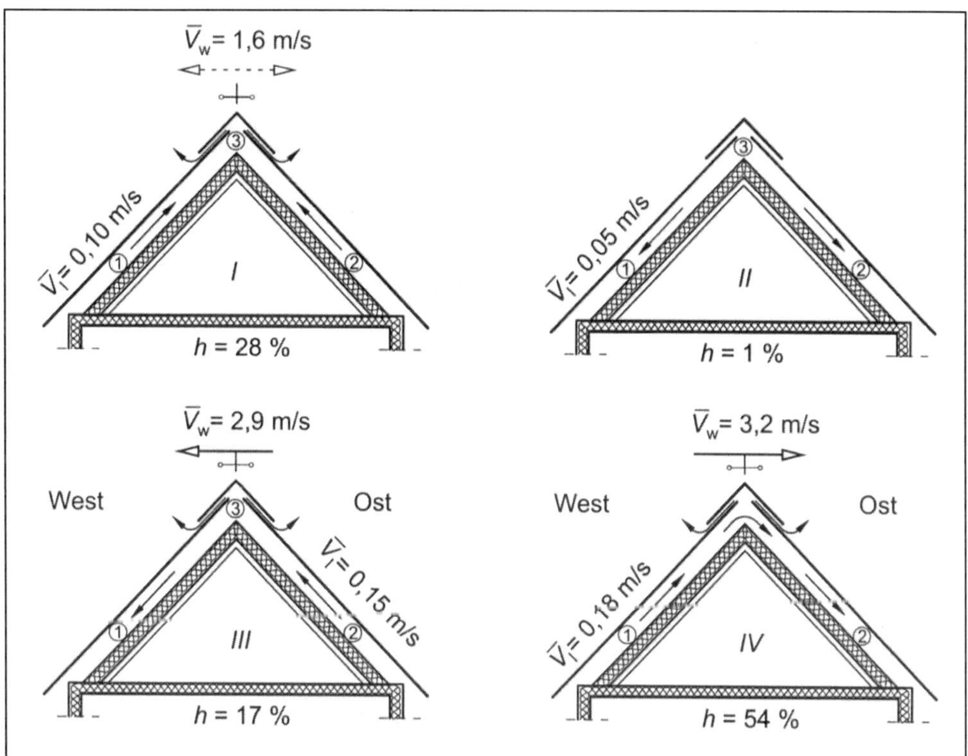

Abb. 26.3-1
Strömungsverläufe mit zugehörigen Mittelwerten von Belüftungsstromgeschwindigkeit und Windgeschwindigkeit sowie Häufigkeiten im winterlichen Messzeitraum [23]

27 Tauwasserschutz – Außenwände und Dächer

27.1 Diffusionsdiagramme von Außenwänden

Vergleicht man die Diffusionsdiagramme von Außenwänden mit nicht hinterlüfteten und hinterlüfteten Vorsatzschalen, so werden deutliche Unterschiede erkennbar (siehe Abb. 27.1-1). Bei hinterlüfteten Bauteilen wird durch den konvektiven Belüftungsstrom hinter der Vorsatzschale Feuchtigkeit – im Regelfall ohne Tauwasserbildung – abgeführt. Bei nicht hinterlüfteten Bekleidungen ist ein Wasserdampftransport nur infolge Diffusion möglich, so dass im Regelfall zwischen Dämmschicht und Bekleidung Tauwasserbildung auftritt (siehe Abb. 27.1-2).

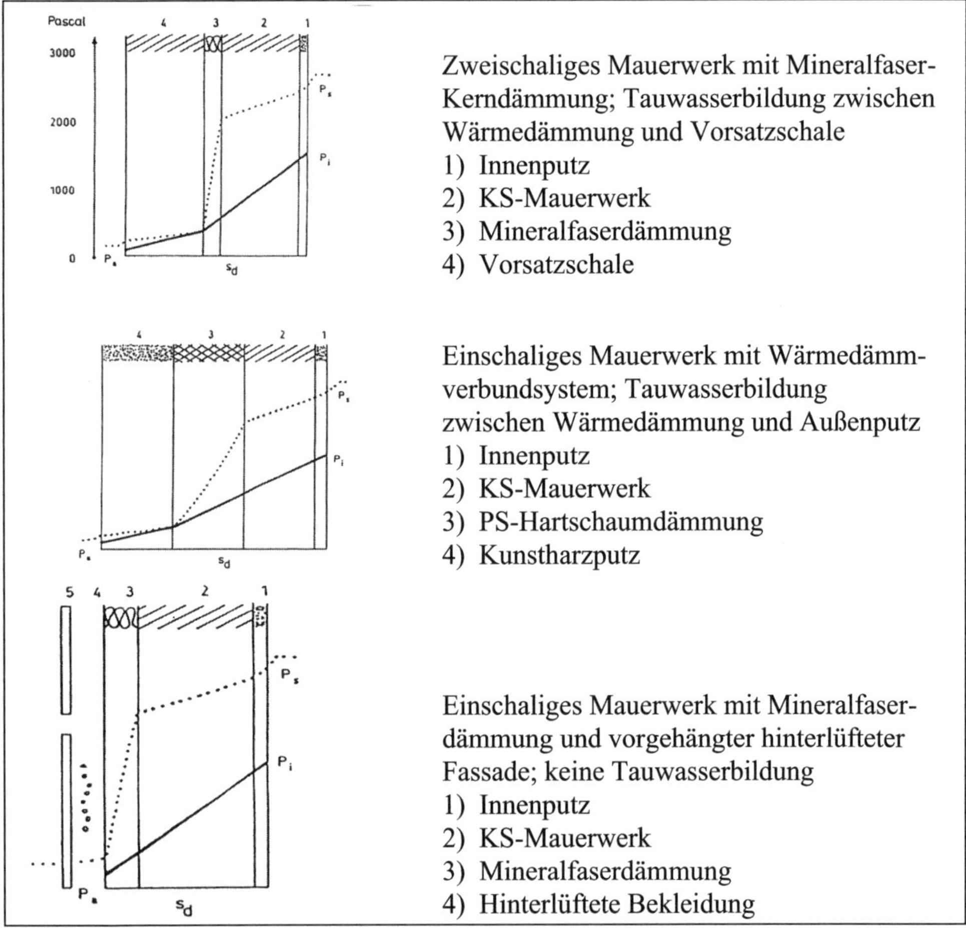

Abb. 27.1-1
Diffusionsdiagramme von Außenwänden im Vergleich

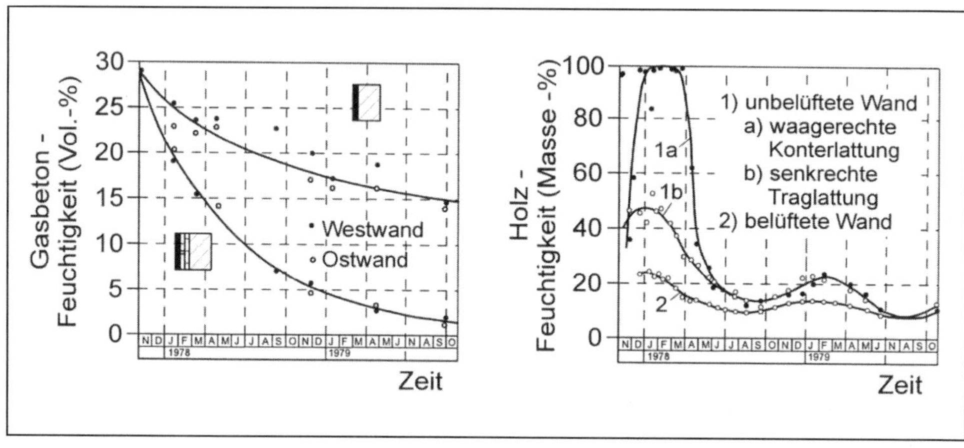

Abb. 27.1-2
Austrocknungsvorgänge in Porenbetonwänden mit vorgehängter hinterlüfteter Fassade im Vergleich zur nicht hinterlüfteten Ausführung [19]

links: Feuchtigkeitsverlauf des Porenbetons
rechts: Holzfeuchteverlauf der Unterkonstruktion

27.2 Außenwände für die kein rechnerischer Nachweis des Tauwasserausfalls infolge Dampfdiffusion unter den Klimabedingungen nach DIN 4108-3 erforderlich ist

Bei Wänden aus Mauerwerk oder Beton ist ein rechnerischer Nachweis des Tauwasserausfalls nicht erforderlich, wenn folgende Bedingungen erfüllt sind: Wände aus Mauerwerk nach DIN EN 1996-1-1, Wände aus Normalbeton nach DIN EN 206 bzw. DIN 1045-2, Wände aus gefügedichtem Leichtbeton nach DIN 1045-2, DIN EN 206 und DIN EN 1992-1-1, Wände aus haufwerksporigem Leichtbeton nach DIN 4213, DIN EN 992 und DIN EN 1520, jeweils mit Innenputz und einer der folgenden Außenschichten:

- wasserabweisender Außenputz nach Tabelle 28-1,
- Außendämmungen nach DIN 4108-10 oder wasserabweisender Wärmedämmputz nach Tabelle 28-1 oder durch ein nach DIN EN 13499 oder DIN EN 13500 genormtes Wärmedämmverbund-System,
- Verblendmauerwerk nach DIN EN 1996-1-1,
- angemörtelte Außenwandbekleidungen nach DIN 18515-1 bei einem Fugenanteil von mindestens 5 %,
- hinterlüftete Außenwandbekleidungen nach DIN 18516-1 mit und ohne Wärmedämmung,

- einseitig belüftete Außenwandbekleidungen mit einer Lüftungsöffnung von 100 cm^2/m,
- kleinformatige luftdurchlässige Außenwandbekleidungen mit und ohne Belüftung.

Bei Wänden mit Innendämmung die keiner Schlagregenbeanspruchung ausgesetzt sind, ist eine Berechnung des Tauwasserschutzes unter den in a) und b) genannten Konstruktionsvarianten nicht erforderliche:

a) Wände, wie vorstehend beschrieben, aber mit Innendämmung mit einem Wärmedurchlasswiderstand der Wärmedämmschicht $0{,}5 < R \leq 1{,}0$ m^2K/W sowie einem Wert der diffusionsäquivalenten Luftschichtdicke der Wärmedämmschicht einschließlich der raumseitigen Bekleidung (z.B. Innenputz bzw. Innenbekleidung von $s_{d,i} \geq 0{,}5$ m,
b) Wände, wie vorstehend beschrieben, aber mit Innendämmung mit einem Wärmedurchlasswiderstand der Innendämmschicht von $R \leq 0{,}5$ m^2K/W.

Wände in Holzbauart nach DIN 68 800-2, mit vorgehängten Außenwandbekleidungen, zugelassenen Wärmedämmverbundsystemen oder Mauerwerkvorsatzschalen, jeweils mit raumseitiger diffusionshemmender Schicht mit $s_{d,i} \geq 2{,}0$ m.

Bei Wänden in Holzbauart nach DIN 68800-2 kann bei den unter a) bis e) genannten Konstruktionsvarianten auf den Tauwassernachweis verzichtet werden. Damit dort aber der Feuchteschutz sicher funktioniert, muss besonders auf den Schlagregenschutz geachtet werden und Durchdringungen, Anschlüsse z.B. von Fensterbänken sind dauerhaft dicht und sicher auszuführen.

a) beidseitig bekleidete oder beplankte Wände in Holzbauart mit vorgehängten Außenwandbekleidungen mit raumseitiger diffusionshemmender Schicht $s_{d,i} \geq 2{,}0$ m und außenseitiger diffusionsoffener Schicht $s_{d,e} \leq 0{,}3$ m oder Holzfaserdämmplatte nach DIN EN 13171. Dies gilt auch für nicht belüftete Außenwandbekleidungen aus kleinformatigen Elementen, wenn auf der äußeren Beplankung eine zusätzliche wasserableitende Schicht mit $s_{d,e} \leq 0{,}3$ m aufgebracht ist,
b) raumseitig bekleidete oder beplankte Wände in Holzbauart mit raumseitiger diffusionshemmender Schicht $s_{d,i} \geq 2{,}0$ m und mit Wärmedämmverbund-Systemen aus mineralischem Faserdämmstoff nach DIN EN 13162 oder Holzfaserdämmplatten nach DIN EN 13171 und einem wasserabweisenden Putzsystem mit $s_d \leq 0{,}7$ m,

c) beidseitig bekleidete oder beplankte Wände in Holzbauart mit raumseitiger diffusionshemmender Schicht $s_{d,i} \geq 2{,}0$ m sowie mit einer äußeren Beplankung $s_d \leq 0{,}3$ m in Verbindung mit einem Wärmedämmverbund-System aus mineralischem Faserdämmstoff nach DIN EN 13162 oder Holzfaserdämmplatten nach DIN EN 13171 sowie einem wasserabweisenden Putzsystem mit $s_d \leq 0{,}7$ m,
d) beidseitig bekleidete oder beplankte Elemente mit Wärmedämmverbund-System aus Polystyrol oder Mauerwerk-Vorsatzschalen nach DIN 68800-2, Anhang A,
e) Massivholzbauart mit vorgehängten Außenwandbekleidungen oder Wärmedämmverbund-Systemen nach DIN 68800-2, Anhang A.

Bei Holzfachwerkwänden mit raumseitiger Luftdichtheitsschicht sind folgende Randbedingungen erforderlich:

a) wärmedämmende Ausfachung (Sichtfachwerk) und eine wasserdampfdiffusionsäquivalente Luftschichtdicke der Innenbekleidung von $1\ \text{m} \leq s_{d,i} \leq 2$ m,
b) Innendämmung (über Fachwerk und Gefach) auf Wänden ohne Schlagregenbeanspruchung mit einem Wärmedurchlasswiderstand $R \leq 0{,}5$ m²K/W. Bei einem Wärmedurchlasswiderstand der Wärmedämmschicht von $0{,}5 < R \leq 1{,}0$ m²K/W ist ein Wert $1\ \text{m} \leq s_{d,i} \leq 2$ m der Wärmedämmschicht einschließlich der raumseitigen Bekleidung erforderlich; das Einströmen von Raumluft in bzw. hinter die Innendämmung ist durch geeignete Maßnahmen zu unterbinden,
c) Außendämmung (über Fachwerk und Gefach) als genormtes Wärmedämmverbund-System oder Wärmedämmputz, wobei die wasserdampfdiffusionsäquivalente Luftschichtdicke der genannten äußeren Konstruktionsschichten $s_{d,e} \leq 2$ m ist, oder mit hinterlüfteter Außenwandbekleidung.

Bei erdberührten Kelleraußenwänden mit Bauwerksabdichtung, aus einschaligem wärmedämmendem Mauerwerk oder Mauerwerk/Beton mit Perimeterdämmung sowie Bodenplatten mit Perimeterdämmung mit Bauwerksabdichtung, deren Anteil der raumseitigen Schichten am Gesamtwärmedurchlasswiderstand der Bodenplatte nicht mehr als 20 % beträgt, kann ebenfalls auf einen rechnerischen Tauwassernachweis verzichtet werden.

27.3 Belüftete und unbelüftete Flachdächer

Die Schichtenfolgen von (flach) geneigten Dächern mit und ohne Belüftungsraum ergeben sich aus nachfolgender Abbildung (Abb. 27.3-1).

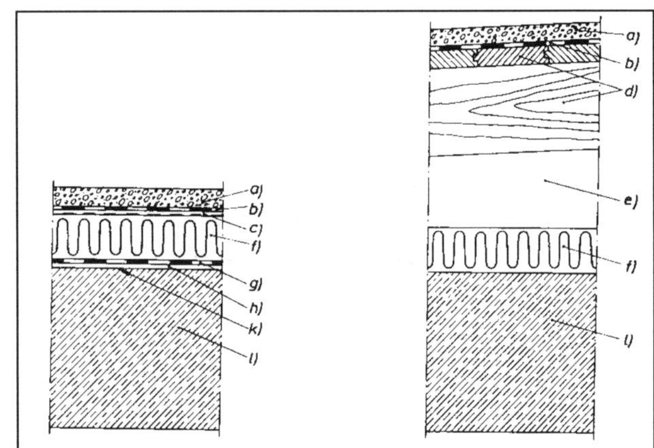

Abb. 27.3-1
Schichtenfolgen von nicht belüfteten (links) und belüfteten Flachdächern (rechts) nach DIN 18 530

Erläuterungen zu Abb. 27.3-1:

a) Oberflächenschutz/Auflast/Nutzschicht, zum Schutz gegen mechanische, thermische und klimatische Einwirkungen
b) Dachabdichtung, Gefälle mind. 2 %
c) Dampfdruckausgleich zur Verteilung örtlicher Dampfdruckspitzen und zur Sicherung der Eigenbeweglichkeit der Abdichtung; ggf. mit Trennlage zum Schutz gegen mechanische und chemische Einwirkungen auf die Folgelage
d) Unterlage, Schalung (soweit vorhanden)
e) belüfteter Dachraum (soweit vorhanden)
f) Wärmedämmung, in belüfteten Dächern nicht druckbelastet W und WL, in nicht belüfteten Dächern druckbelastet mind. WD; ggf. auch als Gefälledämmung
g) Dampfsperre; verhindert zu hohen Wasserdampfdurchgang, um schädliche Tauwasserbildung zu vermeiden; ohne weiteren Nachweis gilt $s_d \geq 100$ m
h) Ausgleichsschicht, überbrückt geringfügige Schwind- und Spannungsrisse in Betonplatten oder Schalungsflächen; wird durch punkt- oder streifenweises Verkleben der Dampfsperre hergestellt, ggf. mittels Lochbahn
k) Voranstrich, soll die Klebehaftung verbessern
l) Dachdecke/oberste Geschossdecke

27.4 Dächer für die kein rechnerischer Nachweis des Tauwasserausfalls infolge Dampfdiffusion unter den Norm-Klimabedingungen erforderlich ist

Es werden folgende Dachkonstruktionen grundsätzlich unterschieden:

- nicht belüftete Dächer; hierbei ist direkt über der Wärmedämmung keine belüftete Luftschicht angeordnet. Zu nicht belüfteten Dächern werden auch solche gezählt, die außenseitig im weiteren Dachaufbau angeordnete Luftschichten oder Lüftungsebenen haben.
- belüftete Dächer; hierbei ist direkt über der Wärmedämmung eine belüftete Luftschicht angeordnet.

Bei Dachdeckungen und Abdichtungen sind folgende Eigenschaften zu beachten:

a) Dachdeckungen müssen regensicher sein. Kennzeichnend für Dachdeckungen sind die sich überlappenden Dachwerkstoffe (Dachziegel, Dachsteine, Schiefer, Metallbleche) und die Einhaltung der Regeldachneigung gemäß der siehe Fachregeln des Dachdecker- und Klempnerhandwerks. Bei Dächern mit Dachdeckungen müssen in der Regel zusätzliche regensichernde Maßnahmen, z.B. Unterdächer, Unterdeckungen, Unterspannungen, geplant und ausgeführt werden. Es werden unterschieden:

   - belüftete Dachdeckungen auf linienförmiger Unterlage, z.B. Lattung und Konterlattung,
   - nicht belüftete Dachdeckungen auf flächiger Unterlage, z.B. Schalung.

b) Dachabdichtungen müssen wasserdicht sein. Kennzeichnend für Dachabdichtungen sind die wasserdicht verbundenen Dachabdichtungsstoffe, z.B. Bitumen-, Kunststoff-, Elastomerbahnen, Flüssigabdichtungen. Dachabdichtungen müssen bis zur Oberkante der An- und Abschlüsse wasserdicht sein.

27.4.1 Belüftete Dachkonstruktionen

Bei belüfteten Luftschichten von Dächern und belüfteten Dachdeckungen kann bei Dachneigungen $\geq 5°$ auf einen rechnerischen Tauwassernachweis verzichtet werden, wenn die Höhe des freien Lüftungsquerschnittes innerhalb des Dachbereiches mindestens 2 cm beträgt und sich über die ganze Fläche erstreckt. Durch Bautoleranzen oder Dacheinbauten kann diese freie Lüftungshöhe lokal eingeschränkt sein, wobei insgesamt aber eine Belüftung des Dachbereichs gewährleistet werden muss. Weiterhin gilt, dass

- der freie Lüftungsquerschnitt an den Traufen bzw. an Traufe und Pultdachabschluss mindestens 2 ‰ der zugehörigen geneigten Dachfläche, mindestens jedoch 200 cm²/m (= 2 cm · 100 cm/m) betragen muss.
- an First und Grat Mindestlüftungsquerschnitte von 0,5 ‰ der zugehörigen geneigten Dachflächen erforderlich sind, mindestens jedoch 50 cm²/m (= 0,5 cm · 100 cm/m).

Für belüftete Dächer mit einer Dachneigung von < 5° (flach geneigte Dächer und Flachdächer) sind folgende Eigenschaften erforderlich, um auf einen Tauwassernachweis zu verzichten:

- die Sparren-/Luftraumlänge (Entfernung von Zu- und Abluftöffnung) muss ≤ 10 m lang sein,
- die Mindestlüftungsquerschnitte an mindestens zwei gegenüberliegenden Dachrändern müssen mindestens 2 ‰ der zugehörigen geneigten Dachfläche betragen, mindestens jedoch 200 cm²/m (= 2 cm · 100 cm/m),
- die Höhe des freien Lüftungsquerschnittes innerhalb des Dachbereiches über der Wärmedämmschicht muss mindestens 2 ‰ der zugehörigen geneigten Dachfläche betragen, mindestens jedoch 5 cm. Die freie Lüftungshöhe muss sichergestellt sein, damit die Belüftung sichergestellt ist. Dazu sind eine freie Anströmung der Öffnungen, eine durchgehende Luftschicht und die Beachtung von Materialtoleranzen erforderlich.

Tabelle 27.4.1-1
Erforderliche Belüftungsquerschnitte belüfteter Dächer (Dachneigung ≥ 5°) mit ausreichendem Tauwasserschutz (A_D ist die zugehörige geneigte Dachfläche)

Höhe des freien Strömungsraums	≥ 2 cm
Zuluftquerschnitt, bei Pultdächern auch erf. Abluftquerschnitt	2 ‰ · A_D ≥ 200 cm²/m
Abluftquerschnitt	0,5 ‰ · A_D ≥ 50 cm²/m

27.4.2 Nicht belüftete Dachkonstruktionen

Bei nicht belüfteten Dächern, bei denen auf einen rechnerischen Nachweis der Tauwasserfreiheit verzichtet werden soll, darf der Wärmedurchlasswiderstand der Bauteilschichten unterhalb einer raumseitigen diffusionshemmenden oder diffusionsdichten Schicht höchstens 20 % des Gesamtwärmedurchlasswiderstandes betragen (bei Dächern mit nebeneinander liegenden Bereichen unterschiedlichen Wärmedurchlasswiderstandes ist der Gefachbereich zugrunde zu legen). Können nicht belüftete Dächer mit Dachdeckungen als belüftete Dachdeckung (oder mit zusätzlich belüfteter Luftschicht unter nicht belüfteter Dachdeckung) und einer Wärmedämmung zwischen, unter und/oder über den Sparren und zusätzlicher regensichernder Schicht nach Abbildung 27.4.2-1 den Werten nach Tabelle 27.4-2 zugeordnet werden, ist für diese kein Tauwassernachweis erforderlich. Für Dächer mit Aufsparrendämmung nach Abbildung 27.4.2-2 sind dabei die in Tabelle 27.4.2-3 angegebenen Werte einzuhalten.

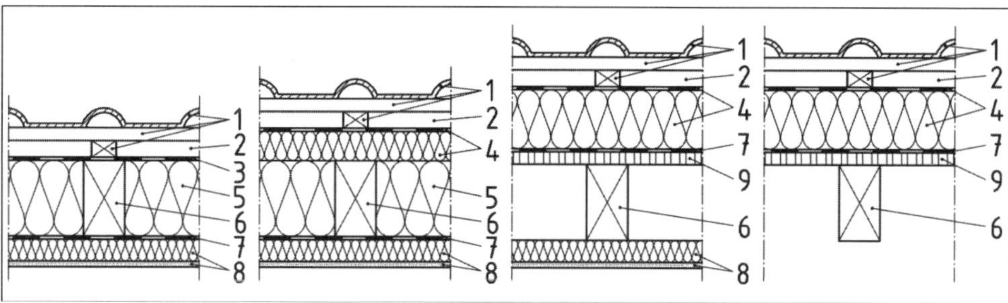

Abb. 27.4.2-1
Nicht belüftete Dächer mit Zwischensparrendämmung und ggf. Aufsparrendämmung und nicht belüftete Dächer mit Aufsparrendämmung nach DIN 4108-3:

1 belüftete Dachdeckung (Dachdeckung auf Trag- und Konterlattung) oder nicht belüftete Dachdeckung mit darunterliegender belüfteter Luftschicht (Dachdeckung auf Konterlattung, Schalung und Vordeckung) oder Dachabdichtung mit darunterliegender belüfteter Luftschicht (Dachabdichtung auf Konterlattung und Schalung)
2 belüftete Luftschicht
3 $s_{d,e}$ Unterdeckung, ggf. einschließlich Schalung
4 $s_{d,e}$ Unterdeckung und Aufsparrendämmung
5 Zwischensparrendämmung
6 Sparren
7 $s_{d,i}$
8 raumseitige Bekleidung mit Unterkonstruktion, ggf. inkl. Dämmung
9 Schalung

Tabelle 27.4.2-2
Zuordnung der s_d-Werte außen und raumseitig der Wärmedämmung liegender Schichten

außen $s_{d,e}$ **in m**	**innen** $s_{d,i}$ **in m**
$\leq 0{,}1$	$\geq 1{,}0$
$0{,}1 < s_{d,e} \leq 0{,}3$[1)]	$\geq 2{,}0$
$0{,}3 < s_{d,e} \leq 2{,}0$	$\geq 6 \cdot s_{d,e}$

1) Bei nicht belüfteten Dächern mit $s_{d,e} < 0{,}2$ m kann auf den chemischen Holzschutz verzichtet werden (siehe DIN 68 800-2).

$s_{d,e}$ ist die Summe der s_d-Werte aller Schichten, die sich oberhalb der Wärmedämmung bis zur ersten belüfteten Luftschicht befinden

$s_{d,i}$ ist die Summe der s_d-Werte aller Schichten, die sich unterhalb der Wärmedämmung bis zur ersten belüfteten Luftschicht befinden

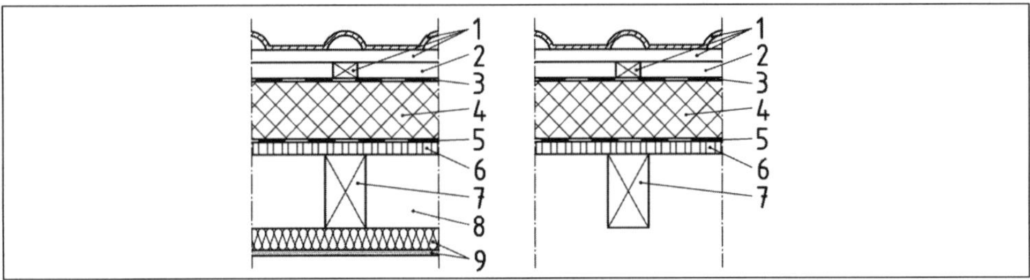

Abb. 27.4.2-2
Nicht belüftete Dächer mit Aufsparrendämmung nach DIN 4108-3:

1 belüftete Dachdeckung (Dachdeckung auf Trag- und Konterlattung) oder nicht belüftete Dachdeckung mit darunterliegender belüfteter Luftschicht (Dachdeckung auf Konterlattung, Schalung und Vordeckung) oder Dachabdichtung mit darunterliegender belüfteter Luftschicht (Dachabdichtung auf Konterlattung und Schalung)
2 belüftete Luftschicht
3 $s_{d,e}$ Unterdeckung
4 Aufsparrendämmung
5 $s_{d,i}$
6 Schalung
7 Sparren
8 Luftschicht
9 raumseitige Bekleidung mit Unterkonstruktion, ggf. inkl. Dämmung

Tabelle 27.4.2-3
Zuordnung der s_d-Werte außen und raumseitig für nicht belüftete Dächer mit Aufsparrendämmung

außen $s_{d,e}$ **in m**	**innen** $s_{d,i}$ **in m**
$\leq 0{,}5$	≥ 10
$> 0{,}5$	≥ 100

$s_{d,e}$ ist die Summe der s_d-Werte aller Schichten, die sich oberhalb der Wärmedämmung bis zur ersten belüfteten Luftschicht befinden

$s_{d,i}$ ist die Summe der s_d-Werte aller Schichten, die sich unterhalb der Wärmedämmung bis zur ersten belüfteten Luftschicht befinden

Für nicht belüftete, bestehende Dächer mit von außen in das Gefach eingelegter und über den Sparren geführter Schicht (siehe Abb. 27.4.2-3) sollte eine diffusionshemmende Schicht mit einem variablem sd-Wert verwendet werden. Die Anforderungen an solche Schichten sind in Tabelle 27.4.2-4 angegeben.

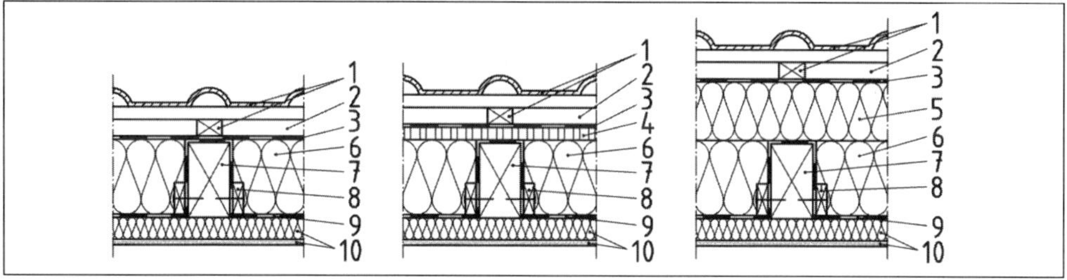

Abb. 27.4.2-3
Nicht belüftete Dächer bei bestehender Dachkonstruktion nach DIN 4108-3:

1 belüftete Dachdeckung (Dachdeckung auf Trag- und Konterlattung) oder nicht belüftete Dachdeckung mit darunterliegender belüfteter Luftschicht (Dachdeckung auf Konterlattung, Schalung und Vordeckung) oder Dachabdichtung mit darunterliegender belüfteter Luftschicht (Dachabdichtung auf Konterattung und Schalung)
2 belüftete Luftschicht
3 Unterdeckung $s_d \leq 0{,}5$ m
4 Vollholz-Brettschalung, Nenndicke ≤ 24 mm
5 Aufsparrendämmung
Holzfaser nach DIN EN 13171,
Mineralwolle nach DIN EN 13162,
PU mineralvlieskaschiert nach DIN EN 13165 (Mindestdicke 50 mm)
Phenolharz-Hartschaumdämmung nach DIN EN 13166 (Mindestdicke 50 mm)
6 Mineralwolle-Zwischensparrendämmung, 12 cm ≤ Dämmschichtdicke ≤ 20 cm

7 Holzsparren, 12 cm ≤ Sparrenhöhe ≤ 20 cm
8 durchgehende lineare Anpressung
9 Schicht mit variablem sd-Wert nach Tabelle 27.4.2-3
10 raumseitige Bekleidung mit Unterkonstruktion, ggf. inkl. Dämmung

Tabelle 27.4.2-4
Anforderungen an Schichten mit variablem s_d-Wert für nicht belüftete Dächer bei bestehenden Dachkonstruktionen nach DIN 4108-3

Art der diffusionshemmenden Schicht	Wasserdampfdiffusionsäquivalente Luftschichtdicke in m
Schichten mit variablem Wasserdampfdiffusionswiderstand	$s_{d,feucht} \leq 0,5$ m (gemessen bei einer mittleren Umgebungsfeuchte von 90 % ± 2 %)
	2,0 m ≤ $s_{d,trocken} \leq 10,0$ m (gemessen bei einer mittleren Umgebungsfeuchte von 25 % ± 2 %)

Für nicht belüftete Dächer mit diffusionsdichter Untersparrendämmung, ggf. in Kombination mit Zwischensparrendämmung nach Abbildung 27.4.2-4 muss der Wert $s_{d,i}$ mindestens 10 m und der Wert $s_{d,e}$ höchstens 0,5 m betragen.

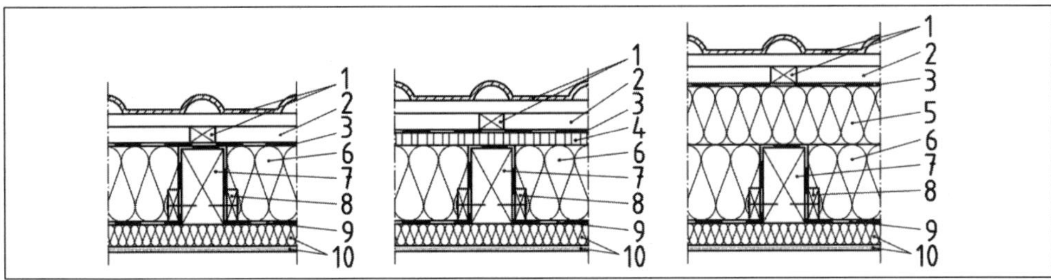

Abb. 27.4.2-4
Nicht belüftete Dächer mit diffusionsdichter Untersparrendämmung, ggf. in Kombination mit Zwischensparrendämmung nach DIN 4108-3:

1 belüftete Dachdeckung (Dachdeckung auf Trag- und Konterlattung) oder nicht belüftete Dachdeckung mit darunterliegender belüfteter Luftschicht (Dachdeckung auf Konterlattung, Schalung und Vordeckung) oder Dachabdichtung mit darunterliegender belüfteter Luftschicht (Dachabdichtung auf Konterattung und Schalung)
2 belüftete Luftschicht
3 $s_{d,e} \leq 0,5$ m (Unterdeckung)
4 Luftschicht
5 Zwischensparrendämmung

6 Sparren
7 Untersparrendämmung (diffusionsdicht)
8 $s_{d,i} \geq 10$ m
9 raumseitige Bekleidung mit Unterkonstruktion, ggf. inkl. Dämmung

Bei nicht belüfteten Dächern mit Dachabdichtung nach Abbildung 27.4.2-5 muss der Wert $s_{d,i}$ mindestens 100 m betragen. Bei diffusionssperrenden oder diffusionsdichten Dämmstoffen auf Massivdecken kann ggf. auf eine zusätzliche diffusionshemmende Schicht verzichtet werden. Zwischen der Schicht $s_{d,i}$ und der Dachabdichtung dürfen sich weder Holz noch Holzwerkstoffe befinden.

Auch bei nicht belüfteten Dächern aus Porenbeton nach DIN EN 12602, mit Dachabdichtung und ohne diffusionshemmende Schicht an der Unterseite und ohne zusätzliche Wärmedämmung und bei nicht belüfteten Dächer mit Dachabdichtung und Wärmedämmung oberhalb der Dachabdichtung, so genannte „Umkehrdächer" nach DIN 4108-2 und DIN 4108-10 ist ein rechnerischer Tauwassernachweis nicht erforderlich.

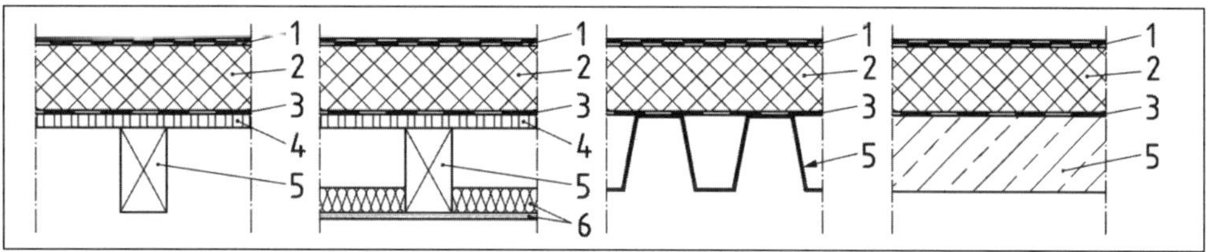

Abb. 27.4.2-5
Nicht belüftete Dächer mit Dachabdichtung nach DIN 4108-3:
1 Dachabdichtung
2 Aufdach-/Aufsparrendämmung
3 $s_{d,i} \geq 100$ m
4 Schalung
5 Tragkonstruktion (z.B. Holzbalken, Stahltrapezblech, Stahlbeton)
6 raumseitige Bekleidung mit Unterkonstruktion, ggf. inkl. Dämmung

Es wird darauf hingewiesen, dass bei nicht belüfteten Dächern mit äußeren diffusionshemmenden Wärmedämmschichten deren $s_{d,e} \geq 2{,}0$ m beträgt, erhöhte Baufeuchte oder später – z. B. durch Undichtheiten – eingedrungene Feuchte nur schlecht oder gar nicht austrocknen kann. Bei diesen Konstruktionen ist daher zu beachten, dass zwischen den inneren diffusionshemmenden Wärmedämmschichten ($s_{d,i}$) und den äußeren diffusionshemmenden Wärmedämmschichten ($s_{d,e}$) bzw. der äußeren Dachabdichtung die eingebauten Hölzer oder Holzwerkstoffe maximal nur ihre jeweils zulässige Materialfeuchte aufweisen.

Weiterhin muss von Dächern mit nicht belüfteten Dachdeckungen, welche mit einer raumseitigen diffusionshemmenden Schicht (Dampfsperrschicht) $s_{d,i} \geq 100$ m nach DIN 4108-3 zulässig sind, aus bauphysikalischer Sicht abgeraten werden, da diese keinerlei Trocknungspotenzial für Baufeuchte oder unplanmäßig eingedrungene Feuchte aufweisen.

27.5 Wärmedämmung in Dachschrägen ohne Tauwasserbildung

Wärmegedämmte Dachschrägen werden dem Stand der Technik entsprechend mit Vollsparrendämmung ausgeführt. Dies ist ohne innere Tauwasserbildung möglich, wenn die in Abbildung 27.5-1 dargestellten Bedingungen eingehalten sind. Das sich daraus ergebende Verhältnis s_{di}/s_{de} wurde mittels des Glaserverfahrens unter der Bedingung $g_i = g_e$ des Falls b) aus Tabelle 25.3-1 ermittelt.

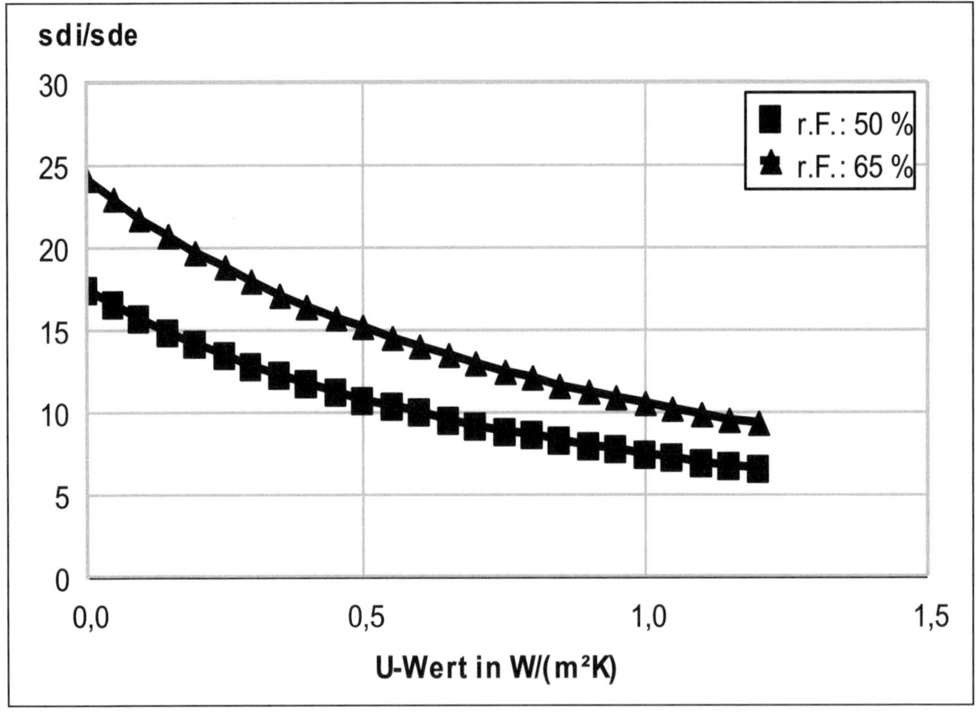

Abb. 27.5-1
Erforderliches Verhältnis s_{di}/s_{de} in Abhängigkeit des Wärmedurchgangskoeffizienten des Sparrengefaches; berechnet für die Klimabedingungen nach DIN 4108-3
s_{di}: Dampfsperrwert der Schichten unterhalb der Unterspannbahn
s_{de}: Dampfsperrwert der Unterspannbahn

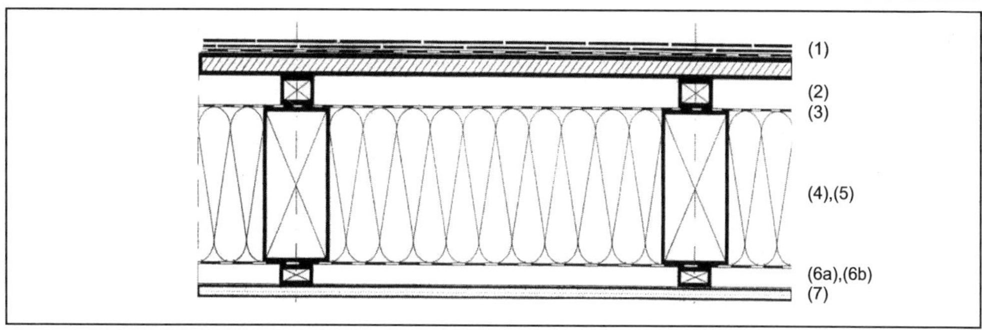

Abb. 27.5-2
Prinzipielle Schichtenfolge wärmegedämmter Dachkonstruktionen mit Anordnung der Wärmedämmung zwischen den Sparren; es ist kein vorbeugender chemischer Holzschutz erforderlich.

(1) Dachdeckung
(2) Belüftungsraum
(3) Unterdeckung, diffusionsoffen $s_{de} \leq 0{,}20$ m
(4) Wärmedämmung
(5) Sparren
(6a) diffusionshemmende Schicht
(6b) Luftsperre
(7) raumseitige Abdeckung

Beispiel:

Sparrenhöhe h = 18 cm, Vollsparrendämmung mit WLG 035.
Wärmedurchgangskoeffizient des Sparrengefachs bei raumseitiger Gipskartonplatte mit d = 12 mm, unter Berücksichtigung der üblichen Wärmeübergangswiderstände:

$$U = 1/(0{,}08 + 0{,}18/0{,}035 + 0{,}012/0{,}21 + 0{,}13)$$
$$= 1/5{,}41 = 0{,}185 \text{ W/(m}^2\text{K)}$$

Aus Abbildung 27.5-1 ergibt sich hierfür: $s_{di}/s_{de} = 14{,}5$.

Für $s_{de} = 0{,}02$ m ist erf. $s_{di} = 0{,}02 \cdot 14{,}5 = 0{,}29$ m; vorh. s_d-Werte der Wärmedämmung, 3 cm Luft und GK-Platte:

$$0{,}18 + 0{,}03 + 0{,}012 \cdot 8 = 0{,}306 \text{ m},$$

d.h. rechnerisch keine Dampfsperre erforderlich.

28 Regenschutz – Außenwände

Die Regenbeanspruchung von Außenwänden ergibt sich durch Niederschläge bei Windwirkung. Hierdurch trifft der Regen schräg auf die Fassade auf. Dieser Vorgang wird als Schlagregen bezeichnet. Die Intensität des Schlagregens hängt von der Windstärke und Richtung sowie von der Regenmenge ab (Abb. 28-1). Hieraus ergeben sich die Beanspruchungsgruppen nach DIN 4108-3.

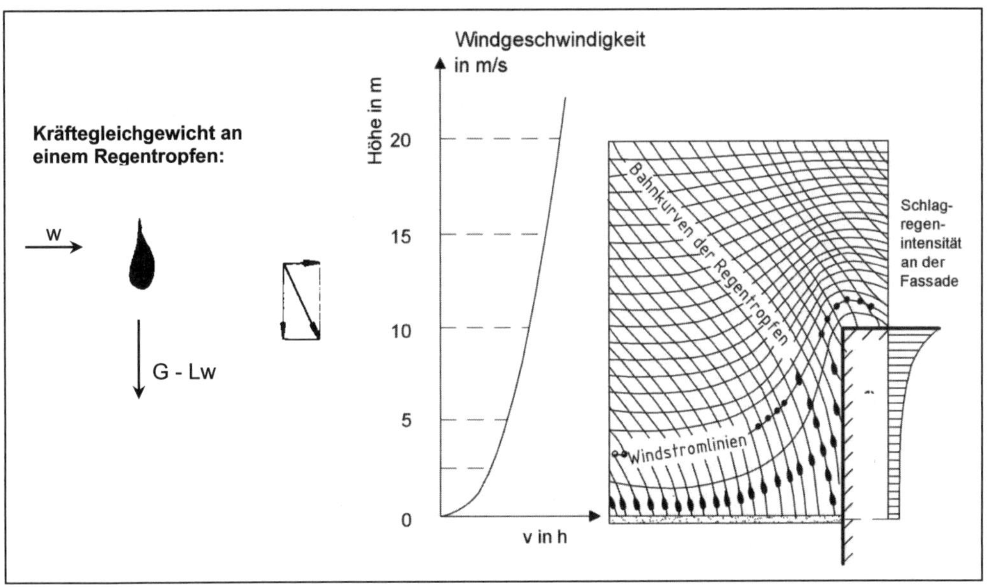

Abb. 28-1
Die horizontale Komponente fallender Regentropfen wird als Schlagregen bezeichnet [25]

Beanspruchungsgruppe I – Geringe Schlagregenbeanspruchung:

Im Allgemeinen, Gebiete mit Jahresniederschlagsmengen unter 600 mm sowie besonders windgeschützte Lagen auch in Gebieten mit größeren Niederschlagsmengen.

Beanspruchungsgruppe II – Mittlere Schlagregenbeanspruchung:

Im Allgemeinen, Gebiete mit Jahresniederschlagsmengen von 600 bis 800 mm sowie windgeschützte Lagen auch in Gebieten mit größeren Niederschlagsmengen. Hochhäuser und Häuser in exponierter Lage in Gebieten, die auf Grund der regionalen Regen- und Windverhältnisse einer geringen Schlagregenbeanspruchung zuzuordnen wären.

Beanspruchungsgruppe III – Starke Schlagregenbeanspruchung:

Im Allgemeinen, Gebiete mit Jahresniederschlagsmengen über 800 mm sowie windreiche Gebiete auch mit geringeren Niederschlagsmengen (z.B. Küstengebiete, Mittel- und Hochgebirgslagen, Alpenvorland). Hochhäuser und Häuser in exponierter Lage in Gebieten, die aufgrund der regionalen Regen- und Windverhältnisse einer mittleren Schlagregenbeanspruchung zuzuordnen wären.

Tabelle 28-1
Zusammenstellung der Wandkonstruktionen mit ausreichendem Regenschutz nach DIN 4108-3

Spalte	**1**	**2**	**3**
Zeile	**Beanspruchungsgruppe I – Geringe Schlagregenbeanspruchung**	**Beanspruchungsgruppe II – Mittlere Schlagregenbeanspruchung**	**Beanspruchungsgruppe III – Starke Schlagregenbeanspruchung**
1	Außenputz ohne besondere Anforderungen an den Schlagregenschutz nach DIN 18550-1 auf	Wasserhemmender Außenputz nach DIN 18550-1 auf	Wasserabweisender Außenputz nach DIN 18550-1 bis DIN 18 550-4 oder Kunstharzputz nach DIN 18558 auf
	– Außenwände aus Mauerwerk; Wandbauplatten, Beton o.Ä. – Holzwolle-Leichtbauplatten und Mehrschicht-Leichtbauplatten nach DIN 1101, ausgeführt nach DIN 1102		
2	Einschaliges Sichtmauerwerk nach DIN 1053-1, 31 cm dick (mit Innenputz)	Einschaliges Sichtmauerwerk nach DIN 1053-1, 37,5 cm dick (mit Innenputz)	Zweischaliges Verblendmauerwerk nach DIN 1053 mit Luftschicht und Wärmedämmung oder mit Kerndämmung (mit Innenputz)
3	Außenwände mit im Dickbett oder Dünnbett angemörtelten Fliesen oder Platten nach DIN 18 515-1		Außenwände mit im Dickbett oder Dünnbett angemörtelten Fliesen oder Platten nach DIN 18515-1 mit wasserabweisendem Ansetzmörtel
4	Außenwände mit gefügedichter Betonaußenschicht nach DIN 1045 sowie DIN 4219-1 und DIN 4219-2		
5	Wände mit hinterlüfteter Außenwandbekleidung (z.B. nach DIN 18516-1, DIN 18516-3 und DIN 18516-4); offene Fugen zwischen den Bekleidungsplatten sind zulässig und beeinträchtigen den Regenschutz nicht		
6	Wände mit Außendämmung durch ein Wärmedämmputzsystem nach DIN 18550-3 oder durch ein zugelassenes Wärmedämmverbundsystem		
7	Außenwände in Holzbauart nach DIN 68800-2 Abschnitt 8.2		

Wenn keine genaueren Angaben für die Lage eines Gebäudes bekannt sind, kann die Zuordnung der Gebiete nach der Regenkarte der DIN 4108-3erfolgen. Der Schlagregenschutz von Außenwänden ist durch konstruktive Maßnahmen beeinflussbar. Bekleidungen, Verblendungen, Putze sowie Schutzschichten im Wandinneren sind mögliche Verbesserungen des Regenschutzes. Fugenausbildungen sind gemäß DIN 18540 vorzunehmen. Eine Zuordnung von Fugenabdichtungsarten zu den Schlagregen-Beanspruchungsgruppen kann Tabelle 28-3 entnommen werden.

Tabelle 28-2
Kriterien für den Regenschutz von Putzen und Beschichtungen

Kriterien	**Wasseraufnahme-koeffizient W_w kg/(m²h^{0,5})**	**Diffusionsäquivalente Luftschichtdicke s_d m**	**Produkt $W_w \cdot s_d$ kg/(mh^{0,5})**
wasserhemmend *)	0,5 ... 2,0	*)	*)
wasserabweisend	$\leq 0{,}5$	$\leq 2{,}0$	$\leq 0{,}2$

*) Keine Festlegung in DIN 18550-1 und DIN 4108-3.

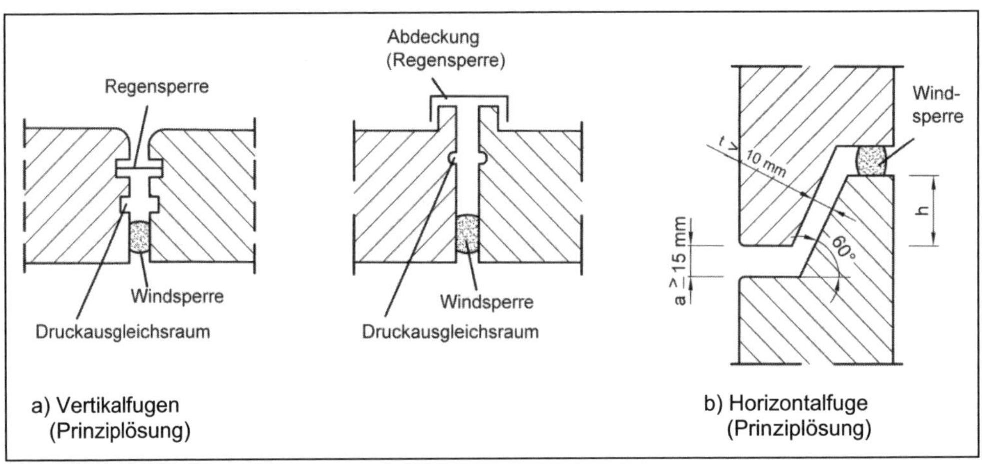

Abb. 28-2
Beispiel für zweistufige Dichtungen von Vertikal- und Horizontalfugen (Plattenbauweise)

In gleicher Weise funktioniert der Regenschutz der hinterlüfteten Fassade. Der Belüftungsspalt wirkt als Druckausgleichsraum, sodass eindringender Schlagregen im ungünstigen Fall an der Rückseite der Bekleidung abläuft; die Wärmedämmung wird nicht durchnässt (Abb. 28-3). Dadurch ist es möglich, hinterlüftete Vorhangfassaden mit offenen Horizontalfugen auszuführen (siehe Abbildung 28-4).

Tabelle 28-3

Zuordnung von Fugenabdichtungsarten und Beanspruchungsgruppen

Zeile	Fugenart	Beanspruchungsgruppe I Geringe Schlagregenbeanspruchung	Beanspruchungsgruppe II Mittlere Schlagregenbeanspruchung	Beanspruchungsgruppe III Starke Schlagregenbeanspruchung
1	Vertikalfugen	Konstruktive Fugenausbildung [a]		
2		Fugen nach DIN 18540 [a]		
3	Horizontalfugen	Offene, schwellenförmige Fugen, Schwellenhöhe $h \geq 60$mm	Offene, schwellenförmige Fugen, Schwellenhöhe $h \geq 80$mm	Offene, schwellenförmige Fugen, Schwellenhöhe $h \geq 100$mm
4		Fugen nach DIN 18540 mit zusätzlichen konstruktiven Maßnahmen, z.B. mit Schwellenhöhe $h \geq 50$mm		

[a] Fugen nach DIN 18540 dürfen nicht bei Bauten in einem Bergsenkungsgebiet verwendet werden. Bei Setzungsfugen ist die Verwendung nur dann zulässig, wenn die Verformungen bei der Bemessung der Fugenmaße berücksichtigt werden.

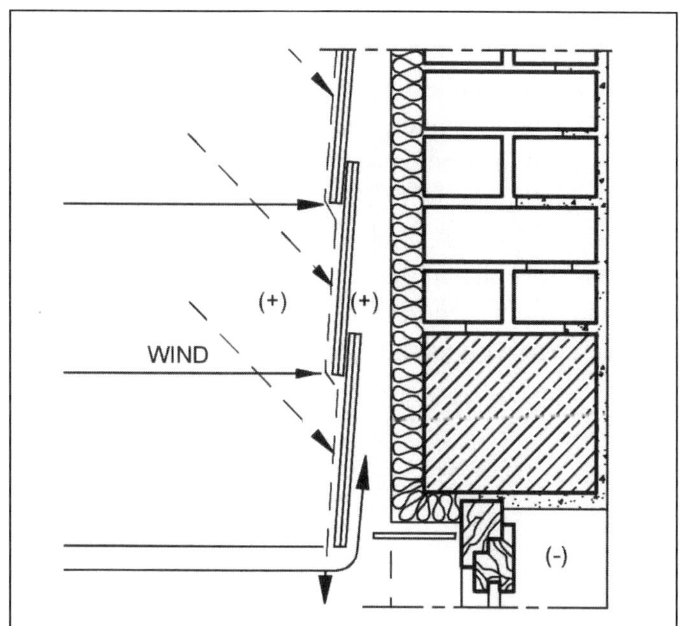

Abb. 28-3
Regenschutz einer hinterlüfteten Fassade [25]

Die Verschmutzungsanfälligkeit von Fassaden wird durch die Benetzbarkeit ihrer Oberflächen bestimmt. Ein Maß der Benetzbarkeit ist der Randwinkel θ zwischen der festen Oberfläche, dem Regentropfen und der Luft.

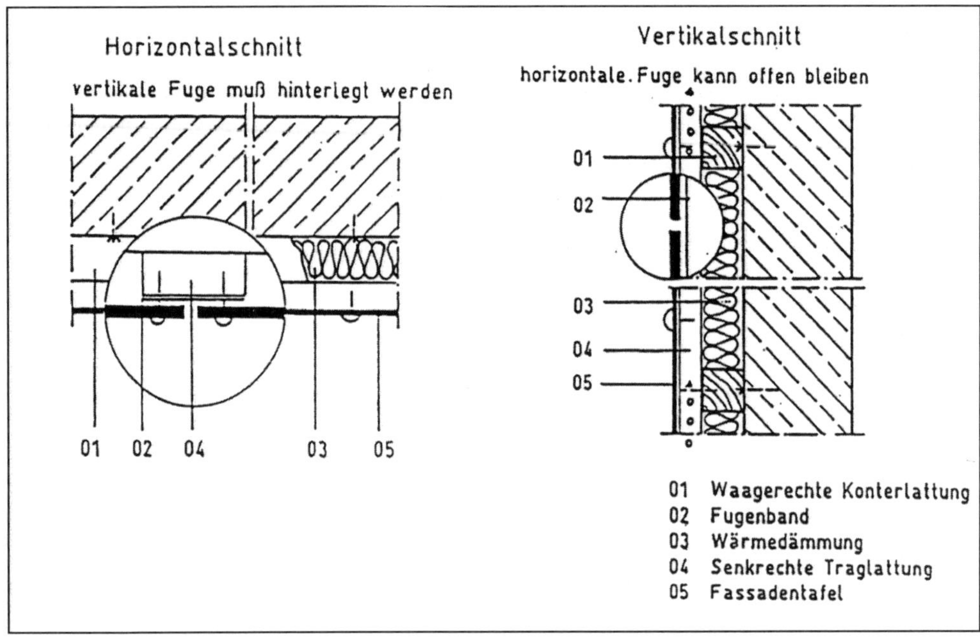

Abb. 28-4
Hinterlüftete Vorhangfassade mit offenen Horizontalfugen

Übliche Fassadenoberflächen weisen Randwinkel zwischen 0° und 90° auf und sind somit unvollständig benetzbar. Ihre Verschmutzungsanfälligkeit ist somit recht hoch. Wasserabweisende, d.h. nicht benetzbare Oberflächen haben Randwinkel von 90° bis 180°. Hierzu gehören hydrophobierte Oberflächen (z.B. auch Flächen mit „Lotus-Effekt“). Eine neuartige Entwicklung stellen die „Hydrotect“-Fassadenplatten dar, welche mit Randwinkeln um 0° vollständig benetzbar sind und somit Schmutz nicht anhaftet bzw. leicht durch Beregnung wieder abgewaschen wird (siehe Abbildung 19.2-3).

29 Zweck des baulichen Schallschutzes

Der bauliche Schallschutz hat insbesondere die Aufgabe, Menschen in Gebäuden vor unzumutbaren Schalleinwirkungen zu schützen. Dies ist erforderlich, damit die unterschiedlichen Bauwerke auch ihrem Zweck entsprechend nutzbar sind. So können unangenehme Schalleinwirkungen die Gesundheit und das Wohlbefinden der sich in den Gebäuden befindlichen Personen nachteilig beeinflussen. Vor allem im Wohnungsbau dient der bauliche Schallschutz dem

- Schutz der Aufenthaltsräume vor Schallübertragung aus benachbarten Räumen,
- Schutz vor Lärm aus haustechnischen Anlagen und Einrichtungen,
- Schutz vor Außenlärm infolge Verkehr, Industrie und Gewerbe.

Allerdings kann bei Durchsetzung der bauaufsichtlichen Anforderungen an den Schallschutz gemäß DIN 4109 nicht erwartet werden, dass Geräusche von außen oder aus benachbarten Räumen nicht mehr wahrgenommen werden. Die dafür erforderlichen Schallschutzmaßnahmen würden die Baukosten unangemessen in die Höhe treiben. Daher bleibt die Notwendigkeit gegenseitiger Rücksichtnahme durch Vermeidung unnötigen Lärms bestehen. Bei besonders schutzbedürftigen Räumen sind erhöhte Anforderungen technisch realisierbar, erfordern jedoch eine besondere Vereinbarung.

30 Grundbegriffe des Schallschutzes

30.1 Schall

Unter Schall versteht man die sich wellenförmig ausbreitenden Schwingungen in elastischen gasförmigen, flüssigen und festen Medien. Der Schall ist somit eine besondere Form mechanischer Energie, wenn auch von sehr geringer Größe. Dies wird deutlich, wenn man den atmosphärischen Druck mit dem Schalldruck vergleicht, der beim Menschen bereits Schmerz auslöst:

p_{atm} = 101 300 Pa (= 1013 hPa = 1 atm)
$p_{Schmerz}$ = 20 Pa

Werden Luftmoleküle in Schwingungen versetzt, so entstehen Druckunterschiede, die das Trommelfell des Ohres hin und her bewegen. Dabei befindet sich der Bereich des menschlichen Hörens im Frequenzbereich zwischen 16 und 16 000 Hz (siehe Kapitel 33). Für das Bauwesen sind folgende Wellenarten von Bedeutung:

a) Längs- oder Longitudinal- oder Druckwellen

Die Masseteilchen werden in Richtung der Fortpflanzung der Welle angestoßen, sie bewegen sich pendelnd in der Bewegungsrichtung der Welle hin und her; dadurch nähern und entfernen sie sich abwechselnd voneinander. Der Zusammenballung der Moleküle entspricht ein bestimmter Überdruck, der Auflockerung ein Unterdruck.

b) Quer- oder Transversalwellen

Die Masseteilchen werden quer zur Richtung der Wellenbewegung angestoßen; jedes angestoßene Teilchen schwingt quer zur Bewegungsrichtung der Welle und nimmt das Nachbarteilchen, mit dem es elastisch zusammenhängt, durch Schubkraftübertragung mit.

c) Biegewellen

Plattenförmige Bauteile (z.B. Wände, Decken), die rechtwinklig zu ihrer Ebene erregt werden, schwingen oft als Ganzes. Ihre Verformung ist dabei entsprechend ihrer Struktur und Abmessungen unterschiedlich groß, so dass biegesteife und biegeweiche Bauteile unterschieden werden.

30.2 Schallausbreitung und Schallgeschwindigkeit

Schall breitet sich in den verschiedenen gasförmigen, flüssigen und festen Medien räumlich aus. Die Ausbreitungsgeschwindigkeit c (in m/s) einer Schallwelle hängt von den elastischen Eigenschaften des leitenden Stoffes und seiner Dichte ab. Je elastischer und weniger dicht der Stoff, desto kleiner ist c. Weiterhin hängt die Schallgeschwindigkeit auch von der Stofftemperatur ab. Ist diese hoch, wird der Schall besser geleitet, da warme Moleküle beweglicher sind als kalte.

30.2.1 Schallgeschwindigkeit in Festkörpern

Bei der Schallgeschwindigkeit in Festkörpern ist zwischen stabförmigen Körpern und Drähten und unbegrenzt ausgedehnten Körpern zu unterscheiden. In stabförmigen Körpern und Drähten kann sich der Schall nur in einer Longitudinalwelle ausbreiten, während bei unbegrenzt ausgedehnten Körpern Longitudinal- und Transversalwellen auftreten.

Für stabförmige Körper und Drähte ergibt sich die Schallgeschwindigkeit der Longitudinalwelle aus:

$$c = \sqrt{\frac{E}{\rho}} \qquad \text{in m/s} \qquad (30.2.1\text{-}1)$$

mit: E = Elastizitätsmodul in N/m²
ρ = Dichte in kg/m³

Beispiel:

Schallgeschwindigkeit in Stahl (z.B. einer Eisenbahnschiene)

Elastizitätsmodul von Stahl: $E = 210 \cdot 10^9$ N/m²
Rohdichte von Stahl: $\rho = 7850$ kg/m³

$$c = \sqrt{\frac{E}{\rho}} = \sqrt{\frac{210 \cdot 10^9}{7850}}$$

$c = 5172$ m/s

Für unbegrenzt ausgedehnte Körper ergibt sich die Schallgeschwindigkeit der Longitudinalwelle c bzw. der Transversalwelle c_{Tr} aus:

$$c = \sqrt{\frac{E}{\rho}} \cdot \sqrt{\frac{1-\mu}{(1+\mu)\cdot(1-2\mu)}} \quad \text{in m/s} \qquad (30.2.1\text{-}2)$$

$$c_{\mathrm{Tr}} = \sqrt{\frac{E}{2\rho(1+\mu)}} \quad \text{in m/s} \qquad (30.2.1\text{-}3)$$

Werden Bauteile rechtwinklig zu ihrer Ebene angeregt, entsteht eine Biegewelle. Diese hat in Stäben folgende Ausbreitungsgeschwindigkeit:

$$c_{\mathrm{B}} = \sqrt[4]{\omega^2 \frac{E \cdot d^2}{12 \cdot \rho}} \quad \text{in m/s} \qquad (30.2.1\text{-}4)$$

Für Platten ergibt sich die Ausbreitungsgeschwindigkeit der Biegewelle aus:

$$c_{\mathrm{B}} = \sqrt[4]{\omega^2 \frac{E \cdot d^2}{12 \cdot \rho \cdot (1+\mu^2)}} \quad \text{in m/s} \qquad (30.2.1\text{-}5)$$

In den Gleichungen 30.2.1-2 bis 30.2.1-5 werden folgende Formelzeichen und Einheiten verwendet:

d = Dicke in m
E = Elastizitätsmodul in $\mathrm{N/m^2}$
ρ = Rohdichte in $\mathrm{kg/m^3}$
μ = Querkontraktionszahl [-] nach Tabelle 30.2.1-1
ω = Kreisfrequenz in Hz (siehe Gleichung 30.3-1)

Dabei versteht man unter Querkontraktion einen Spezialfall der Deformation, die das Verhalten eines Körpers unter dem Einfluss einer Zugkraft beschreibt. Die Querkontraktionszahl μ ist eine dimensionslose Größe und beschreibt die Proportionalität zwischen Längen- und Dickenänderung bei der Einwirkung einer Zugkraft. In Tabelle 30.2.1-1 sind die Querkontraktionszahlen einiger Baustoffe aufgeführt.

Tabelle 30.2.1-1
Querkontraktionszahl μ verschiedener Baustoffe

Baustoff	**Querkontraktionszahl μ**
Beton	0,20
Stahl	0,28
Aluminium	0,34

30.2.2 Schallgeschwindigkeit in Flüssigkeiten

In Flüssigkeiten hängt die Schallgeschwindigkeit von der Kompressibilität der jeweiligen Flüssigkeit und deren Rohdichte ab:

$$c = \sqrt{\frac{1}{k \cdot \rho}} \qquad \text{in m/s} \qquad (30.2.2\text{-}1)$$

mit: k = Kompressibilität in m s^2/kg = Pa^{-1}
ρ = Dichte in kg/m^3

Die Kompressibilität ist dabei der Kehrwert des Kompressionsmoduls. Dieses beschreibt bei Gasen und Flüssigkeiten die allseitige Druckänderung, welche für eine bestimmte Volumenänderung erforderlich ist.

Beispiel:

Schallgeschwindigkeit in Wasser

Kompressibilität von Wasser: $k = 460 \cdot 10^{-12}$ Pa^{-1}
Dichte von Wasser: ρ = 1000 kg/m^3

$$c = \sqrt{\frac{1}{460 \cdot 10^{-12} \cdot 1000}}$$

c = 1474 m/s

30.2.3 Schallgeschwindigkeit in Gasen

In Gasen hängt die Schallgeschwindigkeit von dem Adiabatenexponenten des jeweiligen Gases, des Gasdruckes und der Rohdichte ab. Dabei kann c aber auch mit dem Adiabatenexponenten, der spezifischen Gaskonstanten des Gases und der Temperatur bestimmt werden:

$$c = \sqrt{\frac{\kappa \cdot p}{\rho}} = \sqrt{\kappa \cdot R \cdot T} \qquad \text{in m/s} \qquad (30.2.3\text{-}1)$$

mit: R = Gaskonstante in J/(kgK)
p = Gasdruck in Pa
T = Temperatur in K
κ = Adiabatenexponent

Für Luft kann die Gaskonstante R = 287,1 J/(kgK) und der Adiabatenexponent zu κ = 1,41 gesetzt werden.

Der Adiabatenexponent ist ein Begriff aus der Thermodynamik und dient der Beschreibung adiabatischer Zustandsänderungen (Änderung eines thermodynamischen Systems ohne Wärmeaustausch mit der Umgebung). Er ist definiert als das Verhältnis der spezifischen Wärmekapazität von Gasen bei konstantem Druck (c_p) und konstantem Volumen (c_V):

$$\kappa = \frac{c_\text{p}}{c_\text{V}} \qquad (30.2.3\text{-}2)$$

mit: c_p = spezifische Wärmekapazität des Gases bei konstantem Druck
c_V = spezifische Wärmekapazität des Gases bei konstantem Volumen

Näherungsweise kann für die Schallgeschwindigkeit in Luft angesetzt werden

$$c = 331{,}6 + 0{,}6 \cdot \Delta T \qquad \text{in m/s} \qquad (30.2.3\text{-}3)$$

mit: 331,6 = Schallgeschwindigkeit der Luft bei 0 °C in m/s
ΔT = Temperaturdifferenz zu 0 °C

Beispiel: Schallgeschwindigkeit der Luft in Abhängigkeit der Temperatur

Luft bei 20 °C (nach Gleichung 30.2.3-1):
Adiabatenexponent der Luft: $\kappa = 1{,}41$
Gaskonstante der Luft: $R = 287{,}1$ J/(kgK)
Temperatur: $T = 273 + 20 = 293$ K

$$c = \sqrt{1{,}41 \cdot 287{,}1 \cdot 293} = 344{,}4 \text{ m/s}$$

Luft bei 20 °C (nach Gleichung 30.2.3-3):

Temperaturdifferenz: $\Delta T = 20$ K

$$c = 331{,}6 + 0{,}6 \cdot \Delta T = 331{,}6 + 0{,}6 \cdot 20 = 343{,}6 \text{ m/s}$$

30.3 Frequenz und Schwingungsdauer

Mit der Frequenz f wird die Anzahl der Schwingungen je Sekunde bezeichnet. Führt zum Beispiel die Saite eines Musikinstrumentes eine Schwingung pro Sekunde aus, beträgt die Frequenz 1 Hertz (Hz). Die Frequenz bestimmt die Tonhöhe. Niedrige Frequenzen stehen für tiefe Töne, während mit zunehmender Frequenz auch die Tonhöhe zunimmt. Eine Verdoppelung der Frequenz entspricht einer Oktave. Der tiefste Basston auf dem Klavier hat etwa 30 Hz, der höchste über 4000 Hz. Der Kammerton a' liegt bei 440 Hz, d.h. 440 Schwingungen pro Sekunde (siehe Abbildung 30.3-1).

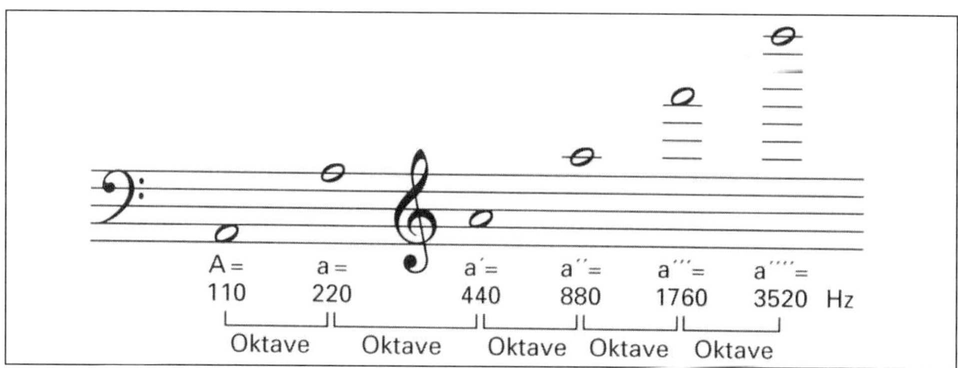

Abb. 30.3-1
Frequenzen des Tones a. Die Verdoppelung der Frequenz entspricht einem Oktavintervall. Der Kammerton a´ hat eine Frequenz von 440 Hz.

Der menschliche Hörbereich umfasst etwa 10 Oktaven von 16 bis 16 000 Hz. In der Bauakustik betrachtet man dagegen vorwiegend nur einen Bereich von fünf Oktaven mit den Frequenzen 100–200–400–800–1600–3200 (3150) Hz. Abbildung 30.3-2 zeigt den Hörbereich des Menschen, das Musik- und Sprachfeld in Abhängigkeit der Frequenz f.

Die Kreisfrequenz ω ist mit der Frequenz f und der Kreiszahl π durch folgende Beziehung verknüpft (vgl. auch Gleichungen 30.2.1-4 und 30.2.1-5):

$$\omega = 2 \cdot \pi \cdot f \qquad \text{in s}^{-1} \qquad (30.3\text{-}1)$$

mit: ω = Kreisfrequenz in Hz (= s^{-1})
π = Kreiszahl
f = Frequenz in Hz (= s^{-1})

Aus dem Kehrwert der Frequenz f ergibt sich die Schwingungsdauer:

$$t_f = \frac{1}{f} \qquad \text{in s} \qquad (30.3\text{-}2)$$

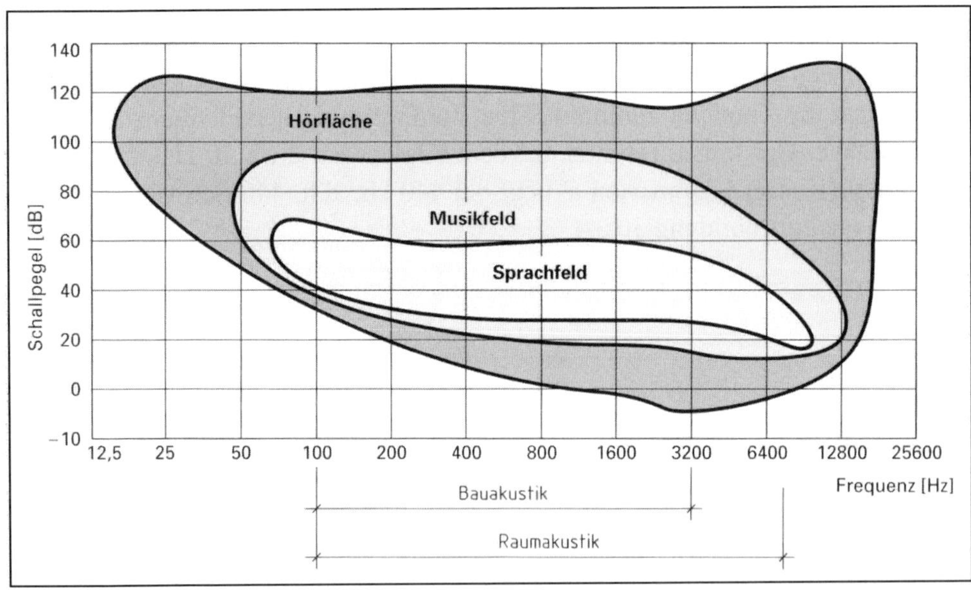

Abb. 30.3-2
Hörbereich, Musik- und Sprachfeld sowie bau- und raumakustischer Bereich als Funktion der Frequenz. Der bauakustische Bereich deckt Frequenzen zwischen 100 und 3200 Hz, der raumakustische Bereich Frequenzen zwischen 100 und 6400 Hz ab.

30.4 Wellenlänge

Schall breitet sich wellenförmig aus, wobei der Abstand von zwei aufeinanderfolgenden Phasen als Wellenlänge λ bezeichnet wird. Die Wellenlänge λ eines Schallereignisses ergibt sich aus der Schallgeschwindigkeit c und der Frequenz f zu:

$$\lambda = \frac{c}{f} \qquad \text{in m} \qquad (30.4\text{-}1)$$

mit: c = Schallgeschwindigkeit in m/s
f = Frequenz in Hz (= s^{-1})

Mit einer Schallgeschwindigkeit von $c \approx 340$ m/s für Luft ergeben sich für den bauakustischen Bereich von 100 Hz bis 3200 Hz Wellenlängen λ, die zwischen etwa 10 cm und 3,4 m liegen (siehe Abbildung 30.4-1).

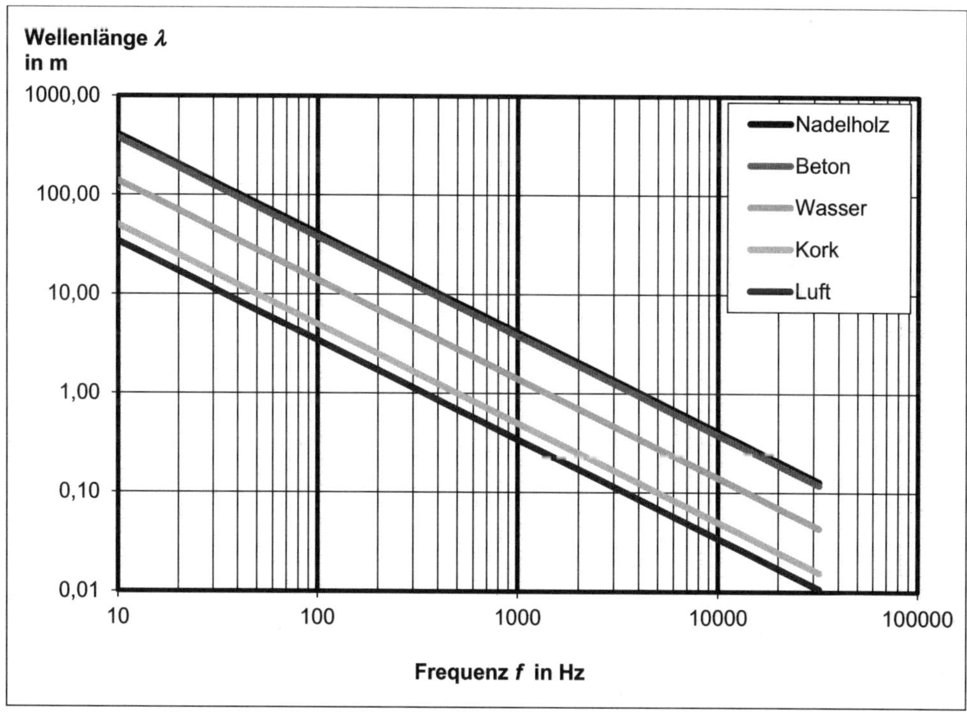

Abb. 30.4-1
Gegenüberstellung der Wellenlängen λ verschiedener Baustoffe in Abhängigkeit der Frequenz f

Im Gegensatz zu den mikroskopisch kleinen Wellenlängen des Lichtes und der Wärme, sind die Wellenlängen des Schalls in der Regel größer als die Dicken der Bauteile. Aus diesem Grund ist es beim Schallschutz – im Gegensatz zum Wärmeschutz – nicht möglich, die Dämmwerte der einzelnen Schichten eines Bauteiles zu addieren. In Abbildung 30.4-1 sind die Wellenlängen verschiedener Baustoffe bei unterschiedlichen Frequenzen dargestellt.

Auch Biegewellen in Bauteilen können beträchtliche Wellenlängen aufweisen (z.B. bei 100 Hz im Mauerwerk ca. 24,0 m). Die Wellenlängen solcher Biegewellen werden umso kleiner, je dünner und damit biegeweicher die plattenförmigen Bauteile werden (vgl. Kapitel 32).

30.5 Schallschnelle

Neben der Ausbreitungsgeschwindigkeit c ist die Schallschnelle v von Bedeutung. Hierunter versteht man die mittlere Geschwindigkeit der Teilchen um ihre Ruhelage. Im homogenen Medium ist

$$v = \frac{p}{Z} \quad \text{in m/s} \qquad (30.5\text{-}1)$$

mit: p = Schalldruck in Pa (= N/m^2)
Z = Schallwellenwiderstand (Impedanz) in kg/(m^{2}s)

Der Schallwellenwiderstand (Impedanz) ergibt sich aus:

$$Z = c \cdot \rho \quad \text{in kg/(m}^2\text{s)} \qquad (30.5\text{-}2)$$

mit: c = Ausbreitungsgeschwindigkeit in m/s
ρ = Dichte in kg/m^3

Für Luft erhält man bei dem geringsten noch wahrnehmbaren Schalldruck von p = 20 µPa (= 20 · 10^{-6} Pa) und der Ausbreitungsgeschwindigkeit von 340 m/s eine Schallschnelle von v = 0,047 · 10^{-6} m/s. Erreicht der Schalldruck p dagegen die Schmerzgrenze von 20 Pa ergibt sich eine Schallschnelle von v = 0,05 m/s.

30.6 Amplitude

Als Amplitude a wird die Schwingungsweite einer Schallwelle bezeichnet. Die Amplitude gibt dabei die Entfernung der schwingenden Teilchen von ihrer Mittellage an (Abb. 30.6-1). Je größer die Amplitude a, desto lauter wird das Schallereignis empfunden.

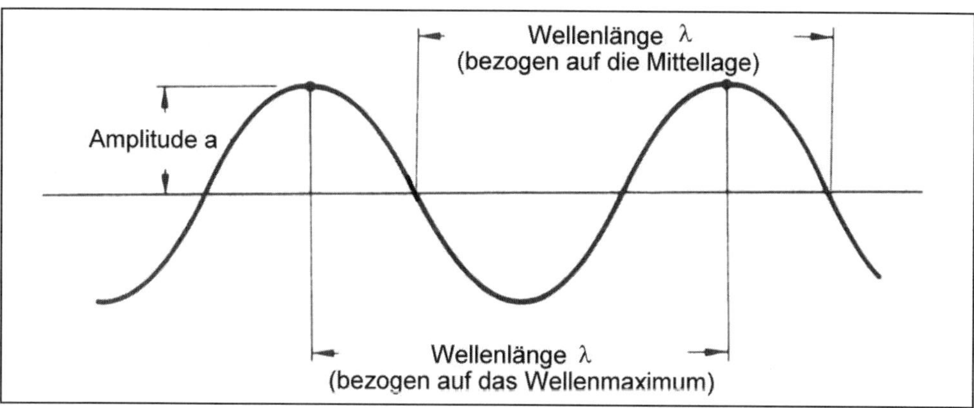

Abb. 30.6-1
Amplitude a und Wellenlänge λ

30.7 Ton, Klang, Geräusch

Ein einfacher Ton (Beispiel: Stimmgabel) stellt eine reine Sinusschwingung dar. Ein Klang entsteht aus der Überlagerung mehrerer Töne, deren Frequenzen in einem ganzzahligen Verhältnis zueinander stehen (Grundwelle und Oberwellen). Ein Geräusch ist ein Schallereignis, das aus mehreren Teiltönen entsteht, die eher zufällig miteinander verbunden sind (siehe Abbildung 30.7-1). Mit der Fourier-Analyse lassen sich Geräusche in Teilschwingungen zerlegen, z.B. in Frequenzbereiche von der Breite einer

- Oktave, Frequenzverhältnis 1:2 (so genannte Oktavfilter-Analyse)
- Drittel-Oktave (Terz), Frequenzverhältnis $1:\sqrt[3]{2} = 1:1{,}126$ (so genannte Terzfilter-Analyse).

Zusammenfassend lässt sich feststellen, dass die Frequenz die Tonhöhe, die Amplitude die Lautstärke und die Schwingungsform die Klangfarbe bestimmt (vgl. auch Abschnitte 30.8 und 30.9). In Abbildung 30.7-2 sind diese Zusammenhänge dargestellt.

Abb. 30.7-1
Erläuterung der Begriffe Ton, Klang und Geräusch
a) Einfacher oder reiner Ton: Schallschwingungen von sinusförmigem Verlauf, ohne weitere Nebenschwingungen
b) Klang: Entsteht durch Überlagerung mehrerer einfacher Töne
c) Geräusch: Schall, der aus vielen Teiltönen zusammengesetzt ist, deren Frequenz nicht in einfachen Zahlenverhältnissen zueinander stehen

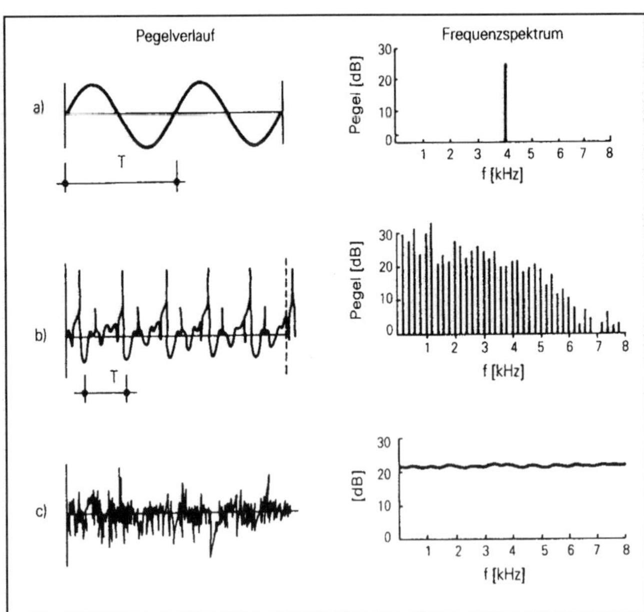

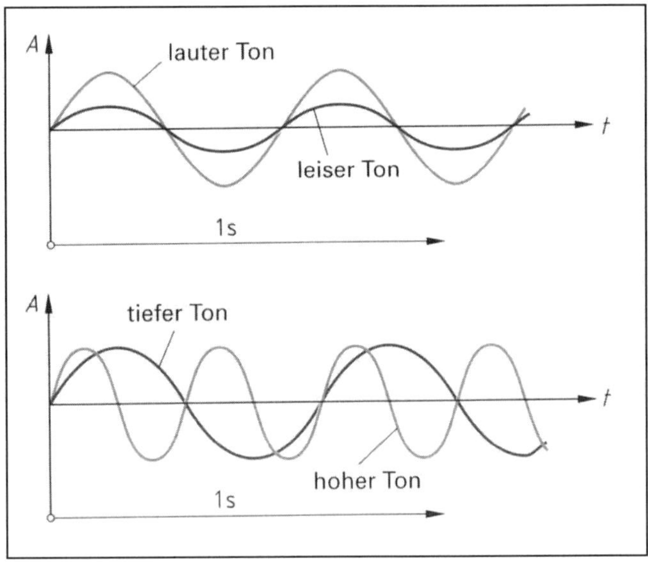

Abb. 30.7-2
Zusammenhang zwischen Amplitude und Lautstärke eines Tones (oben) sowie Frequenz und Tonhöhe (unten). Der hohe Ton ist genau eine Oktave höher als der tiefe Ton, da seine Frequenz doppelt so groß ist, wie die des tiefen Tones.

30.8 Schalldruck

Durch ein Schallereignis werden die Moleküle der Luft in Schwingungen versetzt. Der Schalldruck p ergibt sich durch den Wechseldruck (Druckschwankung), der sich dem atmosphärischen Druck der Luft (1 atm = 1013 hPa = $1{,}013 \cdot 10^5$ N/m^2) überlagert. Der Schalldruck wird mit Mikrofonen gemessen, wobei sich die auftretenden Schalldrücke um 6 Zehnerpotenzen voneinander unterscheiden können (z.B. liegt bei einem 1000-Hz-Ton die Hörschwelle bei etwa $2 \cdot 10^{-5}$ Pa (= 20 µPa) und die Schmerzgrenze bei etwa 20 Pa).

30.8.1 Schalldruckpegel

Der Begriff Schalldruckpegel entstand in Anlehnung an die Messung der Höhe eines Wasserspiegels, der als Pegel angegeben wird. Dabei bezieht sich der Pegel immer auf einen bestimmten Normalpunkt, welcher in der Akustik durch die Hörschwelle gegeben ist. Zur besseren Handhabung von Schalldrücken wird der Schalldruckpegel L als logarithmisches Maß mit der Einheit dB (Dezibel, aus „dezi" = 1/10 und der Einheit „Bel"[1]) verwendet. Der Schalldruckpegel ergibt sich mit dem Verhältnis des vorhandenen Schalldruckes zum Bezugsdruck bzw. mit dem Verhältnis der vorhandenen Schallintensität zur Bezugsschallintensität aus:

$$L = 10 \cdot \lg\left(\frac{p}{p_0}\right)^2 = 20 \cdot \lg\left(\frac{p}{p_0}\right) = 10 \cdot \lg\frac{I}{I_0} \qquad \text{in m} \qquad (30.8.1\text{-}1)$$

mit: p = vorhandener Schalldruck in Pa
$p_0 = 2 \cdot 10^{-5}$ Pa (bzw. 20 µPa) = Bezugs-Schalldruck (Schalldruck an der Hörschwelle bei 1000 Hz)
I = vorhandene Schallintensität in W/m²
$I_0 = 10^{-12}$ W/m² = Bezugs-Schallintensität an der Hörschwelle bei 1000 Hz

Unter der Schallintensität I versteht man die Schallleistung P (in W) pro Flächeneinheit (in m²). Aus Gleichung 30.8.1-1 geht hervor, dass die Schallintensität I proportional zum Quadrat des Schalldruckes p ist. Die Hörschwelle liegt bei einer Schallintensität von $I_0 = 10^{-12}$ W/m².

Beispiel: In Abhängigkeit vom Verhältnis der Schallintensität $I/I_0 = (p/p_0)^2$ ergeben sich folgende Schalldruckpegel L:

$(p/p_0)^2$ = 10 → L = 10 dB
$(p/p_0)^2$ = 100 → L = 20 dB
$(p/p_0)^2$ = 1000 → L = 30 dB
$(p/p_0)^2$ = 1 000 000 → L = 60 dB

[1] Nach dem amerikanischen Wissenschaftler und Erfinder Alexander Graham Bell (z.B. Erfindung des elektromagnetisches Telefons, 1876).

Üblicherweise wird in der Bauphysik mit dem vom Schalldruck abhängigen Pegel gerechnet. Er ergibt sich aus Gleichung (30.8.1-1) zu:

$$L = 20 \cdot \lg\left(\frac{p}{p_0}\right) \qquad \text{in m} \qquad (30.8.1\text{-}2)$$

mit: p = vorhandener Schalldruck in Pa
$p_0 = 2 \cdot 10^{-5}$ Pa (bzw. 20 µPa) = Bezugs-Schalldruck
(Schalldruck an der Hörschwelle bei 1000 Hz)

Aus Gleichung 30.8.1-2 geht hervor, dass ein Schallereignis mit einem vorhandenen Schalldruck an der Hörschwelle ($p = p_0$) zu einem Schallpegel von 0 dB führt:

$$L = 20 \cdot \lg\frac{p}{p_0} = 20 \cdot \lg\frac{p_0}{p_0} = 20 \cdot \lg 1 = 20 \cdot 0 = 0 \text{ dB} \qquad (30.8.1\text{-}3)$$

30.8.2 Addition mehrerer Schalldruckpegel

Treten zugleich mehrere Schallquellen mit gleicher Einzelschallstärke und gleichem Klangcharakter auf, dann erhöht sich der Schalldruckpegel L entsprechend. Addiert werden nicht die Schallpegel, sondern die Schallstärken (Schallintensitäten):

- bei 2 Schallquellen um 3 dB
- bei 4 Schallquellen um 6 dB
- bei 8 Schallquellen um 9 dB
- bei 10 Schallquellen um 10 dB

Allgemein mathematisch formuliert, ergibt sich die schallenergetische Addition zu:

$$L_{\text{ges}} = 10 \cdot \lg \sum_{i=1}^{n} 10^{0,1 \cdot L_i} \qquad \text{in dB} \qquad (30.8.2\text{-}1)$$

bzw. mit n gleichen Schalldruckpegeln

$$L_{\text{ges}} = L_1 + 10 \cdot \lg n \qquad \text{in dB} \qquad (31.8.2\text{-}2)$$

mit: n = Anzahl der Schallpegel
L_1 = Einzelpegel in dB

Beispiele: Schallenergetische Addition von gleichen Schalldruckpegeln L:

$L_1 = 10 \lg (I_1 / I_0)$
$2 \cdot L_1 = 10 \lg (2 \cdot I_1 / I_0) = 10 \lg (I_1 / I_0) + 10 \lg 2 = L_1 + 3$ dB
$4 \cdot L_1 = 10 \lg (4 \cdot I_1 / I_0) = 10 \lg (I_1 / I_0) + 10 \lg 4 = L_1 + 6$ dB
$10 \cdot L_1 = 10 \lg (10 \cdot I_1 / I_0) = 10 \lg (I_1 / I_0) + 10 \lg 10 = L_1 + 10$ dB

Mehrere unterschiedliche Schalldruckpegel L:

Gegeben: $L_1 = 70$ dB; $L_2 = 60$ dB; $I_1 = 10^7 \cdot I_0$; $I_2 = 10^6 \cdot I_0$

$L = L_1 + L_2 = 10 \lg [(10^7 + 10^6) \cdot I_0/I_0] = 10 \lg (1{,}1 \cdot 10^7)$
$L = 10 \lg 10^7 + 10 \lg 1{,}1 = 70 + 0{,}41 = 70{,}4 \text{ dB} \approx 70$ dB

Zwei stark unterschiedliche Schalldruckpegel

Gegeben: $L_1 = 70$ dB; $L_2 = 50$ dB

$L = 10 \lg [(10^7 + 10^5) \cdot I_0/I_0] = 10 \lg (1{,}01 \cdot 10^7) = 70 + 0{,}04 = 70{,}04 \text{ dB} \approx 70$ dB

Das Auflösungsvermögen des Menschen zur Unterscheidung von Schalldruckpegeln beträgt 1 dB. Aus der Bedingung

$L_{ges} = L_1 + 1$ dB

folgt, dass der Schalldruckpegel einer zweiten Schallquelle sich von der ersten um nicht mehr als 6 dB unterscheiden darf, um überhaupt wahrgenommen zu werden (vgl. Abbildung 30.8.2-1). Dies ergibt sich aus der Umstellung von Gleichung 30.8.2-1 zu:

$$L_{ges} - L_1 = 10 \cdot \lg\left(1 + 10^{-\frac{L_1 - L_2}{10}}\right) \quad \text{in dB} \qquad (30.8.2\text{-}3)$$

mit: L_{ges} = Gesamtpegel in dB
L_1 = Schalldruckpegel 1 in dB
L_2 = Schalldruckpegel 2 in dB

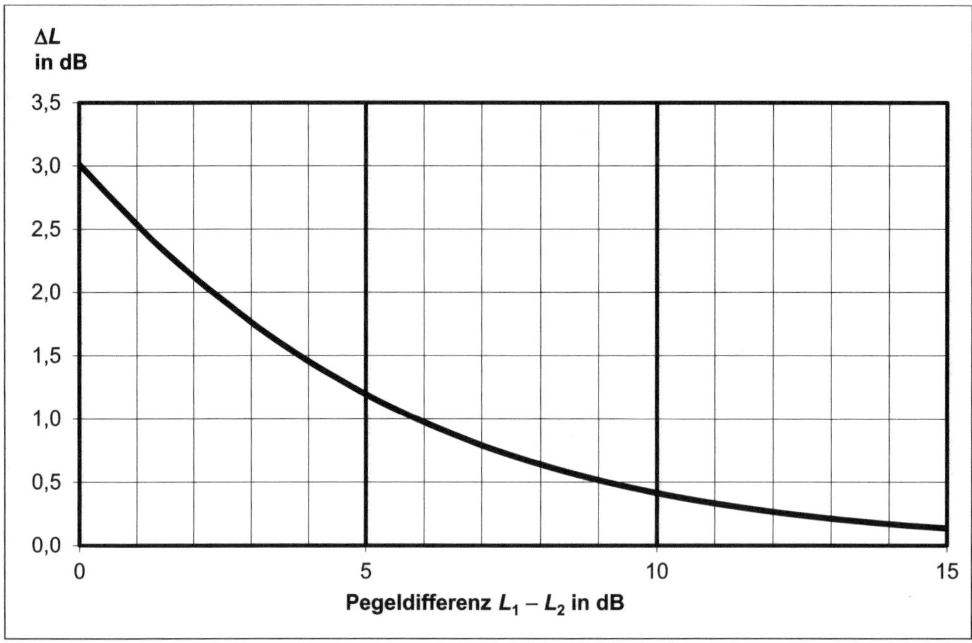

Abb. 30.8.2-1
Auswertung von Gleichung 30.8.2-3; bei zwei gleichen Schalldruckpegeln beträgt die Zunahme 3 dB; ist die Differenz $L_1 - L_2 \geq 6$ dB, beträgt die Zunahme des größeren Schalldruckpegels weniger als 1 dB.

30.9 Lautstärke

Da das menschliche Ohr zwei Töne mit demselben Schallpegel, aber unterschiedlicher Frequenz, als verschieden laut empfinden kann, ist es erforderlich, neben dem physikalischen Maß des Schallpegels noch ein subjektives Maß der Lautstärke einzuführen. Dieses kennzeichnet das Lautstärkeempfinden des menschlichen Ohres (phon; keine physikalische Einheit).

Definitionsgemäß ist die Lautstärke eines 1000-Hz-Tones zahlenmäßig gleich groß wie der Schallpegel in dB. Der Bereich der Lautstärke zwischen der Hörschwelle und der Schmerzschwelle ist derzeit in 130 phon unterteilt. Das Ohr ist für tiefe Töne, vor allem bei kleinen Lautstärken, weniger empfindlich als für mittlere Frequenzen (Abb. 30.9-1). Einen Näherungswert hierfür liefert der A-Filter in dB(A), bei dem die verschiedenen Frequenzanteile eines Geräusches nach der so genannten A-Frequenzkurve unterschiedlich bewertet werden. Die Beiträge der Frequenzen unter 1 000 Hz und über 5 000 Hz zum Gesamtergebnis werden bei der Messung mit dem Schallpegelmesser unterschiedlich weggefiltert.

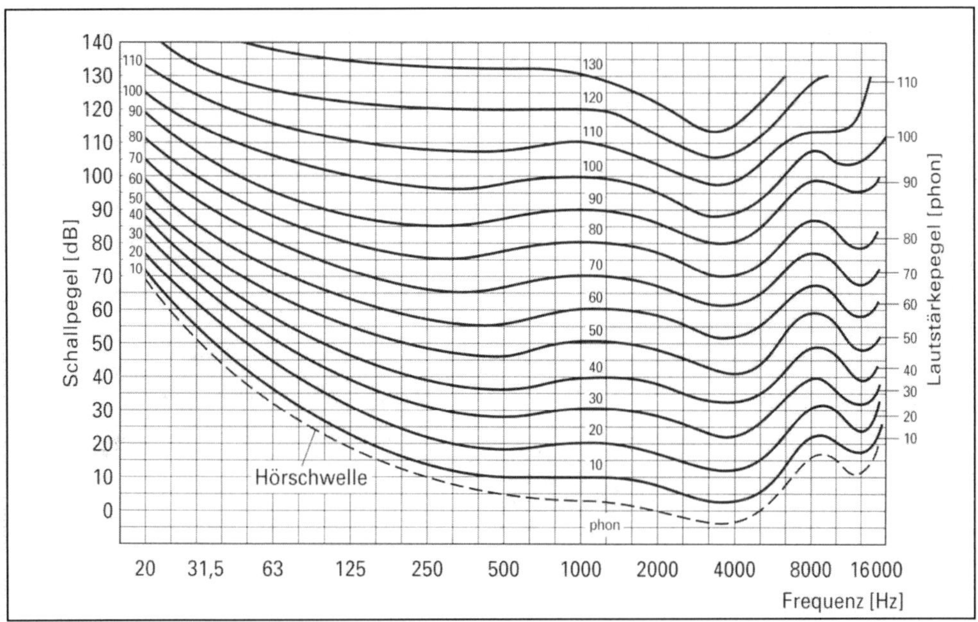

Abb. 30.9-1
Zusammenhang zwischen der Lautstärke (in phon) und Schallpegel (in dB); bei 1 000 Hz entsprechen sich phon-Angaben und dB; bei anderen Frequenzen ergeben sich Abweichungen, woraus der A-Filter abgeleitet wird (siehe Abb. 30.9-2).

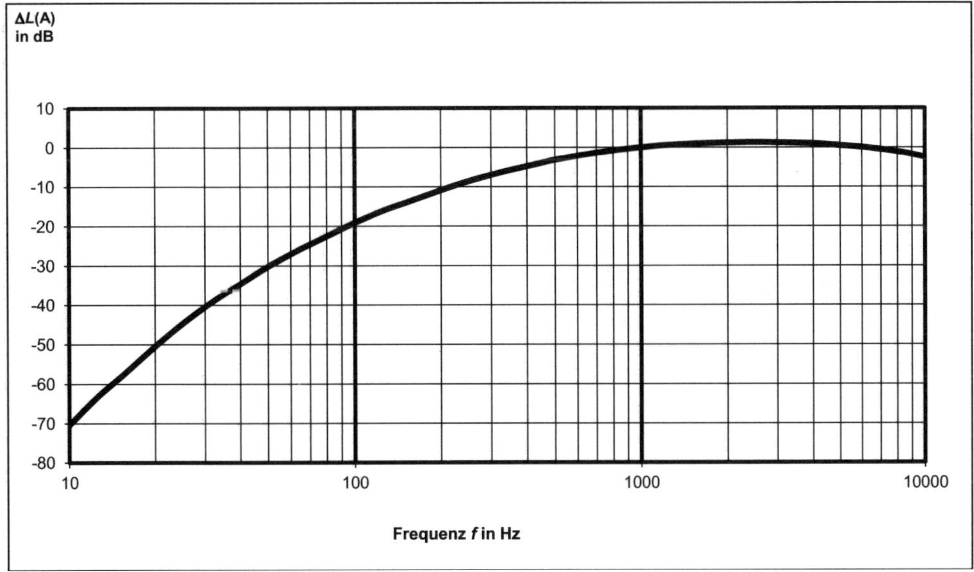

Abb. 30.9-2
A-Filter in dB zur Angleichung des Schallpegels an das menschliche Hörvermögen. Bei einer Frequenz von $f = 1\,000$ Hz sind der Schallpegel in dB und der A-bewertete Schallpegel identisch.

Die Lautstärke-Skala ist zum Lautstärkeempfinden allerdings nicht streng proportional. So wird ein Geräusch, dessen Schallpegel um 10 dB(A) von 60 dB(A) auf 70 dB(A) erhöht wird, als doppelt so laut empfunden wie das ursprüngliche Geräusch. Bei leisen Geräuschen – z.B. Durchhören von Sprache oder Musik durch Wände oder Decken – genügen wesentlich geringere Steigerungen des Schallpegels für das Gefühl der Verdopplung.

Tabelle 30.9-1
A-Schallpegel verschiedener Schallereignisse

Schallereignis	Schallintensität dB(A)	Bewertung	Schallempfindung
Düsenflugzeug		140	Schmerzbereich
Presslufthammer, Traktor, Propellerflugzeug		130	
		120	
		100	Schädigungsbereich
Schwerlastfahrzeug, Schlagbohrer		90	
Starker Straßenverkehr		80	Belästigungsbereich
Personenwagen		70	
Normales Gespräch		60	
Leises Gespräch		50	
Leise Musik, Flüstern		40	Sicherer Bereich
Ticken einer Uhr		30	
Blätterrauschen		20	
Kaum wahrnehmbares Geräusch		0	Hörschwelle

31 Raumakustik

Die Raumakustik befasst sich mit der Schallausbreitung und Nachhallzeit innerhalb von Räumen. Sowohl bei der Schallausbreitung in der Luft als auch beim Auftreffen von Schallwellen auf Begrenzungsflächen eines Raumes, Gegenstände und Personen in einem Raum, geht Schallenergie verloren. Dabei spricht man von Schallabsorption (oder Schallschluckung), die vor allem vom Absorptionsgrad und der Fläche des den Schall schluckenden Stoffes abhängig ist. Je kleiner der Absorptionsgrad, desto größer wird der Nachhall in einem Raum sein.

31.1 Schallabsorptionsgrad

Entsteht Schall in einem Raum, so wird dieser an den Umfassungsbauteilen durchgelassen, reflektiert oder absorbiert. Ein Maß für die Absorptionsfähigkeit (Schallschluckung, Schalldämpfung) von Oberflächen wird durch den Absorptionsgrad angegeben. Dieser ist das Verhältnis von geschlucktem Schall zur auftreffenden Schallenergie (Abbildung 31.1-1):

$$\alpha = \frac{I_\alpha}{I} = 1 - \rho \qquad \text{in [-]} \qquad (31.1\text{-}1)$$

mit: I_α = absorbierte Schallenergie
I = auftreffende Schallenergie
ρ = Schallreflexion

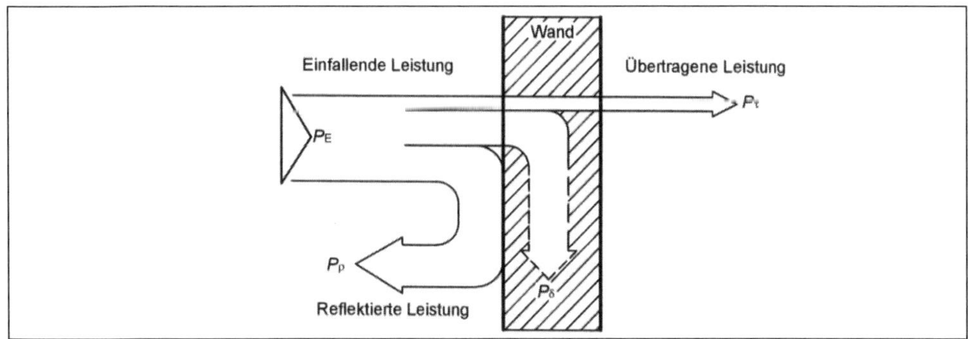

Abb. 31.1-1
Transmission, Dissipation und Reflexion

Es bedeuten: $\alpha \rightarrow 1$: vollständige Schallabsorption, d.h. Schallreflexion $\rho \rightarrow 0$
$\alpha \rightarrow 0$: vollständige Schallreflexion, d.h. Schallreflexion $\rho \rightarrow 1$

Die vom Bauteil absorbierte Schallenergie wird durchgelassen (Transmission τ) und/oder in Wärme ungewandelt (Dissipation δ). Da der Absorptionsgrad α frequenzabhängig ist, können bestimmte Schallereignisse durch spezielle Ab-sorber optimal gedämpft werden (siehe Abbildung 31.1-2).

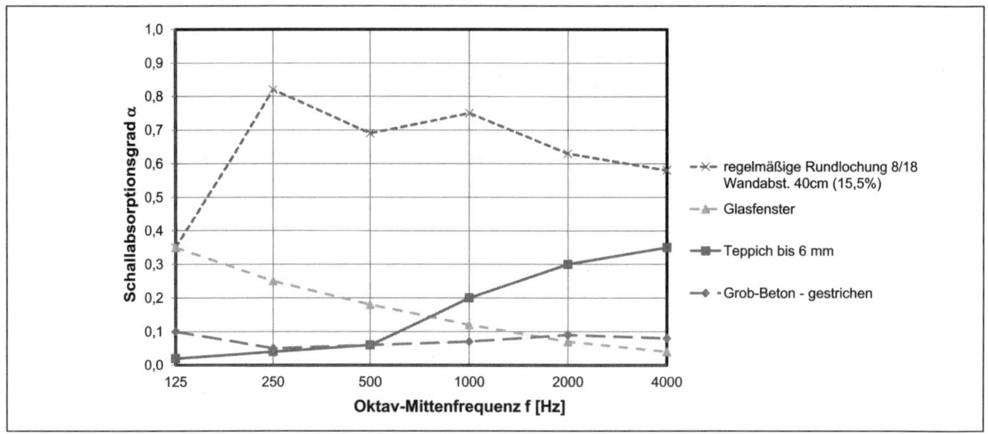

Abb. 31.1-2
Schallabsorptionsgrad üblicher Materialien von Raumbegrenzungsflächen in Abhängigkeit der Frequenz

In Tabelle 31.1-1 sind die Schallabsorptionsgrade α einiger Materialien aufgeführt. Mit der äquivalenten Schallabsorptionsfläche A wird ausgedrückt, wie groß die Summe aller raumbegrenzenden Flächen wäre, wenn diese einen Schallabsorptionsgrad von 100 % hätten. Das heißt, die äquivalente Schallabsorptionsfläche A gibt die Fläche (mit $\alpha = 100$ %) an, die genauso viel Schall schluckt, wie die vorhandenen Oberflächen des Raumes (Wände, Decke, Boden). Die äquivalente Schallabsorptionsfläche A wird wie folgt ermittelt:

$$A = \sum_{i=1}^{n} \alpha_\mathrm{i} \cdot S_\mathrm{i} + \sum_{j=1}^{k} n_\mathrm{j} \cdot A_\mathrm{j} \qquad \text{in m}^2 \qquad (31.1\text{-}2)$$

mit: S_i = Teilfläche i in m²
α_i = Absorptionskoeffizient der Teilfläche i
A_j = Schallabsorptionsfläche der Personen oder Gegenstände j in m²
n_j = Anzahl der Personen oder Gegenstände j

In der praktischen Raum- und Bauakustik kann die äquivalente Schallabsorptionsfläche A nicht direkt bestimmt werden, weshalb sie meist aus der gemessenen Nachhallzeit des betrachteten Raumes bestimmt wird (vgl. Gleichung 31.2-3).

Tabelle 31.1-1
Schallabsorptionsgrade verschiedener Baumaterialien

	Schallabsorptionsgrad α					
	Frequenz in Hz					
	125	**250**	**500**	**1 000**	**2 000**	**4 000**
Mineralische Oberflächen						
Kalkzementputz (rau)	0,03	0,03	0,04	0,04	0,05	0,06
Sichtbeton	0,01	0,01	0,01	0,02	0,03	0,03
Akustikputz (*d* = 12 mm)	0,04	0,15	0,26	0,41	0,69	0,89
Nichttextile Fußböden						
PVC, Linoleum	0,01	0,01	0,02	0,02	0,03	0,03
Parkett, versiegelt	0,02	0,02	0,03	0,04	0,05	0,05
Parkett, unversiegelt	0,04	0,04	0,06	0,12	0,14	0,17
Textile Fußbodenbeläge						
Nadelfilz (*d* = 4 – 6 mm)	0,03	0,03	0,07	0,13	0,25	0,45
Velours (*d* = 7 – 8 mm)	0,03	0,04	0,10	0,25	0,45	0,55
Abgehängte Unterdecken						
Gipskartonplatten, ungelocht	0,25	0,12	0,10	0,05	0,05	0,10
Mineralfaserplatten raumseits mit Farbschicht, Oberfläche mit kleinen Löchern, 200 mm Deckenabstand	0,40	0,45	0,60	0,65	0,85	0,85
Holzspanplatten, 10 – 12 mm, 300 mm Deckenabstand	0,42	0,28	0,49	0,78	0,58	0,62
Lochblechplatten, Lochung 20 %, mit Mineralwolle (30 mm) belegt, 300 mm Deckenabstand	0,41	0,54	0,56	0,64	0,69	0,64
Fenster, Türen						
Fenster, geschlossen	0,10	0,15	0,10	0,05	0,03	0,02
Tür, Sperrholz, lackiert	0,12	0,10	0,08	0,05	0,05	0,05
Verkleidungen						
Verbretterung (*d* = 18 – 22 mm), auf Lattung, 5 % offene Fugen, mit Mineralwolle (30 mm) hinterlegt	0,40	0,80	0,40	0,30	0,20	0,20
Gipskartonplatte (*d* = 10 mm), ungelocht, Wandabstand 50 mm, Hohlraum mit Mineralwolle gefüllt	0,35	0,12	0,08	0,07	0,06	0,07
Gipskartonplatte (*d* = 10 mm), gelocht, Lochanteil 15 %, Wandabstand 50 mm, Hohlraum mit Mineralwolle gefüllt	0,27	0,74	0,80	0,73	0,47	0,41
Sperrholzplatten auf Holzlattenrost, 50 mm Wandabstand	0,18	0,28	0,12	0,07	0,04	0,04

31.2 Nachhallzeit

Wird in einem Raum eine Schallquelle abgeschaltet, so wird in Abhängigkeit der Reflexionseigenschaften der raumbegrenzenden Oberflächen der Schall noch eine Zeit lang nachklingen. Die Zeit, in der die Schallquelle um 60 dB abnimmt, wird als Nachhallzeit bezeichnet (siehe Abbildung 31.2-1). In baupraktischen Messungen wird die Nachhallzeit meist mit Abfall des Schalls um 30 dB bestimmt, da in der Praxis ein Unterschied von 60 dB nur schwer erreichbar ist. Die Optimierung der Nachhallzeiten in Theaterräumen, Konzertsälen und dergleichen ist das Arbeitsgebiet der Raumakustik.

Tabelle 31.2-1
Richtwerte für Nachhallzeiten von Räumen

Raumvolumen V **in m³**	**Nachhallzeit** T **in s**	
	Sprache	**Musik**
bis 300	0,5	1,0
bis 1 000	0,7	1,3
bis 5 000	1,0	1,6

Tabelle 31.2-2
Empfohlene Nachhallzeiten von Räumen bestimmter Nutzung

Raumvolumen V **in m³**	**Raumnutzung**	**Nachhallzeit** T **in s**
1 000 bis 8 000	Klassenraum (Schule)	0,8 – 1,0
	Hörsaal	1,0 – 1,3
	Kino	1,1 – 1,4
	Theater (Sprache)	1,2 – 1,5
	Mehrzwecktheater	1,3 – 1,6
	Operntheater	1,4 – 1,7
	Konzertsaal	1,7 – 2,0
bis 20 000	Kirche	1,6 – 3,0
2 000 bis 14 000	Halle/Saal für klassische Musik	1,5 – 1,7
2 000 bis 14 000	Halle/Saal für moderne Musik	1,7 – 2,1

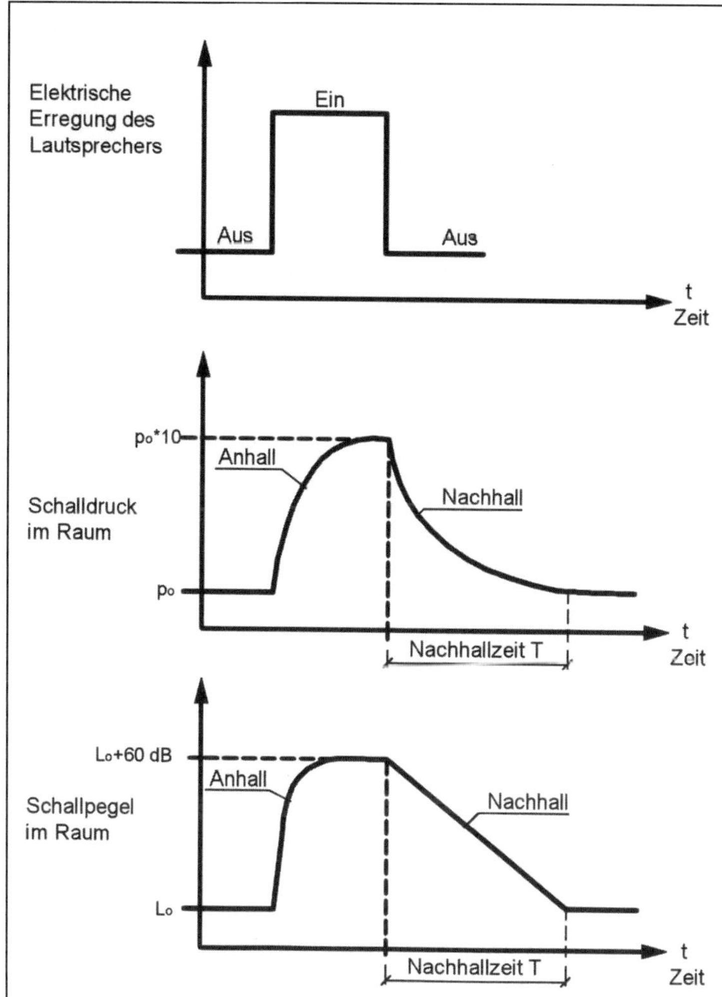

Abb. 31.2-1
Die Nachhallzeit gibt an, wie lange ein Geräusch benötigt, um auf das 10^{-6}-Fache seiner ursprünglichen Intensität abzunehmen

Für das diffuse Schallfeld lässt sich nach Hohmann/Setzer die Nachhallzeit T in Abhängigkeit vom Raumvolumen V und äquivalenter Schallabsorptionsfläche A darstellen:

$$T = \frac{4 \cdot \ln 10^6}{c} \cdot \frac{V}{A} \quad \text{in s} \qquad (31.2\text{-}1)$$

mit: c = Schallgeschwindigkeit in m/s
V = Raumvolumen in m^3
A = äquivalente Schallabsorptionsfläche in m^2

Mit der Schallgeschwindigkeit $c = 340$ m/s erhält man die Sabine'sche Formel:

$$T = 0{,}163 \cdot \frac{V}{A} \qquad \text{in s} \qquad (31.2\text{-}2)$$

mit: V = Raumvolumen in m^3
A = äquivalente Schallabsorptionsfläche in m^2

Wird die Nachhallzeit eines Raumes im Versuch bestimmt, lässt sich daraus die äquivalente Schallabsorptionsfläche ermitteln (siehe Abbildung 31.2-2):

$$A = 0{,}163 \cdot \frac{V}{T} \qquad \text{in } m^2 \qquad (31.2\text{-}3)$$

mit: V = Raumvolumen in m^3
T = Nachhallzeit in s

Diese Gleichung wird im Schallschutz zur Korrektur des Schalldämmmaßes benutzt (siehe Gleichung 32.1.1-2).

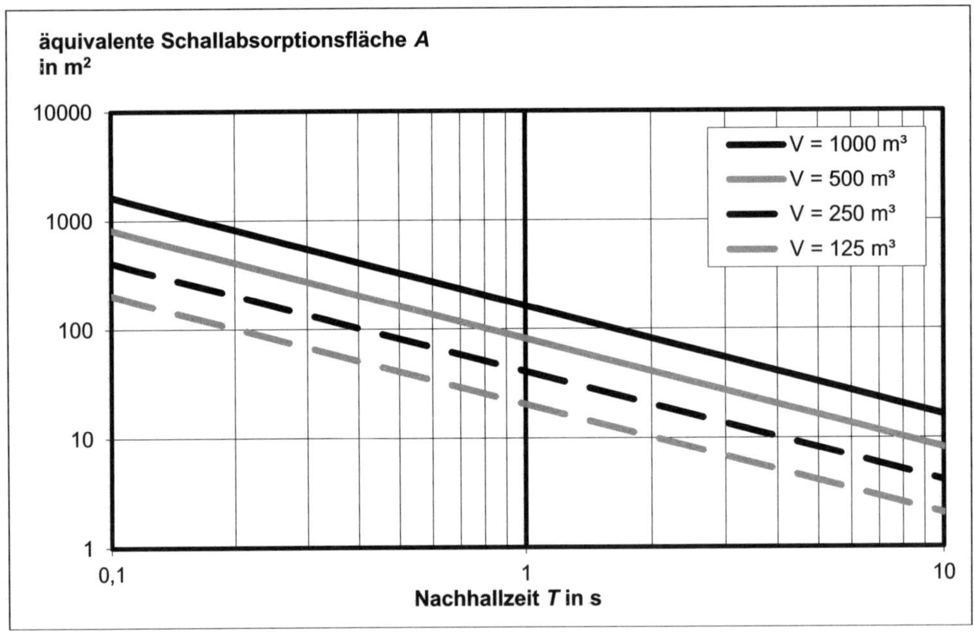

Abb. 31.2-2
Bestimmung der äquivalenten Schallabsorptionsfläche A aus der Nachhallzeit T und dem Raumvolumen V

31.3 Raumakustik für unterschiedliche Raumnutzungen

Für die raumakustische Planung von Räumen, in denen dem Verstehen von Sprache eine besondere Bedeutung zukommt, ist DIN 18041: Hörsamkeit in Räumen, die maßgebende Norm. Dabei werden in DIN 18041 Anforderungen an die Nachhallzeit bzw. die in dem Raum vorzusehende äquivalente Schallabsorptionsfläche formuliert. Diese sollen sicherstellen, dass in kleineren bis hin zu mittelgroßen Räumen die Hörsamkeit hinsichtlich einer guten Sprachkommunikation sichergestellt ist. Dabei werden in der Norm zwei Anwendungen unterschieden, die der Hörsamkeit über

- mittlere und größere Entfernungen (Räume der Gruppe A) und
- geringe Entfernungen (Räume der Gruppe B).

31.3.1 Räume der Gruppe A

In Räumen der Gruppe A ist die Hörsamkeit über geringerer Entfernungen mit eingeschlossen. Tabelle 31.3.1-1 führt unterschiedliche Raumnutzungen und deren Eingruppierung in Räume der Gruppe A nach DIN 18041 auf.

Um Räume der Gruppe A raumakustisch zu optimieren, wird in DIN 18041 ein anzustrebender Sollwert der Nachhallzeit (T_{soll}) bei mittleren Frequenzen in Abhängigkeit von der Nutzungsart und dem effektiven Raumvolumen V angegeben. Dadurch wird eine weitgehende Reduzierung der Beeinträchtigung durch längeren störenden Nachhall, langverzögerte energiereiche Reflexionen und Störgeräusche bewirkt. Somit wird auch ein Ansteigen des Schalldruckpegels in diesen Räumen vermindert.

Um eine angemessene Sollwerte der Nachhallzeit für die verschiedenen Raumnutzungen festlegen zu können, können die Gleichungen 31.3.1-1 bis 31.3.1-5 und das daraus abgeleitete Diagramm (siehe Abbildung 31.3.1-1) angewendet werden. Das Diagramm gilt für Räume mit einem Volumen zwischen 30 m³ und 5.000 m³. Für die anzusetzenden Sollwerte der Nachhallzeit gilt weiterhin ein Toleranzbereich, den die vorhandene Nachhallzeit T den Sollwert über- bzw. unterschreiten kann (siehe Abbildung 31.3.1-2). Im Frequenzbereich zwischen 200 Hz und 2000 Hz liegt die Toleranz bei ± 20%.

Tabelle 31.3.1-1: Eingruppierung in Räume der Gruppe A nach DIN 18041 in Abhängigkeit der Raumnutzung

Nutzungsart	Kurzbezeichnung und Beschreibung der Nutzungsart	Subjektive Wahrnehmung	Beispiele
A1	Kurzbezeichnung: „Musik“ Vorwiegend musikalische Darbietungen	Gute Hörsamkeit für unverstärkte Musik. Sprachliche Darbietungen sind nur mit gewissen Einschränkungen der Sprachverständlichkeit möglich.	Musikraum mit aktivem Musizieren und Gesang
A2	Kurzbezeichnung: „Sprache/Vortrag“ Sprachliche Darbietungen stehen im Vordergrund, in der Regel von einer (frontalen) Position. Gleichzeitige Kommunikation zwischen mehreren Personen an verschiedenen Stellen im Raum wird selten durchgeführt.	Sprachliche Darbietungen einzelner Sprecher erzielen eine hohe Sprachverständlichkeit. Musikalische Darbietungen werden in der Regel als zu transparent und klar empfunden, jedoch günstig für musikalische Probenarbeit.	Gerichts- und Ratssaal Gemeindesaal Hörsaal Versammlungsraum Schulaula
A3	Kurzbezeichnung: „Sprache/Vortrag inklusiv“ Räume der Nutzungsart A2 für Personen, die in besonderer Weise auf gutes Sprachverstehen angewiesen sind Erforderlich für inklusive Nutzung [a]	Sprachliche Darbietungen einzelner Sprecher erzielen eine hohe Sprachverständlichkeit, auch für Personen mit Höreinschränkungen oder bei z.B. fremdsprachlicher Nutzung.	Gerichts- und Ratssaal Gemeindesaal Hörsaal Versammlungsraum Schulaula
	Kurzbezeichnung: „Unterricht/Kommunikation“ Kommunikationsintensive Nutzungen mit mehreren gleichzeitigen Sprechern verteilt im Raum	Sprachliche Kommunikation ist mit mehreren (teilweise gleichzeitigen) Sprechern möglich.	Unterrichtsraum Differenzierungsraum Tagungsraum Besprechungsraum Konferenzraum Seminarraum Gruppenraum in Kindertageseinrichtungen, Pflegeeinrichtungen

Tabelle 31.3.1-1: Eingruppierung in Räume der Gruppe A nach DIN 18041 in Abhängigkeit der Raumnutzung (Forts.)

Nutzungsart	Kurzbezeichnung und Beschreibung der Nutzungsart	Subjektive Wahrnehmung	Beispiele
A4	Kurzbezeichnung: „Unterricht/Kommunikation inklusiv“ Kommunikationsintensive Nutzungen mit mehreren gleichzeitigen Sprechern verteilt im Raum entsprechend Nutzungsart A3, jedoch für Personen, die in besonderer Weise auf gutes Sprachverstehen angewiesen sind. Für Räume größer als 500 m³ und für musikalische Nutzungen ist diese Nutzungsart nicht geeignet. Erforderlich für inklusive Nutzung	Sprachliche Kommunikation ist mit mehreren (teilweise gleichzeitigen) Sprechern möglich, auch für Personen mit Höreinschränkungen oder bei z. B. fremdsprachlicher Nutzung.	Unterrichtsraum Differenzierungsraum Tagungsraum Besprechungsraum Konferenzraum Seminarraum Gruppenraum in Kindertagesstätte Pflegeeinrichtungen Seniorenheimen Video-Konferenzraum
A5	Kurzbezeichnung: „Sport“ In Sport- und Schwimmhallen kommunizieren mehrere Gruppen (auch gleichzeitig) mit unterschiedlichen Inhalten	Sprachliche Kommunikation über kurze Entfernungen ist im Allgemeinen gut möglich.	Sport- und Schwimmhallen für nahezu ausschließliche Nutzung als Sportstätte

a Aus dem Behindertengleichstellungsgesetz, vergleichbaren Landesregelungen und der UN-Konvention über die Rechte von Menschen mit Behinderungen ergibt sich, dass der Öffentlichkeit zugängliche Neubauten inklusiv zu errichten sind, soweit dies nicht nur mit einem unverhältnismäßigen Mehraufwand erfüllt werden kann. Näheres ist den jeweiligen Landesgesetzen zu entnehmen.

Räume der Nutzung A1 „Musik“:

$$T_{\text{Soll,A1}} = \left(0{,}45\ \lg\frac{V}{\text{m}^3} + 0{,}07\right) \quad \text{in s } (30\ \text{m}^3 \leq V < 1000\ \text{m}^3) \qquad (31.3.1\text{-}1)$$

Räume der Nutzung A2 „Sprache/Vortrag“:

$$T_{\text{Soll,A2}} = \left(0{,}37\ \lg\frac{V}{\text{m}^3} - 0{,}14\right) \quad \text{in s } (50\ \text{m}^3 \leq V < 5000\ \text{m}^3) \qquad (31.3.1\text{-}2)$$

Räume der Nutzung A3 „Unterricht/Kommunikation“ (bis 1000 m³) sowie „Sprache/Vortrag inklusiv“ (bis 5000 m³):

$$T_{\text{Soll,A3}} = \left(0{,}32 \lg\frac{V}{\text{m}^3} - 0{,}17\right) \quad \text{in s } (30 \text{ m}^3 \leq V < 5000 \text{ m}^3) \qquad (31.3.1\text{-}3)$$

Räume der Nutzung A4 „Unterricht/Kommunikation inklusiv“:

$$T_{\text{Soll,A4}} = \left(0{,}26 \lg\frac{V}{\text{m}^3} - 0{,}14\right) \quad \text{in s } (30 \text{ m}^3 \leq V < 500 \text{ m}^3) \qquad (31.3.1\text{-}4)$$

Räume der Nutzung A5 „Sport“:

$$T_{\text{Soll,A5}} = \left(0{,}75 \lg\frac{V}{\text{m}^3} - 1{,}0\right) \quad \text{in s } (200 \text{ m}^3 \leq V < 10000 \text{ m}^3) \qquad (31.3.1\text{-}5)$$

$$T_{\text{Soll,A5}} = 2{,}0\ s \quad (V \geq 10\,000 \text{ m}^3)$$

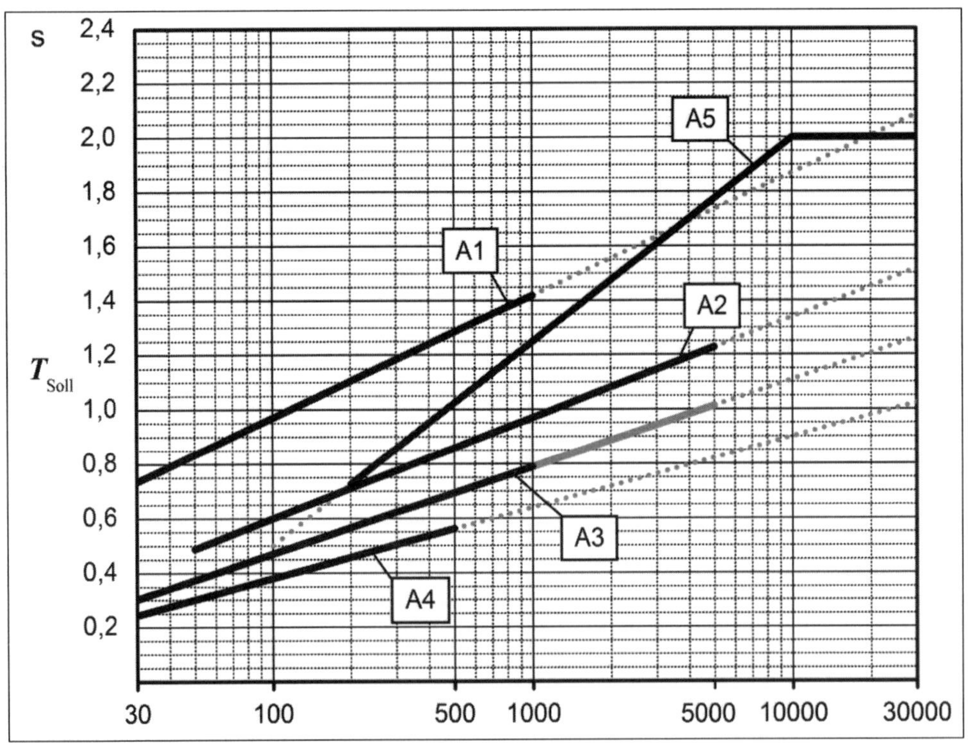

Abb. 31.3.1-1: Sollwerte T_{soll} der Nachhallzeit für unterschiedliche Nutzungsarten nach DIN 18041

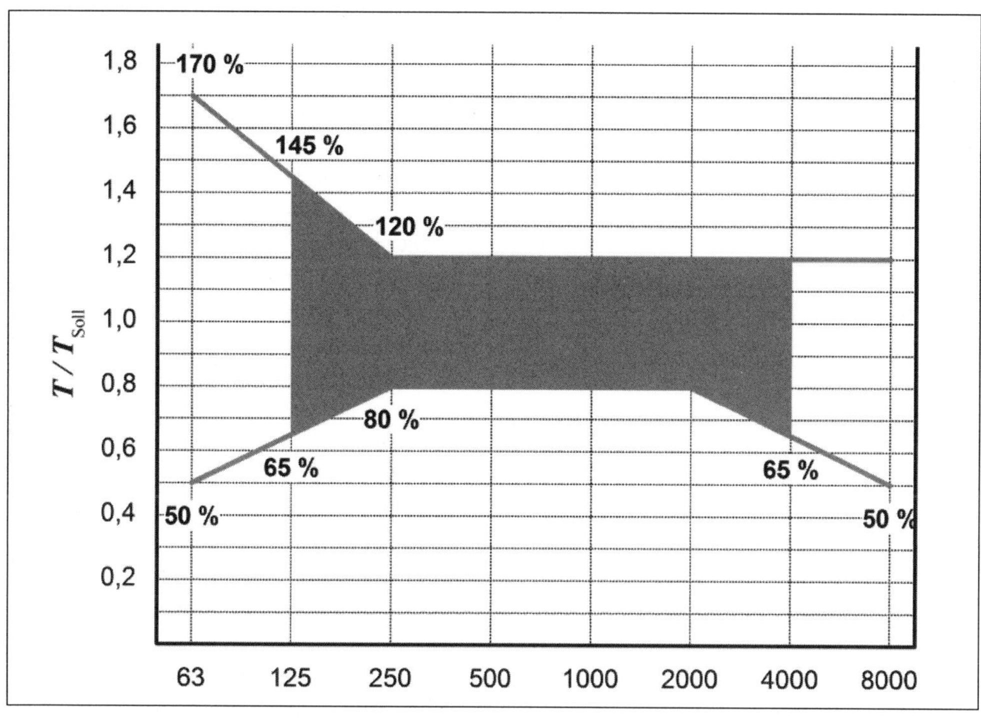

Abb. 31.3.1-2: Toleranzbereich der Nachhallzeit *T* in Abhängigkeit von der Frequenz für die Nutzungsarten A1 bis A4

31.3.2 Räume der Gruppe B

Im Unterschied zu den Anforderungen an Räume der Gruppe A werden für Räume der Gruppe B Empfehlungen beschrieben, die eine dem Zweck angepasste Sprachkommunikation über geringe Entfernung ermöglichen. Die daraus abgeleiteten Maßnahmen basieren auf der Erhöhung der Schallabsorption und dienen der Verringerung des Gesamtstörschalldruckpegels und der Reduzierung der Nachhallzeit. Die Einhaltung eines Sollwertes der Nachhallzeit T_{soll} ist aber für den angestrebten Zweck für die angegebenen Raumnutzungen nicht erforderlich. Um die Empfehlungen für Räume der Gruppe B nach DIN 18041 erfüllen zu können, werden in Tabelle 31.3.2-1 fünf Nutzungsarten (B1 bis B5) mit Beschreibung und Beispiele für Räume der Gruppe B angegeben. Größere Büroräume und Mehrpersonenbüros werden dabei in die Gruppe B4 eingeordnet, während nach Fußnote b zur Tabelle 31.3.2-1 Einzelbüros auch der Gruppe B3 zugeordnet werden können. Für die genannten Nutzungsarten werden in DIN 18041 Orientierungswerte für das Verhältnis von äquivalenter Schallabsorptionsfläche eines Raumes und des Raumvolumens (*A*/*V*) angegeben.

Tabelle 31.3.2-1: Nutzungsarten und Beispiele für Räume der Gruppe B

Nutzungsart	Beschreibung	Beispiele
B1	Räume ohne Aufenthaltsqualität	Eingangshallen, Flure, Treppenhäuser u. ä., als reine Verkehrsflächen (ausgenommen Verkehrsflächen in Schulen, Kindertageseinrichtungen, Krankenhäusern und Pflegeeinrichtungen)
B2	Räume zum kurzfristigen Verweilen	Eingangshallen, Flure, Treppenhäuser u. ä., als Verkehrsflächen mit Aufenthaltsqualität (Empfangsbereich mit Wartezonen etc.), Ausstellungsräume, Schalterhallen, Umkleiden in Sporthallen
B3	Räume zum längerfristigen Verweilen	Ausstellungsräume mit Interaktivität oder erhöhtem Geräuschaufkommen (Multimedia, Klang-/Videokunst etc.), Verkehrsflächen in Schulen und Kindertageseinrichtungen (Kindergarten, Kinderkrippe, Hort etc.), Verkehrsflächen mit Aufenthaltsqualität in Krankenhäusern und Pflegeeinrichtungen, Patientenwarteräume, Pausenräume, Bettenzimmer, Ruheräume, Operationssäle, Behandlungs- und Untersuchungsräume, Sprechzimmer, Speiseräume, Kantinen, Labore, Bibliotheken, Verkaufsräume
B4	Räume mit Bedarf an Lärmminderung und Raumkomfort	Rezeption/Schalterbereich mit ständigem Arbeitsplatz, Labore mit ständigem Arbeitsplatz, Ausleihbereiche von Bibliotheken, Ausgabebereiche in Kantinen, Bewohnerzimmer in Pflegeeinrichtungen, Bürgerbüro, Büroräume[a,b]
B5	Räume mit besonderem Bedarf an Lärmminderung und Raumkomfort	Speiseräume und Kantinen in Schulen, Kindertageseinrichtungen (Kindergarten, Kinderkrippe, Hort etc.), Krankenhäuser und Pflegeeinrichtungen, Arbeitsräume mit besonders hohem Geräuschaufkommen (z. B. Werkstätten, Werkräume, Großküchen, Spülküchen), Callcenter[a], Leitstellen, Sicherheitszentralen, Intensivpflegebereiche, Bewegungsräume in Kindertageseinrichtungen, Spielflure in Schulen und Kindertageseinrichtungen (Kindergarten, Hort etc.)

a Empfehlungen für Büroräume sowie Callcenter werden ausführlich in der Richtlinie VDI 2569 behandelt.

b Einzelbüros können unter Nutzungsart B3 eingeordnet werden.

Die angeführten Orientierungswerte für das mindestens erforderliche A/V-Verhältnis gelten dabei in den einzelnen Oktaven von 250 Hz bis 2.000 Hz ohne die Berücksichtigung der Schallabsorption durch Personen und sind in Abhängigkeit von der lichten Raumhöhe h angegeben.

Die in DIN 18041 angegebenen Orientierungswerte für das Verhältnis von äquivalenter Schallabsorptionsfläche A zum Raumvolumen V werden differenziert für Räume mit einer Raumhöhe h von bis zu 2,5 m und mehr als 2,5 m.

Für Räume mit einer Raumhöhe von $h \leq 2{,}5$ m gilt:

Räume der Nutzung B1: ohne Anforderung
Räume der Nutzung B2: $A/V \geq 0{,}15$ m²/m³ (31.3.2-1)
Räume der Nutzung B3: $A/V \geq 0{,}20$ m²/m³ (31.3.2-2)
Räume der Nutzung B4: $A/V \geq 0{,}25$ m²/m³ (31.3.2-3)
Räume der Nutzung B5: $A/V \geq 0{,}30$ m²/m³ (31.3.2-4)

Für Räume mit einer Raumhöhe von $h > 2{,}5$ m gilt:

Räume der Nutzung B1: ohne Anforderung
Räume der Nutzung B2: $A/V \geq [4{,}80 + 4{,}69 \lg (h / 1\text{ m})]^{-1}$ in m²/m³ (31.3.2-5)
Räume der Nutzung B3: $A/V \geq [3{,}13 + 4{,}69 \lg (h / 1\text{ m})]^{-1}$ in m²/m³ (31.3.2-6)
Räume der Nutzung B4: $A/V \geq [2{,}13 + 4{,}69 \lg (h / 1\text{ m})]^{-1}$ in m²/m³ (31.3.2-7)
Räume der Nutzung B5: $A/V \geq [1{,}47 + 4{,}69 \lg (h / 1\text{ m})]^{-1}$ in m²/m³ (31.3.2-8)

Wird für die jeweiligen Räume die erforderliche äquivalente Absorptionsfläche A bestimmt, sind die vorstehenden Gleichungen mit dem jeweiligen Volumen des betrachteten Raumes zu multiplizieren:

Räume der Nutzung B2:
$A \geq [4{,}80 + 4{,}69 \log (h / 1\text{ m})]^{-1} \cdot V$ in m²/m³ (31.3.2-9)

Räume der Nutzung B3:
$A \geq [3{,}13 + 4{,}69 \log (h / 1\text{ m})]^{-1} \cdot V$ in m²/m³ (31.3.2-10)

Räume der Nutzung B4:
$A \geq [2{,}13 + 4{,}69 \log (h / 1\text{ m})]^{-1} \cdot V$ in m²/m³ (31.3.2-11)

Die mit den vorstehenden Gleichungen bestimmte erforderliche äquivalente Absorptionsfläche A kann beispielsweise durch Absorber an Wand und Deckenflächen oder durch Stellwände und weitere Möblierung erreicht werden.

32 Schallschutz und Schalldämmung

Der bauliche Schallschutz soll die innerhalb eines Gebäudes befindlichen Personen vor störenden Geräuschen schützen. Dabei können diese Geräusche innerhalb des Gebäudes oder durch Außenlärm entstanden sein. Hinsichtlich der Ausbreitung des Schalls wird grundsätzlich unterschieden in:

- Luftschall : sich in Luft ausbreitender Schall
- Körperschall : sich in festen Stoffen ausbreitender Schall
- Trittschall : besondere Form des Körperschalls, der beim Begehen und bei ähnlicher Anregung einer Decke entsteht und teilweise als Luftschall abgestrahlt wird.

Unter Schallschutz werden dabei Maßnahmen verstanden, die einerseits die Schallentstehung reduzieren und andererseits die Schallübertragung von einer Schallquelle zum Hörer mindern. Dabei können sich Schallquellen und Hörer entweder in verschiedenen Räumen (d.h. hier ergibt sich der Schallschutz hauptsächlich durch Schalldämmung (vgl. Abb. 32-1, links)) oder im selben Raum befinden (in diesem Fall wird der Schallschutz durch Schalldämpfung/ Schallabsorption erreicht (vgl. Abb. 32-1, rechts)).

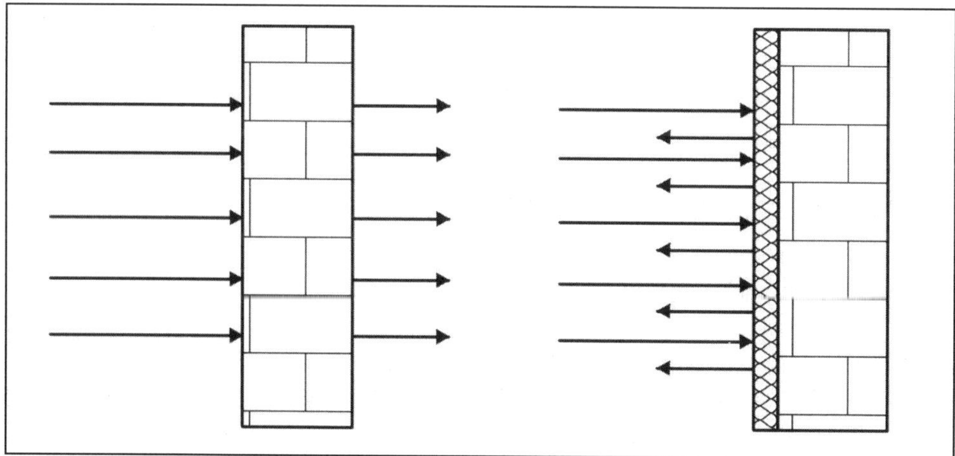

Abb. 32-1
Schalldämmung und Schalldämpfung am Beispiel einer Wand

Wird in einem Raum beispielsweise Luftschall erzeugt, dann werden die trennenden Bauteile zu benachbarten Räumen durch die periodisch auftretenden Über- und Unterdrücke der Schallwellen in Biegeschwingungen senkrecht zur Bauteilebene versetzt. Dadurch werden die Luftteilchen zum Nachbarn ebenfalls zu

Schwingungen angeregt, womit auch dort Luftschall entsteht. Die dabei beteiligten Übertragungswege sind in Abbildung 32-2 dargestellt.

A: zu beurteilende Trennwand
B: Flankenübertragung
C: Schallquelle
D: Empfangsraum

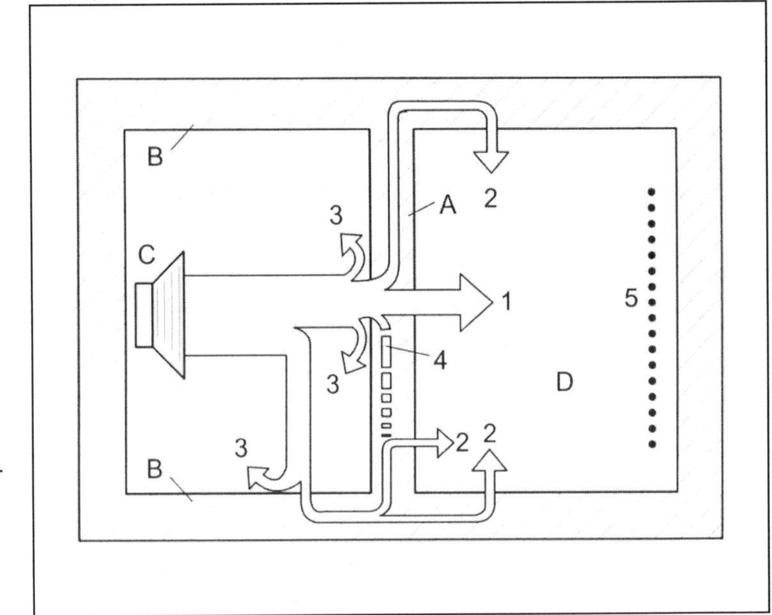

Abb. 32-2
Übertragungswege des Luftschalls: Hauptweg (1) und Flankenwege (2) sowie Reflexion (3), Dissipation (4), Absorption im Empfangsraum (5). Im neuen Berechnungsverfahren nach DIN 4109-2 werden neben dem Hauptweg (Direktschalldämmung) vier Flanken mit jeweils 3 Flankenwegen, d.h. insgesamt 13 (1 + 4 · 3) Übertragungswege berechnet.

32.1 Schallpegeldifferenz und Schalldämmmaß

32.1.1 Schallpegeldifferenz

Der Schallschutz zwischen zwei Räumen resultiert aus der Differenz der gemessenen Schallpegelwerte $L_1 - L_2$ zwischen dem „lauten“ Raum (Senderaum) und dem „leisen“ Raum (Empfangsraum). Die Differenz D der Schallpegel L_1 und L_2 zwischen Sende- und Empfangsraum ergibt sich aus:

$$D = L_1 - L_2 \quad \text{in dB} \qquad (32.1.1\text{-}1)$$

mit: L_1 = Schallpegel im Senderaum in dB
L_2 = Schallpegel im Empfangsraum in dB

Die Schallpegeldifferenz hängt dabei in erster Linie vom so genannten Schalldämmmaß R' des trennenden Bauteils ab. Weiterhin haben auch die Schallabsorption im Empfangsraum (z.B. durch die Begrenzungsflächen und Einrichtungsgegenstände des Empfangsraumes) sowie die Größe der Fläche des trennenden Bauteils einen Einfluss. Somit ergibt sich definitionsgemäß:

$$L_1 - L_2 = R' - 10 \cdot \lg \frac{S}{A} \quad \text{in dB} \qquad (32.1.1\text{-}2)$$

mit: R' = Schalldämmmaß des trennenden Bauteils in dB (unter Berücksichtigung der flankierenden Bauteile)
S = Fläche der Trennwand oder des sonstigen raumtrennenden Bauteils in m^2
A = äquivalente Schallabsorptionsfläche des Empfangsraumes in m^2 (siehe Kapitel 31)

In einem kahlen Empfangsraum mit einer kleinen äquivalenten Schallabsorptionsfläche ist die Schallpegeldifferenz (und damit die empfundene Schalldämmung) kleiner als in einem möblierten Raum, auch wenn das gleiche trennende Bauteil verwendet wurde.

32.1.2 Norm-Schallpegeldifferenz

Die Norm-Schallpegeldifferenz D_n ist die Differenz der Schallpegel zwischen Sende- und Empfangsraum mit Berücksichtigung der Absorptionseigenschaften im Empfangsraum durch die äquivalente Absorptionsfläche A:

$$D_n = D - 10 \cdot \lg \frac{A}{A_0} \quad \text{in dB} \qquad (32.1.2\text{-}1)$$

mit: D = Schallpegeldifferenz zwischen zwei Räumen nach Gleichung 32.1.1-1 und 32.1.1-2 in dB
A = äquivalente Schallabsorptionsfläche des Empfangsraumes in m^2 (siehe Kapitel 31)
A_0 = Bezugsabsorptionsfläche = 10 m^2 (in Schulräumen: $A_0 = 25\ m^2$)

Die Norm-Schallpegeldifferenz D_n wird überall dort angewendet, wo kein Bezug auf eine Prüffläche möglich ist, z.B. bei versetzt angeordneten Räumen.

32.2 Anforderungen an den Luft- und Trittschall im Inneren von Gebäuden

Die Mindestanforderungen an den Luft- und Trittschall von Gebäuden werden in DIN 4109: Schallschutz im Hochbau – Anforderungen und Nachweise (Ausgabe November 1989) festgelegt (siehe Abschnitt 32.2.3). Dabei unterscheidet die Norm zwischen dem Schutz

- im Gebäudeinnern (Luft- und Trittschallschutz von Innenbauteilen) und
- gegen Außenlärm (Luftschallschutz von Außenbauteilen).

Mit den in der Norm angegebenen Mindestanforderungen des Schallschutzes zwischen fremden Wohn- oder Arbeitsbereichen soll der Mensch in Aufenthaltsräumen vor unzumutbaren Belästigungen durch Schallübertragung (Luft- und Trittschallübertragung wie z.B. Sprache, Musik, Gehen, Stühlerücken, Haushaltsgeräte etc.) geschützt werden. Dazu gibt die DIN 4109 Grenzwerte für die Schalldämmung der jeweils betrachteten Bauteile (z.B. Wände und Decken) an. Für die Luftschalldämmung wird dazu ein erforderliches bewertetes Schalldämmmaß R'_{w} (in dB) angegeben, das nicht unterschritten werden darf:

$$\text{erf. } R'_{\mathrm{w}} \leq \text{vorh. } R'_{\mathrm{w}} \tag{32.2-1}$$

Bei dem Nachweis der Trittschalldämmung darf dagegen ein maximal zulässiger Norm-Trittschallpegel $L_{\mathrm{n,w}}$ nicht überschritten werden:

$$\text{zul. } L_{\mathrm{n,w}} \geq \text{vorh. } L_{\mathrm{n,w}} \tag{32.2-2}$$

Zu beachten ist, dass die in der Norm geforderten Werte von dem jeweiligen Bauteil im Zusammenwirken mit seinen flankierenden Bauteilen eingehalten werden muss. In diesem Fall spricht man von der resultierenden Schalldämmung, die im Luftschall mit dem Schalldämmmaß $R'_{\mathrm{w,res}}$ und im Trittschall mit der Norm-Trittschallpegel $L_{\mathrm{n,w}}$ angegeben wird. Haben Bauteile Anforderungen zu erfüllen, so ist der Nachweis ihrer Eignung auf zweierlei Art möglich:

a) Nachweis mit bauakustischen Messungen
b) rechnerischer Nachweis (ohne bauakustische Messungen).

Neben den verbindlichen Mindestanforderungen gibt es in DIN 4109 Beiblatt 2 noch Vorschläge für einen erhöhten Schallschutz und Empfehlungen für den Schallschutz im eigenen Wohn- und Arbeitsbereich. Nach aktueller Rechtsprechung sind die Empfehlungen eines erhöhten Schallschutzes im Wohnungsbau umzusetzen. Zu beachten sind weiterhin die Vorschriften und Richtlinien der Technischen Anleitung zum Schutz gegen Lärm (TA Lärm), des Bundesimmissionsschutzgesetzes, das Gesetz zum Schutz gegen Fluglärm und die VDI 4100.

32.2.1 Nachweis des Luft- und Trittschallschutzes mit bauakustischen Messungen

Der Nachweis mit bauakustischen Messungen wird meist vermieden, da er mit Zeitaufwand und erheblichen Kosten verbunden ist. Er ist aber immer dann erforderlich, wenn die Konstruktion allein anhand der Daten nach DIN 4109, Beiblatt 1 mit einem rechnerischen Nachweis nicht oder nicht ausreichend sicher beurteilt werden kann. Man unterscheidet zwei Prüfungen (dargestellt nur am Beispiel von R'_{w} für gebrauchsfertige Bauteile):

- Eignungsprüfung I:

  Messung gebrauchsfertiger Bauteile im Prüfstand mit (im Massivbau) bauähnlicher Flankenübertragung nach DIN 52 210, Teil 2; dabei muss von den Messwerten $R'_{\mathrm{w,P}}$ erfüllt werden (Index P für „Prüfstand“):

  $$R'_{\mathrm{w,P}} \geq R'_{\mathrm{w}} + 2\ \mathrm{dB}$$

  Das „Vorhaltemaß“ von 2 dB, das für alle Messwerte anzuwenden ist, die durch die Eignungsprüfung I ermittelt werden, soll die bessere Ausführungsqualität der Bauteile im Labor gegenüber der Baustelle ausgleichen.

- Eignungsprüfung II:

  Die Eignungsprüfung wird in der aktuell gültigen DIN 4109 nicht gefordert.

  Bei einer Eignungsprüfung II wurden nach einer erfolgten Eignungsprüfung I die Prüfungen an Bauteilen in ausgeführten Bauten unter baupraktischen Einbaubedingungen durchgeführt. Dabei wurden die Prüfungen am gleichen Prüfgegenstand in drei verschiedenen Gebäuden vorgenommen.

- Eignungsprüfung III:

  Messung der Bauteile oder Bauarten in ausgeführten Bauten (bezugsfertig oder bezogen); i.d.R. nur für solche Bauteile, die auf Grund ihrer Abmessungen nicht in Prüfstände eingebaut werden können (Sonderbauteile); dabei muss von den Messwerten $R_{\mathrm{w,B}}$ (Index B für „Bau“) erfüllt werden:

  $$R'_{\mathrm{w,B}} \geq \mathrm{erf.}\ R'_{\mathrm{w}}$$

Beispiele für die Ermittlung der Einzahlangabe des Schalldämmmaßes für den Luftschallschutznachweis bzw. des Schallpegels für den Trittschallschutz über die Auswertung einer bauakustischen Messung sind in den Abschnitten 32.3.1 bzw. 32.4.1 angegeben.

32.2.2 Rechnerischer Nachweis des Luft- und Trittschallschutzes

Da der Nachweis mit bauakustischen Messungen meist einen erheblichen Zeit- und Kostenaufwand bedeutet und weiterhin schon vor der Bauausführung die zu erwartenden Schallschutzwerte der Bauteile gefragt sind, werden rechnerische Nachweise des Luft- und Trittschallschutzes geführt. Diese basieren auf den Angaben der Norm DIN 4109 sowie dem dazugehörigen Beiblatt 1 sowie der internationalen Norm DIN EN ISO 717 in ihren verschiedenen Teilen. Ausführungen zum rechnerischen Nachweis des Luftschallschutzes finden sich in Abschnitt 32.3.2 und für den Trittschallschutz in Abschnitt 32.4.2.

32.2.3 Mindestanforderungen an den Luft- und Trittschallschutz nach DIN 4109-1

In den folgenden Tabellen sind die Mindestanforderungen für den Luftschallschutz mit dem Schalldämmmaß R'_{w} und den Trittschallschutz mit dem Schallpegel erf. $L'_{n,w}$ aus DIN 4109-1 angegeben. Dabei sollen Aufenthaltsräume gegen die Schallübertragung aus fremden Wohn- und/oder Arbeitsbereichen geschützt werden. Es ist zu beachten, dass die angegebenen Werte nicht nur für die Schalldämmung der genannten Bauteile gelten, sondern auch die Anteile der Schallübertragung beteiligter Bauteile und Nebenwege im eingebauten Zustand berücksichtigen. Lediglich die Werte für Türen und Fenster gelten für eine alleinige Übertragung durch das jeweilige Bauteil.

In den nachfolgenden Tabellen gilt, dass weichfedernde Bodenbeläge, die sowohl dem Verschleiß als auch den besonderen Wünschen der Bewohner unterliegen, wegen der möglichen Austauschbarkeit bei dem Nachweis der Anforderungen an den Trittschallschutz nicht angerechnet werden dürfen.

Tabelle 32.2.3-1

Anforderungen an die Luft- und Trittschalldämmung R'_{w} und $L'_{n,w}$ in Mehrfamilienhäusern, Bürogebäuden und gemischt genutzten Gebäuden

Bauteile		**Anforderungen in dB**		**Bemerkungen**
		R'_{w}	$L'_{n,w}$	
Decken	Decken unter allgemein nutzbaren Dachräumen (z.B. Trockenböden, Abstellräume)	≥ 53	≤ 52	
	Wohnungstrenndecken (auch Treppen)	≥ 54	≤ 50 [a), b)]	Wohnungstrenndecken sind Bauteile, die Wohnungen voneinander oder von fremden Arbeitsräumen trennen.
	Trenndecken (auch Treppen) zwischen fremden Arbeitsräumen bzw. vergleichbaren Nutzungseinheiten	≥ 54	≤ 53	
	Decken über Kellern, Hausfluren, Treppenräumen unter Aufenthaltsräumen	≥ 52	≤ 50	Die Anforderung an die Trittschalldämmung gilt für die Trittschallübertragung in fremde Aufenthaltsräume in alle Schallausbreitungsrichtungen (waagerecht, schräg oder senkrecht (nach unten und oben))
	Decken über Durchfahrten, Einfahrten von Sammelgaragen u.ä. unter Aufenthaltsräumen	≥ 55	≤ 50	
	Decken unter/über Spiel- oder ähnlichen Gemeinschaftsräumen	≥ 55	≤ 46	Wegen der verstärkten Übertragung tiefer Frequenzen können zus. Maßnahmen zur Körperschalldämmung erforderlich sein.

a) Im Falle von baulichen Änderungen von vor 1. Juli 2016 fertiggestellten Gebäuden liegt die Anforderung bei $L'_{n,w} \leq 53$ dB.

b) Beim Neubau von Gebäuden mit Deckenkonstruktionen, die DIN 4109-33:2016-07, Schallschutz im Hochbau — Teil 33: Daten für die rechnerischen Nachweise des Schallschutzes (Bauteilkatalog) — Holz-, Leicht- und Trockenbau, zuzuordnen sind, liegt die Anforderung bei $L'_{n,w} \leq 53$ dB.

Tabelle 32.2.3-1 (Forts.)
Anforderungen an die Luft- und Trittschalldämmung R'_w und $L'_{n,w}$ in Mehrfamilienhäusern, Bürogebäuden und gemischt genutzten Gebäuden

Bauteile		**Anforderungen in dB**		**Bemerkungen**
		R'_w	$L'_{n,w}$	
	Decken unter Terrassen und Loggien über Aufenthaltsräumen	–	≤ 50	Bezüglich der Luftschalldämmung gelten die Anforderungen gegen Außenlärm
	Decken unter Laubengängen	–	≤ 53	Die Anforderung an die Trittschalldämmung gilt für die Trittschallübertragung in fremde Aufenthaltsräume in alle Schallausbreitungsrichtungen (waagerecht, schräg oder senkrecht (nach unten und oben))
	Balkone	–	≤ 58	Die Anforderung an die Trittschalldämmung gilt für die Trittschallübertragung in fremde Aufenthaltsräume in alle Schallausbreitungsrichtungen.
Decken	Decken/Treppen innerhalb von Wohnungen, die sich über zwei Geschosse erstrecken	–	≤ 50	Die Anforderung an die Trittschalldämmung gilt für die Trittschallübertragung in fremde Aufenthaltsräume in alle Schallausbreitungsrichtungen (waagerecht, schräg oder senkrecht (nach unten und oben))
	Decken unter Bad und WC mit/ohne Bodenentwässerung	≥ 54	≤ 53	
	Decken unter Hausfluren	–	≤ 50	
Treppen	Treppenläufe und -podeste	–	≤ 53	
Wände	Wohnungstrennwände und Wände zwischen fremden Arbeitsräumen	≥ 53	–	Wohnungstrennwände sind Bauteile, die Wohnungen voneinander oder von fremden Arbeitsräumen trennen.

Tabelle 32.2.3-1 (Forts.)
Anforderungen an die Luft- und Trittschalldämmung R'_w und $L'_{n,w}$ in Mehrfamilienhäusern, Bürogebäuden und gemischt genutzten Gebäuden

Bauteile		**Anforderungen in dB**		**Bemerkungen**
		R'_w	$L'_{n,w}$	
	Treppenraumwände und Wände neben Hausfluren	≥ 53	–	Für Wände mit Türen gilt erf. R'_w (Wand) = erf. R_w (Tür) + 15 dB. Darin bedeutet R_w (Tür) die erforderliche Schalldämmung der Tür (siehe unten). Wandbreiten ≤ 30 cm bleiben dabei unberücksichtigt.
	Wände neben Durchfahrten, Einfahrten von Sammelgaragen o.Ä.	≥ 55	–	–
	Wände von Spiel- oder Gemeinschaftsräumen	> 55	–	–
Aufzüge	Schachtwände von Aufzugsanlagen an Aufenthaltsräumen	≥ 57	–	–
Türen	Türen, die von Hausfluren oder Treppenräumen in Flure oder Dielen von Wohnungen und Wohnheimen oder von Arbeitsräumen führen	≥ 27	–	Bei Türen gilt erf. R_w
	Türen, die von Hausfluren oder Treppenräumen unmittelbar in Aufenthaltsräume – außer Flure und Dielen – von Wohnungen führen	≥ 37	–	

Tabelle 32.2.3-2

Anforderungen an die Luft- und Trittschalldämmung zwischen Einfamilien-Reihenhäusern und Doppelhäusern

Bauteile		Anforderungen in dB		Bemerkungen
		R'_w	$L'_{n,w}$	
Decken	Decken	–	≤ 41	Die Anforderung an die Trittschalldämmung gilt für die Trittschallübertragung in fremde Aufenthaltsräume in alle Schallausbreitungsrichtungen (waagerecht, schräg oder senkrecht (nach unten und oben))
	Bodenplatte auf Erdreich bzw. Decke über Kellergeschoss	–	≤ 46	
Treppen	Treppenläufe und -podeste	–	≤ 46	Die Anforderung an die Trittschalldämmung gilt für die Trittschallübertragung in fremde Aufenthaltsräume in alle Schallausbreitungsrichtungen (waagerecht, schräg oder senkrecht (nach unten und oben))
Wände	Haustrennwände zu Aufenthaltsräumen, die im untersten Geschoss (erdberührt oder nicht) eines Gebäudes gelegen sind	≥ 59	–	–
	Haustrennwände zu Aufenthaltsräumen, unter denen mindestens 1 Geschoss (erdberührt oder nicht) des Gebäudes vorhanden ist	≥ 62	–	–

Tabelle 32.2.3-3
Anforderungen der Luft- und Trittschalldämmung in Hotels und Beherbergungsstätten

Bauteile		**Anforderungen in dB**		**Bemerkungen**
		R'_w	$L'_{n,w}$	
Decken	Decken, einschl. Decken unter Fluren	≥ 54	≤ 50	Die Anforderung an die Trittschalldämmung gilt für die Trittschallübertragung in Aufenthaltsräume in alle Schallausbreitungsrichtungen (waagerecht, schräg oder senkrecht (nach unten und oben))
	Decken über/unter Schwimmbädern, Spiel- oder ähnlichen Gemeinschaftsräumen zum Schutz gegenüber Schlafräumen	≥ 55	≤ 46	Wegen der verstärkten Übertragung tiefer Frequenzen können zus. Maßnahmen zur Körperschalldämmung erforderlich sein.
	Decken unter Bad und WC mit/ohne Bodenentwässerung	≥ 54	≤ 53	Die Anforderung an die Trittschalldämmung gilt für die Trittschallübertragung in Aufenthaltsräume in alle Schallausbreitungsrichtungen (waagerecht, schräg oder senkrecht (nach unten und oben))
Treppen	Treppenläufe und -podeste	–	≤ 58	Keine Anforderungen an Treppenläufe und Zwischenpodeste in Gebäuden mit Aufzug.
Wände	Wände zwischen Übernachtungsräumen sowie Fluren und Übernachtungsräumen	≥ 47	–	Gilt auch für Trennwände mit Türen zwischen fremden Übernachtungsräumen ($R'_{w,ges}$)
Türen	Türen zwischen Fluren und Übernachtungsräumen	≥ 32	–	Bei Türen gilt erf. R_w

Tabelle 32.2.3-4
Anforderungen der Luft- und Trittschalldämmung zwischen Räumen in Krankenhäusern und Sanatorien

Bauteile		Anforderungen in dB		Bemerkungen
		R'_w	$L'_{n,w}$	
Decken	Decken, einschl. Decken unter Fluren	≥ 54	≤ 53	Die Anforderung an die Trittschalldämmung gilt für die Trittschallübertragung in Aufenthaltsräume in alle Schallausbreitungsrichtungen (waagerecht, schräg oder senkrecht (nach unten und oben))
	Decken über/unter Schwimmbädern, Spiel- oder ähnlichen Gemeinschaftsräumen zum Schutz gegenüber Schlafräumen	≥ 55	≤ 46	Wegen der verstärkten Übertragung tiefer Frequenzen können zus. Maßnahmen zur Körperschalldämmung erforderlich sein.
	Decken unter Bad und WC mit/ohne Bodenentwässerung	≥ 54	≤ 53	Die Anforderung an die Trittschalldämmung gilt für die Trittschallübertragung in Aufenthaltsräume in alle Schallausbreitungsrichtungen (waagerecht, schräg oder senkrecht (nach unten und oben))
Treppen	Treppenläufe und -podeste	–	≤ 58	Keine Anforderungen an Treppenläufe und Zwischenpodeste in Gebäuden mit Aufzug.

Tabelle 32.2.3-4

Anforderungen der Luft- und Trittschalldämmung zwischen Räumen in Krankenhäusern und Sanatorien

Bauteile		**Anforderungen in dB**		**Bemerkungen**
		R'_w	$L'_{n,w}$	
Wände	Wände zwischen – Krankenräumen – Fluren und Krankenräumen – Untersuchungs-/Sprechzimmer – Flure und Untersuchungs- und Sprechzimmern – Krankenräumen und Arbeits- und Pflegeräumen	≥ 47	–	–
	Wände zwischen Räumen mit Anforderungen an erhöhtes Ruhebedürfnis und besondere Vertraulichkeit (Diskretion)	≥ 52	–	–
	Wände zwischen – Operations- und Behandlungsräumen – Fluren und Operations- und Behandlungsräumen	≥ 42	–	–
	Wände zwischen – Räumen der Intensivpflege – Fluren und Räumen der Intensivpflege	≥ 37	–	–
Türen	Türen zwischen – Untersuchungs-/Sprechzimmern – Flure und Untersuchungs- und Sprechzimmern	≥ 37	–	Bei Türen gilt erf. R_w

Tabelle 32.2.3-4 (Forts.)
Anforderungen der Luft- und Trittschalldämmung zwischen Räumen in Krankenhäusern und Sanatorien

Bauteile		**Anforderungen in dB**		**Bemerkungen**
		R'_w	$L'_{n,w}$	
Türen	Türen zwischen Räumen mit Anforderungen an erhöhtes Ruhebedürfnis und besondere Vertraulichkeit (Diskretion)	≥ 37	–	Bei Türen gilt erf. R_w
	Türen zwischen – Fluren und Krankenräumen – Operations- und Behandlungsräumen – Fluren und Operations- und Behandlungsräumen	≥ 32	–	

Tabelle 32.2.3-5
Anforderungen der Luft- und Trittschalldämmung in Schulen und vergleichbaren einrichtungen (z.B. Kindergärten)

Bauteile		**Anforderungen in dB**		**Bemerkungen**
		R'_w	$L'_{n,w}$	
Decken	Decken zwischen Unterrichtsräumen oder ähnlichen Räumen/ Decken unter Fluren	≥ 55	≤ 53	Die Anforderung an die Trittschalldämmung gilt für die Trittschallübertragung in Aufenthaltsräume in alle Schallausbreitungsrichtungen (waagerecht, schräg oder senkrecht (nach unten und oben)). Zu ähnlichen Räumen gehören auch solche Räume mit erhöhtem Ruhebedürfnis (z.B. Schlafräume)

Tabelle 32.2.3-5 (Forts.)
Anforderungen der Luft- und Trittschalldämmung in Schulen und vergleichbaren einrichtungen (z.B. Kindergärten)

Bauteile		**Anforderungen in dB**		**Bemerkungen**
		***R*'w**	***L*'n,w**	
Decken	Decken zwischen Unterrichtsräumen oder ähnlichen Räumen und „lauten“ Räumen (z.B. Speiseräume, Cafeterien, Musikräume, Spielräume, Technikzentralen)	≥ 55	≤ 46	Wegen der verstärkten Übertragung tiefer Frequenzen können zus. Maßnahmen zur Körperschalldämmung erforderlich sein.
	Decken zwischen Unterrichtsräumen oder ähnlichen Räumen und z.B. Sporthallen, Werkräumen	≥ 60	≤ 46	–
Wände	Wände zwischen Unterrichtsräumen oder ähnlichen Räumen untereinander und zu Fluren	≥ 47	–	Zu ähnlichen Räumen gehören auch solche Räume mit erhöhtem Ruhebedürfnis (z.B. Schlafräume)
	Wände zwischen Unterrichtsräumen oder ähnlichen Räumen und Treppenhäusern	≥ 52	–	
	Wände zwischen Unterrichtsräumen oder ähnlichen Räumen und „lauten“ Räumen (z.B. Speiseräume, Cafeterien, Musikräume, Spielräume, Technikzentralen)	≥ 55	–	–

Tabelle 32.2.3-5 (Forts.)
Anforderungen der Luft- und Trittschalldämmung in Schulen und vergleichbaren einrichtungen (z.B. Kindergärten)

Bauteile		**Anforderungen in dB**		**Bemerkungen**
		R'_w	$L'_{n,w}$	
Wände	Wände zwischen Unterrichtsräumen oder ähnlichen Räumen und z.B. Sporthallen, Werkräumen	≥ 60	–	–
Türen	Türen zwischen Unterrichtsräumen oder ähnlichen Räumen und Fluren	≥ 32	–	Bei Türen gilt erf. R_w
	Türen zwischen Unterrichtsräumen oder ähnlichen Räumen untereinander	≥ 37	–	

32.2.4 Vorschläge eines erhöhten Luft- und Trittschallschutzes nach DIN 4109-5

Auch wenn es in der Neufassung der DIN 4109-1 teilweise Anpassungen und Ergänzungen an die Schalldämmung von Bauteilen gegeben hat, liegen die heute von den Nutzern in Wohngebäuden an den Schallschutz gestellten Anforderungen immer noch über den in DIN 4109-1 formulierten Mindestanforderungen. Zur Erreichung eines erhöhten Schallschutzes werden in DIN 4109-5 höhere Anforderungen formuliert. Diese führen zu einer Minderung des Lautstärkeempfindens im Vergleich zu den Mindestanforderungen der DIN 4109-1. Dies gilt sowohl für den Luftschall- als auch für den Trittschallschutz.

Neben der DIN 4109-5 finden sich für Wohngebäude auch in VDI 4100: Schallschutz im Hochbau – Wohnungen, Beurteilung von Vorschäge für erhöhten Schallschutz (diese werden in drei Schallschutzklassen differenziert), Anforderungen für einen erhöhten Schallschutz im Wohnungsbau. Zu den Empfehlungen eines erhöhten Luft- und Trittschallschutzes in Hotels und Beherbergungsstätten sowie Krankenhäusern und Sanatorien wird auf DIN 4109 Teil 5 verwiesen. Tabelle 32.2.4-3 enthält nur einen exemplarischen Auszug der Vorschläge für den erhöhten Luft- und Trittschallschutz in Hotels und Beherbergungsstätten.

Tabelle 32.2.4-1
Vorschläge für einen erhöhten Luft- und Trittschallschutz nach DIN 4109-5 zur Verbesserung der Schalldämmung in Mehrfamilienhäusern und in gemischt genutzten Gebäuden (Auszug)

Bauteile		**Anforderungen in dB**		**Bemerkungen**
		R'_w	$L'_{n,w}$	
Decken	Decken unter allgemein nutzbaren Dachräumen (z.B. Trockenböden, Abstellräume)	≥ 56	≤ 47	
	Wohnungstrenndecken (auch Treppen)	≥ 57	≤ 45	Wohnungstrenndecken sind Bauteile, die Wohnungen voneinander oder von fremden Arbeitsräumen trennen.
	Trenndecken (auch Treppen) zwischen fremden Arbeitsräumen bzw. vergleichbaren Nutzungseinheiten	-	-	Diese Angrenzungssituation wird in DIN 4109-5 nicht bewertet.
	Decken über Kellern, Hausfluren, Treppenräumen unter Aufenthaltsräumen	≥ 55	≤ 45	Der Vorschlag für einen erhöhten Schallschutz an die Trittschalldämmung gilt nur für die Trittschallübertragung in fremde Aufenthaltsräume, ganz gleich, ob sie in waagerechter, schräger oder senkrechter (nach oben) Richtung erfolgt.
	Decken über Durchfahrten, Einfahrten von Sammelgaragen u.Ä. unter Aufenthaltsräumen	≥ 58	≤ 45	
	Decken unter Laubengängen	–	≤ 48	
	Decken unter Terrassen und Laubengängen, Loggien über Aufenthaltsräumen	–	≤ 45	
	Balkone	–	≤ 58	

Tabelle 32.2.4-1 (Forts.)
Vorschläge für einen erhöhten Luft- und Trittschallschutz nach DIN 4109-5 zur Verbesserung der Schalldämmung in Mehrfamilienhäusern und in gemischt genutzten Gebäuden (Auszug)

Bauteile		**Anforderungen in dB**		**Bemerkungen**
		R'_w	$L'_{n,w}$	
Decken	Decken/Treppen in Wohnungen, die sich über zwei Geschosse erstrecken	–	≤ 45	Der Vorschlag für einen erhöhten Schallschutz an die Trittschalldämmung gilt nur für die Trittschallübertragung in fremde Aufenthaltsräume, ganz gleich, ob sie in waagerechter, schräger oder senkrechter (nach oben) Richtung erfolgt. Anders als beim Mindestschallschutz dürfen in diesem Fall weichfedernde Bodenbeläge für den Nachweis des Trittschallschutzes angerechnet werden.
	Decken unter Bad und WC mit/ohne Bodenentwässerung	≥ 57	≤ 47	
	Decken unter Hausfluren	–	≤ 45	
Treppen	Treppenläufe und -podeste	–	≤ 47	
Wände	Wohnungstrennwände und Wände zwischen fremden Arbeitsräumen	≥ 56	–	
	Treppenraumwände und Wände neben Hausfluren	≥ 56	–	Für Wände mit Türen gilt erf. R'_w (Wand) = erf. R_w (Tür) + 15 dB. Darin bedeutet erf. R_w (Tür) die erforderliche Schalldämmung der Tür.
	Wände neben Durchfahrten, Sammelgaragen, einschließlich Einfahrten	≥ 58	–	
	Schachtwände von Aufzugsanlagen an Aufenthaltsräumen	≥ 57	–	Entspricht dem Wert aus DIN 4109-1

Tabelle 32.2.4-1 (Forts.)
Vorschläge für einen erhöhten Luft- und Trittschallschutz nach DIN 4109-5 zur Verbesserung der Schalldämmung in Mehrfamilienhäusern und in gemischt genutzten Gebäuden (Auszug)

Bauteile		**Anforderungen in dB**		**Bemerkungen**
		R'_w	$L'_{n,w}$	
Türen	Türen, die von Hausfluren oder Treppenräumen in geschlossene Flure und Dielen von Wohnungen und Wohnheimen oder von Arbeitsräumen führen	≥ 32	–	Bei Türen gilt nach DIN 4109-1: erf. R_w
	Türen, die von Hausfluren oder Treppenräumen unmittelbar in Aufenthaltsräume – außer Flure und Dielen – von Wohnungen führen	≥ 42	–	Bei Türen gilt nach DIN 4109-1: erf. R_w Die Anforderung beträgt ≥ 40 dB unter der Voraussetzung, dass durch gleichwertige schallschutztechnische Maßnahmen Schallschleusen, offene Dielen im Eingangsbereich, der Schallschutz zwischen Treppenraum und Aufenthaltsraum verbessert wird.

Tabelle 32.2.4-2
Vorschläge für einen erhöhten Luft- und Trittschallschutz nach DIN 4109-5 zur Verbesserung der Schalldämmung zwischen Einfamilien-Reihenhäusern und zwischen Doppelhaushälften (Auszug)

Bauteile		**Anforderungen in dB**		**Bemerkungen**
		R'_w	$L'_{n,w}$	
Decken	Decken	–	≤ 36	Die Anforderung an die Trittschalldämmung gilt nur für die Trittschallübertragung in fremde Aufenthaltsräume in waagerechter oder schräger Richtung.
	Bodenplatte auf Erdreich bzw. Decke über Kellergeschoss	–	≤ 41	

Tabelle 32.2.4-2 (Forts.)
Vorschläge für einen erhöhten Luft- und Trittschallschutz nach DIN 4109-5 zur Verbesserung der Schalldämmung zwischen Einfamilien-Reihenhäusern und zwischen Doppelhaushälften (Auszug)

Bauteile		**Anforderungen in dB**		**Bemerkungen**
		R'_w	$L'_{n,w}$	
Treppen	Treppenläufe und -podeste	–	≤ 41	
Wände	Haustrennwände zu Aufenthaltsräumen, die im untersten Geschoss (erdberührt oder nicht) eines Gebäudes gelegen sind	≥ 62	–	
	Haustrennwände zu Aufenthaltsräumen, unter denen mindestens 1 Geschoss (erdberührt oder nicht) des Gebäudes vorhanden ist	≥ 67	–	Wird eine Unterkellerung als Weiße Wanne mit durchlaufenden flankierenden Außenwänden ausgeführt, gilt $R'_w \geq 64$ dB.

Tabelle 32.2.4-3
Vorschläge für einen erhöhten Luft- und Trittschallschutz nach DIN 4109-5 zur Verbesserung der Schalldämmung in Hotels und Beherbergungsstätten (Auszug)

Bauteile		**Anforderungen in dB**		**Bemerkungen**
		R'_w	$L'_{n,w}$	
Decken	Decken, einschließlich Decken unter Fluren	≥ 57	≤ 45	Die Anforderung an die Trittschalldämmung gilt für die Trittschallübertragung in alle Schallausbreitungsrichtungen.
Wände	Wände zwischen Übernachtungsräumen sowie Fluren und Übernachtungsräumen	≥ 52	–	Gilt auch für Trennwände mit Türen zwischen fremden Übernachtungsräumen.
Türen	Türen zw. Fluren und Übernachtungsräumen	≥ 37	–	Bei Türen gilt nach DIN 4109-1: erf. R_w

32.2.5 Vorschläge eines Schallschutzes gegen Schallübertragung im eigenen Wohn- und Arbeitsbereich nach DIN 4109 Beiblatt 2

Aufgrund unterschiedlicher Nutzung und verschiedener Schallquellen innerhalb des eigenen Wohn- und Arbeitsbereiches können für diesen ebenfalls Schallschutzmaßnahmen erforderlich werden. Dies insbesondere dann, wenn innerhalb dieses Bereiches unterschiedliche Arbeits- und Ruhezeiten der Bewohner bestehen. Für diese Fälle sind im Beiblatt 2 zur DIN 4109 ebenfalls Empfehlungen ausgesprochen worden.

Tabelle 32.2.5-1
Empfehlungen für einen normalen und erhöhten Luft- und Trittschallschutz nach DIN 4109 Beiblatt 2 zum Schutz gegen Schallübertragung aus dem eigenen Wohn- und Arbeitsbereich für Wohngebäude

Bauteile	**Anforderungen in dB**				**Bemerkungen**[1]
	normal		**erhöht**		
	R'_w	$L'_{n,w}$	R'_w	$L'_{n,w}$	
Decken in Einfamlienhäusern, ausgenommen Kellerdecken und Decken unter nicht ausgebauten Dachräumen	≥ 50	≤ 56	≥ 55	≤ 46	Bei Decken zwischen Wasch- und Aborträumen nur als Schutz gegen Trittschallübertragung in Aufenthaltsräumen.
Treppenläufe und -podeste in Einfamilienhäusern	–	–	–	≤ 53	Der Vorschlag für einen erhöhten Schallschutz an die Trittschalldämmung gilt nur für die Trittschallübertragung in fremde Aufenthaltsräume, ganz gleich, ob sie in waagerechter, schräger oder senkrechter (nach oben) Richtung erfolgt.
Decken von Fluren in Einfamilienhäusern	–	≤ 56	–	≤ 46	
Wände ohne Türen zwischen „lauten“ und „leisen“ Räumen unterschiedlicher Nutzung	≥ 40	–	≥ 47	–	

[1] Anders als beim Nachweis des Mindestschallschutzes dürfen in diesen Fällen weichfedernde Bodenbeläge für den Nachweis des Trittschallschutzes grundsätzlich angerechnet werden.

Tabelle 32.2.5-2
Empfehlungen für einen normalen und erhöhten Luft- und Trittschallschutz nach DIN 4109 Beiblatt 2 zum Schutz gegen Schallübertragung aus dem eigenen Wohn- und Arbeitsbereich für Büro- und Verwaltungsgebäude

Bauteile	**Anforderungen in dB**				**Bemerkungen**[1)]
	normal		**erhöht**		
	erf. R'_w	**erf.** $L'_{n,w}$	**erf.** R'_w	**erf.** $L'_{n,w}$	
Decken, Treppen, Decken von Fluren und Treppenraumwände	≥ 52	≤ 53	≥ 55	≤ 46	
Wände zwischen Räumen mit üblicher Bürotätigkeit	≥ 37	–	≥ 42	–	Es ist darauf zu achten, dass diese Werte nicht durch Nebenwegübertragung über Flur und Türen verschlechtert werden.
Wände zwischen Fluren und Räumen mit üblicher Bürotätigkeit	≥ 37	–	≥ 42	–	
Wände von Räumen für konzentrierte geistige Tätigkeit oder zur Behandlung vertraulicher Angelegenheiten, z.B. Direktions- und Vorzimmer	≥ 45	–	≥ 52	–	
Wände zwischen Fluren und Räumen für konzentrierte geistige Tätigkeit oder zur Behandlung vertraulicher Angelegenheiten	≥ 45	–	≥ 52	–	
Türen in Wänden und Flurwänden zwischen Räumen mit üblicher Bürotätigkeit	≥ 27	–	≥ 32	–	Bei Türen gelten die Werte für die Schalldämmung bei alleiniger Übertragung durch die Tür.
Türen in Wänden und Flurwänden von Räumen für konzentrierte geistige Tätigkeit oder zur Behandlung vertraulicher Angelegenheiten	≥ 37	–	–	–	Bei Türen gilt nach DIN 4109: erf. R_w

1) Anders als beim Nachweis des Mindestschallschutzes dürfen in diesen Fällen weichfedernde Bodenbeläge für den Nachweis des Trittschallschutzes grundsätzlich angerechnet werden.

32.3 Luftschalldämmung

32.3.1 Grenzfrequenz, biegesteife Bauteile und biegeweiche Schalen

Die Luftschalldämmung einschaliger, homogener und dichter Bauteile hängt in erster Linie von ihrer flächenbezogenen Masse ab (vgl. Abb. 32.3.1-2 und Abschnitt 32.3.3). Nach dem Berger'schen Massegesetz ist die Schalldämmung solcher Bauteile umso besser, je größer die flächenbezogene Masse m' ist.

Daneben wird aber die Schalldämmung – vor allem bei dünnen Bauteilen – auch noch von der Biegesteifigkeit beeinflusst. Hierbei ist der Wert der Koinzidenzgrenzfrequenz f_g von besonderer Bedeutung, da sich in diesem Freequenzbereich die Schalldämmung des massiven Bauteils entgegen dem Berger'schen Massegesetz verschlechtert. Die Koinzidenzgrenzfrequenz f_g ist diejenige Frequenz, bei der die Ausbreitungsgeschwindigkeit der Biegewellen innerhalb des Bauteils mit der Geschwindigkeit übereinstimmt, mit der die „Spur" der schräg einfallenden Luftschallwelle die Bauteiloberfläche entlang eilt (siehe Abbildung 32.3.1-1). In diesem Fall spricht man von „Spuranpassung" oder „Koinzidenz".

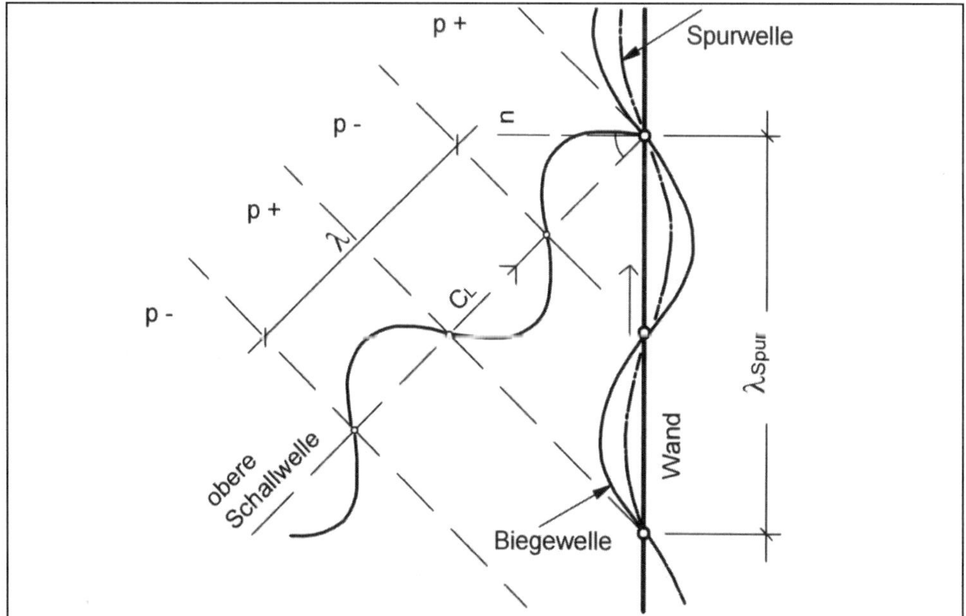

Abb. 32.3.1-1
Darstellung der Spuranpassung bei schrägem Einfall einer Schallwelle; Übereinstimmung („Koinzidenz") der Projektion („Spur") der Schallwelle und der Biegewelle des Bauteils.

Das Minimum der Schalldämmung eines einschaligen Bauteils tritt etwas oberhalb der Koinzidenzgrenzfrequenz auf (siehe auch Abb. 32.3.1-2). Diese ergibt sich nach Hohmann/Setzer bei einem streifenden Schalleinfall zu:

$$f_{\mathrm{g}} = \frac{c^2}{2\pi}\sqrt{\frac{m'}{B'}} \qquad \text{in Hz} \qquad (32.3.1\text{-}1)$$

mit: c_{L} = Ausbreitungsgeschwindigkeit des Schalls in Luft = 340 m/s
m' = flächenbezogene Masse in kg/m² nach Gleichung 32.3.1-2
B' = Plattensteifigkeit in MNm² nach Gleichung 32.3.1-3

Die flächenbezogene Masse m' und die Plattensteifigkeit B' folgen aus:

$$m' = d \cdot \rho \qquad \text{in kg/m}^2 \qquad (32.3.1\text{-}2)$$

mit: d = Dicke des Bauteils in m
ρ = Rohdichte des Baustoffs in kg/m³

$$B' = E_{\mathrm{dyn}} \cdot I' = E_{\mathrm{dyn}} \cdot \frac{d^3}{12 \cdot (1-\mu^2)} \qquad \text{in MNm}^2 \qquad (32.3.1\text{-}3)$$

mit: E_{dyn} = dynamischer Elastizitätsmodul des Baustoffes in MN/m²
I' = Flächenträgheitsmoment in m⁴
d = Dicke der Platte in m
μ = Querkontraktionszahl

Mit dem Wert c_{L} = 340 m/s und den Gleichungen 32.3.1-2 und 32.3.1-3 zur Bestimmung der flächenbezogenen Masse m' und der Plattensteifigkeit B' erhält man unter Vernachlässigung der Querkontraktion μ die Grenzfrequenz f_{g} aus:

$$f_{\mathrm{g}} = \frac{64}{d}\sqrt{\frac{\rho}{E_{\mathrm{dyn}}}} \qquad \text{in Hz} \qquad (32.3.1\text{-}4)$$

mit: d = Dicke des Bauteils in m
ρ = Rohdichte des Baustoffes in kg/m³
E_{dyn} = dynamischer Elastizitätsmodul des Baustoffes in MN/m² (siehe Tabelle 32.3.5-2)

Die Grenzfrequenz f_g liegt umso niedriger, je dicker und je biegesteifer das Bauteil ist. Wegen des besonders wichtigen akustischen Hörbereiches sind Grenzfrequenzen entweder unter 100 Hz (besser < 85 Hz für ausreichend biegesteife Bauteile) oder über 1 500 Hz (ausreichend biegeweiche Bauteile) anzustreben. Anderenfalls kann sich eine wesentlich schlechtere Bewertung und damit schlechtere Schalldämmung des Bauteiles ergeben. Dies ist zum Beispiel bei plattenförmigen Bauteilen aus Beton, Leichtbeton, Mauerwerk und Gips der Fall, wenn deren flächenbezogenen Massen zwischen ca. 20 kg/m² und 100 kg/m² liegen.

Biegeweiche Platten oder Schalen mit Grenzfrequenzen von etwa 1 500 Hz oder mehr sind beispielsweise Gipskartonplatten bis etwa 15 mm und Spanplatten bis ca. 16 mm Dicke. Biegesteif hingegen sind z.B. Mauerwerk und Massivdecken, wenn diese in deren in Bauwerken üblichen Dicken ausgeführt werden. In Abb. 32.3.1-2 sind die Koinzidenzgrenzfrequenzen einiger gebräuchlicher Plattenbaustoffe dargestellt.

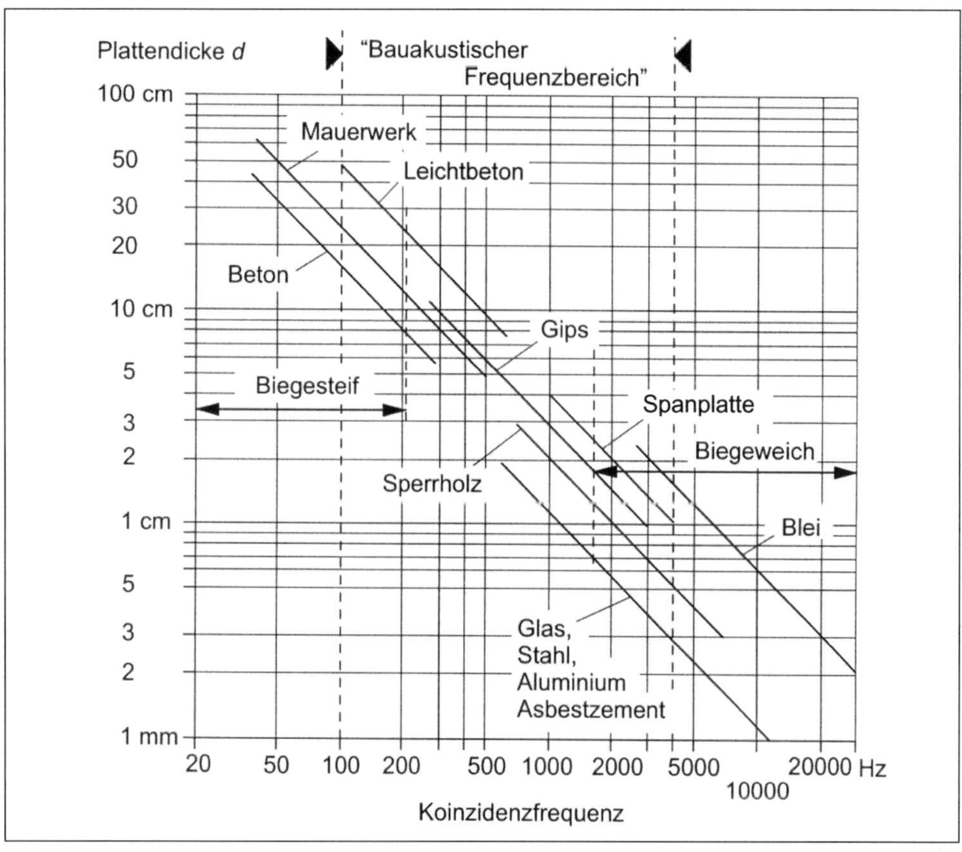

Abb. 32.3.1-2
Koinzidenzfrequenzen von Baustoffen in Abhängigkeit der Bauteildicke

Beispiele: Grenzfrequenz einer 18 cm dicken Betonplatte (vgl. Abb. 32.3.1-2):

$$f_g = \frac{64}{0{,}18}\sqrt{\frac{2400}{35\,000}} = 93{,}1 \text{ Hz} < 100 \text{ Hz, d.h. ausreichend biegesteif.}$$

Grenzfrequenz einer 5 mm dicken Glasscheibe:

$$f_g = \frac{64}{0{,}005}\sqrt{\frac{2500}{50\,000}} = 2862{,}2 \text{ Hz} > 2000 \text{ Hz, d.h. ausreichend biegeweich.}$$

Das Verhalten von einschaligen Bauteilen ist somit von drei Bereichen gekennzeichnet (siehe Abb. 32.3.1-3):

- Plattenschwingungen
- Massegesetz (Zunahme der Schalldämmung um 6 dB je Oktave) und
- Wellenkoinzidenzen.

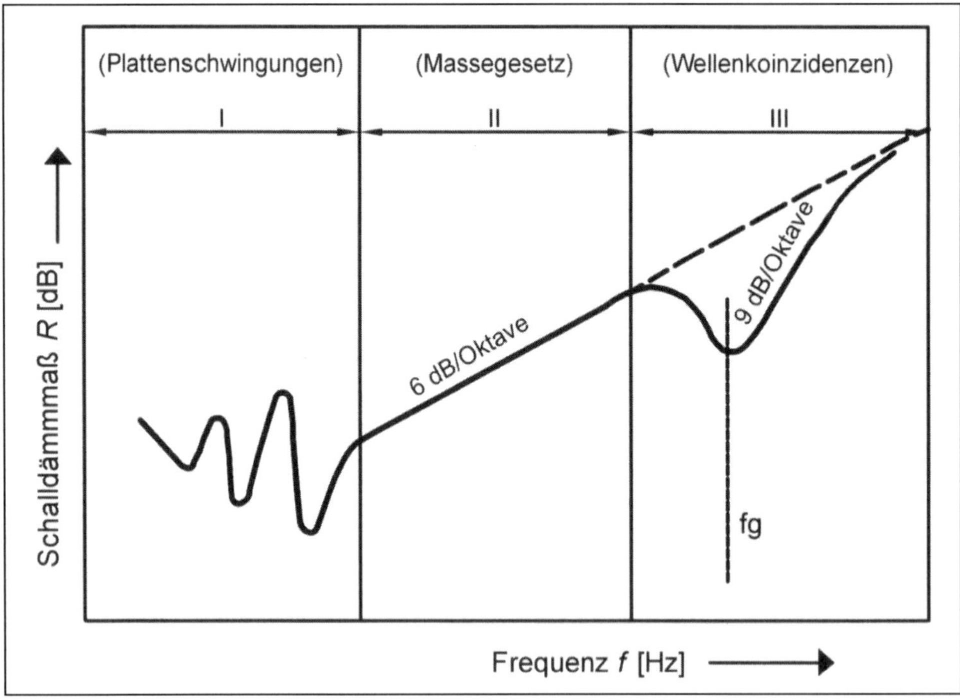

Abb. 32.3.1-3
Schalldämmung einschaliger Bauteile

32.3.2 Nachweis der Luftschalldämmung mit bauakustischen Messungen

Die Luftschalldämmung von Bauteilen wird durch das Schalldämmmaß *R'* gekennzeichnet, welches sich bei der Messung zwischen zwei Räumen aus der Schallpegeldifferenz D (= $L_1 - L_2$), der äquivalenten Schallabsorptionsfläche A des Empfangsraumes und der Prüffläche S des trennenden Bauteiles bestimmen lässt:

$$R' = L_1 - L_2 + 10 \cdot \lg \frac{S}{A} \quad \text{in dB} \qquad (32.3.2\text{-}1)$$

mit: L_1 = Schallpegel im Senderaum in dB
L_2 = Schallpegel im Empfangsraum in dB
S = Fläche der Trennwand oder des sonstigen raum-trennenden Bauteils in m^2
A = äquivalente Schallabsorptionsfläche des Empfangsraumes in m^2 (siehe Kapitel 31)

Da das Schalldämmmaß von der Frequenz abhängt, muss es bei einer Messung für die einzelnen Frequenzbereiche ermittelt werden. Man unterscheidet das

- „Labor-Schalldämmmaß“ *R*, bei ausschließlicher Übertragung durch das zu prüfende trennende Bauteil (im Prüfstand im Labor) und das
- „Bau-Schalldämmmaß“ *R'*, unter Berücksichtigung der zusätzlichen Flankenübertragung anderer Bauteile (im Prüfstand am Bau, vgl. Abb. 32-2).

Bei Vernachlässigung von 10 lg (*S*/*A*) ist *R'* das Verhältnis der auf ein Bauteil auftreffenden Schallenergie I_1 zu der auf seiner Rückseite in den Nachbarraum abgegebenen Energie I_2 nach folgender Beziehung:

$$R' = 10 \cdot \lg \frac{I_1}{I_2} \quad \text{in dB} \qquad (32.3.2\text{-}2)$$

mit: I_1 = Schallenergie im Senderaum in W/m^2
I_2 = Schallenergie im Empfangsraum in W/m^2

Ein Schalldämmmaß *R'* = 30 dB bedeutet, dass das Verhältnis $I_1/I_2 = 10^{-3}$ = 1/1000 beträgt; wegen der großen Empfindlichkeit des menschlichen Ohres wird dieses Verhältnis und damit die betreffende Schalldämmung als sehr schlecht empfunden. Ein besseres Verhältnis stellt $R' = 50$ dB dar ($I_1/I_2 = 10^{-5} = 1/100000$). In diesem Fall erreicht nur 1/100 000 der Schallenergie des Senderaums den Empfangsraum. Für die praktische Anwendung ist der gemessene, frequenzabhängige Verlauf von R und R' unzweckmäßig. Deshalb werden in der Baupraxis nur die Einzahl-Angaben R_w und R'_w verwendet. Dabei handelt es sich um das

- „bewertete Labor-Schalldämmmaß" R_w, ohne Schallübertragung durch flankierende Bauteile (in dB)
- „bewertete Bau-Schalldämmmaß" R'_w, mit Schallübertragung durch flankierende Bauteile (in dB).

Die Bewertung des Schalldämmmaßes bezieht sich immer auf den Vergleich mit einer Bezugskurve (siehe Abbildung 32.3.2-1). Die Kurve eines gemessenen Schalldämmmaßes R bzw. R' wird mit dem Verlauf einer Bezugskurve verglichen, die vereinfachend den idealen Verlauf (nicht die ideale Größe) der Schalldämmung eines Bauteiles mit einer flächenbezogenen Masse $m' = 300$ kg/m^2 unter Berücksichtigung der geringeren Empfindlichkeit des menschlichen Ohres für tiefere Frequenzen darstellt (Abb. 32.3.2-1).

Zur Ermittlung des bewerteten Bau-Schalldämmmaßes R'_w werden die in einer Messung bestimmten Schalldämmwerte jeder einzelnen Frequenz in ein Diagramm eingetragen. Anschließend wird die Bezugskurve so weit verschoben, bis die Summe aller Unterschreitungen der Messkurve zur verschobenen Bezugskurve im Mittel nicht mehr als 2 dB beträgt (Überschreitungen dürfen nicht berücksichtigt werden). Das bewertete Bau-Schalldämmmaß R'_w kann anschließend an der verschobenen Bezugskurve bei der Frequenz 500 Hz abgelesen werden (siehe Abb. 32.3.2-1). Dabei wird ein Einzahlwert angegeben. Die Lage der Bezugskurve entspricht (bei 500 Hz) R_w (R'_w) = 52 dB.

Beispiel: Ermittlung des bewerteten Schalldämmmaßes aus einer Messung

Gegeben sind zunächst die Bezugskurve und eine Messkurve (siehe Tabelle 32.3.2-1). Anschließend ist in dem Beispiel die Bezugskurve zur Messkurve um 11 dB nach oben verschoben worden. Danach wurde die Differenz zwischen der verschobenen Bezugskurve und der Messkurve gebildet.

Zur Ermittlung des bewerteten Bau-Schalldämmmaßes R'_w wird der Mittelwert aus der Summe der Unterschreitungen der Messkurve zur verschobenen Bezugskurve gebildet. Dieser muss kleiner als 2 dB sein:

Σ Differenz = 1 + 2 + 3 + 3 + 2 + 3 + 2 + 2 + 4 + 3 + 3 = 28 dB

Diese Differenz von 28 dB wird nun durch die Anzahl der geprüften Frequenzen (= 16) geteilt:

Mittelwert der Unterschreitungen = 28 : 16 = 1,64 < 2,0 ✓

Tabelle 32.3.2-1
Schalldämmwerte der Bezugs-, Mess- und der verschobenen Bezugskurve

Frequenzen in Hz	Bezugskurve in dB	Messkurve in dB	verschobene Bezugskurve in dB	Differenz in dB
100	33	43	44	-1
125	36	47	47	0
160	39	48	50	-2
200	42	53	53	0
250	45	53	56	-3
315	48	56	59	-3
400	51	60	62	-2
500	52	60	63	-3
630	53	62	64	-2
800	54	63	65	-2
1000	55	63	66	-4
1250	56	64	67	-3
1600	56	64	67	-3
2000	56	68	67	1
2500	56	67	67	0
3150	56	68	67	1

Aus Abbildung 32.3.2-1 kann bei 500 Hz an der verschobenen Bezugskurve das bewertete Bau-Schalldämmmaß R'_w abgelesen werden:

Bau-Schalldämmmaß R'_w = 63 dB

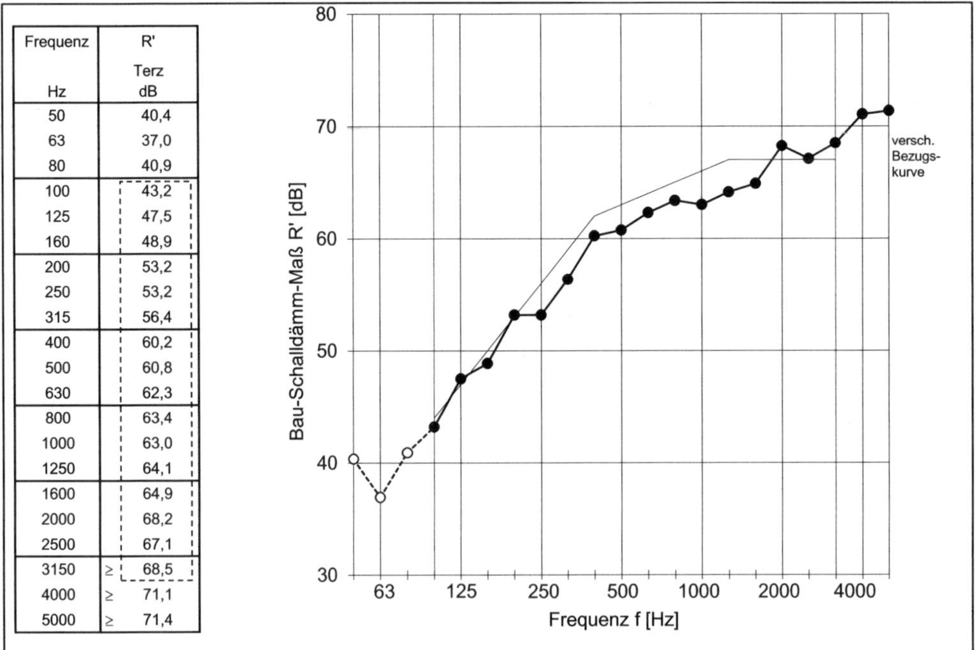

Frequenz Hz	R' Terz dB
50	40,4
63	37,0
80	40,9
100	43,2
125	47,5
160	48,9
200	53,2
250	53,2
315	56,4
400	60,2
500	60,8
630	62,3
800	63,4
1000	63,0
1250	64,1
1600	64,9
2000	68,2
2500	67,1
3150	≥ 68,5
4000	≥ 71,1
5000	≥ 71,4

Abb. 32.3.2-1
Frequenzabhängiges Schalldämmmaß *R*'; Beispiel einer Messkurve und Vergleich mit der Bewertungskurve für Luftschall. Die Auswertung ergibt ein bewertetes Schalldämmmaß von $R'_w = 52 + 11 = 63$ dB. Dieses kann bei 500 Hz an der verschobenen Bezugskurve abgelesen werden.

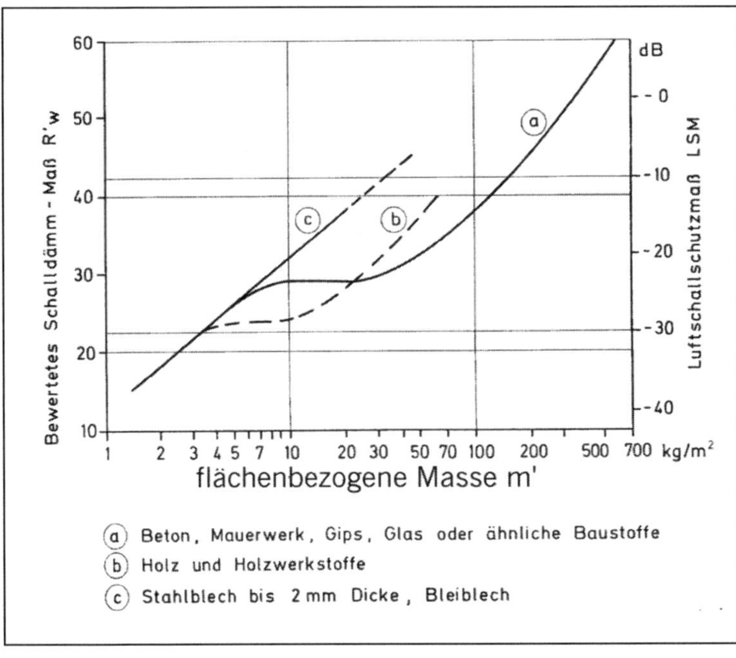

Abb. 32.3.2-2
Abhängigkeit des bewerteten Schalldämmmaßes R_w bzw. R'_w und des Luftschallschutzmaßes LSM von der flächenbezogenen Masse (nach Schüle)

32.3.3 Rechnerischer Nachweis der Luftschalldämmung massiver Bauteile

Als massive Bauteile werden Wände, Decken und andere Bauteile aus Mauerwerk, Beton, Gips oder großformatigen Wandtafeln aus Mauerwerk, Beton, Leichtbeton, Porenbeton oder anderen mineralischen Baustoffen bezeichnet. Für diese erfolgt im Schallschutznachweis eine rechnerische Prognose der Luftschalldämmung von Bauteilen zwischen schutzbedürftigen Räumen. Diese Prognosen sind stets mit gewissen Unsicherheiten behaftet. Die Erfassung dieser Unsicherheiten können nach DIN 4109-2 in einem vereinfachten Ansatz ohne weitere Berechnung mit einem pauschalen Zu- oder Abschlag berücksichtigt werden. Zur Erfüllung der Anforderungen an die Luftschalldämmung von trennenden Bauteilen gilt danach:

$$\text{vorh. } R`_{w} = R`_{w} - 2\text{ dB} \geq \text{erf. } R'_{w} \qquad \text{in dB} \qquad (32.3.3\text{-}1)$$

Die Berechnung des bewerteten Bau-Schalldämmmaßes R'_{w} zwischen zwei Räumen ergibt sich nach:

$$R'_{w} = -10\lg\left[10^{-0{,}1R_{Dd,w}} + \sum_{F=f=1}^{n} 10^{-0{,}1R_{Ff,w}} + \sum_{f=1}^{n} 10^{-0{,}1R_{Df,w}} + \sum_{F=1}^{n} 10^{-0{,}1R_{Fd,w}}\right] \qquad (32.3.3\text{-}2)$$

mit: $R_{Dd,w}$ = Direktschalldämmung des trennenden Bauteils in dB
$R_{Ff,w}$ = Flankenschalldämmung beim Übertragungsweg Flanke im Senderaum (F) zu Flanke im Empfangsraum (f) in dB
$R_{Df,w}$ = Flankenschalldämmung beim Übertragungsweg Trennbauteil im Senderaum (D) zu Flanke im Empfangsraum (f) in dB
$R_{Fd,w}$ = Flankenschalldämmung beim Übertragungsweg Flanke im Senderaum (F) zu Trennbauteil im Empfangsraum (d) in dB

Direktschalldämmung (Trennwand oder Geschossdecke)

Die Direktschalldämmung $R_{\mathrm{Dd,w}}$ eines massiven Bauteils kann gemäß Gleichung 32.3.3-3 bestimmt werden. Das darin enthaltene bewertete Schalldämmmaß $R_{\mathrm{s,w}}$ lässt sich in Abhängigkeit des Baustoffs bzw. der flächenbezogenen Masse m′ aus Tabelle 32.3.3-1 ermitteln.

$$R_{\mathrm{Dd,w}} = R_{\mathrm{s,w}} + \Delta R_{\mathrm{Dd,w}} \quad \text{in dB} \qquad (32.3.3\text{-}3)$$

mit: $R_{\mathrm{s,w}}$ = bewertetes Schalldämmmaß des trennenden massiven Bauteils in dB nach Tabelle 32.3.3-1

$\Delta R_{\mathrm{Dd,w}}$ = gesamte bewertete Verbesserung des Schalldämmmaßes durch zusätzlich angebrachte Vorsatzkonstruktionen auf der Sende- und/oder Empfangsseite des trennenden Bauteils in dB

Tabelle 32.3.3-1
Berechnung des bewerteten Schalldämmmaßes für massive einschalige Bauteile

Baustoff	**bewertetes Schalldämmmaß $R_{\mathrm{s,w}}$ in dB**	**für flächenbezogene Masse m'_{ges} in kg/m²**
Beton, Betonsteine, Kalksandsteine, Mauersteine, Verfüllsteine	$R_{\mathrm{s,w}} = 30{,}9 \cdot \lg(m' / m'_0) - 22{,}2$ (32.3.3-4)	$65 < m'_{\mathrm{ges}} < 720$
Leichtbeton	$R_{\mathrm{s,w}} = 30{,}9 \cdot \lg(m' / m'_0) - 20{,}2$ (32.3.3-5)	$140 < m'_{\mathrm{ges}} < 480$
Porenbeton	$R_{\mathrm{s,w}} = 32{,}6 \cdot \lg(m' / m'_0) - 22{,}5$ (32.3.3-6)	$50 \leq m'_{\mathrm{ges}} < 150$
	$R_{\mathrm{s,w}} = 26{,}1 \cdot \lg(m' / m'_0) - 8{,}4$ (32.3.3-7)	$150 \leq m'_{\mathrm{ges}} \leq 300$
mit: m' = flächenbezogene Masse nach Gleichung 32.3.3-8 m'_0 = 1 kg/m² (Bezugsgröße)		

Wie aus Tabelle 32.3.3-1 hervorgeht, kann die rechnerische Ermittlung des bewerteten Schalldämmmaßes $R_{s,w}$ für einschalige Wände und Decken mit Hilfe der flächenbezogenen Masse m' erfolgen. Dabei bedeutet „einschalig", dass die betrachteten Bauteile überwiegend homogen aufgebaut sind. Diesbezüglich sollten die Bauteile möglichst gleichmäßig aufgebaut sein, d.h. in der Ebene die gleiche Dicke aufweisen und aus einheitlichen bzw. ähnlichen Baustoffen aufgebaut sein. Dabei können kleine Hohlräume und Lufteinschlüsse, wie sie in vielen Mauersteinen (z.B. Porenbeton oder Hochlochsteine) vorkommen, vernachlässigt werden. Ist das nachzuweisende Bauteil aus mehreren Schichten aufgebaut, müssen diese einen flächigen Verbund aufweisen (wie z.B. Putz auf Mauerwerk).

Zur Bestimmung des bewerteten Schalldämmmaßes des trennenden massiven Bauteils $R_{s,w}$ wird zunächst die flächenbezogene Masse m' für das betrachtete Bauteil bestimmt:

$$m' = \rho_{MW} \cdot d_{MW} + \rho_{Putz} \cdot d_{Putz} \qquad \text{in kg/m}^2 \qquad (32.3.3\text{-}8)$$

mit: ρ_{MW} = Rechenwert der Rohdichte des Baustoffs (Mauerwerk oder Stahlbeton) in kg/m³ nach Tabelle 32.3.3-2

d_{MW} = Dicke der Wand / Decke in m

ρ_{Putz} = Rechenwert der Rohdichte der Putzschichten in kg/m³ nach Tabelle 32.3.3-3

d_{Putz} = Dicke der Putzschichten in m

Die in Tabelle 32.3.3-2 angegebenen Rechenwerte der Rohdichte einschaliger Wände und Platten berücksichtigen die Vermauerung der Wände mit Normal- oder Leichtmörtel. Dabei kann der Mörtel je nach Rohdichte der verwendeten Mauersteine die Rohdichte der gesamten Wand erhöhen oder erniedrigen.

Tabelle 32.3.3-2

Rechenwerte der Rohdichten ρ einschaliger Wände aus Stahlbeton, Mauersteinen und Platten nach DIN 4109-32

Konstruktion		**Rohdichte ρ in kg/m³**	**Rohdichteklasse RDK**
Stahlbeton		$\rho_W = 2400$	–
Mauerwerk	Normalmörtel	$\rho_W = 900 \cdot \text{RDK} + 100$	$0{,}35 \leq \text{RDK} \leq 2{,}2$
	Leichtmörtel	$\rho_W = 900 \cdot \text{RDK} + 50$	$0{,}35 \leq \text{RDK} \leq 1{,}0$
	Dünnbettmörtel	$\rho_W = 1000 \cdot \text{RDK} - 100$	$\text{RDK} > 1{,}0$
		$\rho_W = 900 \cdot \text{RDK} - 50$	Klassenbreite der RDK 100 kg/m³ und $\text{RDK} \leq 1{,}0$
		$\rho_W = 900 \cdot \text{RDK} - 25$	Klassenbreite der RDK 50 kg/m³ und $\text{RDK} \leq 1{,}0$
	Hohlblocksteine	$\rho_W = 1000 \cdot (\text{RDK} + 0{,}4)$	–
	Füllsteine	$\rho_W = \rho_{Stein} \cdot V_{Stege} + \rho_{Beton} \cdot V_{Füll}$	–

Tabelle 32.3.3-3

Rechenwerte der Rohdichten ρ verschiedener Putze nach DIN 4109-32

Konstruktion		**Rohdichte ρ in kg/m³**	**Rohdichteklasse RDK**
Putze	Gips- und Dünnlagenputze	$\rho_{Putz} = 1000$	–
	Kalk- und Kalkzementputze	$\rho_{Putz} = 1600$	–
	Leichtputze	$\rho_{Putz} = 900$	–
	Wärmedämmputze	$\rho_{Putz} = 250$	–

Verbesserung der Schalldämmung durch Vorsatzkonstruktionen $\Delta R_{Dd,w}$

Wird vor eine einschalige, biegesteife Wand eine biegesteife Vorsatzschale gestellt oder auf eine Rohdecke ein schwimmender Estrich aufgebracht, kann die Direkt- oder Flankenschalldämmung des Bauteils erheblich verbessert werden. Bei Vorsatzschalen kann je nach der akustischen Wirksamkeit zwischen zwei Gruppen unterschieden werden: bei Vorsatzschalen der Gruppe A werden die Holzstiele bzw. Ständer des biegeweichen Systems direkt mit der schweren Schale verbunden, während die Holzstiele bzw. Ständer der Vorsatzschalen der Gruppe B keine oder eine weich federnde Verbindung mit der schweren Schale haben. Die ehemals im Beiblatt 1 zur DIN 4109 angegebenen biegeweichen Vorsatzschalen vor einschaligen, biegesteifen Wänden sind in Tabelle 32.3.3-4 aufgeführt.

Tabelle 32.3.3-4
Ausführung biegeweicher Vorsatzschalen vor einschaligen, biegesteifen Wänden nach DIN 4109, Beiblatt 1

Gruppe	Ausbildung der Wand mit Vorsatzschale	Fußnote
A (mit Verbindung der Schalen)	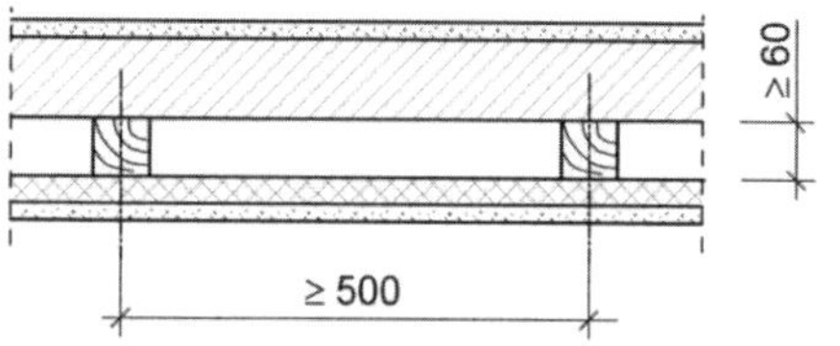 ≥ 60; ≥ 500	1
	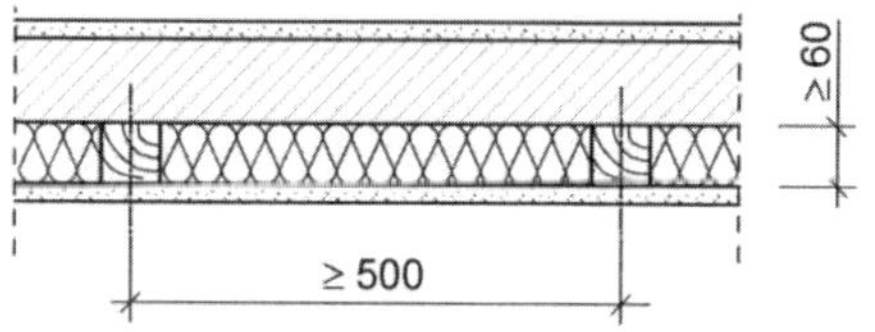 ≥ 60; ≥ 500	2
B (ohne bzw. federnde Verbindung der Schalen)	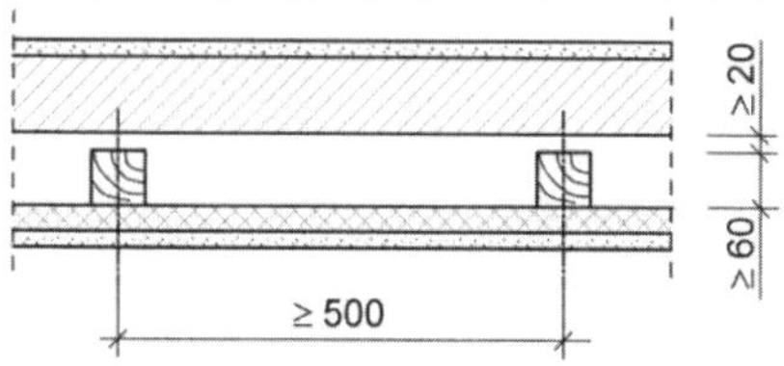 ≥ 20; ≥ 60; ≥ 500	3
	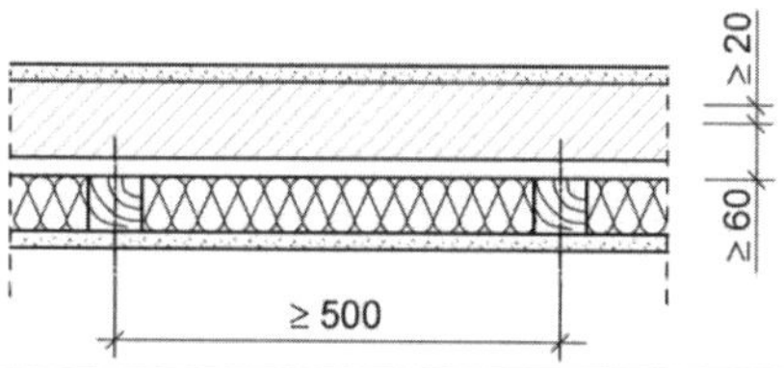 ≥ 20; ≥ 60; ≥ 500	4
	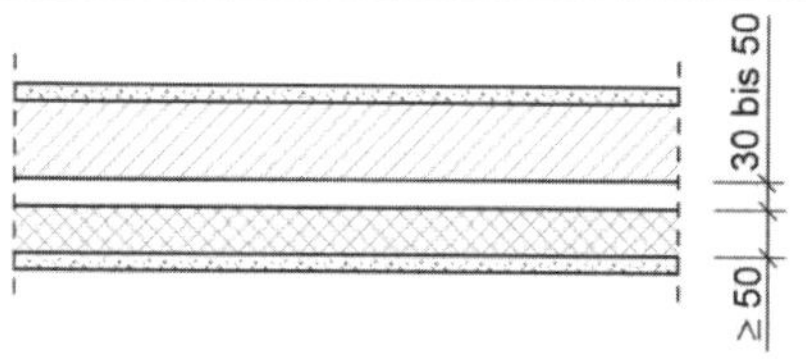 30 bis 50; ≥ 50	5
	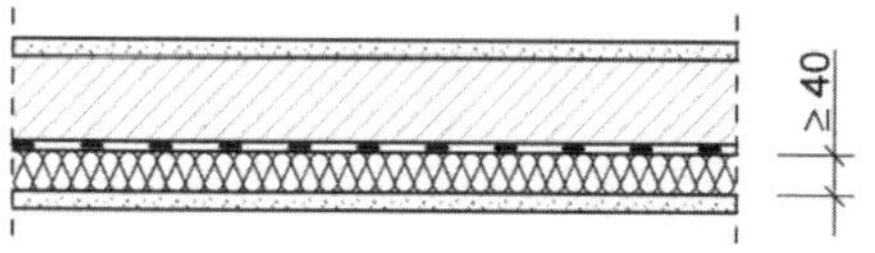 ≥ 40	6

Fußnoten zu Tabelle 32.3.3-4

[1] Vorsatzschale aus Holzwolle-Leichtbauplatten nach DIN 1101, Dicke ≥ 25 mm, verputzt, Holzstiele (Ständer), an schwerer Schale befestigt.

[2] Vorsatzschale aus Gipskartonplatten nach DIN 18180, Dicke 12,5 mm oder 15 mm, Ausführung nach DIN 18181 oder Spanplatten nach DIN 68 763, Dicke 10 bis 16 mm, mit Hohlraumausfüllung, Holzstiele (Ständer) an schwerer Schale befestigt.

[3] Vorsatzschale aus Holzwolle-Leichtbauplatten nach DIN 1101, Dicke ≥ 25 mm, verputzt, Holzstiele (Ständer) mit Abstand ≥ 20 mm vor schwerer Schale frei stehend.

[4] Vorsatzschale aus Gipskartonplatten nach DIN 18180, Dicke 12,5 mm oder 15 mm oder Spanplatten, Dicke 10 bis 16 mm, mit Hohlraumausfüllung, Holzstiele (Ständer) vor schwerer Schale frei stehend, mit Hohlraumfüllung zwischen den Holzstielen.

[5] Vorsatzschale aus Holzwolle-Leichtbauplatten nach DIN 1011, Dicke ≥ 50 mm, verputzt, frei stehend mit Abstand ≥ 30 bis 50 mm vor schwerer Schale.

[6] Vorsatzschale aus Gipskartonplatten nach DIN 18180, Dicke 12,5 mm oder 15 mm oder Faserdämmplatten, Ausführung nach DIN 18181, an schwerer Schale streifen- oder punktförmig angesetzt.

Die Verbesserung der Schalldämmung (Direkt- oder Flankenschalldämmung) durch Vorsatzkonstruktionen $\Delta R_{\mathrm{Dd,w}}$ kann nach Tabelle 32.3.3-5 bestimmt werden und ist abhängig von der Resonanzfrequenz f_0 der Vorsatzkonstruktion. Die in Tabelle 32.3.3-5 benötigte Resonanzfrequenz kann dabei aus den Gleichungen 32.3.3-10 oder 32.3.3-12 (je nach Anbringung der Vorsatzschale vor dem Bauteil) berechnet werden. Bei beidseitiger Applikation der Vorsatzkonstruktion ist Gleichung 32.3.3-13 bzw. 32.3.3-14 anzuwenden.

Tabelle 32.3.3-5
Verbesserung der Schalldämmung durch Vorsatzkonstruktionen $\Delta R_{\mathrm{Dd,w}}$

Resonanzfrequenz f_0 der Vorsatzkonstruktion in Hz	**Verbesserung der Schalldämmung (Direkt- oder Flankenschalldämmung) durch geschlossene Vorsatzkonstruktionen ΔR_{w} (bzw. $\Delta R_{\mathrm{Dd,w}}$ oder $\Delta R_{\mathrm{Fd,w}}$, $\Delta R_{\mathrm{Df,w}}$) in dB**
$30 \leq f_0 \leq 160$	$74{,}4 - 20 \cdot \lg f_0 - 0{,}5 \cdot R_{\mathrm{w}}$ (32.3.3-9)
200	– 1
250	– 3
315	– 5
400	– 7
500	– 9
$630 \leq f_0 \leq 1600$	– 10
$1600 < f_0 \leq 5000$	– 5

Die Bestimmung der Resonanzfrequenz f_0 der Vorsatzschale erfolgt bei geschlossenen Vorsatzkonstruktionen, die direkt auf dem Bauteil über eine Dämmschicht (ohne Verwendung von Stützen oder Lattungen) befestigt werden (z.B. schwimmende Estriche), nach:

$$f_0 = 160\sqrt{s' \cdot \left(\frac{1}{m'_1} + \frac{1}{m'_2}\right)} \quad \text{in Hz} \qquad (32.3.3\text{-}10)$$

mit: s' = dynamische Steifigkeit der Dämmschicht in MN/m^3 nach Gleichung 32.3.3-11
m'_1 = flächenbezogene Masse des Bauteils in kg/m^2 nach Gleichung 32.3.3-8
m'_2 = flächenbezogene Masse der Bekleidung der Vorsatzkonstruktion in kg/m^2

Die dynamische Steifigkeit ergibt sich aus:

$$s' = \frac{E_{dyn}}{d} \quad \text{in MN/m}^3 \qquad (32.3.3\text{-}11)$$

mit: d = Dicke in m
E_{dyn} = dynamischer E-Modul in MN/m^2

Beispiel: Resonanzfrequenz eines schwimmenden Estrichs

Gegeben ist eine Mineralfaser (MF)-Trittschalldämmplatte, Dicke d = 2 cm, E_{dyn} = 0,20 MN/m^2. Nach Gleichung 32.3.3-11 ergibt sich damit s' zu:

$$s' = \frac{0{,}20}{0{,}02} = 10 \text{ MN/m}^3$$

Als Estrich wird ein Calciumsulfatestrich (d = 5 cm, ρ = 2000 kg/m^3) verwendet, für den sich die flächenbezogene Masse zu m'_2 = 0,05 · 2000 = 100 kg/m^2 ergibt. Der schwimmende Estrich wird auf einer d = 20 cm dicken Stahlbetondecke angeordnet (m'_1 = 480 kg/m^2). Nach Gleichung 32.3.3-10 folgt damit die Resonanzfrequenz f_0 zu:

$$f_0 = 160\sqrt{10 \cdot \left(\frac{1}{480} + \frac{1}{100}\right)} = 55{,}6 \text{ Hz} < 100 \text{ Hz}$$

Tabelle 32.3.3-6
Dynamischer Elastizitäts-Modul einiger Werkstoffe

Werkstoff	**E_{dyn} in MN/m²**	**Werkstoff**	**E_{dyn} in MN/m²**
Ziegel	$1 \cdot 10^3 - 5 \cdot 10^3$	MF-Platten, Matten	0,18 – 0,21
Kalksandstein	$12 \cdot 10^2 - 3 \cdot 10^3$	HWL-Platten	5,25
Beton	$3{,}5 \cdot 10^4$	Gummischrot	0,63
Leichtbeton	$2 \cdot 10^3 - 5 \cdot 10^3$	PS-Partikelschaum	1,2 – 6,0
Porenbeton	$2 \cdot 10^3 - 4 \cdot 10^3$	PS-Extruderschaum	30
GK-Platten	$3 \cdot 10^3$	PS-Hartschaum	0,17
Hartfaser/Holzspanpl.	$2 \cdot 10^3$	PU-Hartschaum	1 – 6
Sperrholz	$5 \cdot 10^3 - 12 \cdot 10^3$	Schaumglas	$1{,}5 \cdot 10^3$
Buche, Eiche II	$12{,}5 \cdot 10^3$	Korkplatten	10 – 30
Buche, Eiche ⊥	$6 \cdot 10^2$	Glas	$5 \cdot 10^4$
Nadelholz II	$10 \cdot 10^3$	Aluminium	$7{,}2 \cdot 10^4$
Nadelholz ⊥	$3 \cdot 10^2$	Stahl	$21 \cdot 10^4$
		Luft, stehend	0,12

Für freistehende Vorsatzkonstruktionen, die mit Blechprofilen oder Holzständern vor dem Bauteil erstellt werden, berechnet sich die Resonanzfrequenz wir folgt:

$$f_0 = 160 \sqrt{\frac{0{,}08}{d} \cdot \left(\frac{1}{m'_1} + \frac{1}{m'_2}\right)} \quad \text{in Hz} \qquad (32.3.3\text{-}12)$$

mit: d = Hohlraumtiefe (Abstand) der Vorsatzschale vor dem Bauteil in m

m'_1 = flächenbezogene Masse des Bauteils in kg/m² nach Gleichung 32.3.3-8

m'_2 = flächenbezogene Masse der Bekleidung der Vorsatzkonstruktion in kg/m²

Bei beidseitigem Vorhandensein der Vorsatzschale (z.B. schwimmender Estrich auf der Geschossdecke als flankierendes Bauteil zu beiden Seiten einer Trennwand) ist Folgendes anzuwenden:

$$\Delta R_{D,w} \geq \Delta R_{d,w} \rightarrow \Delta R_{Dd,w} = \Delta R_{D,w} + \Delta R_{d,w} / 2 \qquad (32.3.3\text{-}13)$$

$$\Delta R_{D,w} \leq \Delta R_{d,w} \rightarrow \Delta R_{Dd,w} = \Delta R_{D,w} / 2 + \Delta R_{d,w} \qquad (32.3.3\text{-}14)$$

Flankenschalldämmung (Ff, Fd, Df)

Zur Berechnung des bewerteten Bau-Schalldämmmaßes R'_w nach Gleichung 32.3.3-2 sind neben dem Direktschalldämmmaß des trennenden Bauteils auch die Flankenschalldämmungen der an das trennende Bauteil anschließenden flankierenden Bauteile zu berücksichtigen. Die Flankenschalldämmung ist dabei in der Regel für vier flankierende Bauteile (z.B. ergeben sich für eine Wohnungstrennwand als trennendes Bauteil meist folgende flankierenden Bauteile: Innenwand, Decke, Außenwand, Boden).

Die Flankenschalldämmung bestimmt sich dabei wie folgt:

$$R_{ij,w} = \frac{R_{i,w}}{2} + \frac{R_{j,w}}{2} + \Delta R_{ij,w} + K_{ij} + 10 \cdot \lg \frac{S_s}{l_0 \cdot l_f} \quad \text{in dB} \qquad (32.3.3\text{-}15)$$

mit:
- $R_{ij,w}$ = bewertetes Flankendämm-Maß für den Schallübertragungsweg vom Bauteil (i) auf das Bauteil (j), in dB
- $R_{i,w}$ = bewertetes Schalldämmmaß des flankierenden massiven Bauteils im Senderaum, in dB
- $R_{j,w}$ = bewertetes Schalldämmmaß des flankierenden Bauteils im Empfangsraum, in dB
- $\Delta R_{ij,w}$ = gesamte bewertete Verbesserung des Schalldämmmaßes durch zusätzlich angebrachte Vorsatzkonstruktionen auf dem Sende- (i) und/oder Empfangsbauteil (j) des betrachteten Übertragungsweges, in dB; es sind nur die raumseitig angebrachten Vorsatzkonstruktionen zu berücksichtigen

Weg Ff

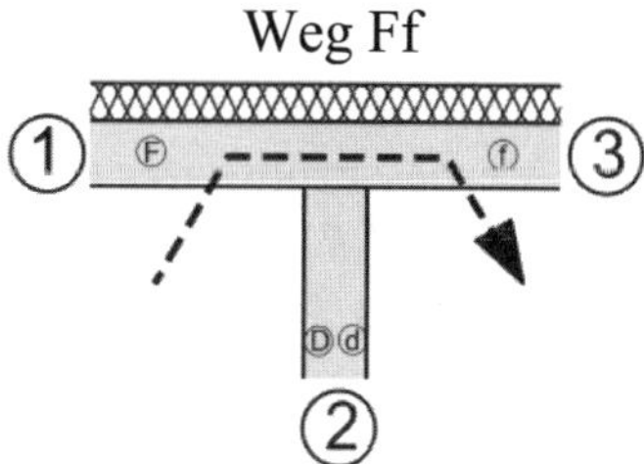

Weg Fd

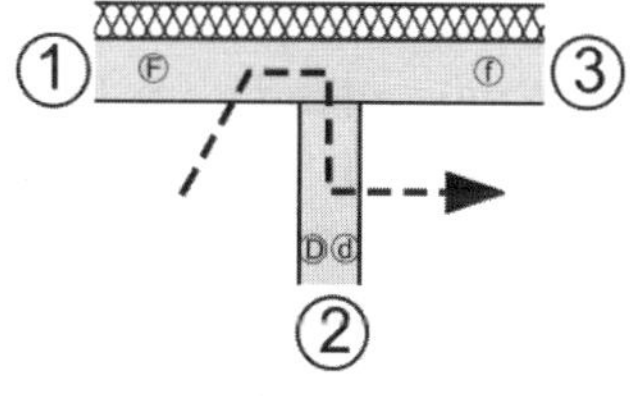

Weg Df

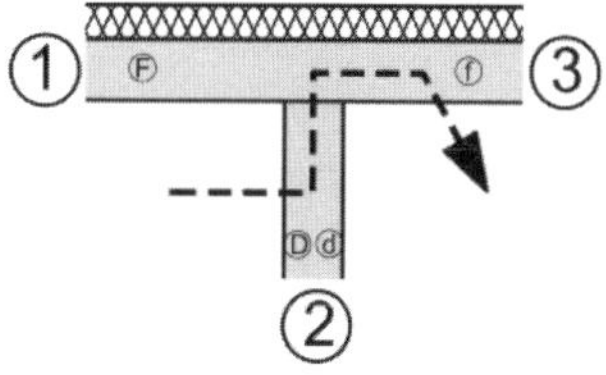

K_{ij} = Stoßstellendämm-Maß auf dem Übertragungsweg ij, in dB;
S_s = Fläche des trennenden Bauteils, die beiden Räumen gemeinsam ist, in m²
l_f = gemeinsame Kopplungslänge der Verbindungsstelle zwischen dem trennenden und dem flankierenden Bauteil, in m
l_0 = die Bezugskopplungslänge mit l_0 = 1 m.

In der Regel gilt für den Übertragungsweg Ff das $R_{i,w}$ (bewertetes Schalldämmmaß des flankierenden massiven Bauteils im Senderaum) gleich $R_{j,w}$ (bewertetes Schalldämmmaß des flankierenden Bauteils im Empfangsraum) ist.

Zur Bestimmung von $R_{F,w}$, $R_{f,w}$, $R_{D,w}$ und $R_{d,w}$ sind die Gleichungen in Tabelle 32.3.3-1 (dort die Gleichungen 32.3.3-4 bis 32.3.3-7) unter Anwendung der Gleichung 32.3.3-8 zu verwenden. Anstelle von $R_{s,w}$ sind dort dann die bewerteten Schalldämmmaße der flankierenden massiven Bauteile $R_{F,w}$, $R_{f,w}$, $R_{D,w}$ und $R_{d,w}$ einzusetzen.

Die Verbesserung der Schalldämmung durch Vorsatzkonstruktionen $\Delta R_{Dd,w}$, $\Delta R_{Dd,w}$ und $\Delta R_{Dd,w}$ ergibt sich nach Tabelle 32.3.3-4 unter Anwendung der Gleichungen 32.3.3-10 oder 32.3.3-12. Bei Neubauten wird bei Wänden das erforderliche Schalldämmmaß meist direkt durch die Dimensionierung des Bauteils (über die Auswahl des Baustoffs und dessen Dicke) erreicht, so dass Vorsatzschalen an Wänden meist nicht üblich sind. Allerdings wird die Verbesserung in der Regel bei der Flanke „Boden“ angesetzt, wenn ein schwimmender Estrich vorhanden ist.

Das Stoßstellendämm-Maß K_{ij} von massiven Bauteilen in Gleichung 32.3.3-15 bestimmt sich nach Tabelle 32.3.3-7 in Abhängigkeit der biegesteifen oder entkoppelten Verbindung zwischen den an der Schallübertragung beteiligten Bauteilen. Dabei muss der in Gleichung 32.3.3-16 angesetzte Wert der größere der beiden Werte aus Tabelle 32.3.3-5 bzw. der nachstehenden Gleichung 32.3.3-17 sein:

$$K_{ij,min} = 10 \cdot \lg\left[l_f \cdot l_0 \cdot \left(\frac{1}{S_i} + \frac{1}{S_j}\right)\right] \quad \text{in dB} \qquad (32.3.3\text{-}16)$$

mit: $K_{ij,min}$ = Mindestwert des Stoßstellendämm-Maßes in dB
l_f = gemeinsame Kopplungslänge der Verbindungsstelle zwischen dem trennenden und dem flankierenden Bauteil in m
l_0 = Bezugskopplungslänge mit l_0 = 1 m
S_i = Fläche des angeregten Bauteils im Senderaum in m²
S_j = Fläche des abstrahlenden Bauteils im Empfangsraum in m²

Für die Bestimmung der Stoßstellendämm-Maße K_{ij} ist eine Hilfsgröße M erforderlich, die wie folgt berechnet werden kann:

$$M = \lg\left(\frac{m'_{\perp i}}{m'_{i}}\right) \quad \text{in [-]} \qquad (32.3.3\text{-}17)$$

mit: M = Hilfsgröße zur Berechnung des Stoßstellendämm-Maßes
m'_i = flächenbezogene Masse des Bauteils i im Übertragungsweg ij in kg/m²
$m'_{\perp i}$ = flächenbezogene Masse des anderen die Stoßstelle bildenden Bauteiles senkrecht dazu in kg/m²

Tabelle 32.3.3-7
Stoßstellendämm-Maße K_{ij} biegesteif verbundener Bauteile nach DIN 4109-32 (Auszug)

Biegesteife Verbindung massiver homogener Bauteile		Stoßstellendämm-Maß K_{ij} in dB
Kreuzstoß 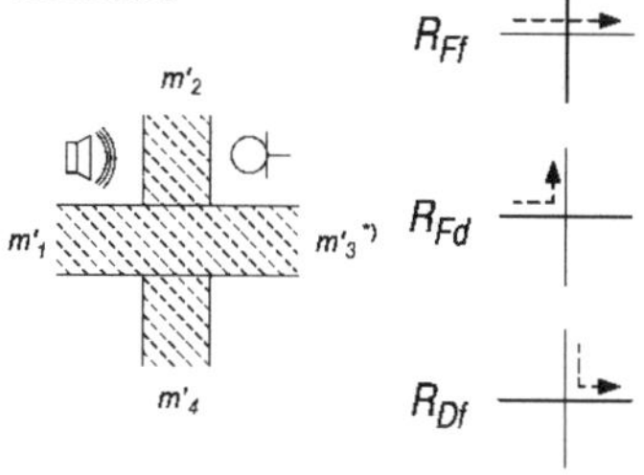 (m'_1, m'_2, m'_3*), m'_4)	R_{Ff}	$K_{13} = 8{,}7 + 17{,}1 \cdot M + 5{,}7 \cdot M^2$ für $M < 0{,}182$ $K_{13} = 9{,}6 + 11{,}0 \cdot M$ für $M \geq 0{,}182$
	R_{Fd}	$K_{12} = 5{,}7 + 15{,}4 \cdot M^2$
	R_{Df}	$K_{23} = K_{12}$
T-Stoß 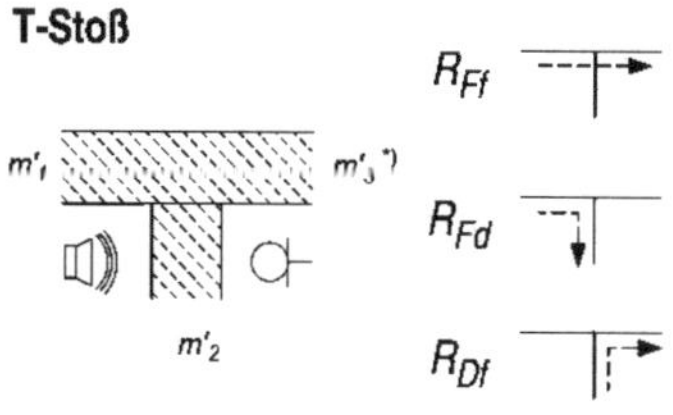 (m'_1, m'_2, m'_3*))	R_{Ff}	$K_{13} = 5{,}7 + 14{,}1 \cdot M + 5{,}7 \cdot M^2$ für $M < 0{,}215$ $K_{13} = 8{,}0 + 6{,}8 \cdot M$ für $M \geq 0{,}215$
	R_{Fd}	$K_{12} = 4{,}7 + 5{,}7 \cdot M^2$
	R_{Df}	$K_{23} = K_{12}$
Eck-Stoß 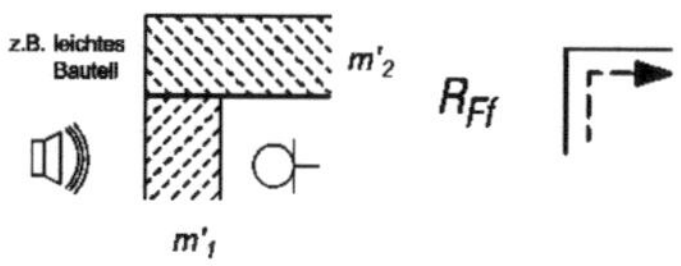 (z.B. leichtes Bauteil; m'_1, m'_2)	R_{Ff}	$K_{12} = 2{,}7 + 2{,}7 \cdot M^2$

Tabelle 32.3.3-7

Stoßstellendämm-Maße K_{ij} biegesteif verbundener Bauteile nach DIN 4109-32 (Auszug, Forts.)

Biegesteife Verbindung massiver homogener Bauteile		Stoßstellendämm-Maß K_{ij} in dB
Dickenwechsel 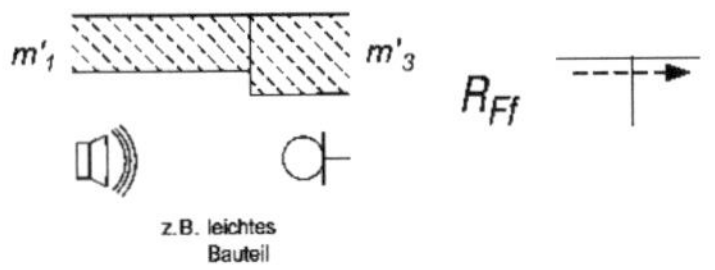 m'_1 m'_3 z.B. leichtes Bauteil	R_{Ff}	$K_{13} = 5{,}0 \cdot M^2 - 5$ dB
abknickender T-Stoß 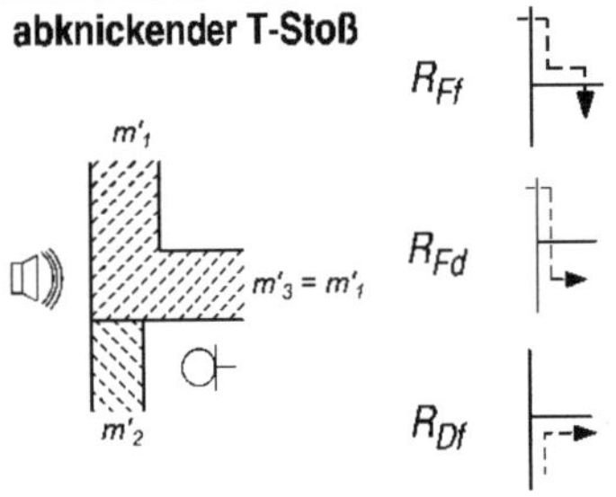 m'_1 $m'_3 = m'_1$ m'_2	R_{Ff}	$K_{13} = 5{,}7 + 14{,}1 \cdot M + 5{,}7 \cdot M^2 + 3$ dB für $M < 0{,}215$ $K_{13} = 8{,}0 + 6{,}8 \cdot M + 3$ dB für $M \geq 0{,}215$
	R_{Fd}	$K_{12} = 4{,}7 + 5{,}7 \cdot M^2 - 3$ dB
	R_{Df}	$K_{23} = 4{,}7 + 5{,}7 \cdot M^2$

Tabelle 32.3.3-8

Stoßstellendämm-Maße K_{ij} entkoppelter Bauteile nach DIN 4109-32 (Auszug)

über Zwischenschichten entkoppelte Stoßstellen massiver homogener Bauteile		Stoßstellendämm-Maß K_{ij} in dB
T-Stoß 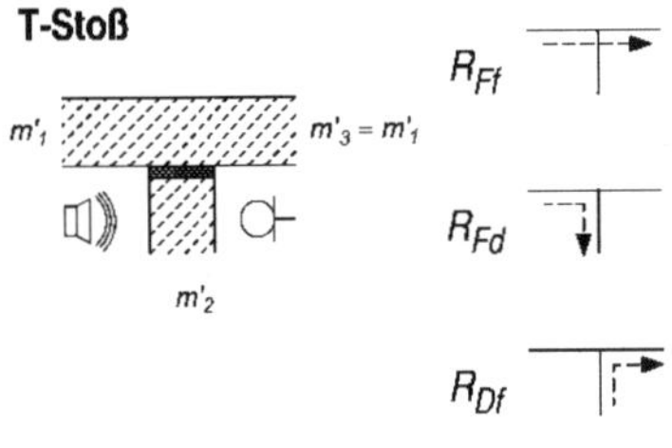 m'_1 $m'_3 = m'_1$ m'_2	R_{Ff}	$K_{13} = 3{,}7 + 14{,}1 \cdot M + 5{,}7 \cdot M^2$ für $0 \leq K_{13} \leq 4$
	R_{Fd}	$K_{12} = 5{,}7 + 5{,}7 \cdot M^2 + \Delta K_{ij}$
	R_{Df}	$K_{23} = K_{12} = 5{,}7 + 5{,}7 \cdot M^2 + \Delta K_{ij}$
T-Stoß 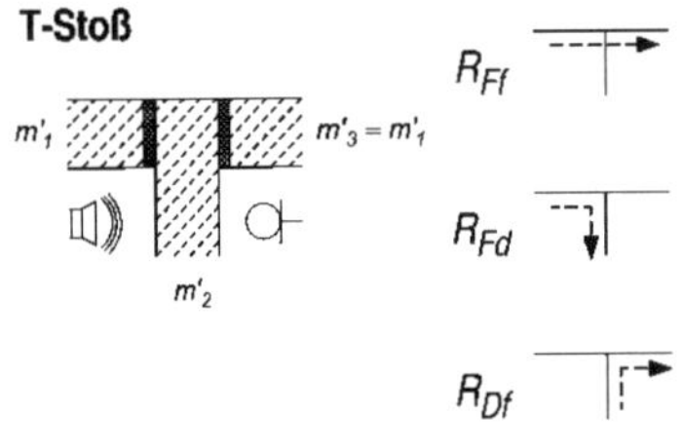 m'_1 $m'_3 = m'_1$ m'_2	R_{Ff}	$K_{13} = 5{,}7 + 14{,}1 \cdot M + 5{,}7 \cdot M^2 + 2 \cdot \Delta K_{ij}$
	R_{Fd}	$K_{12} = 5{,}7 + 5{,}7 \cdot M^2 + \Delta K_{ij}$
	R_{Df}	$K_{23} = K_{12} = 5{,}7 + 5{,}7 \cdot M^2 + \Delta K_{ij}$

Tabelle 32.3.3-8 (Forts.)
Stoßstellendämm-Maße K_{ij} entkoppelter Bauteile nach DIN 4109-32 (Auszug, Forts.)

über Zwischenschichten entkoppelte Stoßstellen massiver homogener Bauteile		Stoßstellendämm-Maß K_{ij} in dB
Kreuzstoß 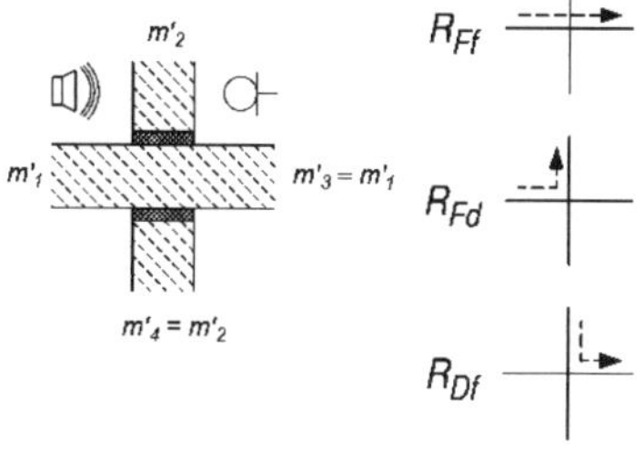 (m'_1, m'_2, $m'_3 = m'_1$, $m'_4 = m'_2$)	R_{Ff}	$K_{13} = 3{,}7 + 14{,}1 \cdot M + 5{,}7 \cdot M^2$ für $0 \leq K_{13} \leq 4$
	R_{Fd}	$K_{12} = 5{,}7 + 5{,}7 \cdot M^2 + \Delta K_{ij}$
	R_{Df}	$K_{23} = K_{12} = 5{,}7 + 5{,}7 \cdot M^2 + \Delta K_{ij}$
Kreuzstoß 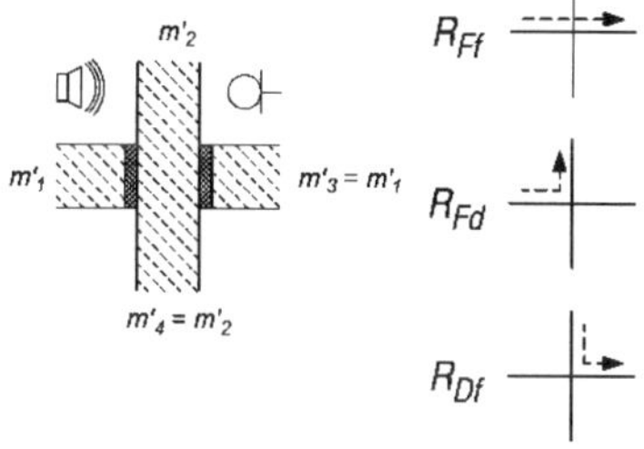 (m'_1, m'_2, $m'_3 = m'_1$, $m'_4 = m'_2$)	R_{Ff}	$K_{13} = 5{,}7 + 14{,}1 \cdot M + 5{,}7 \cdot M^2 + 2 \cdot \Delta K_{ij}$
	R_{Fd}	$K_{12} = 5{,}7 + 5{,}7 \cdot M^2 + \Delta K_{ij}$
	R_{Df}	$K_{23} = K_{12} = 5{,}7 + 5{,}7 \cdot M^2 + \Delta K_{ij}$
Stoßstellenkorrekturwert bei elastischen Zwischenschichten		$\Delta K_{ij} = 36 - 15 \cdot \lg (E/s)$ mit: E = E-Modul in MN/m² s = Dicke der Zwischenschicht in m

Tabelle 32.3.3-9
Stoßstellendämm-Maße K_{ij} entkoppelter Wände aus Gipswandbauplatten

entkoppelte Wände aus Gipswandbauplatten		Stoßstellendämm-Maß K_{ij} in dB
Kreuzstoß vertikal 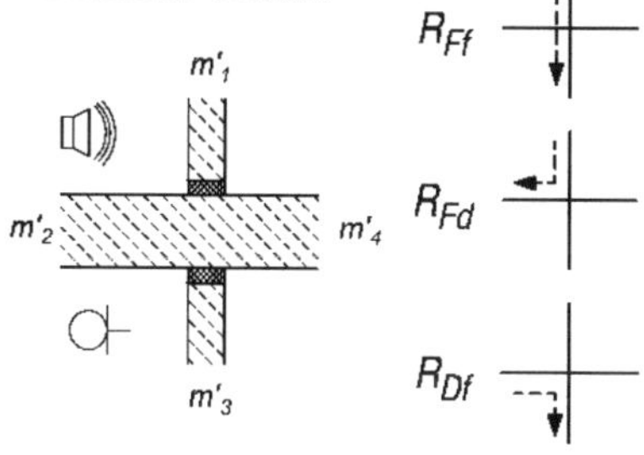 (m'_1, m'_2, m'_3, m'_4)	R_{Ff}	$K_{13} = 9{,}6 + 11{,}0 \cdot M + 15$ dB (für $M \geq 0{,}182$)
	R_{Fd}	$K_{12} = 5{,}7 + 15{,}4 \cdot M^2 + 5$ dB
	R_{Df}	$K_{23} = K_{12} = 5{,}7 + 15{,}4 \cdot M^2 + 5$ dB

Tabelle 32.3.3-9 (Forts.)
Stoßstellendämm-Maße K_{ij} entkoppelter Wände aus Gipswandbauplatten (Forts.)

entkoppelte Wände aus Gipswandbauplatten	Stoßstellendämm-Maß K_{ij} in dB
Kreuzstoß horizontal 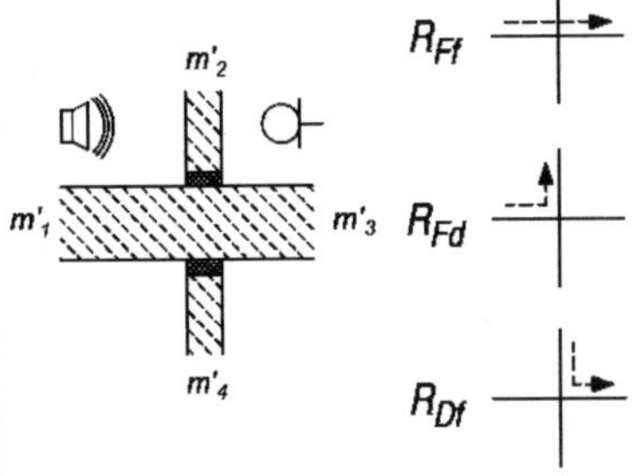 m'_1, m'_2, m'_3, m'_4 R_{Ff}	$K_{13} = 8{,}7 + 17{,}1 \cdot M + 5{,}7 \cdot M^2 + \Delta K_{ij}$ (für $M < 0{,}182$) $\Delta K_{ij} = 2$ dB für Kork $\Delta K_{ij} = 12$ dB für PE-Schwerschaum
R_{Fd}	$K_{12} = 5{,}7 + 15{,}4 \cdot M^2 + 2$ dB
R_{Df}	$K_{23} = K_{12} = 5{,}7 + 15{,}4 \cdot M^2 + 2$ dB

Tabelle 32.3.3-10
Stoßstellendämm-Maße K_{ij} vollständig entkoppelter massiver Bauteile

vollständig entkoppelte Stoßstellen massiver homogener Bauteile	Stoßstellendämm-Maß K_{ij} in dB
T-Stoß 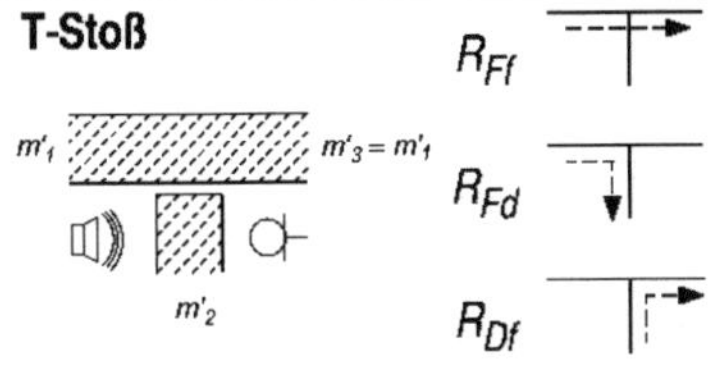 m'_1, $m'_3 = m'_1$, m'_2 R_{Ff}	$K_{13} = K_{13,min}$
R_{Fd}	$K_{12} = K_{ij,max} = K_{ij} + 20$ dB
R_{Df}	$K_{23} = K_{12}$
T-Stoß 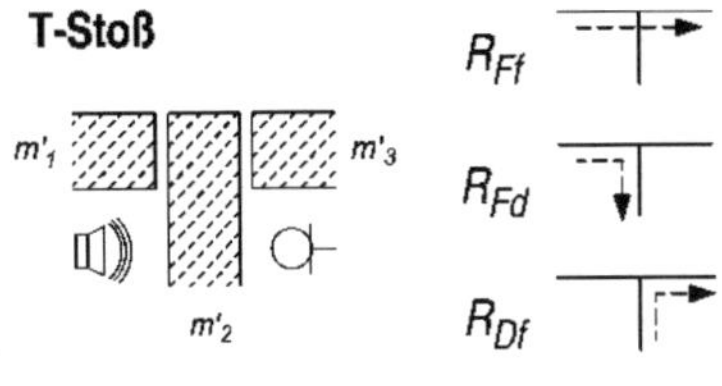 m'_1, m'_3, m'_2 R_{Ff}, R_{Fd}, R_{Df}	$K_{13} = K_{12} = K_{23} = K_{ij,max} = K_{ij} + 20$ dB

Tabelle 32.3.3-10 (Forts.)
Stoßstellendämm-Maße K_{ij} vollständig entkoppelter massiver Bauteile

vollständig entkoppelte Stoßstellen massiver homogener Bauteile	Stoßstellendämm-Maß K_{ij} in dB
T-Stoß m'_1 m'_3 m'_2 R_{Ff}	$K_{13} = K_{ij,max} = K_{ij} + 20$ dB
R_{Fd}	$K_{12} = 2{,}7 + 5{,}7 \cdot M^2$
R_{Df}	$K_{23} = K_{ij,max} = K_{ij} + 20$ dB

32.3.4 Berücksichtigung einschaliger entkoppelter Wandsysteme

Durch Einbauteile zur Trennung des trennenden einschaligen massiven Bauteils von den flankierenden Bauteilen (z.B. Randstreifen oder Entkopplungsprofile) erfolgt eine Entkopplung der getrennten Kanten mit dem massiven Bauteil. Dadurch wird sich im Allgemeinen die Übertragung von Schallenergie an den Bauteilrändern vermindern und zu einer Erhöhung der durch das direkt trennenden massive und einschalige Bauteil gehenden Schallenergie führen. Dessen Direktschalldämmmaß wird demnach vermindert, so dass das aus den Massekurven ermittelten Schalldämmmaß R_w eines entkoppelten Bauteils um den Korrekturwert K_E wie folgt abgemindert werden muss:

$$R_{w,KE} = R_w - K_E \text{ in dB} \qquad (32.3.4\text{-}1)$$

Die Korrektur ist nur dann anzuwenden, wenn das trennende Bauteil im Bereich der entkoppelten flankierenden Bauteile endet (Abb. 32-3.4.1, links). Durchlaufende Trennbauteile dürfen wie starr angebundene Bauteile behandelt werden (Abb. 32-3.4.1, rechts). In Tabelle 32.3.4-1 sind die Korrekturwerte K_E zur Korrektur des Schalldämmmaßes einschaliger elastisch oder vollständig entkoppelter Bauteile in Abhängigkeit von der Anzahl der entkoppelten Kanten und der flächenbezogenen Masse m' des Bauteils angegeben.

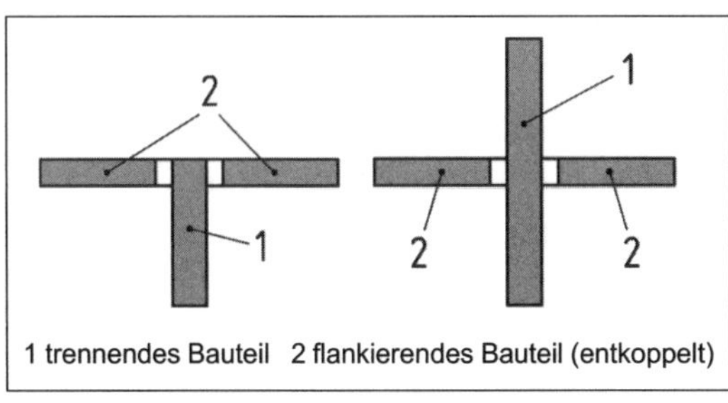

Abb. 32.3.4-1
Anwendung der Korrektur K_E für ein entkoppeltes Bauteil (links). Im rechten Bild läuft das Bauteil durch und es ist keine Korrektur erforderlich.

Tabelle 32.3.4-1
Korrekturwerte K_E zur Korrektur des Schalldämmmaßes einschaliger elastisch oder vollständig entkoppelter Bauteile in Abhängigkeit von der Anzahl der entkoppelten Kanten und der flächenbezogenen Masse m' nach DIN 4109-32

flächenbezogene Masse *m*′ der Wand	**Anzahl der entkoppelten Kanten**	
	n = 2 bis 3	n = 4
$m' \leq 150$ kg/m²	$K_E = 2$ dB	$K_E = 4$ dB
$m' > 150$ kg/m²	$K_E = 3$ dB	$K_E = 6$ dB

32.3.5 Luftschalldämmung zweischaliger Bauteile

Bei zweischaligen Bauteilen kann das bewertete Schalldämmmaß $R'_{w,R}$ nicht mehr nur aus der flächenbezogenen Masse m' bestimmt werden. Die beiden Schalen und die dazwischen befindliche Luft- bzw. Dämmschicht bilden ein sogenanntes Masse-Feder-System (vgl. Abschnitt 32.3.6). Dabei ist eine solche Konstruktion selbst schwingungsfähig, so dass es nach einer Anregung mit einer bestimmten Eigenfrequenz f_0 schwingt.

Bewegt sich diese Eigenfrequenz in dem baupraktisch relevanten Frequenzbereich, so kann sich die Schalldämmung der Konstruktion erheblich verschlechtern. Aus diesem Grund sollte durch konstruktive Maßnahmen eine Eigenfrequenz $f_0 < 100$ Hz erreicht werden. Bei der Luftschalldämmung zweischaliger Bauteile kann unterschieden werden zwischen

- zweischaligen Wänden aus zwei biegesteifen Schalen,
- zweischaligen Wänden aus einer biegesteifen Schale mit einer biegeweichen Vorsatzschale,
- zweischaligen Wänden aus zwei biegeweichen Schalen und
- zweischaligen Decken.

Soll eine Wand aus zwei schweren, biegesteifen Schalen bestehen, so muss die flächenbezogene Masse der Einzelschale (inklusive einem eventuell vorhandenen Putz) mindestens 150 kg/m² betragen. Dies ist meist bei Trennwänden zwischen Doppel- und Reihenhäusern der Fall. Dabei muss die Gebäudetrennfuge vom Dach bis zum Fundament durchgehend sein und eine Dicke von mindestens 30 mm besitzen (siehe Abbildung 32.3.5-1).

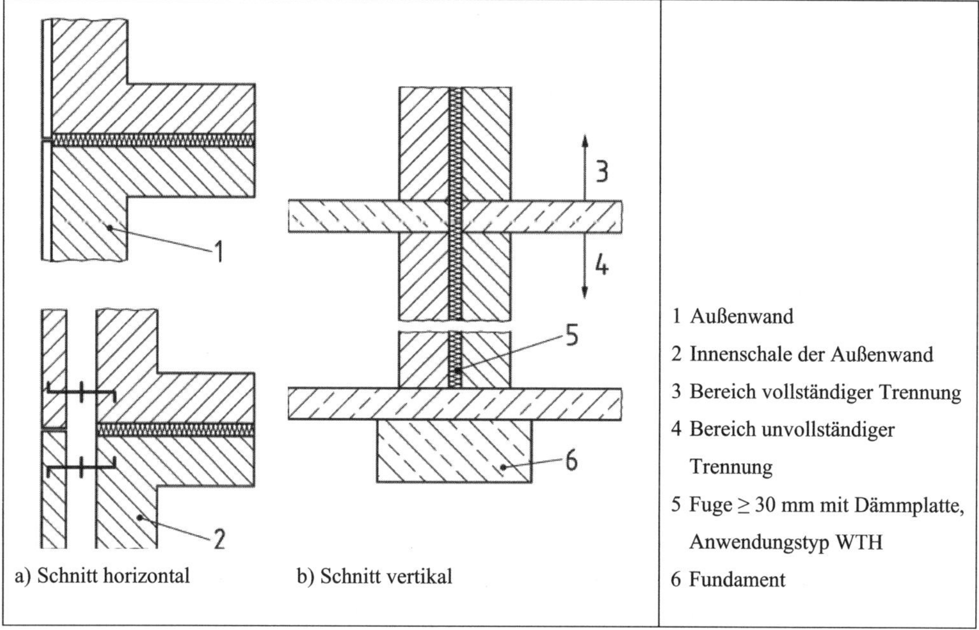

Abb. 32.3.5-1
Zweischalige Wand aus zwei schweren, biegesteifen Schalen. Geht bei solchen Konstruktionen die Trennfuge bis zum Gebäudefundament und durch dieses hindurch, können auf das ermittelte Schalldämmmaß 12 dB aufgeschlagen werden. Sind dagegen wie in b) die Bodenplatte und ggf. auch die Außenwände nicht getrennt (z.B. wenn der Keller als weiße Wanne ausgeführt wird), ist auch die Schalldämmung im Erdgeschoss vermindert und der Zuschlag von 12 dB nicht ansetzbar.

Bei einem Abstand zwischen den beiden Schalen von ≥ 50 mm darf das Gewicht der Einzelschale auf 100 kg/m² reduziert werden. Der Fugenhohlraum ist mit dicht gestoßenen und vollflächig verlegten mineralischen Faserdämmplatten, Anwendungstyp WTH nach DIN 4108-10 (Haustrennwandplatten) mit einer Dämmstoffdicke von mindestens d ≥ 30 mm auszufüllen. Sollten die Schalen in Ortbetonbauweise hergestellt werden, sind Mineralwolledämmplatten mit besonderer Eignung für die beim Betoniervorgang auftretenden Beanspruchungen vorzusehen.

Für zweischalige Wände aus zwei schweren, biegesteifen Schalen mit durchgehender Trennfuge kann das bewertete Schalldämmmaß $R'_{w,R}$ wie folgt ermittelt werden:

$$R'_{w,2} = R'_{w,1} + \Delta R_{w,Tr} - K \quad \text{in dB} \qquad (32.3.5\text{-}1)$$

mit: $R'_{w,2}$ = Schalldämmmaß der zweischaligen Wand (insgesamt) in dB

$R'_{w,1}$ = Schalldämmmaß einer den Schalen 1 und 2 gleichschweren einschaligen Wand in dB nach Gleichung 32.3.5-2

$$R'_{w,1} = 28 \cdot \lg (m'_{Tr,ges}) - 18 \text{ dB} \qquad (32.3.5\text{-}2)$$

$m'_{Tr,ges}$ = Summe der flächenbezogenen Masse beider Schalen in kg/m² nach Gleichung 32.3.3-8

$\Delta R_{w,Tr}$ = qualitativer Zweischaligkeitszuschlag in dB nach Tabelle 32.3.5-1

K = Korrekturwert zur Berücksichtigung der Flankenübertragung von Wänden und Decken in den Fällen, in denen die Übertragung im Fundamentbereich vernachlässigt werden kann (siehe Tabelle 32.3.5-1)

$$K = 0{,}6 + 5{,}5 \cdot \lg\left(\frac{m'_{Tr,1}}{m'_{f,m}}\right) \quad \text{in [-]} \qquad (32.3.5\text{-}3)$$

$m'_{Tr,1}$ = flächenbezogene Masse einer Schale der zweischaligen Wand in kg/m² nach Gleichung 32.3.3-8

$m'_{f,m}$ = mittlere flächenbezogene Masse der unverkleideten homogenen flankierenden Bauteile in kg/m² nach Gleichung 32.3.5-4

$$m'_{f,m} = \frac{1}{n}\sum_{i=1}^{n} m'_{f,i} \quad \text{in kg/m}^2 \qquad (32.3.5\text{-}4)$$

$m'_{f,i}$ = flächenbezogene Masse des nicht bekleideten massiven Flankenbauteils in kg/m² nach nach Gleichung 32.3.3-8. Mit Vorsatzschalen bekleidete flankierende Bauteile werden nicht berücksichtigt.

n = Anzahl der nicht bekleideten flankierenden Bauteile

Mit dem Korrekturwert K kann nur der Einfluss flankierender homogener Bauteile berücksichtigt werden. Ggf. befinden sich auf beiden Seiten der trennenden Wand unterschiedlich schwere Schalen und/oder auch unterschiedlich schwere Flankenbauteile. In diesem Fall können sich für den Korrekturwert K je nach Übertragungsrichtung unterschiedliche Werte ergeben. Beim rechnerischen Nachweis ist dann der ungünstigere Fall von K zu berücksichtigen.

Sind weiterhin eine oder mehrere massive Flankenbauteile durch Vorsatzkonstruktionen mit einer Resonanzfrequenz $f_0 < 125$ Hz bekleidet oder akustisch vom Trennbauteil entkoppelt, dann sind die flächenbezogenen Massen der betreffenden Bauteile bei der Berechnung der mittleren flächenbezogenen Masse $m'_{f,m}$ der flankierenden Bauteile nicht zu berücksichtigen.

Tabelle 32.3.5-1
Zuschlagswerte $\Delta R_{w,Tr}$ unterschiedlicher Übertragungssituationen für zweischalige Haustrennwände[1), 2), 3)]. Der jeweilige Schallübertragungsweg wird durch den „Pfeil" gekennzeichnet.

Situation	Beschreibung	$\Delta R_{w,Tr}$ in dB
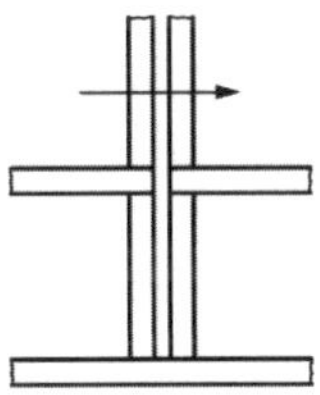	vollständige Trennung der Schalen und der flankierenden Bauteile ab Oberkante Bodenplatte, auch gültig für alle darüber liegenden Geschosse, unabhängig von der Ausbildung der Bodenplatte und der Fundamente Für diesen Fall ist der Korrekturwert K zu berücksichtigen	12
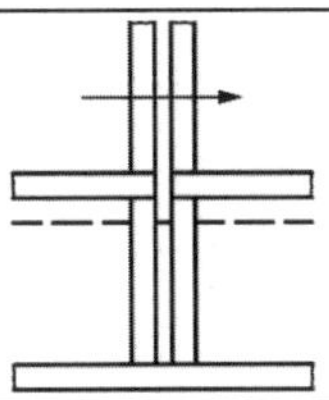	Außenwände durchgehend mit $m' \geq 575$ kg/m² (z. B. Kelleraußenwände als „weiße Wanne")	9
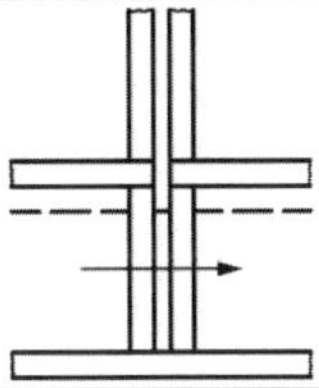	Außenwände durchgehend mit $m' \geq 575$ kg/m² (z. B. Kelleraußenwände als „weiße Wanne") Bodenplatte durchgehend mit $m' \geq 575$ kg/m²	3

Tabelle 32.3.5-1 (Forts.)
Zuschlagswerte $\Delta R_{w,Tr}$ unterschiedlicher Übertragungssituationen für zweischalige Haustrennwände[1), 2), 3)]. Der jeweilige Schallübertragungsweg wird durch den „Pfeil“ gekennzeichnet.

Situation	Beschreibung	$\Delta R_{w,Tr}$ in dB
	Außenwände getrennt Bodenplatte und Fundamente getrennt	9
	Außenwände getrennt Bodenplatte getrennt auf gemeinsamen Fundament	6 [4)]
	Außenwände getrennt Bodenplatte durchgehend mit $m' \geq 575$ kg/m²	6 [4)]

[1)] Falls die einzelnen Schalen nicht schwerer als 200 kg/m² sind, können die Zuschlagswerte $\Delta R_{w,Tr}$ für zweischalige Haustrennwände aus Porenbeton für die Zeilen 1, 2, 3, und 4 um 3 dB und für die Zeilen 5 und 6 um 6 dB erhöht werden.

[2)] Falls die einzelnen Schalen nicht schwerer als 250 kg/m² sind, können die Zuschlagswerte $\Delta R_{w,Tr}$ für zweischalige Haustrennwände aus Leichtbeton um 2 dB erhöht werden, wenn die Steinrohdichte ≤ 800 kg/m³ ist.

[3)] Falls der Schalenabstand mindestens 50 mm beträgt und der Fugenhohlraum mit Mineralwolledämmplatten nach DIN EN 13162, Anwendungskurzzeichen WTH nach DIN 4108-10 ausgefüllt wird, können die Zuschlagswerte $\Delta R_{w,Tr}$ bei allen Materialien in den Zeilen 1, 2, und 4 um 2 dB erhöht werden.

[4)] Für eine Haustrennwand, bestehend aus zwei Schalen je 17,5 cm Porenbeton der Rohdichteklasse 0,60 (oder größer) mit einem Schalenabstand von mindestens 50 mm, verfüllt mit Mineralwolledämmplatten nach DIN EN 13162, Anwendungskurzzeichen WTH nach DIN 4108-10 kann insgesamt ein $\Delta R_{w,Tr}$ von + 14 dB angesetzt werden. Zuschläge nach Fußnote a sind in diesem Zuschlag bereits berücksichtigt.

32.3.6 Luftschalldämmung im Holz-, Leicht- und Trockenbau

Während im Massivbau die Berücksichtigung der flankierenden Bauteilen über deren Direktschalldämm- und Stoßstellendämm-Maße erfolgt, ist dies im Holz-, Leicht- und Trockenbau aufgrund der elementierten und stark inhomogenen Konstruktionen nicht möglich. Für solche Bauteile wird die Flankenübertragung pauschal mittels der bewerteten Norm-Flankenschallpegeldifferenzen $D_{n,f,w}$ der an der Schallübertragung beteiligten flankierenden Bauteile berücksichtigt. Dabei werden Vorsatzschalen vor Bauteilen (z.B. Fußbodenaufbauten, Abhangdecken) als integrierter Teil des Bauteils behandelt. Das bewertete Schalldämmmaß R'_w berechnet sich dann wie folgt:

$$R'_{\mathrm{w}} = -10\,\lg\left[10^{-0{,}1R_{\mathrm{Dd,w}}} + \sum_{\mathrm{F=f=1}}^{\mathrm{n}} 10^{-0{,}1R_{\mathrm{Ff,w}}}\right] \quad \text{in dB} \qquad (32.3.6\text{-}1)$$

$$R_{\mathrm{Ff,w}} = D_{\mathrm{n,f,w}} + 10\,\lg\frac{l_{\mathrm{lab}}}{l_{\mathrm{f}}} + 10\,\lg\frac{S_{\mathrm{S}}}{A_0} \quad \text{in dB} \qquad (32.3.6\text{-}2)$$

mit: $R_{\mathrm{Dd,w}}$ = Direktschalldämmung des trennenden Bauteils in dB
$R_{\mathrm{Ff,w}}$ = Flankenschalldämmung beim Übertragungsweg Flanke im Senderaum (F) zu Flanke im Empfangsraum (f) in dB
$D_{\mathrm{n,f,w}}$ = bewertete Norm-Flankenschallpegeldifferenz eines flankierenden Bauteils in dB
n = Anzahl der flankierenden Bauteile in einem Raum (üblicherweise ist n = 4, je nach Entwurf und Konstruktion kann aber n in der betreffenden Bausituation auch kleiner oder größer sein)
l_{lab} = Bezugskantenlänge in m
l_{lab} = 2,8 m für Fassaden und Innenwände bei horizontaler Übertragung
l_{lab} = 4,5 m für Decken, Unterdecken und Fußbodenaufbauten bei horizontaler Übertragung sowie bei Fassaden und Innenwänden bei vertikaler Übertragung.
Sofern Daten aus Prüfberichten verwendet werden, ist als Bezugskantenlänge die dort genannte Kantenlänge l_{lab} zu verwenden.
l_{f} = gemeinsame Kopplungslänge der Verbindungsstelle zwischen dem trennenden Bauteil und den flankierenden Bauteilen F und f in der Bausituation in m
S_{s} = Fläche des trennenden Bauteils in m²
A_0 = 10 m² = Bezugsabsorptionsfläche in m²

32.3.6.1 Direktschalldämmmaße von Bauteilen im Holz-, Leicht- und Trockenbau

Die Direktschalldämmmaße der trennenden Bauteile entsprechen den bewerteten Schalldämmmaßen R_{w} der nachfolgenden Tabellen. Dabei ist zu berücksichtigen, dass in den Berechnungen nun immer die Prüfstandswerte eingesetzt werden. Weitere Konstruktionen können DIN 4109-33 entnommen werden.

In frühen Planungsphasen kann die Einhaltung der Anforderung an das resultierende Schalldämmmaß abgeschätzt werden, in dem sowohl das Schalldämmmaß des trennenden Bauteils $R_{Dd,w}$ als auch die bewerteten Norm-Flankenschallpegeldifferenzen $D_{n,f,w}$ aller flankierenden Bauteile jeweils mindestens 5 dB über dem Anforderungswert liegen. Diese Abschätzung ersetzt nicht eine spätere genaue Berechnung.

Tabelle 32.3.6.1-1

Bewertete Schalldämmmaße R_w für Metallständerwände mit Gipsplatten nach DIN 18183-1 mit Hohlraumbedämpfung aus Mineralwolle MW oder Holzfaser WF

Schnitt, horizontal	**Konstruktionsdetails**				**R_w in dB**
	Metallständerprofil in mm	**Mindestschalenabstand s in mm**	**Bekleidung s_B in mm**	**Mindestdämmschichtdicke in mm**	
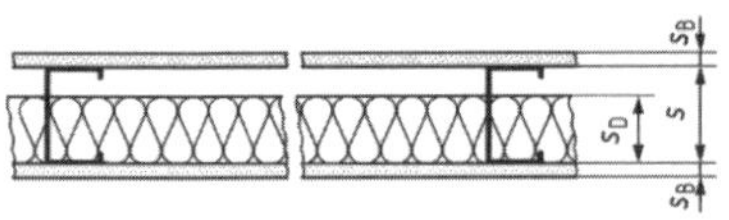	CW 50	50	GK 12,5	40	41
	CW 75	75		60	42
	CW 100	100		40	43
				60	44
				80	45
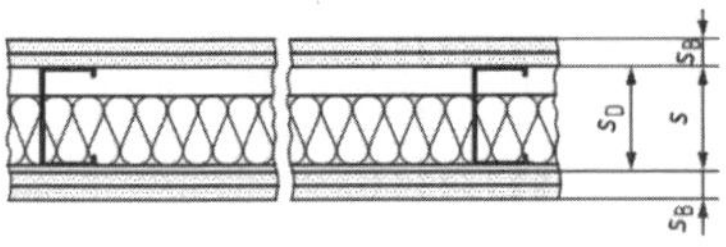	CW 50	50	GK 12,5 + 12,5	40	48
	CW 75	75		40	48
				60	51
	CW 100	100		40	49
				60	51
				80	52
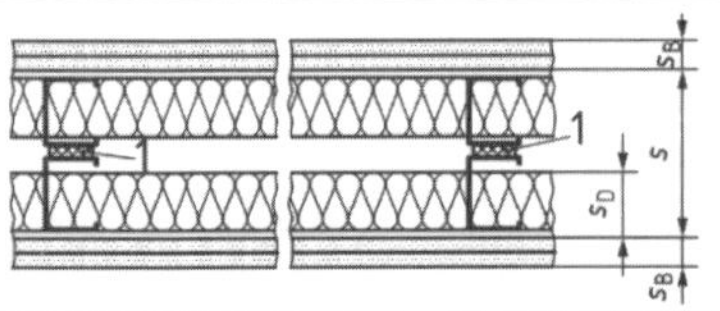	2x CW 50	105	GK 12,5 + 12,5	2x 40	60
	2x CW 100	205		80	61

[1] Elastischer Abstandhalter mit d = 5 mm

Tabelle 32.3.6.1-2

Bewertete Schalldämmmaße R_w von Innenwänden in Holztafelbauweise ohne Vorsatzschalen mit Hohlraumbedämpfung aus Mineralwolle MW oder Holzfaser WF

Schnitt, horizontal	**Konstruktionsdetails**				
	Holzständer[1)] ***b/h*** **in mm**	**Mindestschalenabstand *s* in mm**	**Mindestdämmschicht-dicke in mm**	**Bekleidung**[2)] s_B **in mm**	R_w **(C; C_{tr}) in dB**
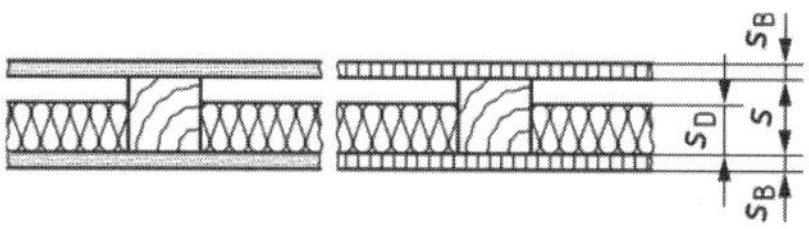	60/60	40	40	GK 12,5	38 (– 3; – 8)
				GF 12,5	42 (– 1; – 5)
				HW 15	34 (– 2; – 6)
				SP 13	40
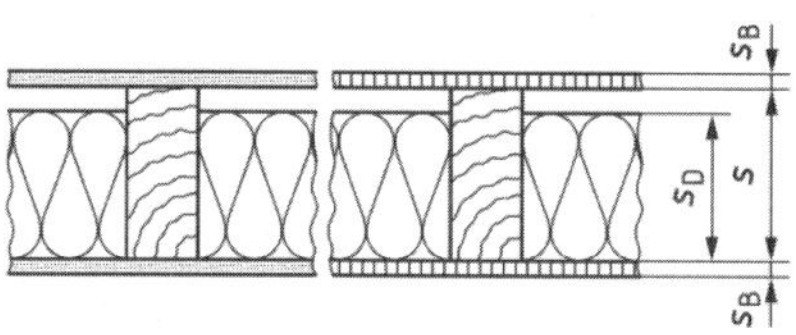	60/140	120	120	GK 12,5	41 (– 2; – 7)
				GF 12,5	44 (– 2; – 4)
				HW 15	36 (– 2; – 7)
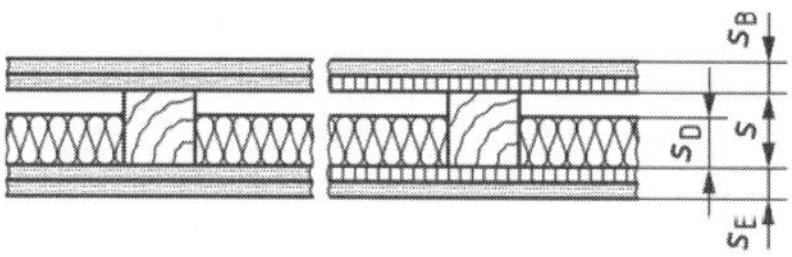	60/60	40	40	GK 12,5 + 12,5	43 (– 1; – 5)
				GF 12,5 + 10	47 (– 2; – 5)
				GK 9,5 + SP 13	48
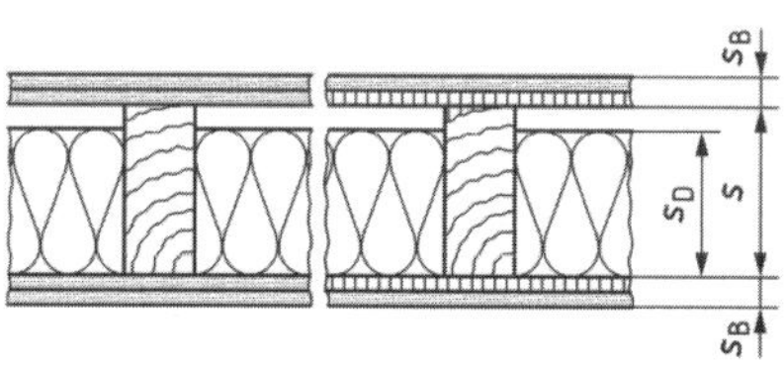	60/140	120	120	GF 10 + 12,5	47 (– 2; – 6)
				GF 10 + HW 15	47 (– 2; – 6)
				GK 9,5 + HW 15	43 (– 2; – 8)

Fußnoten zu Tabelle 32.3.6.1-2:

1) Holzständer, Achsabstand ≥ 600 mm, der angegebene Wert für *b* ist ein Höchstwert, für *h* ein Mindestwert.

2) GF: Gipsfaserplatte
GK: Gipskartonplatte
HW: Holzwerkstoffplatte
SP: Spanplatte

Tabelle 32.3.6.1-3

Bewertete Schalldämmmaße R_w von Gebäudetrennwänden in Holztafelbauweise mit Mineralwolle- (MW) oder Holzfaserdämmung (WF)

Schnitt, horizontal	Konstruktionsdetails					R_w (C; C_{tr}) in dB
	Mindestdämmschichtdicke s_D mm	Holzständer[1)] b/h mm	Mindestwandabstand s_W mm	Bekleidung[2)] $s_{B,n}$ mm		
	120	60/120	40	$s_{B,1}$	GKF 12,5	70 (−8; −16)
				$s_{B,2}$	GKF 18 + GKF 18	
				$s_{B,1}$	GF 12,5	70 (−8; −16)
				$s_{B,2}$	GF 15 + GF 15	
	120	60/120	40	$s_{B,1}$	GF 15 + GF 15 + GF 12,5	69 (−1; −4)
				$s_{B,2}$	GF 15 + GF 15	

Tabelle 32.3.6.1-3 (Forts.)

Bewertete Schalldämmmaße R_w von Gebäudetrennwänden in Holztafelbauweise mit Mineralwolle- (MW) oder Holzfaserdämmung (WF)

Schnitt, horizontal	**Konstruktionsdetails**					**R_w (C; C_{tr}) in dB**
	Mindestdämmschichtdicke s_D mm	**Holzständer[1] b/h mm**	**Mindestwandabstand s_W mm**	**Bekleidung[2] $s_{B,n}$ mm**		
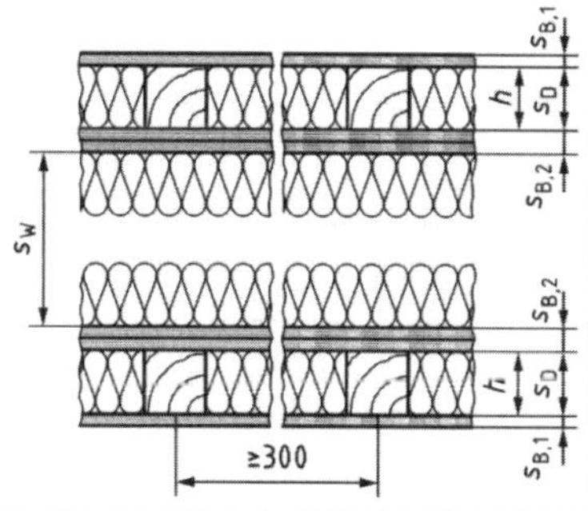	120	60/120	160 mit 2 × 60 MW	$s_{B,1}$	GKF 12,5	66 (–2; –8)
				$s_{B,2}$	GKF 18 + GKF 18	
				$s_{B,1}$	GF 12,5	
				$s_{B,2}$	GF 15 + GF 15	

Fußnoten zu Tabelle 32.3.6.1-3:

1) Holzständer, Achsabstand ≥ 600 mm, der angegebene Wert für *b* ist ein Höchstwert, für *h* ein Mindestwert.

2) GF: Gipsfaserplatte
GK: Gipsplatte
HW: Holzwerkstoffplatte
SP: Spanplatte

Tabelle 32.3.6.1-4

Bewertete Schalldämmmaße R_w von Außenwänden in Holztafelbauweise mit Mineralwolle- (MW) oder Holzfaserdämmung (WF) ohne raumseitige Vorsatzschalen

Schnitt, horizontal	Konstruktionsdetails					R_w (C; C_{tr}) dB
	Mindestdämmschichtdicke s_D mm	Holzständer[1)] b/h mm	Mindestschalenabstand s mm	Bekleidung[2)] $s_{B,n}$ mm		
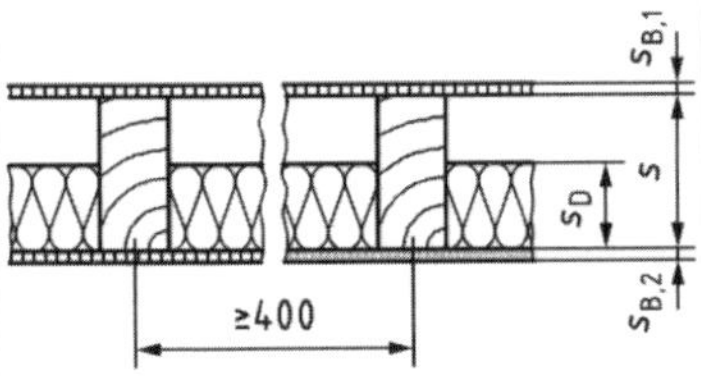	60	60/100	100	$s_{B,1}$	SP ≥ 10 oder NFS ≥ 18 oder FZ ≥ 4	37
				$s_{B,2}$	SP ≥ 10 oder NFS ≥ 18 oder GK ≥ 12,5	
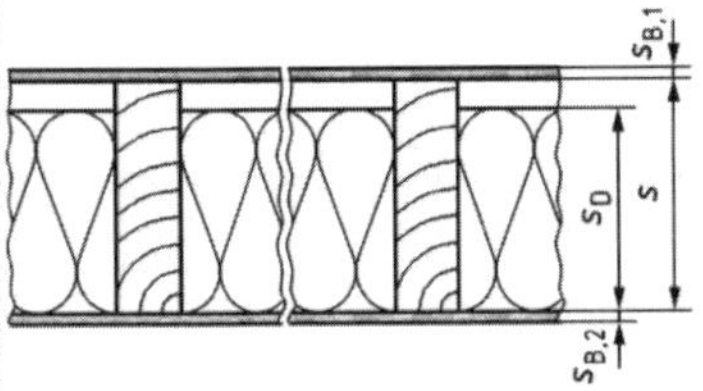	140	60/160	160	$s_{B,1}$	MD 16	41 (−1; −5)
				$s_{B,2}$	HW 19	
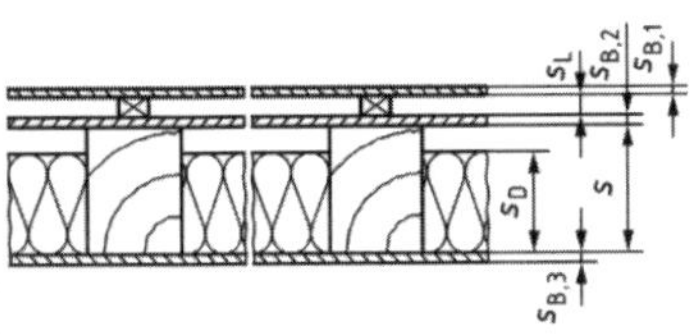	80	60/80	80	$s_{B,1}$	WS-Sd	37
				s_L	≥ 20	
				$s_{B,2}$	SP ≥ 10 oder NFS ≥ 18 oder FZ ≥ 4	
				$s_{B,3}$	SP ≥ 10 oder NFS ≥ 18 oder GK ≥ 4	

Tabelle 32.3.6.1-4 (Forts.)
Bewertete Schalldämmmaße R_w von Außenwänden in Holztafelbauweise mit Mineralwolle- (MW) oder Holzfaserdämmung (WF) ohne raumseitige Vorsatzschalen

Schnitt, horizontal	Konstruktionsdetails					R_w (C; C_{tr}) dB
	Mindest-dämm-schicht-dicke s_D mm	Holz-ständer[1)] b/h mm	Min-dest-schalen-abstand s mm	Bekleidung[2)] $s_{B,n}$ mm		
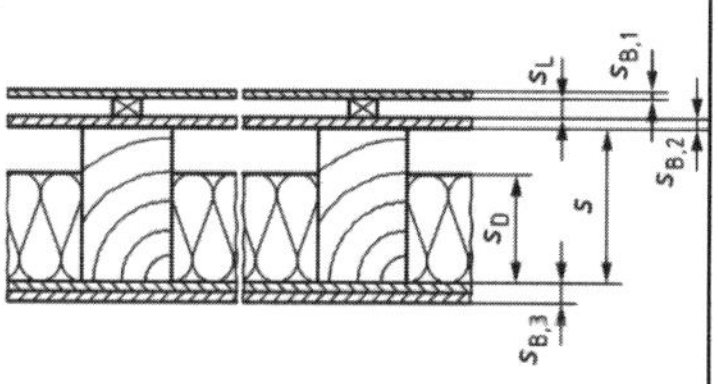	70	60/100	100	$s_{B,1}$	WS-Sd	44
				s_L	≥ 20	
				$s_{B,2}$	HW ≥ 10	
				$s_{B,3}$	HW 10 - 19 + GK oder GF[e]	
Wärmedämm-Verbundsysteme (WDVS)						
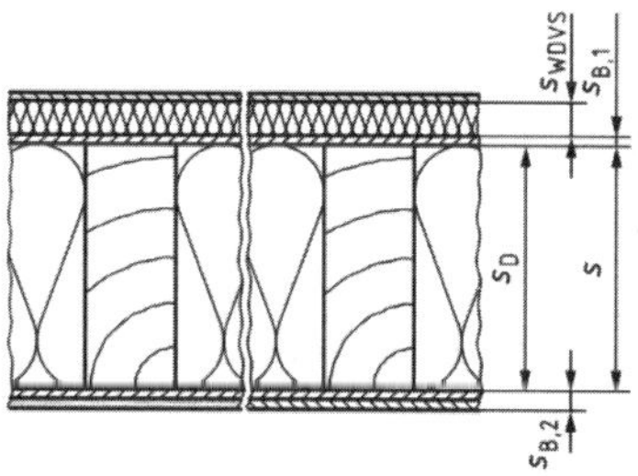	70	60/100	100	s_{WDVS}	Putz auf EPS 20 - 40	44
				$s_{B,1}$	HW ≥ 10	
				$s_{B,2}$	HW ≥ 10[3)] + GK 12,5	
	160	60/160	160	s_{WDVS}	Putz[3)] auf EPS_{15} 20 - 40	45 (–1; –6)
				sB,1	SP 13	
				$s_{B,2}$	SP 13 + GK 12,5	
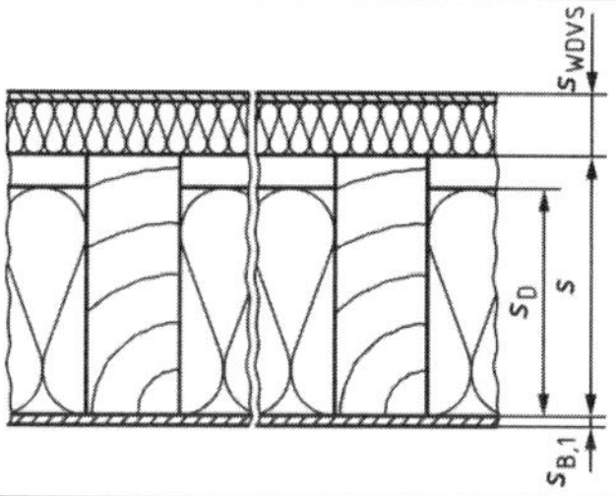	140	60/160	160	s_{WDVS}	Putz[3)] + WF 60	46 (–1; –6)
				$s_{B,1}$	HW 15	

Tabelle 32.3.6.1-4 (Forts.)
Bewertete Schalldämmmaße R_w von Außenwänden in Holztafelbauweise mit Mineralwolle- (MW) oder Holzfaserdämmung (WF) ohne raumseitige Vorsatzschalen

Schnitt, horizontal	Konstruktionsdetails					R_w (C; C_{tr}) dB
	Mindest-dämm-schicht-dicke s_D mm	Holz-ständer[1)] b/h mm	Min-dest-schalen-abstand s mm	Bekleidung[2)] $s_{B,n}$ mm		
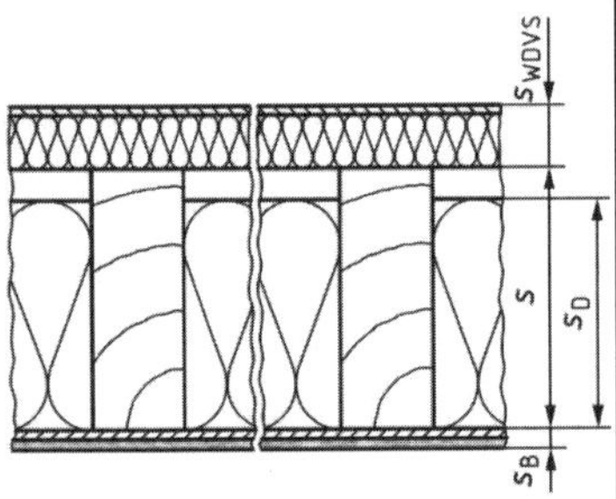	140	60/160	160	s_{WDVS}	Putz[3)] + WF 60	50 (–1; –5)
				$s_{B,1}$	HW 15 + GF 12,5	

Fußnoten zu Tabelle 32.3.6.1-4:

1) Holzständer, Achsabstand ≥ 600 mm, der angegebene Wert für *b* ist ein Höchstwert, für *h* ein Mindestwert.

2) EPS: Polystyrol-Hartschaumplatten, Anwendungsgebiet WAB, ρ ≥ 15 kg/m³
FZ: Faserzementplatten
GF: Gipsfaserplatte
GK: Gipsplatte
LS: Luftschicht
HW: Holzwerkstoffplatte, eine Erhöhung der Plattendicke bis 16 mm ist zulässig
NFS: geschlossene Schalung
SP: Spanplatte, eine Erhöhung der Plattendicke bis 16 mm ist zulässig
WF: Holzfaser WF, Anwendungsgebiet WAB-ds, ρ ≥ 210 kg/m³
WS-S: Wetterschutzbekleidung/-schale.

3) m′ ≥ 8 kg/m²

Tabelle 32.3.6.1-5

Bewertete Schalldämmmaße R_w und bewertete Norm-Trittschallpegel $L_{n,w}$ von Holzbalkendecken mit mineralisch gebundenen Estrichen und Rohdeckenbeschwerungen ohne und mit Unterdecken

Schnitt, vertikal	Konstruktionsdetails		$L_{n,w}$ (C_I) dB	R_w (C; C_{tr}) dB
	mm	**Bauteilbeschreibung**		
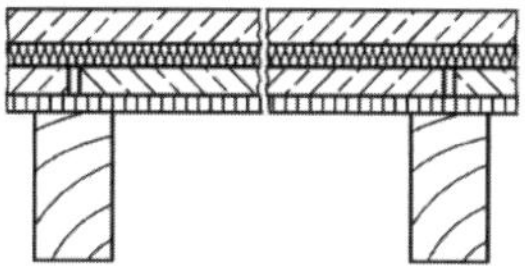	≥ 50	Estrich[1)]	47 (–3)	≥ 70
	≥ 40	Mineralwolledämmplatte (s′ ≤ 6 MN/m³; Anwendungsgebiet DES-sh) [2)]		
	≥ 40	Betonsteinbeschwerung (m′ ≥ 100 kg/m²)[3)]		
	22	Holzwerkstoffplatte HW[4)]		
	220	Balken[5)]		
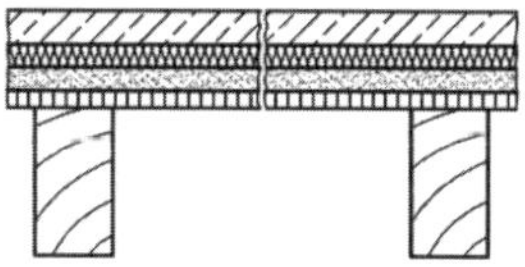	≥ 50	Estrich[1)]	50 (–2)	67 (–2; –6)
	≥ 40	Mineralwolledämmplatte (s′ ≤ 6 MN/m³; Anwendungsgebiet DES-sh) [2)]		
	≥ 30	Schüttung[6)], (m′ ≥ 45 kg/m²) Rieselschutz		
	22	Holzwerkstoffplatte HW[4)]		
	220	Balken[5)]		
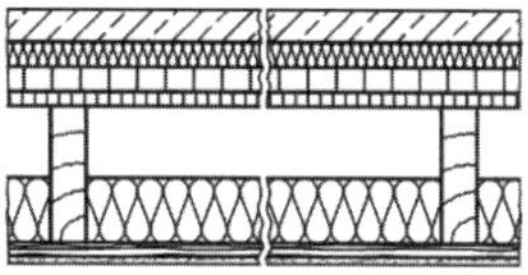	≥ 50	Estrich[1)]	48 (3)	65 (–5; –13)
	≥ 40	Mineralwolledämmplatte (s′ ≤ 6 MN/m³; Anwendungsgebiet DES-sh) [2)]		
	≥ 40	Plattenbeschwerung (m′ ≥ 50 kg/m²) [10)]		
	22	Holzwerkstoffplatte[7)]		
	220	Balken oder Stegträger[5)]		
	100	Hohlraumdämpfung[8)]		
	24	Lattung[9)]		
	12,5	Gipsplatte GK		
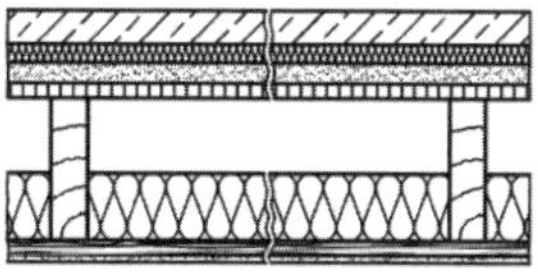	≥ 50	Estrich[1)]	46 (2)	67 (–4; –11)
	≥ 40	Mineralwolledämmplatte (s′ ≤ 6 MN/m³; Anwendungsgebiet DES-sh) [2)]		
	≥ 40	Schüttung (m′ ≥ 45 kg/m²) [11)] Rieselschutz		
	22	Holzwerkstoffplatte[7)]		
	220	Balken oder Stegträger[5)]		
	100	Hohlraumdämpfung[8)]		
	24	Lattung[9)]		
	12,5	Gipsplatte GK		

Fußnoten zu Tabelle 32.3.6.1-5:

1) Zement-, Magnesia- oder Calciumsulfatestrich nach DIN 18560 mit flächenbezogener Masse m′ ≥ 120 kg/m².

2) Mineralwolle-Dämmplatte MW mit Anwendungsgebiet nach Einsatzbereich: Für mineralisch gebundene Estriche: DES-sh; mit der angegebenen dynamischen Steifigkeit s′.

3) Betonplatten mit Flächenmaßen von ≤ 300 mm × 300 mm und einer Rohdichte von ρ ≥ 2500 kg/m³; Restfeuchte ≤ 1,8 %; auf Rohdecke verklebt oder in Sandbett gelagert.

4) Spanplatte SP, OSB-Verlegeplatte oder BFU-Platte der Dicke 18 mm bis 25 mm, bei offener Holzbalkendecke alternativ 28 mm Sichtschalung + 12 mm BFU-Platte. Zusätzliche Verkleidungen der Holzwerkstoffplatten aus GK, GF oder Sichtschalungen NFS im Balkenzwischenraum sind direkt auf die Holzwerkstoffplatte aufzubringen (ohne zusätzlichen Hohlraum).

5) Tragkonstruktion nach Statik je nach Deckentyp: Balken aus Vollholz oder Brettschichtholz; Mindestmaße 60 mm × 180 mm, alternativ auch Stegträger der Höhe 240 mm bis 406 mm; Achsabstand e ≥ 625 mm.

6) Trockenes Schüttgut mit einer Schüttdichte ρ ≥ 1500 kg/m³; Restfeuchte ≤ 1,8 %; gegen Verrutschen gesichert mittels Pappwaben, Sandmatten, Lattengitter (Feldgröße etwa 800 mm × 800 mm), o.ä.

7) Spanplatte SP, OSB Verlegeplatte oder BFU Platte der Dicke 18 mm bis 25 mm.

8) Mineralwolle MW oder Holzfaser WF mit Anwendungsgebiet nach Einsatzbereich und der angegebenen dynamischen Steifigkeit s′:
- für mineralisch gebundene Estriche: MW mit DES-sh;
- für Hohlraumdämpfung: MW oder WF mit DZ oder DAD-dk.

9) Lattung 24 mm x 48 mm; Achsabstand ≥ 415 mm.

10) Plattenmaterial mit einer Rohdichte ρ ≥ 1000 kg/m³ (z. B. zementgebundene Spanplatte), Abmessungen und Verlegung entsprechend.

11) Trockenes Schüttgut mit einer Schüttdichte ρ ≥ 1500 kg/m³; Restfeuchte ≤ 1,8 %; gegen Verrutschen gesichert mittels Pappwaben, Sandmatten, Lattengitter (Feldgröße etwa 800 mm × 800 mm) o.ä.

Tabelle 32.3.6.1-6

Bewertete Schalldämmmaße R_w und bewertete Norm-Trittschallpegel $L_{n,w}$ von Brettstapeldecken mit Estrichen ohne und mit Rohdeckenbeschwerung

Schnitt, vertikal	Konstruktionsdetails		$L_{n,w}$ (C_I) dB	R_w (C; C_{tr}) dB
	mm	**Bauteilbeschreibung**		
	≥ 50	Estrich[1)]	56 (–3)	62 (–2; –7)
	≥ 40	Mineralwolledämmplatte (s′ ≤ 6 MN/m³; Anwendungsgebiet DES-sh)[2)]		
	220	Brettstappeldecke[3)], genagelt oder Dübelholz		
	≥ 50	Estrich[1)]	45 (–1)	≥ 70
	≥ 40	Mineralwolledämmplatte (s′ ≤ 6 MN/m³; Anwendungsgebiet DES-sh)[2)]		
	≥ 40	Betonsteinbeschwerung[4)], (m′ ≥ 100 kg/m²)		
	140	Brettstappeldecke[5)], genagelt oder flachkant verlegtes Brettschichtholz		
	≥ 50	Estrich[1)]	46 (–1)	68 (–3; –10)
	≥ 40	Mineralwolledämmplatte (s′ ≤ 6 MN/m³; Anwendungsgebiet DES-sh)[2)]		
	≥ 40	Schüttung[6)], (m′ ≥ 60 kg/m²), Rieselschutz		
	120	Brettstappeldecke[5)], genagelt oder flachkant verlegtes Brettschichtholz		
	≥ 50	Estrich[1)]	41 (–1)	70 (–4; –10)
	≥ 40	Mineralwolledämmplatte (s′ ≤ 6 MN/m³; Anwendungsgebiet DES-sh)[2)]		
	≥ 80	Schüttung[6)], (m′ ≥ 120 kg/m²), Rieselschutz		
	120	Brettstappeldecke[5)], genagelt oder flachkant verlegtes Brettschichtholz		

Fußnoten zu Tabelle 32.3.6.1-6:

1) Zement-, Magnesia- oder Calciumsulfatestrich nach DIN 18560 mit flächenbezogener Masse m′ ≥ 120 kg/m².

2) Mineralwolle-Dämmplatte MW mit Anwendungsgebiet nach Einsatzbereich: Für mineralisch gebundene Estriche: DES-sh; mit der angegebenen dynamischen Steifigkeit s′.

3) Tragkonstruktion nach Statik je nach Deckentyp:
- Balken aus Vollholz oder Brettschichtholz; Mindestmaße 60 mm × 180 mm, alternativ auch Stegträger der Höhe 240 mm bis 406 mm; Achsabstand e ≥ 625 mm.
- Brettstapelelemente oder Elemente aus Brettschichtholz, Mindestdicke 120 mm; Breite der Einzellamellen 30 mm bis 60 mm.

4) Betonplatten mit Flächenmaßen von ≤ 300 mm × 300 mm und einer Rohdichte von ρ ≥ 2500 kg/m³; Restfeuchte ≤ 1,8 %; auf Rohdecke verklebt oder in Sandbett gelagert.

5) Tragkonstruktion nach Statik je nach Deckentyp: Brettstapelelemente oder Elemente aus Brettschichtholz, Mindestdicke 120 mm; Breite der Einzellamellen 30 mm bis 60 mm.

6) Trockenes Schüttgut mit einer Schüttdichte ρ ≥ 1500 kg/m³; Restfeuchte ≤ 1,8 %; gegen Verrutschen gesichert mittels Pappwaben, Sandmatten, Lattengitter (Feldgröße etwa 800 mm × 800 mm), o.ä.

32.3.6.2 Flankenschalldämmung von Bauteilen im Holz-, Leicht- und Trockenbau

Die Flankenschalldämmungen (Norm-Flankenschallpegeldifferenz $D_{n,f,w}$) der das trennende Bauteil umgebenden Konstruktionen können den nachfolgenden Tabellen entnommen werden. Dabei ist zu berücksichtigen, dass in den Berechnungen immer die Prüfstandswerte eingesetzt werden. Weitere Konstruktionen können DIN 4109-33 entnommen werden.

Für die flankierende Schallübertragung von Metallständerwänden aus Gipsplatten über ein massives Trennbauteil (vgl. Abb. 32.3.6.2-1, links) mit einer flächenbezogenen Masse von m′ ≥ 350 kg/m² hinweg, kann eine bewertete Norm-Flankenschallpegeldifferenz von $D_{n,f,w}$ = 76 dB angesetzt werden. Findet die Unterbrechung durch eine Holzbalken- oder Massivholzdecke statt (vgl. Abb. 32.3.6.2-1, rechts), kann eine bewertete Norm-Flankenschallpegeldifferenz von $D_{n,f,w}$ = 67 dB angesetzt werden.

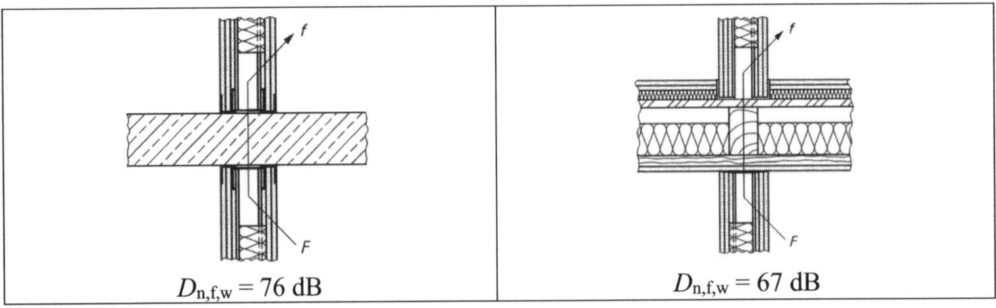

Abb. 32.3.6.2-1
Norm-Flankenpegeldifferenz $D_{n,f,w}$ von Metallständerwänden aus Gipsplatten über ein massives Trennbauteil (links) bzw. ein Holzbauteil (rechts).

Tabelle 32.3.6.2-1

Bewertete Norm-Flankenschallpegeldifferenz $D_{n,f,w}$ von Metallständerwänden mit 12,5 mm dicken Gipsplatten nach DIN 18183-1 bei horizontaler Schallübertragung

Schnitt, horizontal	Flankierende Wand		$D_{n,f,w}$ (C; C_{tr}) in dB
	Schalenabstand s	Anzahl der Plattenlagen auf der Innenseite	
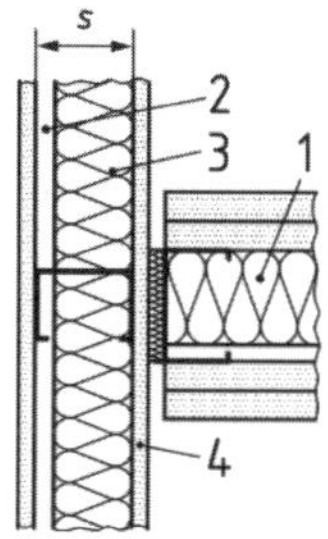	50	1	53 (–5;–5)
	50	2	56 (–6;–4)
	100	1	55 (–6;–5)
	100	2	59 (–7;–4)
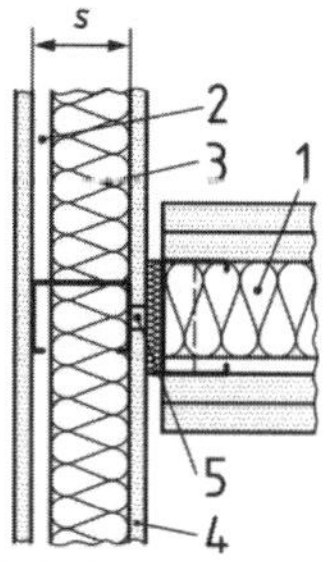	50	1	57 (–4;–9)
	50	2	60 (–4;–6)
	100	1	59 (–3;–9)
	100	2	61 (–2;–5)
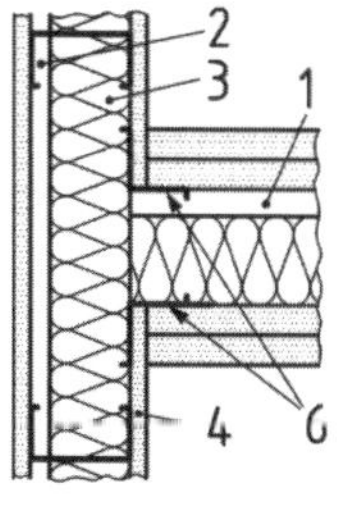	100	1	65 (–2;–7)

1 Trennwand als Einfach- oder Doppelständerwand nach DIN 18183-1 mit dichtem Anschluss an die flankierende Wand.

2 Flankierende Wand als Einfach- oder Doppelständerwand nach DIN 18183-1 mit 12,5 mm dicken Gipsplatten GK oder Gipsfaserplatten GF.

3 Etwa 80%ige Hohlraumfüllung aus Mineralwolle MW oder Holzfaser WF.

4 Innenseitige Bekleidung.

5 Durchgehende Fuge an innenseitiger Bekleidung, z. B. Fugenschnitt ≥ 3 mm.

6 Inneneckprofil.

Tabelle 32.3.6.2-2

Bewertete Norm-Flankenschallpegeldifferenz $D_{n,f,w}$ von Holztafelwänden ohne Vorsatzschale bei horizontaler Schallübertragung

Schnitt, horizontal	Konstruktionsdetails					$D_{n,f,w}$ (C; C_{tr}) dB
	Mindest-dämm-schicht-dicke s_D mm	Holz-ständer[1)] b/h mm	Min-dest-schalen-abstand s mm	Bekleidung[2)] $s_{B,n}$ mm		
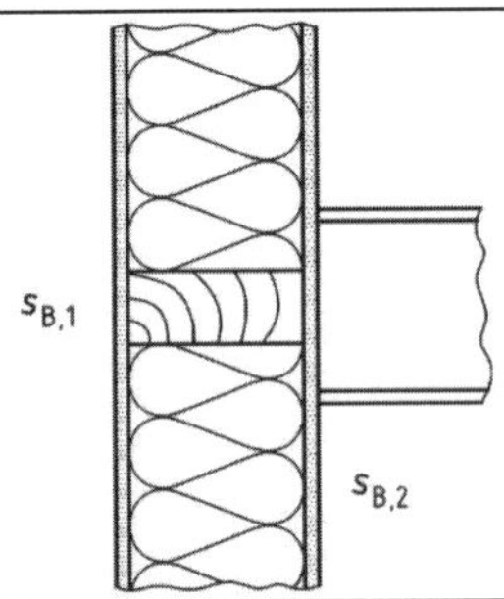 $s_{B,1}$ $s_{B,2}$	160	60/160	160	$s_{B,1}$	MDF 15	53 (– 1; –2)
				$s_{B,2}$	HW 13 (durch-laufend)	
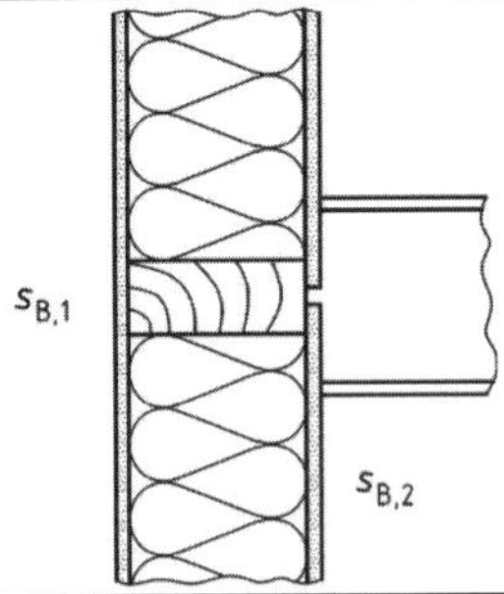 $s_{B,1}$ $s_{B,2}$	160	60/160	160	$s_{B,1}$	MDF 15	58 (– 1; –5)
				$s_{B,2}$	HW 13 (getrennt)	
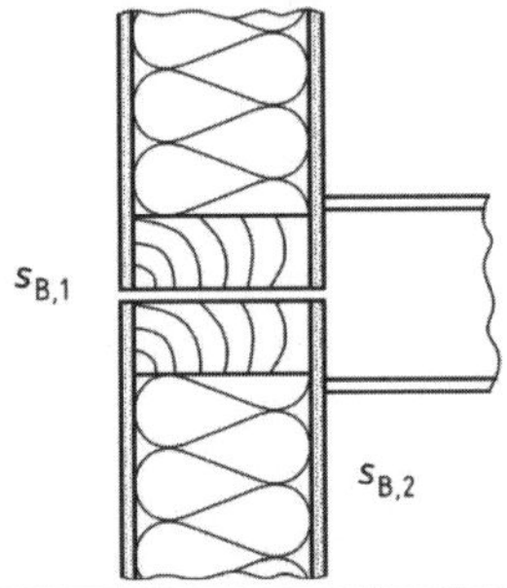 $s_{B,1}$ $s_{B,2}$	160	60/160	160	$s_{B,1}$	MDF 15 (getrennt)	68 (– 3; –7)
				$s_{B,2}$	HW 13 (getrennt)	

Fußnoten zu Tabelle 32.3.6.2-2:

1) Holzständer, Achsabstand ≥ 600 mm, der angegebene Wert für *b* ist ein Höchstwert, für *h* ein Mindestwert.

2) Holzwerkstoffplatte HW, OSB-Verlegeplatte oder Spanplatte SP, Mitteldichte Faserplatte MDF.

Werden Massivdecken mit Unterdecken ausgeführt und verlaufen diese als flankierende Bauteile über leichte mehrschalige Trennwände, dann erfolgt die Übertragung von Luftschall hauptsächlich über den Deckenhohlraum. Die Trennwand kann dabei an die Unterdecke oder an die Massivdecke angeschlossen werden (siehe Abb. 32.3.6.2-2 bis 23.3.6.2-4). Für den Fall, dass die Trennwand an der Massivdecke angeschlossen wird, werden die Decklage und die Tragprofile der Unterdecke unterbrochen, wodurch die Schall-Längsleitung deutlich verringert werden kann. Weiterhin trägt eine Hohlraumdämpfung zu einer Verringerung der Schalllängsleitung bei. Die Dämmstoffauflage ist dabei im Regelfall vollflächig mit einer Mineralwolledämmung in einer Mindestdicke von 40 mm auszuführen.

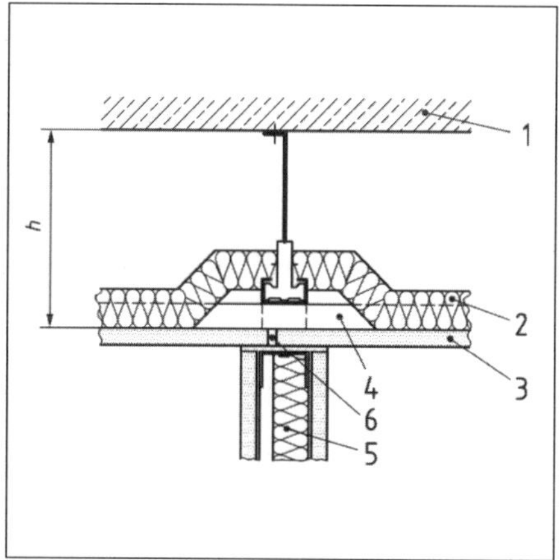

1 Massivdecke
2 Mineralwolle MW, Anwendungsgebiet DI
3 Gipsplatten GK
4 Unterdecken-Unterkonstruktion aus Holzlatten oder Deckenprofilen aus Stahlblech nach DIN 18182-1, Achsabstände ≥ 400 mm, kann durchlaufen, Abhänger nach DIN 18168-1 bzw. DIN EN 13964
5 Trennwand als Einfach- oder Doppelständerwand mit dichtem Anschluss an die Deckenschale
6 durchgehende Fuge, z. B. Fugenschnitt ≥ 3 mm in Bekleidung
h Abhängehöhe

Abb. 32.3.6.2-2
Anschluss einer leichten Trennwand an eine Unterdecke (Decklage der Unterdecke ist durch Fuge getrennt)

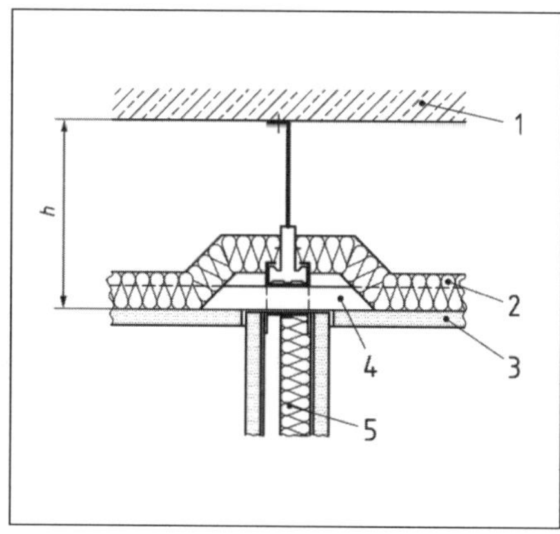

1 Massivdecke
2 Mineralwolle MW, Anwendungsgebiet DI
3 Gipsplatten GK
4 Unterdecken-Unterkonstruktion aus Holzlatten oder Deckenprofilen aus Stahlblech nach DIN 18182-1, Achsabstände ≥ 400 mm, kann durchlaufen, Abhänger nach DIN 18168-1 bzw. DIN EN 13964
5 Trennwand als Einfach- oder Doppelständerwand mit dichtem Anschluss an die Deckenunterkonstruktion
h Abhängehöhe

Abb. 32.3.6.2-3
Anschluss einer leichten Trennwand an eine Unterdecke (Decklage der Unterdecke ist durch Trennwandeinbindung getrennt)

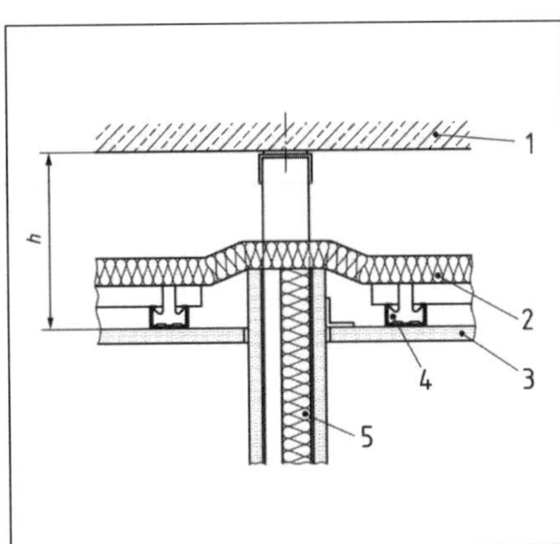

1 Massivdecke
2 Mineralwolle MW, Anwendungsgebiet DI
3 Gipsplatten GK
4 Unterdecken-Unterkonstruktion aus Holzlatten oder Deckenprofilen aus Stahlblech nach DIN 18182-1, Achsabstände ≥ 400 mm, kann durchlaufen, Abhänger nach DIN 18168-1 bzw. DIN EN 13964
5 Trennwand als Einfach- oder Doppelständerwand mit dichtem Anschluss des Tragwerks an die Massivdecke
h Abhängehöhe

Abb. 32.3.6.2-4
Anschluss einer leichten Trennwand an die Massivdecke mit Trennung der Unterdecke (Decklage und Unterkonstruktion der Unterdecke sind durch Wand getrennt)

Tabelle 32.3.6.2-3
Bewertete Norm-Flankenschallpegeldifferenz $D_{n,f,w}$ von Unterdecken mit geschlossenen Flächen (Abhanghöhe 400 mm) bei horizontaler Schallübertragung[1)]

Konstruktionsdetails	**Flächenbezogene Masse der Decklage in kg/m²**	**Dicke der Faserdämmstoff-Auflage (vollflächig aufliegend)**		
		0 mm	**40 mm**	**80 mm**
		$D_{n,f,w}$ in dB		
Trennwand an Unterdecke anschließend, Decklage durchlaufend ohne Fuge (vgl. Abb. 32.3.6-2)	GK $m' \geq 8{,}5$	48	49	50
	2x GK $m' \geq 8{,}5$	55	56	56
Trennwand an Unterdecke anschließend, Decklage durch Fuge getrennt (siehe Abb. 32.3.6-2)	GK $m' \geq 8{,}5$	50	54	56
Trennwand an Unterkonstruktion der Unterdecke anschließend, Decklage in Trennwanddicke getrennt (siehe Abb. 32.3.6-3)	2x GK $m' \geq 8{,}5$	57	59	59
Trennwand an Massivdecke anschließend, Trennung der Unterdecke in Decklage und Unterkonstruktion (siehe Abb. 32.3.6-4)	2x GK $m' \geq 8{,}5$	57	65	-

1) Bei einer größeren Abhängehöhe als h = 400 mm sind die Werte um 1 dB abzumindern. Bei geringeren Abhanghöhen handelt es sich um die Mindestwerte.

In 32.3.6.2-4 sind die Prüfwerte für die bewertete Norm-Flankenschallpegeldifferenz $D_{n,f,w}$ für Unterdecken mit gegliederter Fläche mit einer Abhängehöhe von 400 mm ohne Abschottung im Deckenhohlraum angegeben (vgl. Abbildungen 32.3.6.2-5 bis 32.3.6.2-7). Sollte eine geringere Abhängehöhe ausgeführt werden, dann gelten die Werte der Tabelle als Mindestwerte. Für Abhängehöhen von mehr als 400 mm sind die Werte nach Tabelle 32.3.6.2-5 abzumindern.

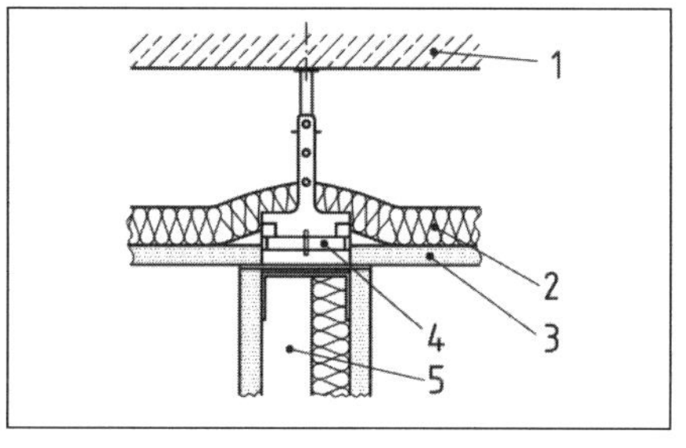

1 Massivdecke
2 Hohlraumdämpfung aus Mineralwolle MW
3 Mineralfaser-Deckenplatten in Einlegemontage
4 Unterdecke mit Unterkonstruktion und Abhänger nach DIN 18168-1 bzw. DIN EN 13964
5 Trennwand aus biegeweichen Schalen mit dichtem Anschluss an Deckenzarge

Abb. 32.3.6.2-5
Unterdecke mit Bandprofilen und Mineralfaser-Deckenplatten in Einlegemontage

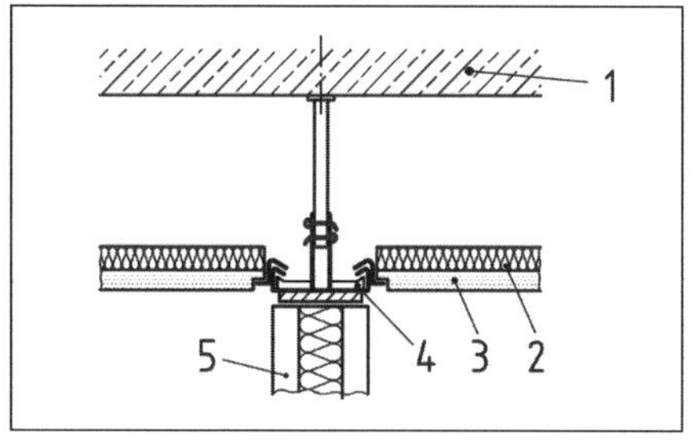

1 Massivdecke
2 Hohlraumdämpfung aus Mineralwolle MW
3 Leichtspan-Schallschluckplatten
4 Unterdecke mit Unterkonstruktion und Abhänger nach DIN 18168-1 bzw. DIN EN 13964
5 Trennwand aus biegeweichen Schalen mit dichtem Anschluss an Deckenzarge

Abb. 32.3.6.2-6
Unterdecke mit Bandprofilen und Leichtspan-Schallschluckplatten in Einlegemontage

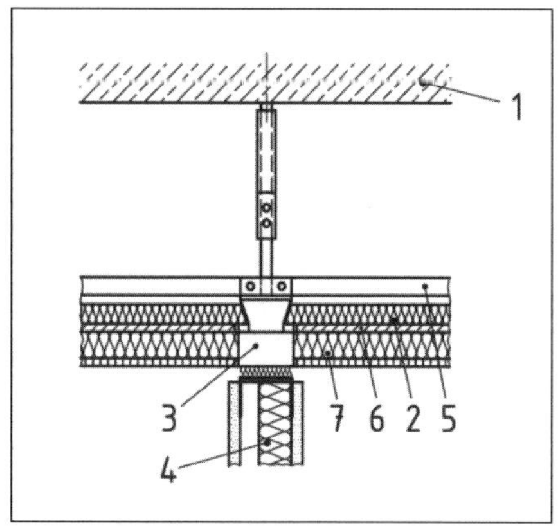

1 Massivdecke
2 Hohlraumdämpfung aus Mineralwolle MW
3 Unterdecke mit Unterkonstruktion und Abhänger nach DIN 18168-1 bzw. DIN EN 13964
4 Trennwand aus biegeweichen Schalen mit dichtem Anschluss an Deckenzarge
5 Rostwinkel zur Fixierung der Zargenabstände
6 Schwerauflage, z.B. Gipsplatten GK oder Stahlblech; die Schwerauflage kann auch auf die Stirnseiten der Plattenkonstruktion gelegt werden
7 Perforierte Metall-Deckenplatten mit Einlage aus Mineralwolle MW

Abb. 32.3.6.2-7
Unterdecke mit Bandprofilen und perforierten Metall-Deckenplatten in Einlegemontage

Tabelle 32.3.6.2-4

Bewertete Norm-Flankenschallpegeldifferenz $D_{n,f,w}$ von Unterdecken mit gegliederten Flächen (Abhanghöhe 400 mm) bei horizontaler Schallübertragung[1)] mit und ohne oberseitige Dämmauflage

Konstruktionsdetails	**Flächenbezogene Masse der Decklage in kg/m²**	**Dicke der Faserdämmstoff-Auflage (vollflächig aufliegend[2)])**		
		0 mm	**40 mm**	**80 mm**
		$D_{n,f,w}$ in dB		
Mineralfaser-Deckenplatten in Einlegemontage, Platten mit durchbrochener Oberfläche und ohne oberseitige Dichtschicht (vgl. Abb. 32.3.6-5)	≥ 4,5	28	39	47
	≥ 6	30	42	50
	≥ 8	33	45	54
	≥ 10	35	46	56
Mineralfaser-Deckenplatten in Einlegemontage, Platten mit unterseitig geschlossener Oberfläche oder mit oberseitiger Dichtschicht (siehe Abb. 32.3.6-5)	≥ 4,5	32	45	54
	≥ 6	37	50	59
	≥ 8	42	55	62
	≥ 10	46	59	-
Leichtspan-Deckenplatte, oberseitig Papier aufgeklebt, Mineralwolle-Auflage nur in Plattenstücken auf den Leichtspanplatten (siehe Abb. 32.3.6-6)	≥ 8	-	45	54
Metall-Deckenplatten (siehe Abb. 32.3.6-7)	≥ 8	30	46	53

1) Bei einer größeren Abhängehöhe als h = 400 mm sind die Werte um 1 dB abzumindern. Bei geringeren Abhanghöhen handelt es sich um die Mindestwerte.

2) Wenn die Mineralwolle-Auflage MW in Form einzelner Plattenstücke und nicht vollflächig aufgelegt wird, sind bei Unterdecken aus Mineralfaser-Deckenplatten und Stahlblechdecken bei den oben genannten $D_{n,f,w}$-Werten folgende Korrekturen vorzunehmen:

- bei 80 mm Auflage: – 6 dB
- bei 40 mm Auflage: – 4 dB

Werden bei Unterdecken mit gegliederten Flächen dichte Plattenschotts über den Trennwänden eingebaut, können bei Unterdecken nach Tabelle 32.3.6.2-3, Zeilen 3 bis 5 und Tabelle 32.3.6.2-4 bei der Ausführung des Plattenschotts in Anlehnung an Abb. 32.3.6.2-8 sowie Unterdecken nach Tabelle 32.3.6.2-2 und 32.3.6.2-3 bei der Ausführung des Plattenschotts in Anlehnung an Abb. 32.3.6.2-9 mit einem Zuschlag von max. 20 dB versehen werden. Dabei darf die Norm-Flankenschallpegeldifferenz $D_{n,f,w}$ bei Bildung der Summe des Tabellenwertes und dem Zuschlag von max. 20 dB einen Wert von 67 dB nicht überschreiten.

Die Berechnung der Längsschalldämmung bei Ausführung der Trennwand bis Unterkante der Massivdecke (siehe Abb. 32.3.6.2-9) kann dabei alternativ als vereinfachter Nachweis eine schallschutztechnisch separate Bewertung der Massivdecke und Unterdecke erfolgen, da die Trennwand komplett im vollständigen Querschnitt an die Massivdecke anschließt. D.h. für die bewertete Norm-Flankenschallpegeldifferenz wird die flächenbezogene Masse der Massivdecke herangezogen.

Tabelle 32.3.6.2-5

Abminderung der bewertete Norm-Flankenschallpegeldifferenz $D_{n,f,w}$ von Unterdecken mit gegliederten Flächen bei Abhanghöhen > 400 mm[1)]

Abhanghöhe *h* in mm	**Abminderung für $D_{n,f,w}$ (aus Tabelle 32.3.6.2-4)**
bis 600	2
> 600 – 800	5
> 800 – 1000	6

1) Hohlraumdämpfung mit MW, mindestens 50 mm dick, über die gesamte Fläche der Unterdecke.

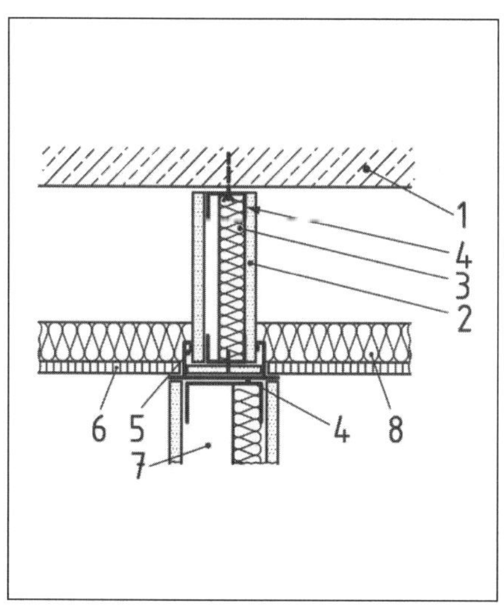

1 Massivdecke
2 Gipsplatten GK
3 Hohlraumdämpfung aus Mineralwolle MW, Mindestdicke 40 mm
4 Deckenanschluss mit Anschlussdichtung und Fugenverspachtelung
5 Unterkonstruktion der Unterdecke, z. B. Bandrasterprofil
6 Decklage der Unterdecke aus Platten mit geschlossener Fläche oder Schallschluckplatten mit poröser oder durchbrochener (gelochter) Struktur
7 Trennwand aus biegeweichen Schalen mit dichtem Anschluss an die Unterdecke
8 Hohlraumdämpfung aus Mineralwolle MW, Mindestdicke 50 mm

Abb. 32.3.6.2-8

Abschottung des Deckenhohlraums durch ein Plattenschott

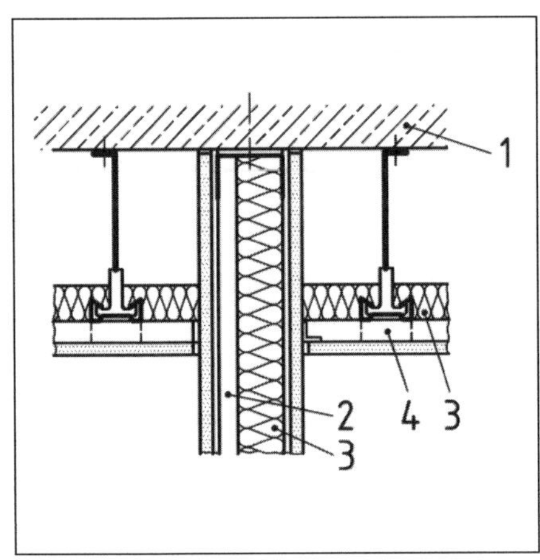

1 Massivdecke
2 Trennwand als Einfach- oder Doppelständerwand, Bekleidung mit Gipsplatten GK, Hohlraumdämpfung aus Mineralwolle MW sowie dichter Anschluss an die Massivdecke
3 Mineralwolle MW, Mindestdicke 40 mm
4 Unterdecke mit Unterkonstruktion aus C-Deckenprofilen nach DIN 18182-1 bzw. DIN EN 13964 und Abhängern nach DIN 18168-1 bzw. DIN EN 13964 bekleidet mit Gipsplatten GK mit $m' \geq 8{,}5\ kg/m^2$, Fugen verspachtelt und dichtem Anschluss der Bekleidung der Unterdecke an die Trennwand mit oder ohne Anschlussprofil

Abb. 32.3.6.2-9
Abschottung des Deckenhohlraums durch eine durchlaufende Trennwand

Wird der Deckenhohlraum durch ein Absorberschott über dem Trennwandanschluss bis zur Massivdecke mit Mineralwolle dicht ausgestopft, dürfen die Werte der bewerteten Norm-Flankenschallpegeldifferenz $D_{n,f,w}$ aus den Tabelle 32.3.6.2-3, Zeile 3 bis 5 und Tabelle 32.3.6.2-4 um die in Tabelle 32.3.6.2-6 anegegebenen Werte verbessert werden. Es ist zu erkennen, dass die Dämmwirkung eines Absorberschotts mit zunehmender Breite *b* größer wird. Die Summe der Werte aus den Tabellen darf höchstens 62 dB betragen.

Tabelle 32.3.6.2-6
Verbesserungsmaße der bewerteten Norm-Flankenpegeldifferenz $\Delta D_{n,f,w}$ von Unterdecken nach Tabellen 32.3.6.2-3 (Zeile 3 bis 5) und 32.3.6.2-4 durch Absorberschotts bei horizontaler Schallübertragung

Schnitt, vertikal	**Mindestbreite *b* des Absorberschotts in mm**	**$\Delta D_{n,f,w}$ in dB**
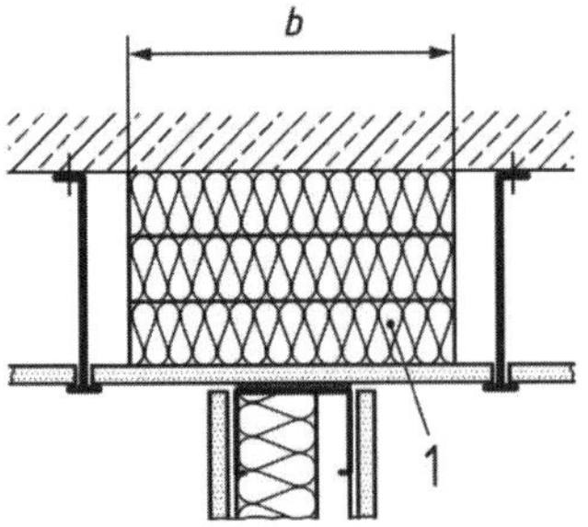	300	12
	400	14
	500	15
	600	17
	800	20
	1000	22

1 Absorberschott aus Mineralwolle MW, längenbezogener Strömungswiderstand $r \geq 8\ kPas/m^2$

Stehen leichte Trockenbauwände auf massiven Decken mit schwimmenden Estrichen kann zur Ermittlung der Flankendämmung Decke und schwimmende Estriche eine schalltechnisch separate Betrachtung erfolgen (d.h. der schwimmende Estrich wird durch die aufstehende Wand vollständig unterbrochen und die Wand steht auf der der Massivdecke, deren Masse dann für die Norm-Flankenschallpegeldifferenz herangezogen wird). Zur Ermittlung der Flankendämmung von schwimmenden Estrichen, die unter einer mehrschaligen Leichtbautrennwand ohne oder mit Fugenschnitt durchlaufen, können die bewerteten Norm-Flankenschallpegeldifferenzen $D_{n,f,w}$ aus Tabelle 32.3.6.2-7 entnommen werden. Dabei sollte die Ausführung eines durchlaufenden Estrichs ohne Fugenschnitt nur bei sehr geringen schallschutztechnischen Anforderungen umgesetzt werden. In diesem Fall ist zu empfehlen, dass zur Minderung der Trittschallübertragung ein trittschallmindernder Bodenbelag aufgebracht wird. Dieser ist im Bereich der Trennwand unterbrochen. Sollten Fugenschnitte seitlich der Trennwand nachträglich ausgeführt werden, um den Schallschutz der Wand zu verbessern, werden in der Regel ungünstigere Werte als in Tabelle 32.3.6.2-7 für den Fall mit Fugenschnitt erreicht.

Tabelle 32.3.6.2-7
Bewertete Norm-Flankenpegeldifferenz $D_{n,f,w}$ von durchlaufenden schwimmenden Estrichen ohne und mit Fugenschnitt unter der Trennwand bei horizontaler Schallübertragung

Schnitt, vertikal	**Zement-, Calcium-sulfat- oder Magnesia-Estrich**	**Gussasphalt-Estrich**
	Norm-Flankenschallpegeldifferenz $D_{n,f,w}$ in dB	
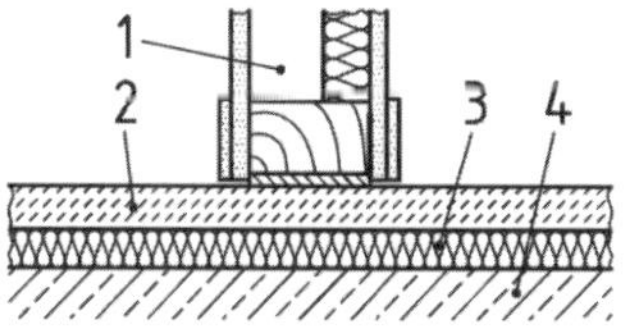 1 2 3 4	40	46
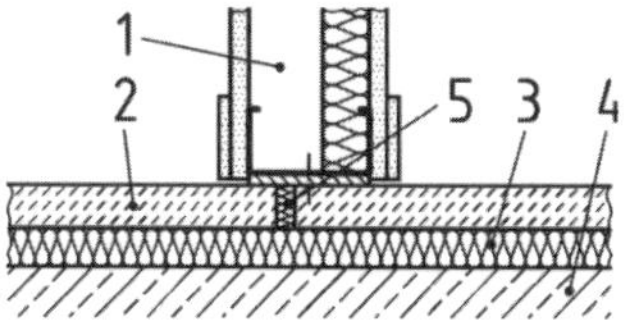 1 2 5 3 4	57	

Legende zu Tabelle 32.3.6.2-7:

1 Trennwand als Einfach- oder Doppelständerwand mit Unterkonstruktion aus Holz oder Metall oder elementierte Trennwand; Trennwand mit Anschlussdichtung ausführen.

2 Estrich.

3 Mineralwolle MW Anwendungsgebiet DES.

4 Flächenbezogene Masse der Massivdecke $m' \geq 300$ kg/m².

5 durchgehende Fuge im Estrich.

32.3.7 Zusammenwirken von Flächenanteilen unterschiedlicher Schalldämmung

Werden in eine Wandkonstruktion Fenster und Türen eingebaut, dann muss das gesamte Schalldämmmaß $R'_{w,ges}$ aus der energetischen Addition aller beteiligten Einzelübertragungen wie folgt ermittelt werden:

$$R'_{\mathrm{w,ges}} = 10 \lg\left(\frac{1}{S_{\mathrm{ges}}}\left(S_1 \cdot 10^{-\frac{R'_{\mathrm{w1}}}{10}} + \cdots + S_n \cdot 10^{-\frac{R'_{\mathrm{wn}}}{10}}\right)\right) \qquad (32.3.7\text{-}1)$$

mit: S_1 bis S_n = die Flächen der einzelnen Elemente des Bauteils in m²
$S_{ges} = \sum S_n$ = die Summe der Einzelflächen in m²
R'_{w1} bis R'_{wn} = die bewerteten Schalldämmmaße R'_w bzw. R_w der einzelnen Elemente des Bauteils in dB

Der Wert $R'_{w,ges}$ liegt dabei immer zwischen dem kleinsten und größten Einzelwert R'_{wn}. Befinden sich in einer Außenwand lediglich Fenster, kann Gleichung 32.3.7-1 vereinfacht werden zu:

$$R_{\mathrm{W+F}} = R_{\mathrm{W}} - 10 \lg\left[1 + \frac{S_{\mathrm{F}}}{S_{\mathrm{W+F}}} \cdot \left(10^{\frac{R_{\mathrm{W}}-R_{\mathrm{F}}}{10}} - 1\right)\right] \qquad (32.3.7\text{-}2)$$

mit: S_F = Fensterfläche in m²
S_{W+F} = gesamte Wand- und Fensterfläche in m²
R_W = Schalldämmmaß der Wand in dB
R_F = Schalldämmmaß der Fenster in dB

Beispiel: Gegeben sind folgende Flächen und Schalldämmmaße:

Wand + Fenster: $S_{W+F} = 16{,}0\ m^2$, $S_F = 4{,}0\ m^2$, $S_F/S_{W+F} = 4/16 = 0{,}25$
Wand: $R_W = 50\ dB$
Fenster: $R_F = 32\ dB$, $R_W - R_F = 50 - 32 = 18\ dB$

Die Berechnung mit Gleichung 32.3.7-1 bzw. 32.3.7-2 ergibt:

$$R'_{w,ges} = -10\lg\left(\frac{1}{16{,}0}\left(12{,}0 \cdot 10^{-\frac{50}{10}} + 4{,}0 \cdot 10^{-\frac{32}{10}}\right)\right) = 37{,}8\ dB = 38\ dB$$

$$R_{W+F} = 50 - 10\lg\left[1 + \frac{4{,}0}{16{,}0} \cdot \left(10^{\frac{50-32}{10}} - 1\right)\right] = 37{,}8 dB = 38\ dB$$

Das Schalldämmmaß von Fenstern R_F lässt sich dabei für Fenster bis zu 3 m² Glasfläche der größten Einzelscheibe aus Tabelle 32.3.7-1 bestimmen. Bei größeren Einzelglasflächen sind die Werte der Tabelle um 2 dB abzumindern.

In Tabelle 32.3.7-1 sind:

d_{ges} = Gesamtglasdicke
SZR = Scheibenzwischenraum
$R_{w,P,GLAS}$ = Laborprüfwert der Scheibe im Normformat (1,23 m x 1,48 m)
Falzdichtung = AD Dichtung im äußeren Flügel; ID Dichtung im inneren Flügel
① = Mindestens eine umlaufende elastische Dichtung (in der Regel als Mitteldichtung)

Tabelle 32.3.7-1
Bewertete Schalldämmmaße für Dreh-, Kipp- und Drehkippfenster

$R_{w,R}$ in dB	Konstruktionsmerkmale	Einfachfenster mit Einfachglas[1)]	Verbundfenster[1)]	Kastenfenster[1,2)]
25	d_{ges} in mm oder $R_{w,P,GLAS}$ in dB Falzdichtungen	≥ 4 ≥ 27 ①	≥ 6 – –	– – –
30	d_{ges} in mm SZR in mm oder $R_{w,P,GLAS}$ in dB Falzdichtungen	≥ 4 – ≥ 32 ①	≥ 6 ≥ 30 – ①	– – – –
32	d_{ges} in mm Glasaufbau in mm SZR in mm Falzdichtungen	3)	≥ 8 bzw. ≥ 4 + 4/12/4 ≥ 30 ①	– – – ①

Tabelle 32.3.7-1 (Forts.)
Bewertete Schalldämmmaße für Dreh-, Kipp- und Drehkippfenster

$R_{w,R}$ in dB	Konstruktions-merkmale	Einfachfenster mit Einfach-glas[1]	Verbund-fenster[1]	Kasten-fenster[1,2]
35	d_{ges} in mm Glasaufbau in mm SZR in mm Falzdichtungen	[3]	≥ 8 bzw. ≥ 6 + 4/12/4 ≥ 40 ①	– – – ①
37	d_{ges} in mm Glasaufbau in mm SZR in mm Falzdichtungen	[3]	≥ 10 bzw. ≥ 6 + 6/12/4 ≥ 40 ①	≥ 8 bzw. ≥ 6 + 4/12/4 ≥ 100 ①
40	d_{ges} in mm Glasaufbau in mm SZR in mm Falzdichtungen	[3]	≥ 14 bzw. ≥ 8 + 6/12/4 ≥ 50 AD+ID[4]	≥ 8 bzw. ≥ 6 + 4/12/4 ≥ 100 AD+ID
42	d_{ges} in mm Glasaufbau in mm SZR in mm Falzdichtungen	[3]	≥ 16 bzw. ≥ 8 + 8/12/4 ≥ 50 AD+ID[4]	≥ 10 bzw. ≥ 8 + 4/12/4 ≥ 100 AD+ID
45	d_{ges} in mm Glasaufbau in mm SZR in mm Falzdichtungen	[3]	≥ 18 bzw. ≥ 8 + 8/12/4 ≥ 60 AD+ID[4]	≥ 12 bzw. ≥ 8 + 6/12/4 ≥ 100 AD+ID
46		[3]	[3]	[3]

[1] Doppelfalze bei Flügeln von Holzfenstern; mindestens zwei wirksame Anschläge bei Flügeln von Metall- und Kunststofffenstern. Erforderliche Falzdichtungen sind umlaufend, ohne Unterbrechung anzubringen und müssen weich federnd, dauerelastisch, alterungsbeständig und leicht auswechselbar sein.

[2] Eine schallabsorbierende Laibung ist sinnvoll, da sie die durch Alterung der Falzdichtung entstehenden Fugenundichtigkeiten teilweise ausgleichen kann.

[3] Nachweis durch Prüfung.

[4] Werte gelten nur, wenn keine zusätzlichen Maßnahmen zur Belüftung des Scheibenzwischenraumes getroffen sind oder wenn eine ausreichende Luftumlenkung im äußeren Dichtungssystem vorgenommen wurde (Labyrinthdichtung).

Abbildung 32.3.7-1 wertet Gleichung 32.3.7-2 grafisch aus. In Abhängigkeit des Flächenverhältnisses S_F/S_{W+F} und der Differenz des Schalldämmmaßes zwischen Wand und Fenster, lässt sich die Differenz $R_W - R_{W+F}$ bestimmen. Daraus kann das Schalldämmmaß R_{W+F} ermittelt werden.

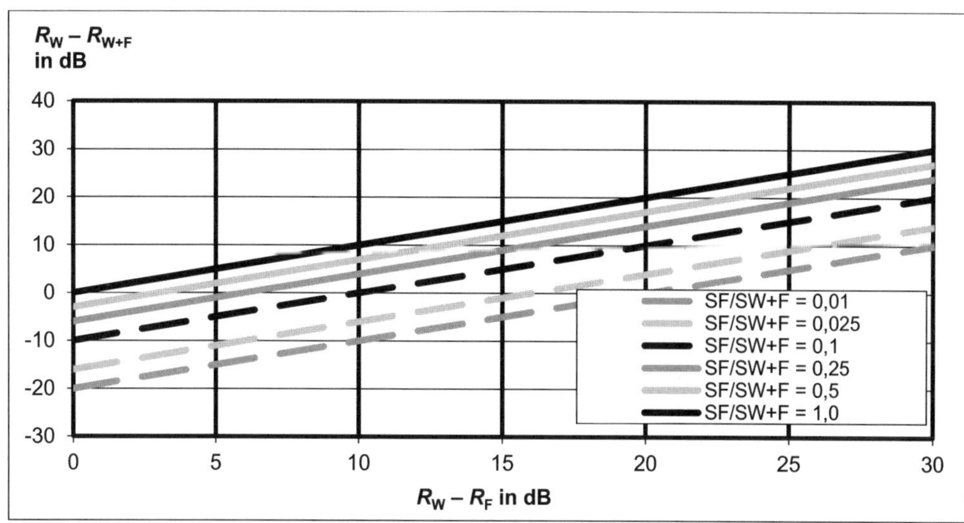

Abb. 32.3.7-1
Diagramm zur Bestimmung des Schalldämmmaßes einer Wand mit Fenstern nach Gleichung 32.3.7-2

32.4 Trittschallschutz

Decken und Treppen werden durch eine Kombination von Luftschall- und Körperschallanregungen (allgemein als Trittschallanregung bezeichnet) in Biegeschwingungen versetzt. Die Schwingungen werden auf angrenzende Bauteile übertragen, so dass die Schallübertragung auch in weiter entfernte Räume stattfinden kann. Maßnahmen zur Verringerung der Schallübertragung von Decken und Treppen werden als Trittschallschutz bezeichnet.

32.4.1 Norm-Trittschallpegel

Bei der messtechnischen Bestimmung des Norm-Trittschallpegels wird die Decke durch ein genormtes Hammerwerk angeregt. Gemessen wird zunächst der Trittschallpegel L_T im zu beurteilenden, zumeist darunterliegenden Raum, und zwar getrennt für die einzelnen Frequenzbereiche in Terzen. Dieser Schallpegel wird jedoch wieder von der Schallabsorption im Empfangsraum, d.h. von dessen Ausstattung beeinflusst.

Deshalb wird für die Bewertung der Trittschalldämmung einer Decke der Norm-Trittschallpegel L_n herangezogen, das ist derjenige Pegel, der im Empfangsraum vorhanden wäre, wenn in diesem $A = A_0$ wäre, wobei die Bezugs-Schallabsorptionsfläche A_0 zu 10 m² angenommen wird (mäßig möblierter Raum):

$$L_n = L_T + 10 \cdot \lg\frac{A}{A_0} \qquad \text{in dB} \qquad (32.4.1\text{-}1)$$

mit: L_T = gemessener Trittschallpegel in dB
A = äquivalente Schallabsorptionsfläche des Empfangsraumes in m^2 (siehe Kapitel 31)
A_0 = Bezugs-Absorptionsfläche = 10 m^2 (in Schulräumen: A_0 = 25 m^2)

Die Messkurve für L_n bzw. L'_n bei Messung mit Nebenwegen von Decken im fertigen Zustand wird mit einer vorgegebenen Bezugskurve B_v für ein Trittschallschutzmaß TSM = 0 dB verglichen (Abbildung 32.4.1-1).

Diese Bezugskurve berücksichtigt wiederum, dass das menschliche Ohr für hohe Frequenzen empfindlicher ist als für tiefe. Die Parallelverschiebung der Bezugskurve (in ganzen dB) kennzeichnet das TSM der gemessenen Decke, wobei die Überschreitung der verschobenen Bezugskurve B_v durch die Messkurve M im Mittel nicht größer sein darf als 2 dB (Unterschreitungen werden nicht berücksichtigt). Die Verschiebung der Bezugskurve zu niedrigeren Pegelwerten ist positiv, zu höheren Pegelwerten negativ (vergleiche Vorgehensweise zur Ermittlung des bewerteten Schalldämmmaßes in Abschnitt 32.3.2).

Beispiel: Ermittlung des bewerteten Norm-Trittschallpegels aus einer Messung

Gegeben sind zunächst die Bezugskurve und eine Messkurve (Tabelle 32.4.1-1). Da Letztere von der Schallabsorption im Empfangsraum beeinflusst wird, ist das Verhältnis von äquivalenter Schallabsorptionsfläche zu einer Bezugsabsorptionsfläche nach Gleichung 32.4.1-1 zu berücksichtigen. In diesem Beispiel ergibt sich die vorhandene äquivalente Schallabsorptionsfläche A aus dem Raumvolumen und der gemessenen Nachhallzeit T_{30}: $A = 0{,}16 \cdot V/T_{30}$. Damit lässt sich anschließend das Verhältnis A/A_0 bilden.

Anschließend ist in dem Beispiel die Bezugskurve zur Messkurve um 24 dB nach unten verschoben worden. Danach wurde die Differenz zwischen der verschobenen Bezugskurve und der Messkurve gebildet.

Tabelle 32.4.1-1
Bezugs-, Mess- und verschobene Bezugskurve

Frequenzen	Bezugskurve	Messkurve	A in m²	Norm-Trittschallpegel L_n	verschobene Bezugskurve	Differenz
100	62	44	5,2	47,65	38	7,1
125	62	48	3,3	51,65	38	4,1
160	62	53	3,1	56,65	38	2,7
200	62	46	3,2	49,65	38	1,3
250	62	47	3,3	50,65	38	0,2
315	62	47	3,3	50,65	38	0,7
400	61	47	3,4	50,65	37	-0,1
500	60	45	3,2	48,65	36	1,2
630	59	43	3,0	46,65	35	-1,9
800	58	41	3,0	44,65	34	-2,7
1000	57	41	3,1	44,65	33	-4,6
1250	54	38	3,3	41,65	30	-2,4
1600	51	36	3,5	39,65	27	0,5
2000	48	34	3,7	37,65	24	2,1
2500	45	29	4,1	32,65	21	3,3
3150	42	26	4,7	29,65	18	3,1

Zur Ermittlung des bewerteten Norm-Trittschallpegels $L'_{n,w}$ wird der Mittelwert aus der Summe der Überschreitungen der Messkurve zur verschobenen Bezugskurve gebildet. Dieser muss kleiner als 2 dB sein:

$$\Sigma \text{ Differenz} = 7{,}1 + 4{,}1 + 2{,}7 + 1{,}3 + 0{,}2 + 0{,}7 + 1{,}2 + 0{,}5 + 2{,}1 + 3{,}3 + 3{,}1 = 26{,}3 \text{ dB}$$

Diese Differenz von 26,3 dB wird nun durch die Anzahl der Frequenzen (= 16) geteilt:

Mittelwert der Überschreitungen = 26,3 : 16 = 1,64 < 2,0 ✓

Aus Abbildung 32.4.1-1 kann bei 500 Hz an der verschobenen Bezugskurve der bewertete Norm-Trittschallpegel $L'_{n,w}$ abgelesen werden:

Norm-Trittschallpegel $L'_{n,w} = 36$ dB

Ein solcher, sehr niedriger Norm-Trittschallpegel lässt sich mit massiven Stahlbetondecken mit schwimmenden Estrichen erreichen.

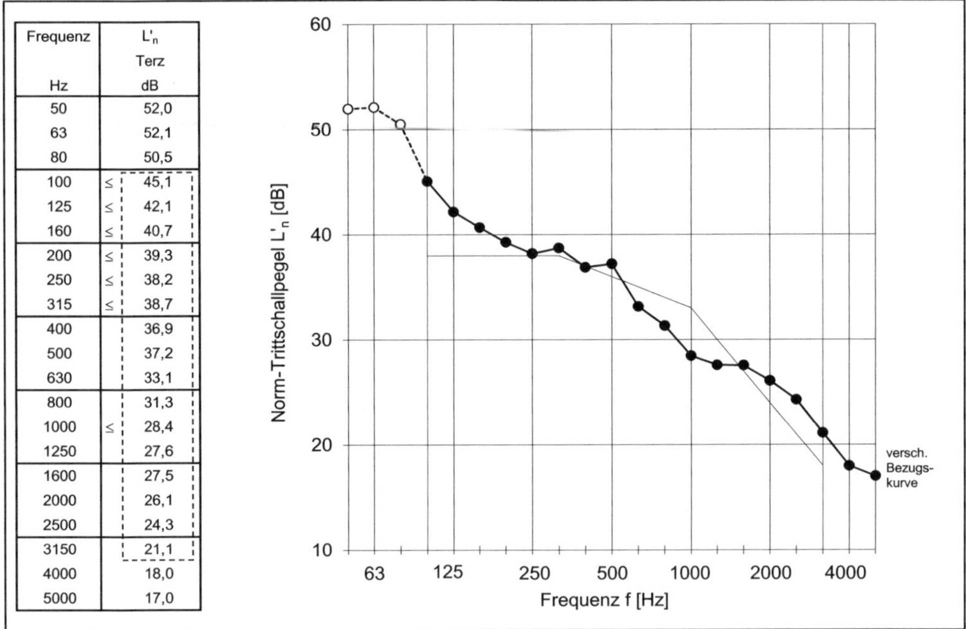

Frequenz Hz		L'n Terz dB
50		52,0
63		52,1
80		50,5
100	≤	45,1
125	≤	42,1
160	≤	40,7
200	≤	39,3
250	≤	38,2
315	≤	38,7
400		36,9
500		37,2
630		33,1
800		31,3
1000	≤	28,4
1250		27,6
1600		27,5
2000		26,1
2500		24,3
3150		21,1
4000		18,0
5000		17,0

Abb. 32.4.1-1
Frequenzabhängiger Norm-Trittschallpegel L_n; Beispiel einer Messkurve und Vergleich mit der Bewertungskurve für Trittschall. Die Auswertung ergibt einen bewerteten Norm-Trittschallpegel von $L'_{n,w} = 60 - 24 = 36$ dB. Dieser kann bei 500 Hz an der verschobenen Bezugskurve abgelesen werden.

Bei der Bewertung von Messergebnissen für die Trittschalldämmung liegen entgegengesetzte Verhältnisse zur Luftschalldämmung vor:

a) beim Luftschallpegel (R_w, R'_w) wird von Dämmmaßen R' (Schallpegeldifferenzen) ausgegangen; je größer die gemessenen Werte, desto besser die Schalldämmung; eine Verschiebung der Bezugskurve nach unten bedeutet ein schlechteres Dämmmaß (vgl. Abbildung 32.3.2-1).

b) beim Trittschall wird von Schallpegeln L_n, L'_n im Empfangsraum ausgegangen; je größer die dort gemessenen Werte, desto schlechter die Schalldämmung; eine Verschiebung der Bezugskurve nach unten bedeutet ein besseres Dämmmaß (vgl. Abbildung 32.4.1-1).

32.4.2 Rechnerischer Nachweis des bewerteten Norm-Trittschallpegels

Für begehbare Bauteile (z.B. Decken) erfolgt im Schallschutznachweis eine rechnerische Prognose des Norm-Trittschallpegels zwischen schutzbedürftigen

Räumen. Diese Prognosen sind stets mit gewissen Unsicherheiten behaftet. Die Erfassung dieser Unsicherheiten können nach DIN 4109-2 in einem vereinfachten Ansatz ohne weitere Berechnung mit einem pauschalen Zu- oder Abschlag berücksichtigt werden. Zur Erfüllung der Anforderungen an den Norm-Trittschallpegel von trennenden Bauteilen gilt danach:

$$\text{vorh. } L'_{n,w} = L'_{n,w} + 3 \text{ dB} \geq \text{zul. } L'_{n,w} \quad \text{in dB} \tag{32.4.2-1}$$

Die Masse einer Rohdecke allein wird im Allgemeinen nicht ausreichen, um die zulässigen Werte des Norm-Trittschallpegels einzuhalten. Somit ist es von besonderem Interesse, mit welchem Deckenaufbau der zulässige Norm-Trittschallpegel eingehalten werden kann. In der Praxis wird eine Rohdecke immer einen weiteren Deckenaufbau erhalten. Dieser besteht im Wohnungsbau meist aus einem schwimmenden Estrich und einem Bodenbelag (Teppichboden, Parkett oder Laminat).

Dabei führt dieser Fußbodenaufbau meist zu einer erheblichen Verbesserung des Trittschallpegels der vorhandenen Rohdecke. Im Fall des schwimmenden Estrichs ergibt sich die Verbesserung weniger aus der zusätzlich aufgebrachten flächenbezogenen Masse des Estrichs (dafür ist die Dicke der Estrichplatte zu gering), sondern vielmehr durch die weich federnde Trittschalldämmung unter dem Estrich. Diese ist hinsichtlich der Trittschallverbesserung umso günstiger, je geringer die dynamische Steifigkeit der Dämmschicht ist (vgl. Abschnitt 32.3.5).

Für die Beurteilung des Trittschallschutzes ist neben der bewerteten Trittschallminderung der Deckenauflage ΔL_w auch der äquivalente bewertete Normtrittschallpegel $L_{n,eq,0,w}$ der Rohdecke sowie der Einfluss der flankierenden Bauteile entscheidend. Für übereinanderliegende Räume ergibt sich der bewertete Norm-Trittschallpegel wie folgt:

$$L'_{n,w} = L_{n,eq,0,w} - \Delta L_w + K \quad \text{in dB} \tag{32.4.2-2}$$

mit: $L'_{n,w}$ = bewerteter Norm-Trittschallpegel der fertigen Decke (mit Deckenaufbau) in dB

$L_{n,eq,0,w}$ = äquivalenter bewerteter Norm-Trittschallpegel der Rohdecke (ohne Deckenaufbau) in dB nach Gleichung 32.4.2-3 oder Tabelle 32.4.2-1

ΔL_w = bewertete Trittschallminderung durch eine Deckenauflage (z.B. schwimmender Estrich) in dB

K = Korrekturwert für die Trittschallübertragung über die flankierenden Bauteile, in dB. K ist mit Gleichungen 32.4.2-6 und 32.4.2-7 für Massivdecken ohne Unterdecke oder mit Gleichung 32.4.2-8 für Massivdecken mit Unterdecke zu ermitteln.

Vor der Erstellung eines Bauwerks ist es erforderlich, den zu erwartenden bewerteten Norm-Trittschallpegel zu bestimmen. Dieser muss die Anforderungen der Norm erfüllen. Der äquivalente Norm-Trittschallpegel $L_{n,eq,0,w}$ der massiven Rohdecke ohne weiteren Bodenaufbau kann näherungsweise wie folgt ermittelt werden:

$$L_{n,eq,0,w} = 164 - 35 \cdot \lg \frac{m'}{1\text{kg/m}^2} \qquad \text{in dB} \qquad (34.4.2\text{-}3)$$

mit: m' = flächenbezogene Masse der massiven Rohdecke in kg/m² (zwischen 100 kg/m² und 720 kg/m²) nach Gleichung 32.3.3-9

Üblicherweise sind massive Decken aus Ortbeton, Fertigteilen oder Halbfertigteilen mit Ortbetonergänzung mit einer Stahlbewehrung versehen. Für diese Deckenkonstruktionen (ohne Hohlräume) ist die flächenbezogene Masse m'durch Multiplikation der Deckendicke d (in m) mit dem Rechenwert der Rohdichte zu bestimmen. Für Normalbeton ist eine Rohdichte von 2400 kg/m³ anzusetzen, während für nicht verdichteten Aufbetonder Rechenwert der Rohdichte von 2100 kg/m³ in Ansatz zu bringen ist. Der Rechenwert der Rohdichte von Zementestrich ist mit 2000 kg/m³ anzusetzen.

Handelt es sich um Decken aus Leichtbeton und Porenbeton muss bei der Ermittlung der flächenbezogenen Masse die Rohdichte um 12,5 kg/m³ abgemindert werden. Die flächenbezogene Masse der Decke ist einschließlich der Masse eines eventuell vorhandenen Verbundestrichs oder Estrichs auf Trennschicht und eines unmittelbar aufgebrachten Putzes zu bestimmen. Die flächenbezogene Masse eines schwimmenden Estrichs darf dagegen bei der Bestimmung der flächenbezogenen Masse der Rohdecke nicht berücksichtigt werden.

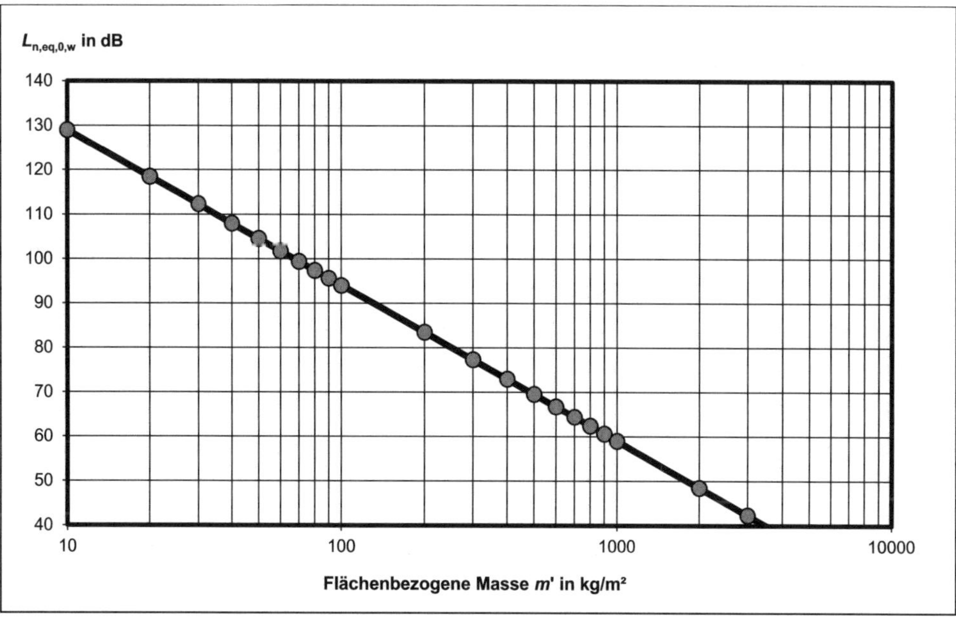

Abb. 32.4.2-1
Äquivalenter bewerteter Norm-Trittschallpegel $L_{n,eq,0,w}$ von massiven Rohdecken ohne Deckenauflage; Auswertung von Gleichung 32.4.2-3; man erkennt, dass auch ohne Deckenauflage Werte von 45 bis 50 dB erreicht werden können, jedoch nur für sehr schwere Deckenkonstruktionen von über 1000 kg/m² (z.B. Kellergewölbe). Im rechnerischen Nachweis der Neufassung der DIN 4109 können Massen nur bis 720 kg/m² angesetzt werden.

Eine Verbesserung der Trittschalldämmung einer Rohdecke durch Deckenauflagen oder Gehbeläge ist zum Beispiel möglich durch:

- Aufbringen von Belägen (Estrich und Gehbelag, z.B. Linoleum, PVC, Gummibelag, Teppichboden etc.),
- Erhöhung der flächenbezogenen Masse,
- schwimmenden Estrich (z.B. Calciumsulfatestrich (Anhydritestrich) auf Trittschall-Dämmschicht),
- eine im Abstand angebrachte Verkleidung auf der Unterseite der Decke (durch geringere Schallabstrahlung einer biegeweichen Schale); diese Maßnahme ist besonders sinnvoll bei leichten Deckenkonstruktionen.

Wird als trittschallverbessernde Maßnahme ein trittschallmindernder Bodenbelag auf einem schwimmenden Boden angeordnet, dann darf als ΔL_w nur der höhere Wert – entweder der des schwimmenden Bodens oder der des trittschallmindernden Bodenbelags – berücksichtigt werden.

Für den Trittschallschutznachweis nach DIN 4109-2 dürfen weiterhin leicht austauschbare Bodenbeläge (z.B. weichfedernde Bodenbeläge (Teppichböden) und schwimmend verlegte Parkett- und Laminatböden) aufgrund einer möglichen Austauschbarkeit und ihrem Verschleiß nicht in der Rechnung berücksichtigt werden.

Für schwimmende Estriche aus Zement-, Calciumsulfat-, Calciumsulfatfließ-, Magnesia- und Kunstharzestriche, die auf Dämmschichten aus Trittschall-Dämmstoffen nach DIN 4108-10 (Anwendungskurzzeichen DES – Innendämmung unter Estrich mit Schallschutzanforderung) liegen, sind die Werte für die bewertete Trittschallminderung ΔL_w nach folgender Gleichung zu ermitteln:

$$\Delta L_w = 13 \lg (m') - 14{,}2 \lg (s') + 20{,}8 \text{ in dB} \qquad (32.4.2\text{-}4)$$

mit: ΔL_w = bewertete Trittschallminderung durch eine Deckenauflage (z.B. schwimmender Estrich) in dB

m' = flächenbezogene Masse der Estrichplatte im Bereich zwischen $60 \text{ kg/m}^2 \leq m' \leq 160 \text{ kg/m}^2$

s' = dynamische Steifigkeit der Dämmschicht im Bereich zwischen $6 \text{ MN/m}^3 \leq s' \leq 50 \text{ MN/m}^3$

Für die Trittschallminderung dürfen nur trittschalldämmende Schichten angerechnet werden, die die gesamte Deckenfläche ohne Unterbrechungen oder Einschnitte (z. B. durch Heizungsrohre, elektrische Leitungen u.Ä.) bedecken. Werden zwei übereinanderliegende Trittschall-Dämmschichten verwendet, die die gesamte Deckenfläche bedecken, kann die resultierende dynamische Steifigkeit s'_{tot} wie folgt bestimmt werden:

$$s'_{tot} = \left(\frac{1}{s'_1} + \frac{1}{s'_2}\right)^{-1} \quad \text{in MN/m}^3 \qquad (34.4.2\text{-}5)$$

Auf diese Weise kann durch Kombination beispielsweise einer Lage Trittschalldämmung mit einer dynamischen Steifigkeit von s′ = 10 MN/m³ und einer zweiten Lage mit einer dynamischen Steifigkeit von s′ = 20 MN/m³ eine resultierende dynamische Steifigkeit von $s'_{tot} = 6{,}6 \text{ MN/m}^3$ erreicht werden.

Für schwimmende Gussasphalt- und Fertigteilestriche auf Dämmschichten aus Trittschall-Dämmstoffen nach DIN 4108-10 (Anwendungskurzzeichen DES – Innendämmung unter Estrich mit Schallschutzanforderung), sind die Werte für die bewertete Trittschallminderung ΔL_w nach folgender Gleichung zu ermitteln:

$$\Delta L_w = (-\,0{,}21\ m' - 5{,}45)\ \lg\,(s') + 0{,}46\ m' + 23{,}8 \text{ in dB} \qquad (32.4.2\text{-}6)$$

mit: ΔL_w = bewertete Trittschallminderung durch eine Deckenauflage (z.B. schwimmender Estrich) in dB

m' = flächenbezogene Masse von Fertigestrichen im Bereich zwischen 15 kg/m² $\leq m' \leq$ 40 kg/m² und bei Gussasphaltestrichen im Bereich zwischen 15 kg/m² $\leq m' \leq$ 40 kg/m²

s' = dynamische Steifigkeit der Dämmschicht im Bereich zwischen 15 MN/m³ $\leq s' \leq$ 50 MN/m³ (bei Fertigestrichen nur $\leq$ 40 MN/m³)

Die in Gleichung 32.4.2-2 benötigten Korrekturwerte K zur Berücksichtigung der flankierenden Bauteile sind mit den nachstehenden Gleichungen 32.4.2-7 oder 32.4.2-8 für Massivdecken ohne Unterdecken bzw. Gleichung 32.4.2-9 für Massivdecken mit Unterdecken zu berechnen. Die Gleichungen gelten für eine flächenbezogene Masse der Trenndecke im Bereich von 100 kg/m² $\leq m'_s \leq$ 900 kg/m² und der flankierenden Bauteile im Bereich von 100 kg/m² $\leq m'_{f,m} \leq$ 500 kg/m².

In Abhängigkeit von der flächenbezogenen Masse der Trenndecke m'_s (ohne schwimmende Auflagen oder Unterdecken) und der mittleren flächenbezogen Masse der nicht mit Vorsatzkonstruktionen bekleideten, massiven flankierenden Bauteile $m'_{f,m}$ gilt für

Massivdecken ohne Unterdecken mit $m'_{f,m} \leq m'_s$:

$$K = 0{,}6 + 5{,}5 \cdot \lg\left(\frac{m'_s}{m'_{f,m}}\right) \quad \text{in dB} \qquad (34.4.2\text{-}7)$$

Massivdecken ohne Unterdecken mit $m'_{f,m} > m'_s$:

$$K = 0 \text{ dB} \qquad (32.4.2\text{-}8)$$

Massivdecken mit Unterdecken:

$$K = -\,5{,}3 + 10{,}2\ \lg\left(\frac{m'_s}{m'_{f,m}}\right) \text{ in dB} \qquad (32.4.2\text{-}9)$$

Durch das Anbringen einer Vorsatzkonstruktion unter der massiven Decke im Empfangsraum kann die direkte Trittschallübertragung der Trenndecke vermindert werden. Der in Gleichung 32.4.2-9 ermittelte Korrekturwert K wird für Unterdecken mit einer bewerteten Verbesserung der Luftschalldämmung von $\Delta R_w \geq$ 10 dB angewendet.

Für nicht übereinanderliegende Räume ergibt sich der bewertete Norm-Trittschallpegel wie folgt:

$$L'_{n,w} = L_{n,eq,0,w} - \Delta L_w + K_T \quad \text{in dB} \qquad (32.4.2\text{-}10)$$

mit: $L'_{n,w}$ = bewerteter Norm-Trittschallpegel der fertigen Decke (mit Deckenaufbau) in dB

$L_{n,eq,0,w}$ = äquivalenter bewerteter Norm-Trittschallpegel der Rohdecke (ohne Deckenaufbau) in dB nach Gleichung 32.4.2-3

ΔL_w = bewertete Trittschallminderung durch eine Deckenauflage (z.B. schwimmender Estrich) in dB

K_T = Korrekturwert zur Berücksichtigung der Übertragungssituation zwischen Sende- und Empfangsraum (Raumzuordnung des schutzbedürftigen Raumes) nach Tabelle 32.4.2-1

Tabelle 32.4.2-1

Korrekturwert K_T zur Ermittlung des bewerteten Norm-Trittschallpegels $L'_{n,w}$ für unterschiedliche räumliche Zuordnungen von mit Norm-Hammerwerk angeregter Decke und Empfangsraum (ER)

Lage der Empfangsräume (ER)		K_T in dB
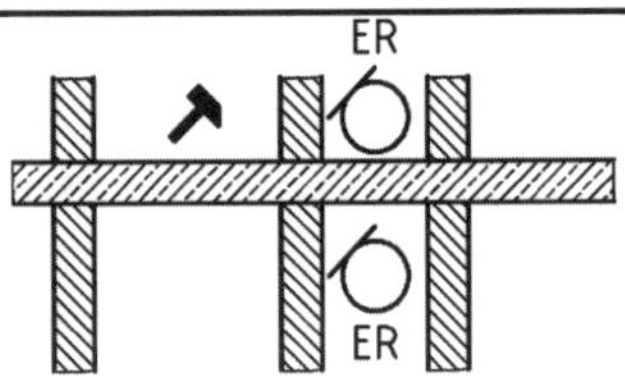 ER ER	neben oder schräg unter der angeregten Decke	+ 5 [1)]
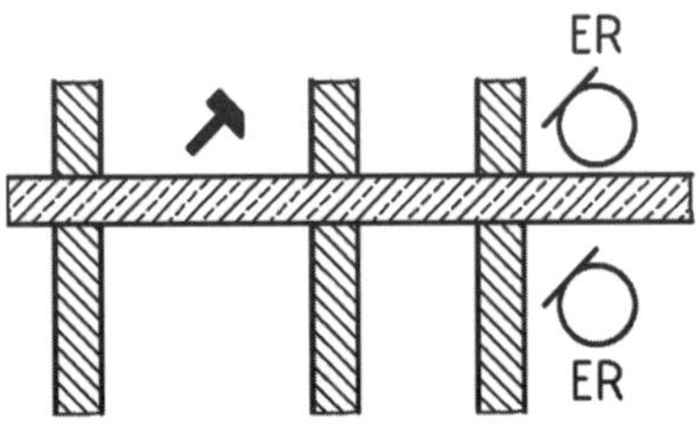 ER ER	neben oder schräg unter der angeregten Decke mit einem dazwischenliegenden Raum	+ 10 [1)]

Tabelle 32.4.2-1 (Forts.)
Korrekturwert K_T zur Ermittlung des bewerteten Norm-Trittschallpegels $L'_{n,w}$ für unterschiedliche räumliche Zuordnungen von mit Norm-Hammerwerk angeregter Decke und Empfangsraum (ER)

Lage der Empfangsräume (ER)		K_T in dB
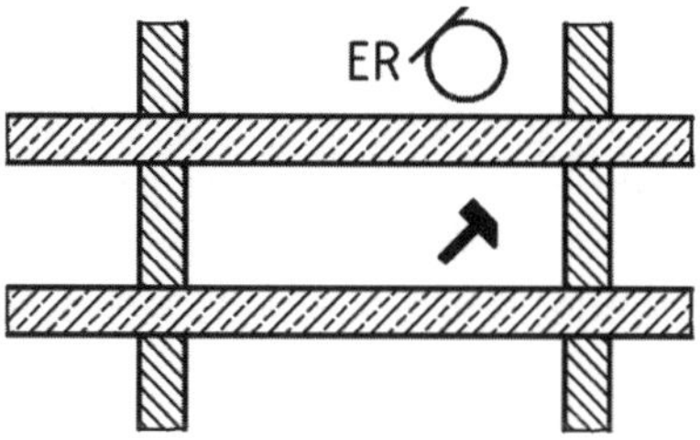 ER	über der angeregten Decke (Gebäude mit tragenden Wänden)	+ 10 [2)]
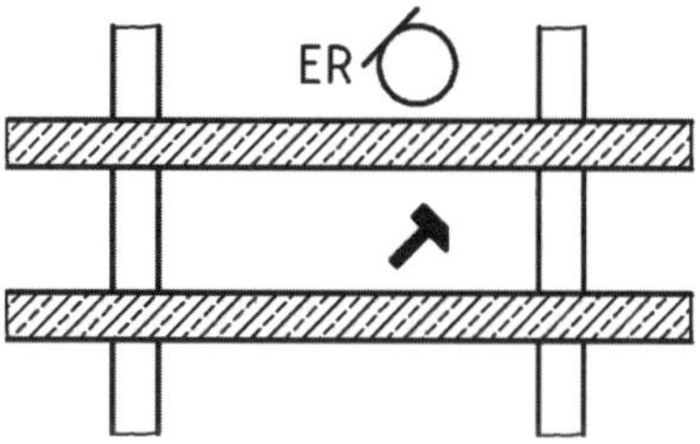 ER	über der angeregten Decke (Skelettbau)	+ 20
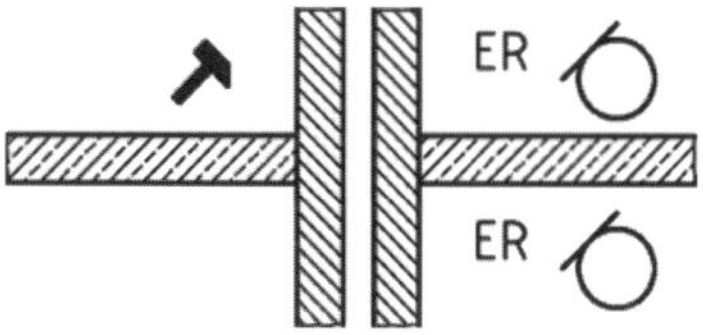 ER ER	über eine zweischalige Haustrennwand mit zwei biegesteifen Schalen und Trennfuge für horizontale und diagonale Situationen	+ 15

[1)] Zur Sicherstellung einer ausreichenden Stoßstellendämmung müssen die Wände zwischen angeregter Decke und Empfangsraum starr angebunden sein und eine flächenbezogene Masse $m' \geq 150$ kg/m² haben.

[2)] Dieser Korrekturwert gilt sinngemäß auch für Bodenplatten.

32.5 Berücksichtigung des Schallpegelspektrums nach DIN EN ISO 717

In DIN EN ISO 717 wird die Bewertung der Luftschall- und Trittschalldämmung in Gebäuden und von Bauteilen vorgenommen. Dabei wird ein Verfahren festgelegt, mit dem die in Abhängigkeit von der Frequenz vorliegenden Werte einer Schalldämmung durch eine Einzahlangabe ausgedrückt werden können, welche die akustischen Eigenschaften kennzeichnet. Dabei bilden die Ergebnisse aus Schallmessungen in Terz- oder Oktavbändern die Grundlage für die Einzahlangabe. Die Bestimmung eines Einzahlwertes für eine Schallmessung ist bereits in Abschnitt 32.3.2 für die Luftschalldämmung und in Abschnitt 32.4.1 für die Trittschalldämmung erläutert worden. Zu dieser Einzahlangabe (z.B. R_w) kann weiterhin ein Spektrum-Anpassungswert addiert werden, um ein bestimmtes Schallpegelspektrum zu berücksichtigen. Dabei sind die Spektrum-Anpassungswerte C und C_{tr} eingeführt worden, um unterschiedliche Geräuschspektren (wie zum Beispiel rosa Rauschen oder Verkehrsgeräusche) zu berücksichtigen. Somit können Schalldämmkurven mit einem sehr niedrigen Wert in einem einzelnen Frequenzband erfasst werden. In Tabelle 32.5-1 sind Spektrum-Anpassungswerte für verschiedene Geräuschquellen angegeben.

Tabelle 32.5-1
Spektrum-Anpassungswerte C bzw. C_{tr} für verschiedene Geräuschquellen

Geräuschquelle	**Entsprechend zu wählender Spektrum-Anpassungswert**
Wohnaktivitäten (Reden, Musik, Radio, TV) Kinderspielen Schienenverkehr mit mittlerer und hoher Geschwindigkeit Autobahnverkehr > 80 km/h	C (Spektrum Nr. 1)
Städtischer Straßenverkehr Schienenverkehr mit geringer Geschwindigkeit Propellerflugzeug Düsenflugzeug mit großem Abstand Discomusik	C_{tr} (Spektrum Nr. 2)

32.5.1 Bestimmung des Spektrum-Anpassungswertes für die Luftschalldämmung

Der zur Bestimmung der Spektrum-Anpassungswerte erforderliche Satz von Schallspektren in Terzbändern ist in Tabelle 32.5.1-1 angegeben. In DIN EN ISO 717-1 finden sich darüber hinaus noch die Schallspektren in Oktavbändern. Die Spektrum-Anpassungswerte (in dB) werden mit den Schallspektren der Terzbänder in Tabelle 32.5.1-1 wie folgt berechnet:

$$C_j = X_{Aj} - X_w \tag{32.5.1-1}$$

mit: j = Index für die Schallspektren 1 und 2 nach Tabelle 32.5.1-1
X_w = Einzahlangabe

$$X_{Aj} = -10 \lg \sum 10^{(L_{ij} - X_i)/10\,\text{dB}} \quad \text{in dB}$$

mit: i = Index für die Terzbänder 100 Hz bis 3150 Hz
L_{ij} = Schallspektrum bei der Frequenz i für das Spektrum j nach Tabelle 32.5.1-1
X_i = Schalldämmmaß R_i oder Bau-Schalldämmmaß R'_i oder Norm-Schallpegeldifferenz $D_{n,i}$

Aus Tabelle 32.5-1 geht hervor, dass das Spektrum der meisten üblichen Innen- und Außengeräuschquellen im Bereich der Spektren 1 und 2 liegen. Somit können die Spektrum-Anpassungswerte C und C_{tr} zur Kennzeichnung der Schalldämmung im Hinblick auf viele Geräuscharten herangezogen werden. Wird Gleichung 32.5.1-1 explizit für den Spektrum-Anpassungswert C angesetzt, gilt:

$$C = X_{A,1} - X_w \tag{32.5.1-2}$$

mit: $X_{A,1}$ = Differenz der A-bewerteten Schallpegel in Sende- und Empfangsraum für rosa Rauschen (Spektrum 1) im Senderaum
X_w = Einzahlangabe

Üblicherweise wird sich aus der Berechnung $C = -1$ ergeben. Liegt allerdings eine Schalldämmkurve mit einem tiefen Einbruch in einem einzelnen Frequenzband vor, kann $C < -1$ werden. Daher ist es zweckmäßig, beim Vergleich mehrerer Konstruktionen R_w und C zu betrachten.

Wird Gleichung 32.5.1-1 für den Spektrum-Anpassungswert C_{tr} angesetzt, gilt:

$$C_{tr} = X_{A,2} - X_w \tag{32.5.1-3}$$

mit: $X_{A,2}$ = Differenz der A-bewerteten Schallpegel im Senderaum (oder im Freien vor der Fassade) und dem Empfangsraum für Straßenverkehrsgeräusche (Spektrum 2)
X_w = Einzahlangabe

Der Wert für C_{tr} wird sich für verschiedene Erzeugnisse des gleichen Aufbaus kaum unterscheiden. Sollen jedoch sehr unterschiedliche Konstruktionen miteinander verglichen werden, sollten R_w und C_{tr} betrachtet werden. Sind die Spektrum-Anpassungswerte bestimmt worden, können sie nach der Einzahlangabe in Klammern und getrennt durch Semikolon angegeben werden (z.B. R_w (C; C_{tr}) = 41 (0; 5)).

Tabelle 32.5.1-1
Schallpegelspektren in Terzbändern zur Berechnung des Spektrum-Anpassungswertes nach DIN EN ISO 717-1

Frequenz in Hz	**Schallpegel L_{ij} in dB**	
	Spektrum 1 zur Berechnung von C	**Spektrum 2 zur Berechnung von C_{tr}**
100	– 29	– 20
125	– 26	– 20
160	– 23	– 18
200	– 21	– 16
250	– 19	– 15
315	– 17	– 14
400	– 15	– 13
500	– 13	– 12
630	– 12	– 11
800	– 11	– 9
1000	– 10	– 8
1250	– 9	– 9
1600	– 9	– 10
2000	– 9	– 11
2500	– 9	– 13
3150	– 9	– 15

32.5.2 Bestimmung des Spektrum-Anpassungswertes für die Trittschalldämmung

Die Bewertung des Trittschallpegels durch $L_{n,w}$ hat sich zur Beschreibung des Trittschallverhaltens von Holz- und Betondecken mit den üblicherweise verwendeten Deckenauflagen wie Teppichen oder schwimmenden Estrichen für eine schallschutztechnische Einstufung als geeignet erwiesen. Allerdings werden dabei Schallpegelspitzen bei einzelnen (tiefen) Frequenzen (wie sie zum Beispiel bei Holzbalken- oder Betonrohdecken auftreten können) nur ungenügend berücksichtigt.

Aus diesem Grund wird ein Anpassungswert C_I eingeführt, der als getrennte Zahl neben dem Wert für $L_{n,w}$ angegeben wird (und nicht mit diesem verwechselt werden darf). Der Anpassungswert ist dabei so festgelegt worden, dass er für massive Decken mit wirkungsvollen Deckenauflagen etwa 0 dB beträgt. Für Holzbalkendecken mit vorwiegend tief frequenten Spitzen nimmt er Werte > 0 dB an. Dagegen liegt der Wert für Betondecken ohne oder mit nur wenig wirkungsvoller Deckenauflage im Bereich von – 15 bis 0 dB.

Die Berechnung des Spektrum-Anpassungswertes C_I erfolgt nach Gleichung 32.5.2-1:

$$C_I = L_{n,sum} - 15 \text{ dB} - L_{n,w} \tag{32.5.2-1}$$

mit: $L_{n,sum}$ – energetische Addition einer Messung von L_n in Terzbändern im Frequenzbereich 100 Hz bis 2500 Hz (oder im Oktavbereich zwischen 125 Hz bis 2000 Hz)

$$L_{sum} = -10 \lg \sum 10^{L_i/10 \text{ dB}} \text{ in dB} \tag{32.5.2-2}$$

mit: i = Index für die Terzbänder 100 Hz bis 250 Hz
L_i = Schallpegel bei der Frequenz i
$L_{wn,w}$ = Einzahlangabe

Beispiel: Bestimmung der Spektrum-Anpassungswerte für eine Trittschallmessung

Gegeben sind zunächst die Bezugskurve und eine Messkurve (Tabelle 32.5.2-1). In diesem Beispiel sei $A/A_0 = 1$. Anschließend ist in dem Beispiel die Bezugskurve zur Messkurve um 4 dB nach oben verschoben worden. Danach wurde die Differenz zwischen der verschobenen Bezugskurve und der Messkurve gebildet.

Zur Ermittlung des bewerteten Norm-Trittschallpegels $L'_{n,w}$ wird der Mittelwert aus der Summe der Überschreitungen der Messkurve zur verschobenen Bezugskurve gebildet. Dieser muss kleiner als 2 dB sein:

Σ Differenz = 0,5 + 2,7 + 3 + 4,1 + 4,5 + 5,1 + 4,5 + 2,9 + 0,7 + 2 = 30 dB

Diese Differenz von 30 dB wird nun durch die Anzahl der Frequenzen (= 16) geteilt:

Mittelwert der Überschreitungen = 30 : 16 = 1,88 < 2,0 ✓

Tabelle 32.5.2-1
Bezugs-, Mess- und verschobene Bezugskurve

Frequenzen	Bezugskurve	Messkurve	10lg(A/A_0)	Norm-Trittschallpegel L_n	verschobene Bezugskurve	Differenz
100	62	59,1	0,00	59,10	66	-6,90
125	62	59,5	0,00	59,50	66	-6,50
160	62	61,6	0,00	61,60	66	-4,40
200	62	63,2	0,00	63,20	66	-2,80
250	62	65,3	0,00	65,30	66	-0,70
315	62	66,5	0,00	66,50	66	0,50
400	61	67,7	0,00	67,70	65	2,70
500	60	67	0,00	67,00	64	3,00
630	59	67,1	0,00	67,10	63	4,10
800	58	66,5	0,00	66,50	62	4,50
1000	57	66,1	0,00	66,10	61	5,10
1250	54	62,5	0,00	62,50	58	4,50
1600	51	57,9	0,00	57,90	55	2,90
2000	48	52,7	0,00	52,70	52	0,70
2500	45	47	0,00	47,00	49	-2,00
3150	42	48	0,00	48,00	46	2,00

Aus Tabelle 32.5.2-1 kann bei 500 Hz an der verschobenen Bezugskurve der bewertete Norm-Trittschallpegel $L'_{n,w}$ abgelesen werden:

$$L'_{n,w} = 64 \text{ dB}$$

Die energetische Addition der Norm-Trittschallpegel L_n der einzelnen Frequenzbänder ergibt nach Gleichung 32.5.2-2:

$$L_{n,sum} = 76,1 \text{ dB}$$

Damit lässt sich der Spektrum-Anpassungswert C_I nach Gleichung 32.5.2-1 berechnen:

$$C_I = 76,1 \text{ dB} - 15 \text{ dB} - 64 \text{ dB}$$
$$C_I = -3 \text{ dB}$$

33 Anforderungen an den Schallschutz gegen Außenlärm

Der Schutz gegen Außenlärm unterscheidet sich vom üblichen Schallschutz in Gebäuden dadurch, dass es sich hierbei nicht um mehr oder minder unvermeidbaren, mit der Nutzung der Aufenthaltsräume einhergehenden Schallpegeln handelt, sondern um Lärm aus Industrie und Gewerbe sowie den verschiedenen Verkehrswegen. Ziel des Lärmschutzes ist der Schutz des Menschen in Aufenthaltsräumen vor Außenlärm (z.B. infolge Straßen-, Schienen-, Wasser- und Flugverkehr). Dabei sollen Bauteile wie Außenwände, Dächer, Fenster und Türen in den Aufenthaltsräumen zumutbare Schallpegel von etwa $L_i \leq 25 ... 30$ dB(A) gewährleisten. Sie sind unabhängig davon, welcher Schallpegel vor dem Gebäude auftritt.

Für die Beurteilung und Klassifizierung des vor dem Gebäude auftretenden bzw. zu erwartenden Außenlärms sind die „maßgeblichen Außenlärmpegel“ mit den zugehörigen Lärmpegelbereichen (vgl. Tabelle 33-1) zu verwenden, aus denen sich dann die jeweils erforderliche Luftschalldämmung der Außenbauteile ergibt.

Tabelle 33-1
Außenlärmpegel und Lärmpegelbereiche (LPB)

LPB	**I**	**II**	**III**	**IV**	**V**	**VI**	**VII**
maßg. L_a in dB(A)	≤ 55	56...60	61...65	66...70	71...75	76...80	> 80 [1)]

[1)] Für maßgeblichen Außenlärmpegel von $L_a > 80$ dB sind die Anforderungen aufgrund der örtlichen Gegebenheiten festzulegen.

Zur Bestimmung des maßgeblichen Außenlärmpegels werden die Lärmbelastungen in der Regel berechnet und in Lärmkarten dargestellt (siehe Abbildung 33-1). Sie können aber teilweise aber auch aus gesetzlichen Vorschriften oder Verwaltungsvorschriften, Bebauungsplänen oder Lärmkarten entnommen werden.

Liegen keine Festlegungen vor, kann der Lärmpegel auch mit Hilfe eines Nomogramms nach DIN 18 005-1 ermittelt werden (Abbildung 33-2), in dem die maßgebenden Einflussgrößen berücksichtigt sind (Verkehrsbelastung in Kfz/Tag, Entfernung des Gebäudes von der Straßenmitte, Art der Straße, Art der Bebauung, Neigung der Straße, Entfernung von lichtsignalgeregelter Kreuzung). Zu dem im Nomogramm abgelesenen Wert sind zur Bildung des maßgeblichen Außenlärmpegels 3 dB(A) zu addieren.

Alternativ zur Ermittlung mittels Nomogramm können die Pegel aber auch ortspezifisch berechnet oder gemessen werden. Bei Berechnungen sind die Beurteilungspegel für den Tag (6:00 Uhr bis 22:00 Uhr) bzw. für die Nacht (22:00 Uhr bis 6:00 Uhr) nach der 16. BImSchV zu bestimmen, wobei zur Bildung des maßgeblichen Außenlärmpegels zu den errechneten Werten jeweils 3 dB(A) zu addieren sind.

Für die Bemessung der Außenbauteile zum Schutz gegen Außenlärm ergibt sich der maßgebliche Außenlärmpegel für den Tag aus dem zugehörigen Beurteilungspegel im Zeitraum von 6:00 Uhr bis 22:00 Uhr und für die Nacht aus dem zugehörigen Beurteilungspegel im Zeitraum von 22:00 Uhr bis 6:00 Uhr. Für den Nachtzeitraum ist für Räume, die überwiegend zum Schlafen genutzt werden können weiterhin ein Zuschlag zur Berücksichtigung der erhöhten nächtlichen Störwirkung (größeres Schutzbedürfnis in der Nacht) anzusetzen. Maßgeblich ist die Lärmbelastung derjenigen Tageszeit, aus der sich die höhere Anforderung ergibt. Dabei ist zu prüfen, ob die Differenz der Beurteilungspegel zwischen Tag minus Nacht weniger als 10 dB(A) beträgt. Ist dies der Fall, ergibt sich der für die schallschutztechnische Bemessung anzusetzende maßgebliche Außenlärmpegel aus dem um 3 dB(A) erhöhten Beurteilungspegel für die Nacht zuzüglich eines weiteren Zuschlags von 10 dB(A).

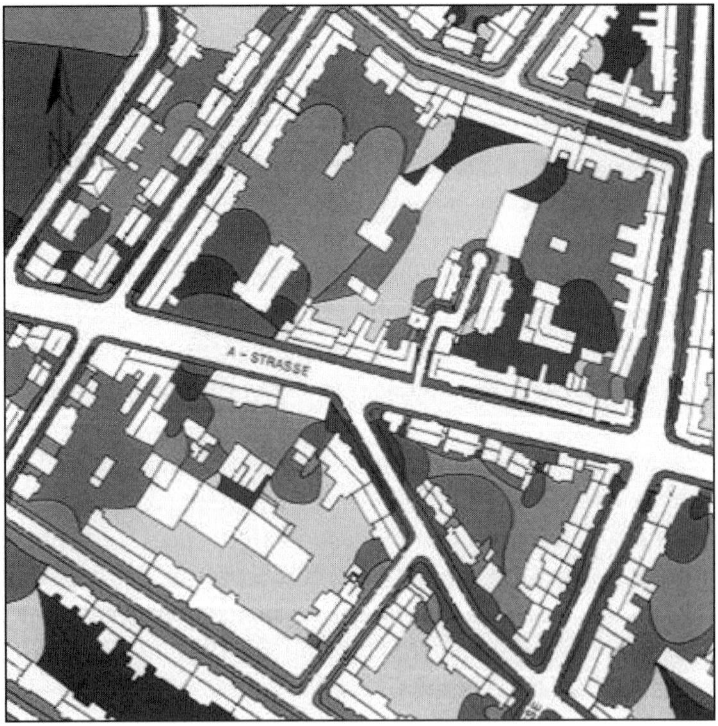

Abb. 33-1
Lärmkarte nach DIN 18 005-2. Die verschiedenen Grautöne geben den Beurteilungspegel in dB(A) an, beginnend mit ≤ 50 dB(A) für die hellgrauen bis zu > 80 dB(A) für die dunkelgrauen Flächen.

Der maßgebliche Außenlärmpegel darf für die von der maßgeblichen Lärmquelle (z.B. Straßenseite) abgewandten Gebäudeseiten bei offener Bebauung um 5 dB(A), bei geschlossener Bebauung (z.B. Reihenhäuser) oder Innenhöfen um 10 dB (A) gemindert werden.

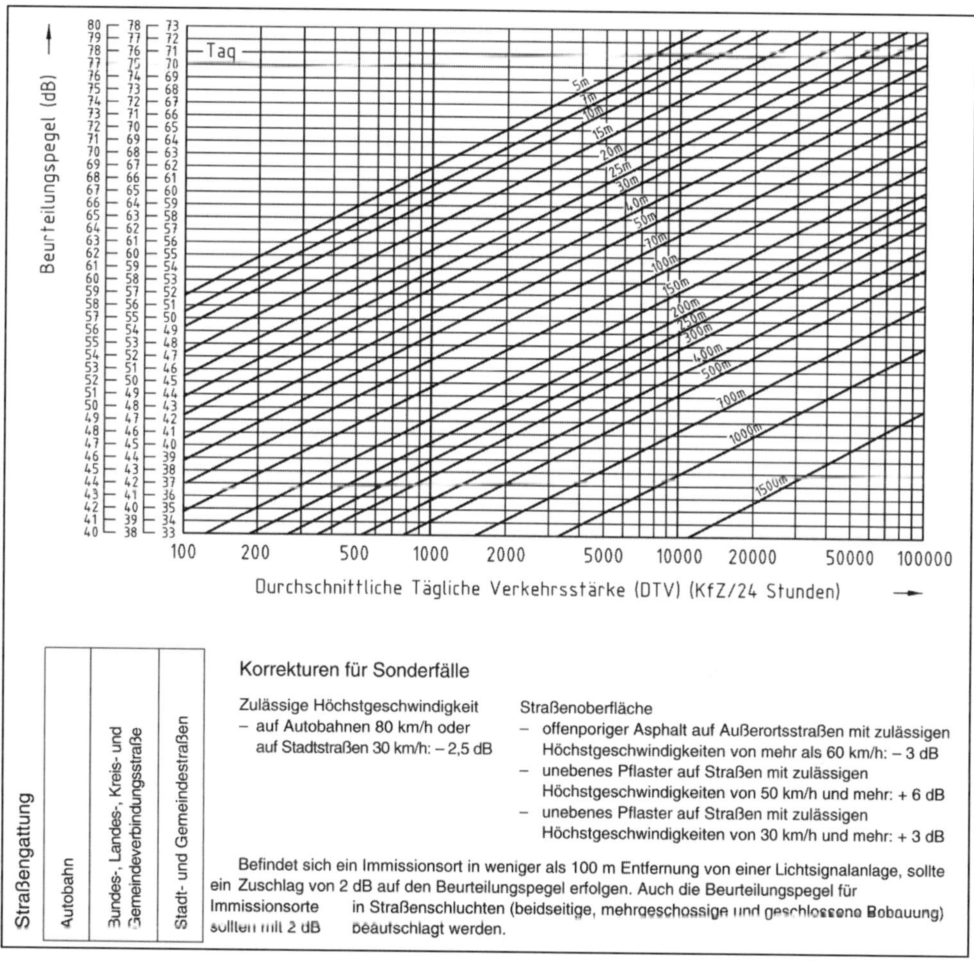

Abb. 33-2
Nomogramm nach DIN 18 055-1 zur Ermittlung des „maßgeblichen Außenlärmpegels“ infolge Straßenverkehr. Zu dem abgelesenen Wert sind für die Bildung des „maßgeblichen Außenlärmpegels“ 3 dB(A) hinzu zu addieren.

Zur Beschreibung der Intensität des Verkehrslärms im Straßenverkehr wird der Mittelungspegel definiert:

$$L_m = L_0 + 10 \cdot \lg n - 10 \cdot \lg \frac{a}{a_0} - K_A - K'_A \qquad \text{in dB(A)} \qquad (33\text{-}1)$$

L_0 = Mittelungspegel eines Fahrzeuges je Stunde in 25 m Entfernung von der Straße in dB(A)

n = Verkehrsstärke; Anzahl der Fahrzeuge je Stunde in beiden Fahrtrichtungen in Kfz/h

a = Entfernung des Immissionsortes von der Straße in m

a_0 = Referenzentfernung; 25 m

K_A = Abschirmmaß von Hindernissen (z.B. dünnen Lärmschutzwänden) zwischen der Straße und dem Immissionsort in dB(A); kann in Abhängigkeit vom Verhältnis der effektiven Höhe h_{eff} der Wand zur Schallwellenlänge λ für beliebige Schallbeugungswinkel anhand des Diagramms nach Redfearn (Abb. 33-3) ermittelt werden

K'_A = Abschirmmaß des Gebäudes am Immissionsort, bedingt durch die Orientierung des Gebäudes zur Straße, in der Praxis 15 bis 20 dB(A)

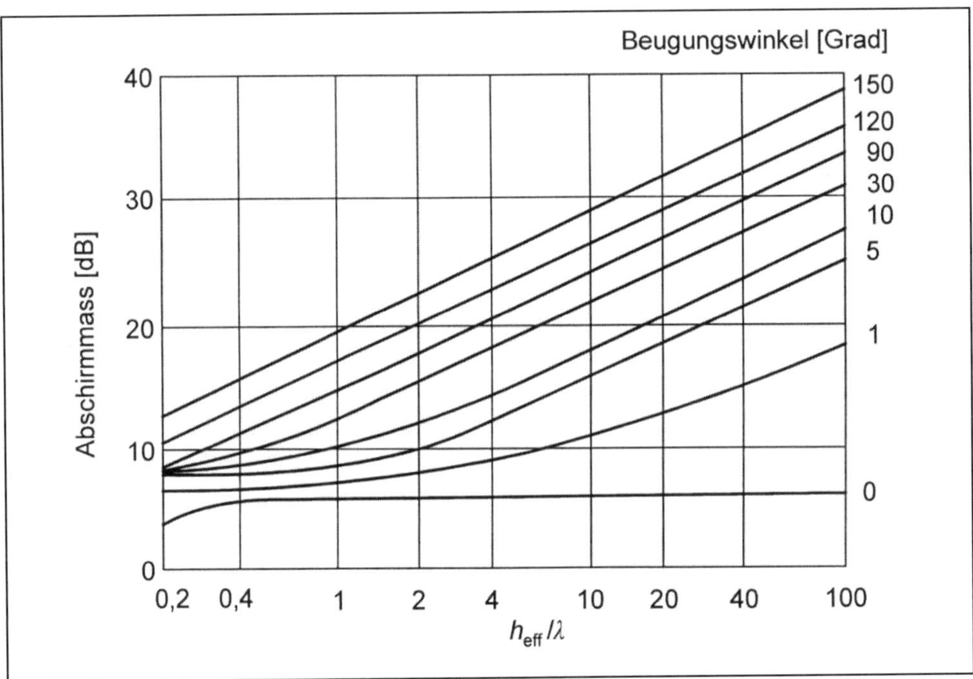

Abb. 33-3

Diagramm von Redfearn zur Bestimmung des Abschirmmaßes von leichten Lärmschutzwänden; die Anwendung wird durch das nachfolgende Beispiel erläutert.

In vielen Fällen kann die Schallimmission durch Abschirmung verringert werden. Wird neben einer Schallquelle ein schallundurchlässiges Hindernis aufgestellt (z.B. Lärmschutzwand oder Wall) bildet sich ein Schallschatten, in den nur um die Kanten des Hindernisses gebeugter Schall gelangt. Aus diesem Grund wird hinter dem Hindernis eine Pegelminderung ΔL_z in dB eintreten, die mit dem Schirmwert z des Hindernisses bestimmt werden kann:

$$z = A + B - C \tag{33-2}$$

mit: A, B und C = geometrische Größen nach Abbildung 33-5 in m

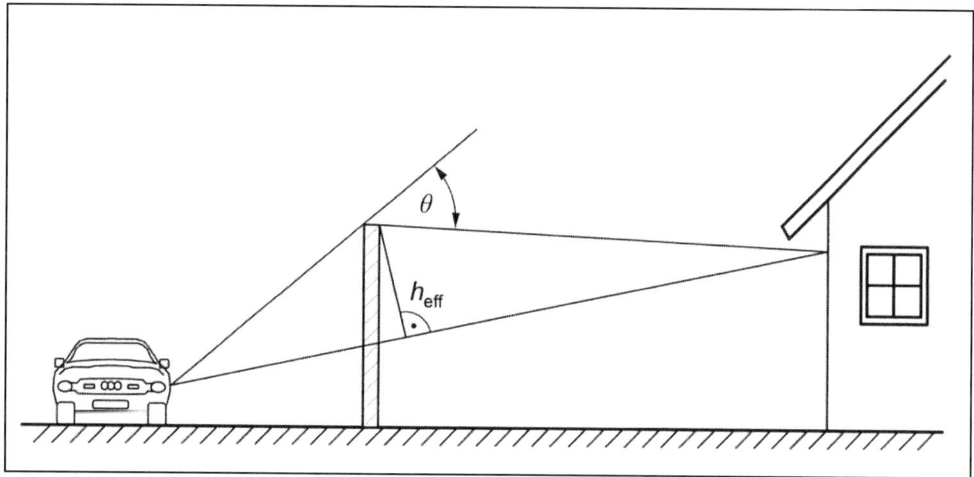

Abb. 33-4
Darstellung einer Straßenverkehrslärmsituation mit Schallschutzwand zur Ermittlung der Daten für das Diagramm von Redfearn (siehe Abb. 33-3).

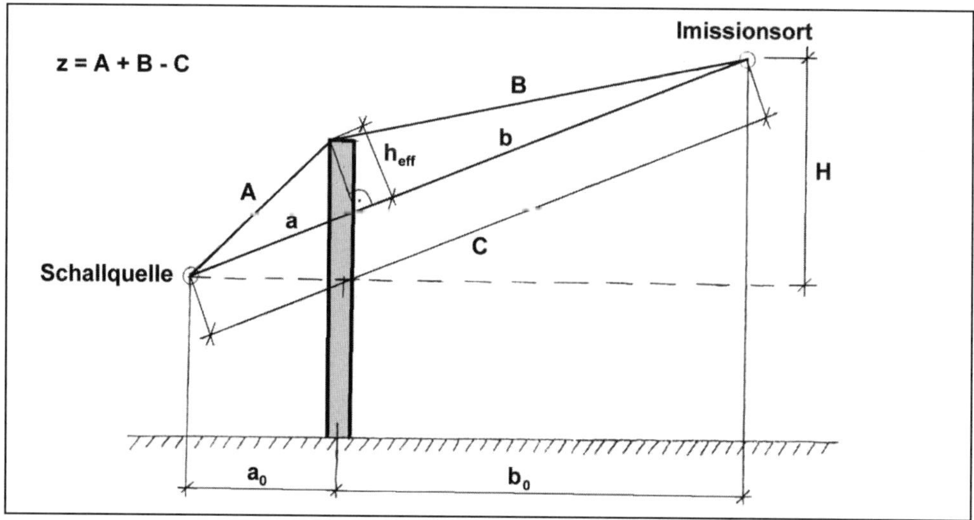

Abb. 33-5
Ermittlung des Schirmwertes z zur Bestimmung der Pegelminderung ΔL_z in dB hinter der Schallschutzwand

Wenn $a > h_{\text{eff}}$ und $b > h_{\text{eff}}$ kann der Schirmwert z näherungsweise wie folgt bestimmt werden:

$$z \approx \frac{h_{\text{eff}}^2}{2} \cdot \left(\frac{1}{a} + \frac{1}{b}\right) \quad \text{in m}^2 \qquad (33\text{-}3)$$

mit: h_{eff} = effektive Höhe des Schallschirmes in m

Für eine punktförmige Schallquelle (z.B. ein Pkw) bestimmt sich die Pegelminderung hinter einem Hindernis für Straßenverkehrsgeräusche aus:

$$\Delta L_z = 10 \cdot \lg(1 + 80 \cdot z \cdot K_W) \qquad (33\text{-}4)$$

mit: z = Schirmwert in m
K_W = Korrektur zur Berücksichtigung von Wettereinflüssen

$$K_W = e^{-\left(\frac{a \cdot b}{h_{\text{eff}} \cdot 5700\text{ m}}\right)} \quad \text{in [-]} \qquad (33\text{-}5)$$

Durch Schallschutzwände oder -wälle oder der Führung von Verkehrswegen in Troglagen ist es möglich, gegenüber einer freien Sichtverbindung Minderungen des Beurteilungspegels um bis 15 dB zu erreichen. Dies gilt aber nur für Immissionsorte, bei der die Schutzwand oder der Schutzwall die Sichtverbindung zur Schallquelle deutlich überragt (in Abbildung 33-4: $h_{\text{eff}} > 0$).

Beispiel: Pegelminderung durch Lärmschutzwand

Zur Reduzierung der Verkehrslärmbelastung eines Wohngebietes wird neben einer Umgehungsstraße eine Lärmschutzwand angeordnet.

Die Entfernung der Straßenmitte (bzw. der Schallquelle) zur Schallschutzwand beträgt 10 m und von der Schallschutzwand zu den Häusern des Wohngebietes 15 m. Die effektive Höhe des Schallschirmes beträgt 2,5 m. Aus Gleichung 33-3 wird der Schirmwert z bestimmt:

$$z \approx \frac{2{,}5^2}{2} \cdot \left(\frac{1}{10} + \frac{1}{15}\right) = 0{,}52\text{ m}$$

Der Korrekturwert zur Berücksichtigung der Wettereinflüsse beträgt nach Gleichung 33-5:

$$K_W = e^{-\left(\frac{10 \cdot 15}{2,5 \cdot 5\,700\ m}\right)} = 1,01$$

Damit folgt die Pegelminderung für die Straßenverkehrsgeräusche infolge der Schallschutzwand nach Gleichung 33-4 zu:

$$\Delta L_z = 10 \cdot \lg (1 + 80 \cdot 0,52 \cdot 1,91\ ) = 16,2\ dB = 16\ dB$$

33.1 Anforderungen an die Luftschalldämmung von Außenbauteilen

In DIN 4109-1 sind die erforderlichen Schalldämmmaße $R'_{w,ges}$ der Außenbauteile (Wand, Dach, Fenster, Einbauteile) in Abhängigkeit vom vorliegenden maßgeblichen Außenlärmpegel für die folgenden Raumnutzungen bzw. Raumarten:

- Bettenräume in Krankenanstalten und Sanatorien,
- Aufenthaltsräume in Wohnungen, Übernachtungsräume in Beherbergungsstätten, Unterrichtsräume u.Ä.,
- Büroräume u.Ä.

festgelegt. Die Anforderung an das gesamte bewertete Bau-Schalldämmmaß $R'_{w,ges}$ des Außenbauteils eines schutzbedürftigen Raumes ergibt sich aus:

$$R'_{w,ges} = L_a - K_{Raumart} \text{ in dB} \tag{33.1-1}$$

mit: L_a = maßgeblicher Außenlärmpegel

$K_{Raumart}$ = 25 dB für Bettenräume in Krankenanstalten und Sanatorien

$K_{Raumart}$ = 30 dB für Aufenthaltsräume in Wohnungen, Übernachtungsräume in Beherbergungsstätten, Unterrichtsräume u.Ä.

$K_{Raumart}$ = 35 dB für Büroräume u.Ä.

Dabei muss mindestens eingehalten werden:

$R'_{w,ges} \geq 35$ dB für Bettenräume in Krankenanstalten und Sanatorien

$R'_{w,ges} \geq 30$ dB für Aufenthaltsräume in Wohnungen, Übernachtungsräume in Beherbergungsstätten, Unterrichtsräume u.Ä.

Aus Gleichung 33.1-1 geht hervor, dass die Höhe der Anforderung an die Luftschalldämmung einer Fassaden von dem maßgeblichen Außenlärmpegel L_a abhängt. Bei Eckräumen oder Räumen an Stirnseiten von Gebäuden sind unterschiedliche orientierte Außenflächen vorhanden. Diese können dem gleichen oder auch unterschiedlichen maßgeblichen Außenlärmpegeln ausgesetzt sein. Dabei werden grundsätzlich alle unterschiedlich orientierten Fassadenflächen bei der Berechnung von $R'_{w,res}$ und von S_s berücksichtigt.

Sind dabei die unterschiedlich orientierten Fassadenflächen auch unterschiedlichen maßgeblichen Außenlärmpegeln ausgesetzt, dann wird für jeden maßgeblichen Außenlärmpegel, der von dem maximal vorliegenden maßgeblichen Außenlärmpegel abweicht, ein Korrekturwert K_{LPB} berechnet und auf alle Schalldämmmaße R_w der diesem maßgeblichen Außenlärmpegel zugeordneten Fassadenteile addiert. Der Korrekturwert K_{LPB} berechnet sich aus der Differenz des höchsten an der Gesamtfassade des betrachteten Empfangsraumes vorhandenen maßgeblichen Außenlärmpegels und des auf die jeweils betrachtete Fassadenfläche einwirkenden geringeren maßgeblichen Außenlärmpegels. Die geringere Außenlärmbelastung der jeweiligen Fassade wird demnach über einer Verbesserung des Schalldämmmaßes der Fassade berücksichtigt.

Bei zusammengesetzten Bauteilen, z.B. Außenwand + Fenster + Einbauteile (z.B. Aufsatzrolladenkasten oder Außenwandluftdurchlass), gelten die Anforderungen für das gesamte bewertete Bau-Schalldämmmaß erf. $R'_{w,ges}$. Dabei ist das nach Gleichung 33.1-1 ermittelte gesamte Bau-Schalldämmmaß in Abhängigkeit vom Verhältnis der gesamten Wand- und Fensterfläche des betrachteten Raumes S_S und der Grundfläche S_G zu korrigieren. Mit dieser Korrektur soll die im Verhältnis zum Raumvolumen unterschiedliche immitierte Schallenergie berücksichtigt werden.

Bei dem Nachweis zum Schutz gegen Außenlärm handelt es sich um eine rechnerische Prognose der Luftschalldämmung des Außenbauteils (der Fassade) zu einem schutzbedürftigen Raum eines Gebäudes. Diese Prognosen sind stets mit gewissen Unsicherheiten behaftet. Die Erfassung dieser Unsicherheiten können nach DIN 4109-2 in einem vereinfachten Ansatz ohne weitere Berechnung mit einem pauschalen Zu- oder Abschlag berücksichtigt werden. Zur Erfüllung der

Anforderungen an den Schallschutz gegen Außenlärm von Fassaden (Außenwände inkl. Fenster und weiterer Einbauteile, Dächer) gilt danach:

$$\text{vorh. } R`_{w,ges} = R`_{w,ges} - 2 \text{ dB} \geq \text{erf. } R'_{w,ges} + K_{AL} \quad \text{in dB} \qquad (33.1\text{-}2)$$

Der Korrekturwert K_{AL} kann in Abhängigkeit des Verhältnisses gesamten Wand- und Fensterfläche des betrachteten Raumes S_S (raumseitige Fläche) und der Grundfläche S_G nach Gleichung 33.1-3 korrigiert werden:

$$K_{AL} = 10 \lg\left(\frac{S_S}{0{,}8 \cdot S_G}\right) \quad \text{in [-]} \qquad (33.1\text{-}3)$$

mit: S_S = vom Raum aus gesehene gesamte Fassadenfläche in m²
S_G = Grundfläche des Raumes in m²

Bei Räumen die mehrere Außenwandflächen besitzen (z. B. Eckräume mit zwei Außenwänden, Dachwohnungen mit Außenwand und Dachfläche) ergibt sich S_S aus der vom Raum aus gesehenen gesamten Außenfläche (d. h. die Summe der gesamten abgewickelten Flächen, die den Raum nach außen begrenzen).

Wenn für die Schallübertragung des Außenlärms in das Gebäudeinnere auch die die Fassade flankierenden Bauteile (d.h. von innen an die Fassade anschließende Innenwände, Boden und Decke) berücksichtigt werden müssen, dann ergibt sich das bewertete Schalldämmmaß $R'_{w,ges}$ aus den auf die übertragende Fläche bezogenen Schalldämmmaßen $R_{e,i,w}$ der an der Direktschallübertragung beteiligten Bauteile (Wand, Fenster, Dach, Rollladenkasten, Lüftungselement, etc.) und deren Flankenschalldämmmaßen $R_{ij,w}$ für die Wege Ff, Fd und Df:

$$R'_{w,ges} = -10 \lg\left[\sum_{i=1}^{m} 10^{-0{,}1 R_{e,i,w}} + \sum_{F=f=1}^{n} 10^{-0{,}1 R_{Ff,w}} + \sum_{f=1}^{n} 10^{-0{,}1 R_{Df,w}} + \sum_{F=1}^{n} 10^{-0{,}1 R_{Fdw}}\right] \quad \text{in dB} \qquad (33.1\text{-}4)$$

mit: $R_{e,i,w}$ = auf die Fassadenfläche bezogenes Schalldämmmaß der einzelnen Bauteile (z.B. Wand, Fenster) und Elemente (z.B. Rollladenkästen, Lüftungselemente) in der Fassade in dB

$R_{ij,w}$ = bewertetes Flankenschalldämmmaß für die Flankenwege Ff, Fd und Df in dB

m = Anzahl der Bauteile und Elemente in der Fassade

n = Anzahl der flankierenden Bauteile.

Werden Außenbauteile in Holz-, Leicht- und Trockenbauweise errichtet oder handelt es sich um Metall-Glas-Fassaden, ist der Einfluss einer flankierenden Übertragung in den Innenraum nicht zu berücksichtigen. Für massive, biegesteife Fassaden (z.B. aus Beton oder Mauerwerk), die mit anderen massiven Bauteilen des Empfangsraumes (z.B. Stahlbetondecken oder massive Trennwände) biegesteif verbunden sind, kann die Flankenübertragung zur gesamten Schallübertragung beitragen. In der Berechnung des gesamten Schalldämmmaßes der Fassaden ist diese Flankenübertragung zu berücksichtigen, wenn zur Erfüllung der Anforderungen das Schalldämmmaß $R_{i,w}$ des massiven Außenbauteils mehr als $R_w \geq 50$ dB und das gesamte bewertete Schalldämmmaß $R'_{w,ges} > 40$ dB betragen soll.

Die bewerteten Flankendämmmaße $R_{ij,w}$ in Gleichung 33.1-4 sind dabei nach Gleichung 32.3.3.15 zu ermitteln. Als Fläche S_S ist die Gesamtfläche der von innen betrachteten Fassade anzusetzen. Vorsatzschalen, die im direkten Übertragungsweg liegen (z.B. außen aufgebrachte Wärmedämmverbund-Systeme) müssen in der Berechnung berücksichtigt werden. Dagegen sind an die Außenwand anschließende Innenbauteile in Leichtbauweise (z.B. Trockenbauwände) sowie raumseitig mit akustisch verbessernd wirkenden Vorsatzkonstruktionen versehene Massivbauteile (z.B. Decken mit schwimmendem Estrich), sind bei der Berechnung nicht zu berücksichtigen. Für den Fall, dass die Anforderung an das gesamte Schalldämmmaß erf. $R'_{w,ges} \leq 40$ dB ist, kann auf eine Berücksichtigung der flankierenden Bauteile verzichtet werden. In diesem Fall vereinfacht sich Gleichung 33.1-4 wie folgt:

$$R'_{w,ges} = -10 \lg \left[\sum_{i=1}^{m} 10^{-0{,}1 R_{e,i,w}} \right] \quad \text{in dB} \qquad (33.1\text{-}5)$$

mit: $R_{e,i,w}$ = auf die Fassadenfläche bezogenes Schalldämmmaß der einzelnen Bauteile (z.B. Wand, Fenster) und Elemente (z.B. Rollladenkästen, Lüftungselemente) in der Fassade in dB

Bei der Berechnung des gesamten Schalldämmmaßes einer Fassade werden für Bauteile wie Wand, Dach und Fenster das bewertete Schalldämmmaß R_w und von Elementen wie Rollladenkästen und Lüftungselementen die bewertete Norm-Schallpegeldifferenz $D_{n,e,w}$ angesetzt. Die sich ergebende gesamte Schallübertragung über die Fassade wird durch die Schallübertragung von jedem einzelnen Bauteil und Element bestimmt.

Die für die Berechnung des gesamten Schalldämmmaßes einer Fassade benötigten Schalldämmmaße der Bauteile $R_{e,i,w}$ und die Norm-Schallpegeldifferenz der Elemente $D_{n,e,w}$ werden wie folgt bestimmt:

$$R_{e,i,w} = R_i + 10\lg\left(\frac{S_S}{S_i}\right) \quad \text{in dB} \qquad (33.1\text{-}6)$$

mit: $R_{e,i,w}$ = bewertetes und auf die übertragende Gesamtfläche S_S bezogenes Schalldämmmaß des Bauteiles i in dB
$R_{i,w}$ = bewertetes Schalldämmmaß des Bauteiles i in dB
S_i = Fläche des Bauteils i in m²
S_s = vom Raum aus gesehene Fassadenfläche (d. h. die Summe der Teilflächen aller Bauteile und Elemente) in m²

Für Rollladenkästen und Lüftungseinrichtungen wird die Schallübertragung in der Regel durch eine Norm-Schallpegeldifferenz $D_{n,e,w}$ beschrieben:

$$R_{e,i,w} = D_{n,e,w} + 10\lg\left(\frac{S_S}{A_0}\right) \quad \text{in dB} \qquad (33.1\text{-}7)$$

mit: $R_{e,i,w}$ = bewertetes und auf die übertragende Gesamtfläche S_S bezogenes Schalldämmmaß des Bauteiles i in dB
$D_{n,i,w}$ = bewertete Norm-Flankenpegeldifferenz des Elementes i in dB
S_i = Fläche des Bauteils i in m²
A_0 = 10 m² = Bezugsabsorptionsfläche in m²

33.2 Schallschutz gegen Fluglärm

Hinsichtlich des Schutzes gegen Lärm infolge von Luftverkehr gelten für Flughäfen die im „Gesetz zum Schutz gegen Fluglärm“ festgesetzten Schutzzonen.

Karten dieser Zonen werden in der Regel in den jeweiligen Gesetzblättern der einzelnen Bundesländer veröffentlicht. Das Gesetz sowie weitere Verordnungen sollen den Schutz in der Umgebung von Verkehrsflughäfen sowie von militärischen Flugplätzen regeln. Der Lärmschutzbereich wird anhand des äquivalenten Dauerschallpegels L_{eq} in zwei Schutzzonen unterteilt:

- Schutzzone 1 ($L_{eq} \geq 75$ dB(A)): Wohnungen üblicher Nutzung dürfen nicht errichtet werden; für Außenbauteile von Aufenthaltsräumen $R'_w \geq 50$ dB
- Schutzzone 2 ($L_{eq} \geq 67$ bis 75 dB(A)): $R'_w \geq 45$ dB.

Über die Schutzzonen nach dem Fluglärmschutzgesetz hinaus existieren in einigen Bundesländern weitere Fluglärmzonen, in denen in Abhängigkeit von L_{eq} bewertete Schalldämmmaße R'_w zwischen 35 dB und 50 dB gefordert werden.

34 Schutz vor Körperschall aus haustechnischen Anlagen

Bei der Nutzung von haustechnischen Anlagen entsteht Schall, welcher sich nur unter großem rechnerischem Aufwand nachweisen lässt. Aus diesem Grund wird meist auf bewährte Konstruktionen und Konstruktionsprinzipien zurückgegriffen. Bereits durch eine sinnvolle Grundrissgestaltung lässt sich das Störungspotential haustechnischer Anlagen erheblich verringern. Dabei wird durch möglichst viele Verzweigungspunkte auf dem Weg des (Körper-) Schalls vom Anregungsort zum Immissionsort eine Teilung der Schwingungsenergie erreicht. Daraus resultiert eine geringere Luftschallabstrahlung.

In Abbildung 34-1 sind ungeeignete Lösungen der Grundrissgestaltung aufgezeigt. Die flächenbezogene Masse von 220 kg/m² ist der minimale zulässige Wert von Massivwänden, in oder an denen Installationen befestigt sind. Dabei darf dieser Wert auch im schwächsten Wandquerschnitt (Schlitze und Aussparungen der Installationen) nicht unterschritten werden.

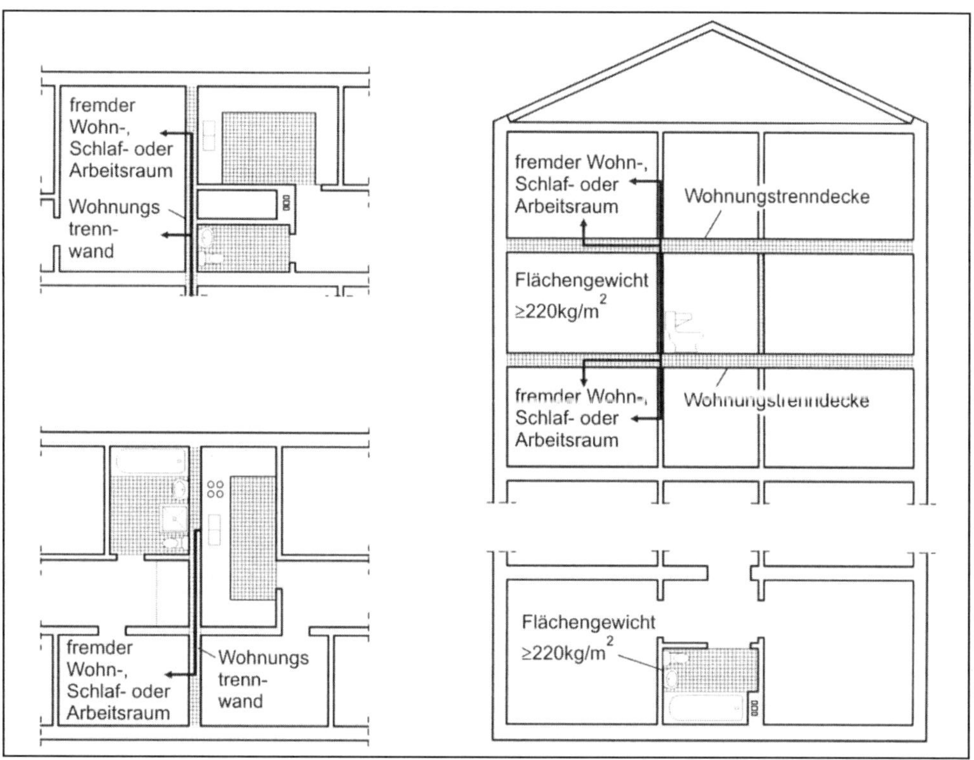

Abb. 34-1
Beispiele für bauakustisch ungünstige Grundrisslösungen nach VDI 4100

Ungünstig an den gezeigten Grundrisslösungen der Abbildung 34-1 sind insbesondere, dass die Armaturen und Rohrleitungen an Wohnungstrennwänden bzw. Trennwänden den entstehenden Körperschall zu darunter- und darüberliegenden Wohnungen transportieren können. Heutzutage werden diese Situationen meist durch körperschallgedämmte Vorwandinstallationen oder separate Installationsschächte vermieden.

Abbildung 34-2 zeigt die bauakustisch günstige Anordnung von Installationen. In diesen Fällen ist nur eine unmittelbare Schallübertragung zu gleichartigen Räumen benachbarter Wohnungen möglich. Zu Räumen mit einem höheren Schutzbedürfnis (z.B. Wohn-, Schlaf- oder Arbeitsräume) erfolgt nur eine geringe Schallübertragung, da sich die Schallenergie durch häufige Verzweigungen auf dem Übertragungsweg deutlich abschwächt.

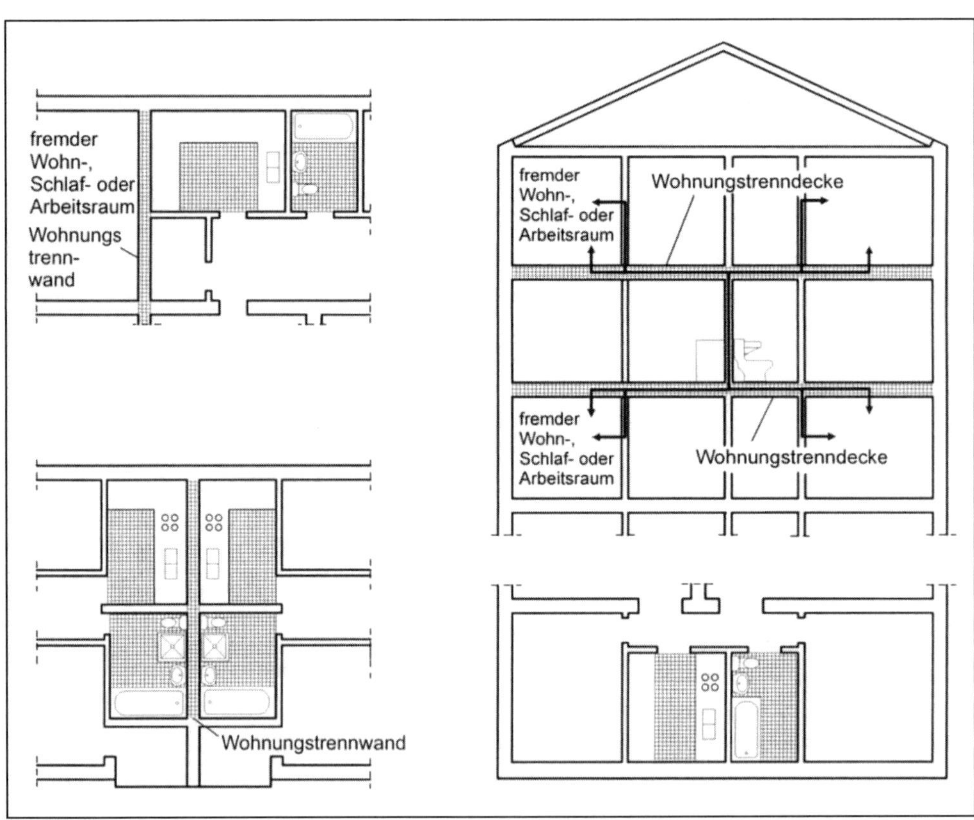

Abb. 34-2
Beispiele für bauakustisch günstige Grundrisslösungen nach VDI 4100

Die Entstehung von Körperschall in haustechnischen Anlagen und Installationen hat prinzipiell drei Ursachen (siehe Abbildung 34-3):

- Schließgeräusche beim Öffnen und Schließen von Ventilen infolge von impulsartigen Druckwechseln
- Aufprall von Wasser auf harte Oberflächen (dazu zählt auch das so genannte „Spureinlaufgeräusch" bei Toiletten)
- Richtungsänderungen und Verengungen im Leitungsverlauf.

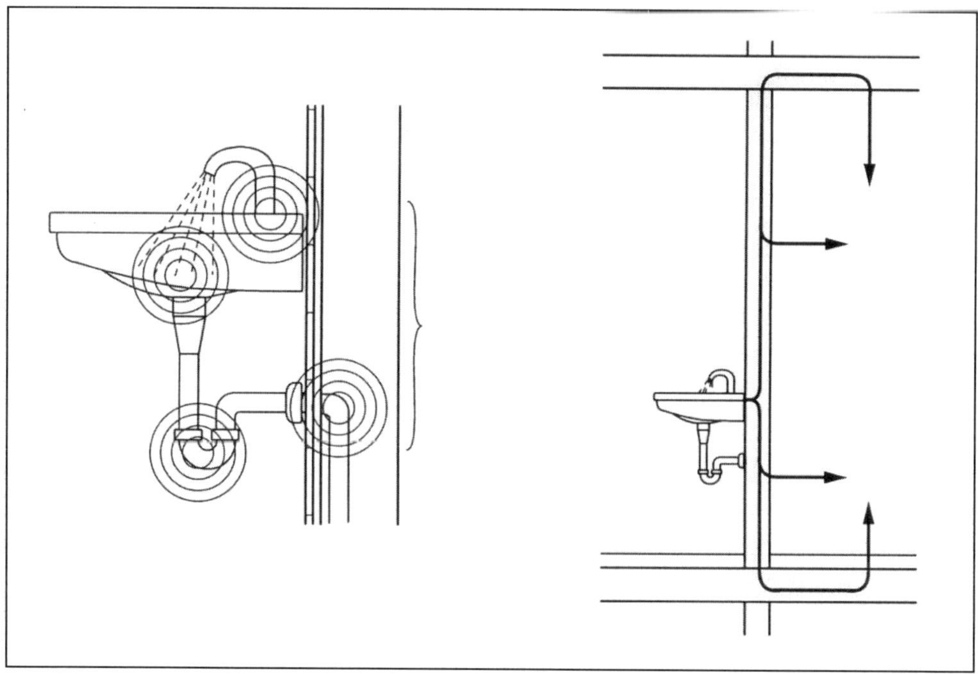

Abb. 34-3
Entstehung von Körperschall an Armaturen und Rohrleitungen (links) sowie Weiterleitung und Verzweigung bei starrer Montage an einer Wand (rechts)

34.1 Schalldruckpegel in schutzbedürftigen Räumen

Schutzbedürftige Räume sind Aufenthaltsräume, die vor Geräuschen aus haustechnischen Anlagen zu schützen sind. Nach DIN 4109-1 sind dies insbesondere Wohnräume (einschließlich Wohndielen), Schlafräume (einschließlich Übernachtungsräume in Beherbergungsstätten, Bettenräume in Krankenhäusern und Sanatorien), Unterrichtsräume und Büro-, Praxis-, Sitzungs- sowie ähnliche Arbeitsräume. Die zulässigen Werte des Schalldruckpegels sind in Tab. 34.1-1 angegeben. Dabei dürfen in Betrieben einzelne, kurzzeitige Spitzenwerte des Schalldruckpegels die in Tabelle 34.1-1 angegebenen Werte um nicht mehr als 10 dB(A) überschreiten.

Tabelle 34.1-1
Maximal zulässige A-bewertete Schalldruckpegel in fremden schutzbedürftigen Räumen erzeugt von gebäudetechnischen Anlagen und baulich mit dem Gebäude verbundenen Betrieben nach DIN 4109-1

Geräuschquelle	**Maximal zulässiger Schalldruckpegel in dB(A)**	
	Art der schutzbedürftigen Räume	
	Wohn- und Schlafräume	**Unterrichts- und Arbeitsräume**
Sanitärtechnik/Wasserinstallationen (Wasserversorgungs- und Abwasseranlagen gemeinsam)	≤ 30[1), 2), 3)]	≤ 35[1), 2), 3)]
Sonstige hausinterne, fest installierte technische Schallquellen der technischen Ausrüstung, Ver- und Entsorgung sowie Garagenanlagen	≤ 30[3)]	≤ 35[2)]
Gaststätten einschließlich Küchen, Verkaufsstätten, Betriebe u.Ä tags 6 – 22 Uhr	$L_r \leq 35$ $L_{AF,max} \leq 45$	$L_r \leq 35$ $L_{AF,max} \leq 45$
Gaststätten einschließlich Küchen, Verkaufsstätten, Betriebe u.Ä nachts 22 – 6 Uhr	$L_r \leq 25$ $L_{AF,max} \leq 35$	$L_r \leq 35$ $L_{AF,max} \leq 45$

1) Einzelne kurzzeitige Geräuschspitzen, die beim Betätigen der Armaturen und Geräte nach Tabelle 11 (Öffnen, Schließen, Umstellen, Unterbrechen) entstehen, sind derzeit nicht zu berücksichtigen.

2) Voraussetzungen zur Erfüllung des zulässigen Schalldruckpegels:

- Die Ausführungsunterlagen müssen die Anforderungen des Schallschutzes berücksichtigen, d. h. zu den Bauteilen müssen die erforderlichen Schallschutznachweise vorliegen,
- außerdem muss die verantwortliche Bauleitung benannt und zu einer Teilabnahme vor Verschließen bzw. Bekleiden der Installation hinzugezogen werden.

3) Abweichend von DIN EN ISO 10052 (10-2010), Abschnitt 6.3.3, wird auf Messung in der lautesten Raumecke verzichtet.

Es ist darauf hinzuweisen, dass Nutzergeräusche (z.B. das Aufstellen eines Zahnputzbechers, hartes Schließen des WC-Deckels, Spureinlauf, Rutschen in der Badewanne etc.) nicht den Anforderungen der Tabelle 34.1-1 unterliegen. Neben den angesprochenen schutzbedürftigen Räumen unterscheidet DIN 4109-1 auch „laute“ und „besonders laute“ Räume.

Neu in die DIN 4109-1 aufgenommen wurden auch Anforderungen an den maximal zulässigen A-bewerteten Schalldruckpegel in schutzbedürftigen Räumen der eigenen Wohnung, die von raumlufttechnischen Anlagen im eigenen Wohnbereich erzeugt werden. Die Anforderungswerte für Wohn- und Schlafräume sowie Küchen sind in Tabelle 34.1-2 angegeben.

Tabelle 34.1-2
Maximal zulässige A-bewertete Schalldruckpegel in schutzbedürftigen Räumen in der eigenen Wohnung, erzeugt von raumlufttechnischen Anlagen im eigenen Wohnbereich nach DIN 4109-1

Geräuschquelle	**Maximal zulässiger Schalldruckpegel in dB(A)**	
	Wohn- und Schlafräume	**Küchen**
Fest installierte technische Schallquellen der Raumlufttechnik im eigenen Wohn- und Arbeitsbereich	$L_{AF,max,n} \leq 30$	$L_{AF,max,n} \leq 33$

[1] Einzelne kurzzeitige Geräuschspitzen, die beim An- und Ausschalten der Geräte auftreten, dürfen die Werte um maximal 5 dB überschreiten.

[2] Voraussetzungen zur Erfüllung des zulässigen Schalldruckpegels:

- Die Ausführungsunterlagen müssen die Anforderungen an den Schallschutz berücksichtigen, d. h. zu den Bauteilen müssen die erforderlichen Schallschutznachweise vorliegen;
- außerdem muss die verantwortliche Bauleitung benannt und zu einer Teilabnahme vor Verschließen bzw. Bekleiden der Installation hinzugezogen werden.

[3] Abweichend von DIN EN ISO 10052 (10-2010), Abschnitt 6.3.3, wird auf Messung in der lautesten Raumecke verzichtet.

[4] Es sind um 5 dB höhere Werte zulässig, sofern es sich um Dauergeräusche ohne auffällige Einzeltöne handelt.

34.2 Luft- und Trittschalldämmung zwischen „besonders lauten“ und schutzbedürftigen Räumen

In Räumen mit „besonders lauten“ haustechnischen Anlagen bzw. Anlagenteilen oder in Betriebsräumen von Handwerks- und Gewerbebetrieben beträgt der maximale Schalldruckpegel des Luftschalls meist mehr als 75 dB(A). Aus diesem Grund sind für die Luft- und Trittschalldämmung von Bauteilen zwischen „besonders lauten“ und schutzbedürftigen Räumen über die in Tabelle 34.1-1 angegeben Werte hinausgehende Anforderungen formuliert worden. Tabelle 34.2-1 gibt dazu die Anforderungen an das bewertete Schalldämmmaß R'_w und den bewerteten Norm-Trittschallpegel $L'_{n,w}$ an.

Tabelle 34.2-1
Anforderungen an die Luft- und Trittschalldämmung von Bauteilen zwischen „besonders lauten" und schutzbedürftigen Räumen nach DIN 4109 (Auszug)

Art der Räume	Bauteile	Bewertetes Schalldämmmaß erf. R'_w in dB Schallsdruckpegel		Bewerteter Norm-Trittschallpegel erf. $L'_{n,w}$ [1), 2)] in dB
		L_{AF} = 75–80 dB(A)	L_{AF} = 81–85 dB(A)	
Räume mit „besonders lauten" haustechnischen Anlagen oder Anlagenteilen	Decken, Wände	≥ 57	≥ 62	–
	Fußböden	–	–	≤ 43 [3)]
Betriebsräume von Handwerks- oder Gewerbebetrieben, Verkaufsstätten	Decken, Wände	≥ 57	≥ 62	–
	Fußböden	–	–	≤ 43
Küchenräume von Küchenanlagen oder Beherbergungsstätten, Krankenhäusern, Sanatorien etc.	Decken, Wände	≥ 55	–	–
	Fußböden	–	–	≤ 43
Küchenräume wie zuvor, jedoch auch nach 22 Uhr in Betrieb	Decken, Wände	≥ 57 [4)]	–	–
	Fußböden	–	–	≤ 33
Gasträume (bis 22 Uhr in Betrieb)	Decken, Wände	≥ 55	≥ 57	–
	Fußböden	–	–	≤ 43

Tabelle 34.2-1 (Forts.)
Anforderungen an die Luft- und Trittschalldämmung von Bauteilen zwischen „besonders lauten“ und schutzbedürftigen Räumen nach DIN 4109 (Auszug, Forts.)

Art der Räume	Bauteile	Bewertetes Schalldämmmaß erf. R'_w in dB Schallsdruckpegel L_{AF} = 75–80 dB(A)	L_{AF} = 81–85 dB(A)	Bewerteter Norm-Trittschallpegel erf. $L'_{n,w}$ [1), 2)] in dB
Gasträume $L_{AF,max} \leq 85$ dB (auch nach 22 Uhr in Betrieb)	Decken, Wände	≥ 62		–
	Fußböden	–		≤ 33
Räume von Kegelbahnen	Decken, Wände	≥ 67		–
	Fußböden - Keglerstube - Bahn	–		≤ 33 ≤ 13
Gasträume 85 dB $\leq L_{AF,max} \leq 95$ dB, z.B. mit elektroakustischen Anlagen	Decken, Wände	≥ 72		–
	Fußböden	–		≤ 28

1) Jeweils in Richtung der Schallausbreitung.

2) Die für Maschinen erforderliche Körperschalldämmung ist mit diesem Wert nicht erfasst; hierfür sind gegebenenfalls weitere Maßnahmen erforderlich. Ebenso kann je nach Art des Betriebes ein niedrigeres $L'_{n,w}$ notwendig sein; dies ist im Einzelfall zu überprüfen. Wegen der verstärkten Übertragung tiefer Frequenzen können zusätzliche Maßnahmen zur Schalldämmung erforderlich sein.

3) Nicht erforderlich, wenn geräuscherzeugende Anlagen ausreichend körperschallgedämmt aufgestellt werden; eventuelle Anforderungen des Mindestschallschutzes nach DIN 4109-1 bleiben hiervon unberührt.

4) Handelt es sich um Großküchenanlagen und darüber liegende Wohnungen als schutzbedürftige Räume gilt $R'_w \geq 62$ dB.

Bei den Anforderungen an die Luftschalldämmung muss auch die Flankenübertragung über angrenzende Bauteile und sonstige Nebenwege (z.B. Lüftungsanlagen) berücksichtigt werden. Die formulierten Anforderungen an den Trittschallschutz zwischen „besonders lauten“ und schutzbedürftigen Räumen dienen als Schutz vor den im Vergleich zu Wohnungen häufiger auftretenden Gehgeräuschen. Weiterhin kann es auch zu Körperschallübertragung durch größere Maschinen sowie Tätigkeiten mit großer Körperschallanregung kommen (z.B. in Großküchen). Dabei wird häufig eine zusätzliche Körperschalldämmung von Maschinen, Geräten und Rohrleitungen gegenüber den Gebäudedecken und -wänden erforderlich. Eine zahlenmäßige Angabe ist dabei aufgrund der unterschiedlichen Körperschallerzeugung der verwendeten Maschinen und Geräte nicht möglich.

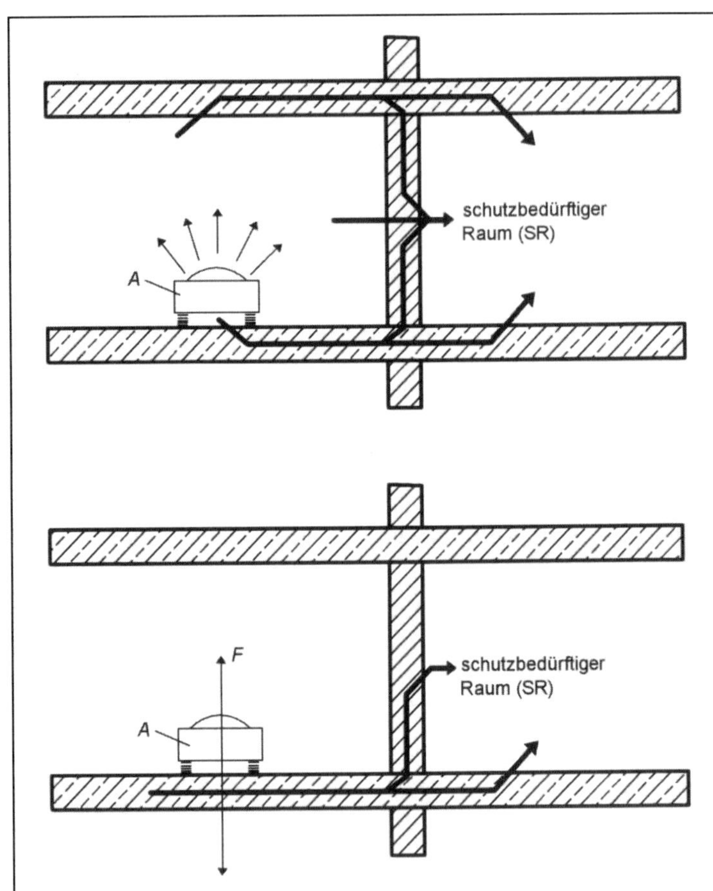

Abb. 34.2-1 Geräuschübertragung einer Schallquelle durch Luftschallübertragung (oben) und Körperschallübertragung (unten) nach DIN 4109-36

34.3 Maßnahmen zur Minderung der Geräuschausbreitung

Wie bereits erwähnt, kann eine Geräuschausbreitung bereits durch eine durchdachte Grundrissgestaltung vermindert werden. Liegt beispielsweise zwischen dem Raum mit der Schallquelle und dem schutzbedürftigen Raum ein weiterer, nicht schutzbedürftiger Raum, so kann in diesem Fall bereits mit einer Abnahme des Schalldruckpegels von etwa 10 dB(A) gerechnet werden. Dies gilt sowohl bei Luft- als auch bei Körperschallanregung. Dies ist auch der Grund dafür, dass in Mehrfamilienhäusern Bäder, Aborte, Küchen und ähnliche Räume übereinander bzw. in horizontaler Richtung nebeneinander angeordnet werden. Ein Verspringen von Installationsschächten von Geschoss zu Geschoss sollte vermieden werden.

In „besonders lauten" Räumen kann der Schalldruckpegel durch schallabsorbierende Bekleidungen der umfassenden Bauteile oder durch Kapselungen vermindert werden. Da bei haustechnischen Anlagen meist die Körperschallanregung dominiert, wird durch schallabsorbierende Bekleidungen nur ein geringer Effekt erzielt. Durch Kapselung von Maschinen und Geräten sowie die Ummantelung von Rohrleitungen kann eine Minderung des Schallpegels von 15 bis 20 dB(A) erreicht werden. Bei einer überwiegenden Luftschallanregung sind zur Verringerung der Luftschallübertragung die folgenden Maßnahmen zu beachten:

- schwere Ausbildung der Bauteile,
- biegeweiche Vorsatzschalen, z.B. schwimmende Estriche,
- über die ganze Haustiefe verlaufende Trennfugen.

Für die Verringerung der Körperschallanregung gelten folgende Maßnahmen als besonders wirksam:

- schwere Ausbildung des unmittelbar angeregten Bauteils,
- Vorsatzschale im schutzbedürftigen Raum, wenn die unmittelbar angeregte Wand leicht ist,
- Zwischenschaltung einer federnden Dämmschicht an der Befestigungsstelle zwischen Maschine, Gerät, Rohrleitung oder Einrichtungsgegenstand und Decke bzw. Wand,
- Zwischenschaltung von Kompensatoren aus Elastomeren bei wasserführenden Rohrleitungen,
- Aufstellung ganzer Anlagen auf einer schwimmend gelagerten Stahlbetonplatte oder auf weichfedernd gelagerten Fundamenten.

Die bei Wasserversorgungsanlagen entstehenden Geräusche bei der Wasserentnahme entstehen hauptsächlich durch die Querschnittsverengung innerhalb der Armaturen. In den Rohrleitungen entsteht kein Schall und es wird auch nur wenig des von den Armaturen erzeugten Wasserschalls weitergeleitet. Allerdings werden die Rohrleitungen in Schwingungen versetzt, die Wände und Decken an denen die Leitungen befestigt sind, ebenfalls in Schwingungen bringen können. In diesen Fällen ist die Abstrahlung in angrenzende Räume geringer, wenn die Zwischenwand schwer ist oder eine Vorsatzschale auf der Seite des schutzbedürftigen Raumes angebracht wird. Der Installationsschallpegel L_{In} des in einen schutzbedürftigen Raum übertragenen Geräusches ist etwa 10 dB(A) geringer, wenn ein Raum zwischen der Wand mit Rohrinstallation und dem schutzbedürftigen Raum liegt (siehe Abbildung 34.3-1).

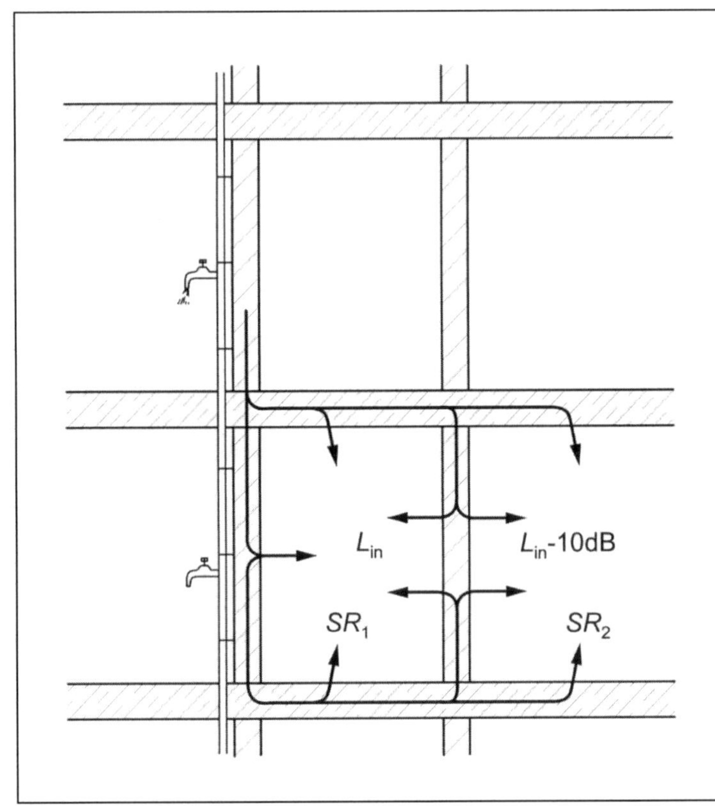

Abb. 34.3-1 Ausbreitung von Wasserinstallationsgeräuschen aus dem darüberliegenden Geschoss in schutzbedürftige Räume

Körperschallschwingungen, die auf Wände übertragen werden, können auch durch Abwasserrohre erzeugt werden. Insbesondere an Ablaufanschlüssen und bei Richtungsänderungen treten Strömungsvorgänge auf, die das Abwasserrohr zu Körperschallschwingungen anregt. Auch das Ein- und Auslaufen von Wasser, das Benutzen von Bade- und Duschwannen, Klosettbecken, Waschtischen o.Ä. erzeugt Körperschall, der auf die umgebenden Decken und Wände übertragen wird. Zur Geräuschminderung sollte daher bei Leitungen und Sanitärgegenständen Folgendes berücksichtigt werden:

Wasserleitungen:
- Wahl bauakustisch günstiger Grundrisse
- Wahl der Materialien für Rohre
- Führung und körperschallgedämmte Befestigung der Rohrleitungen an schweren Wänden ($m' \geq 220$ kg/m^2)
- Akustische Entkopplung des Installationssystems (Vorwandinstallation)
- Vorsatzschale im schutzbedürftigen Raum mit leichten Trennwänden.

Abwasserleitungen:
- Wahl bauakustisch günstiger Grundrisse (es sollten schutzbedürftige Räume nicht an Wände grenzen, an denen Abwasserleitungen befestigt sind)
- Befestigung der Abwasserleitungen an schweren Wänden ($m' \geq 220$ kg/m^2)
- Vorsatzschalen nach DIN 4109 Beiblatt 1 an leichten Wänden mit Abwasserleitungen auf der den schutzbedürftigen Räumen zugewandten Seite
- Körperschallgedämmte Befestigung und Verlegung der Leitungen
- Vermeidung starker Richtungsänderungen (insbesondere innerhalb der Wohngeschosse)
- Akustische Entkopplung des Installationssystems (Vorwandinstallation)
- Wahl der Materialien.

Sanitärgegenstände:
- Wahl bauakustisch günstiger Grundrisse (es sollten schutzbedürftige Räume nicht unmittelbar an Wänden mit Sanitärinstallationen oder unter Sanitärräumen angeordnet werden)
- Wanne und Wannenschürze köperschallgedämmt auflagern oder auf schwimmenden Estrich stellen
- Wanne und Wannenschürze akustisch trennen und mit dauerelastischem Dichtstoff verfugen
- Trägersysteme für Wannen verwenden
- Verdeckt eingebaute Sanitäreinrichtungen wie WC-Spülkästen u.a. körperschallgedämmt einbauen
- Auf dem Boden stehende Toilettenbecken auf schwimmenden Estrich stellen und nur in diesem befestigen

- Wandhängende Sanitärgegenstände (z.B. Toilettenbecken, Waschtische, Ablagen etc.) körperschallgedämmt befestigen
- Weiche Unterlagen und elastische Zwischenlagen verwenden
- Akustische Entkopplung der Sanitärgegenstände bzw. des Installationssystems (Vorwandinstallation).

35 Literatur

Bücher, Broschüren, Aufsätze

[1] Arndt, H.: Wärmeschutz und Feuchte in der Praxis, 3. Auflage, Beuth Verlag GmbH, Berlin 2014

[2] Bobran, H.W.: Handbuch der Bauphysik, 4. Auflage, Fr. Vieweg & Sohn, Braunschweig, Wiesbaden 1979

[3] Bogolovskij, V.N.: Wärmetechnische Grundlagen der Heizungs-, Lüftungs- und Klimatechnik, Bauverlag Wiesbaden, Berlin 1982

[4] Fouad, Nabil A. (Hrsg.): Lehrbuch der Hochbaukonstruktionen, 4. Auflage, Springer Vieweg, Wiesbaden 2013

[5] Erhorn, H./Jagnow, K.: Bilanzierungsverfahren nach DIN V 18599, in: Fouad, N.A. (Hrsg.): Bauphysik-Kalender 2007, Ernst & Sohn, Berlin 2007, S. 235-281

[6] Fasold, W./Veres, E.: Schallschutz und Raumakustik in der Praxis, 2. Auflage, Verlag für Bauwesen, Berlin 2003

[7] Merkel, H.: Neue EnEV - Energiebedarf nach DIN V 18599, in: Fouad, N.A. (Hrsg.): Bauphysik-Kalender 2007, Ernst & Sohn, Berlin 2007, S. 35-36

[8] Gertis/Mehra/Veres/Kießl: Bauphysikalische Aufgabensammlung mit Lösungen, 6. Auflage, Springer Vieweg, Wiesbaden 2018

[9] Gösele, K./Schüle, W.: Schall/Wärme/Feuchte, 9. Auflage, Bauverlag Wiesbaden, Berlin 1989

[10] Flachglas Markenkreis (Hrsg.): GlasHandbuch 2020

[11] Hauser, G./Maas, A.: EnEV 2009 und EEWärmeG 2009 – Änderungen für Gebäudehülle und -technik, Wirtschaftlichkeit, Rechenverfahren, Vortrag auf dem Mauerwerkstag 2009, Rüsselsheim 2009

[12] Hauser, G./Stiegel, H.: Wärmebrückenatlas für den Mauerwerksbau, Bauverlag Wiesbaden, Berlin 1990

[13] Heusler, W.: Energieeffiziente Gebäudehüllen, in: Bauphysik 29 (2007), Heft 5, Ernst & Sohn, Berlin 2007, S. 377-380

[14] Hohmann/Setzer: Bauphysikalische Formeln und Tabellen, 4. Auflage, Werner Verlag, Düsseldorf 2004

[15] Interpane (Hrsg.): Gestalten mit Glas, 3. Auflage, 1990

[16] Klopfer, H.: Wassertransport durch Diffusion in Feststoffen, Bauverlag Wiesbaden, Berlin 1975

[17] Künzel, H./Gertis, K.: Thermische Verformungen von Außenwänden, Betonstein-Zeitung, Heft 9, 1969

[18] Künzel, H.: Richtiges Heizen und Lüften in Wohnungen, 3. Auflage, Das Bundesbauministerium informiert, BMBau, 1987

[19] Künzel/Maier/Popp: Untersuchung über die Belüftung des Luftraumes hinter vorgesetzten Fassadenbekleidungen aus kleinformatigen Elementen, durchgeführt in der Freilandversuchsstelle Holzkirchen des Fraunhofer-Instituts für Bauphysik, April 1980

[20] Liersch/Langner: EnEV-Praxis 2009 Wohnbau, 3. Auflage, Bauwerk Verlag, Berlin 2009

[21] Liersch, K.W.: Belüftete Dach- und Wandkonstruktionen, Band 1, Vorhangfassaden: Bauphysikalische Grundlagen des Wärme- und Feuchteschutzes, Bauverlag Wiesbaden, Berlin 1981

[22] Liersch, K.W.: Belüftete Dach- und Wandkonstruktionen, Band 2, Vorhangfassaden: Anwendungstechnische Grundlagen, Bauverlag Wiesbaden, Berlin 1984

[23] Liersch, K.W.: Belüftete Dach- und Wandkonstruktionen, Band 3, Dächer: Bauphysikalische Grundlagen des Wärme- und Feuchteschutzes, Bauverlag Wiesbaden, Berlin 1986

[24] Liersch, K.W.: Belüftete Dach- und Wandkonstruktionen, Band 4, Dächer: Anwendungstechnische Grundlagen, Bauverlag Wiesbaden, Berlin 1990

[25] Liersch, K.W./Zimmermann, G. (Hrsg.): Schäden an Außenwänden mit Asbestzement-, Faserzement- und Schieferplatten, Schadenfreies Bauen Band 10, IRB Verlag, Stuttgart 1995

[26] Liersch, K.W.: Schimmelpilzbildung im Wohnhausbau, Ursachen und Abhilfemaßnahmen, in: DBZ 10/98

[27] Lohmeyer/Post/Bergmann: Praktische Bauphysik, 6. Auflage, B.G. Teubner, Stuttgart 2007

[28] Richter/Jenisch/Fischer//Freymuth/Stohrer/Häupl: Lehrbuch der Bauphysik, 6. Auflage, B.G. Teubner, Stuttgart 2007

[29] Mainka, G.-W./Paschen, H.: Wärmebrückenkatalog, B.G. Teubner, Stuttgart 1986

[30] Marquardt, H.: Energiesparendes Bauen, B.G. Teubner, Stuttgart 2003

[31] Möhl, U./Hauser, G./Müller, H.: Baulicher Wärmeschutz, Feuchteschutz und Energieverbrauch, Kontakt und Studium Band 131, expert verlag, Grafenau 1984

[32] Recknagel/Sprenger/Schramek: Taschenbuch für Heizung und Klimatechnik, Verlag R. Oldenbourg, München, Wien 2000

[33] Rudolphi, R.: Untersuchung von komplexen Wärmebrückenproblemen mit Hilfe eines speziellen numerischen Verfahrens, Software STATCDMG, Dissertation Universität Rostock

[34] Sagelsdorff, R./Frank, T.: Element 29: Wärmeschutz und Energie im Hochbau, 2. Aufl., Schweizerische Ziegelindustrie, Zürich 1993

[35] Sälzer, E.: Schallschutz im Massivbau – Luftschall, Trittschall, Körperschall, Bauverlag, Wiesbaden, Berlin 1990

[36] Schild, E./Casselmann, H.-F. et al: Bauphysik, Planung und Anwendung, 3. Auflage, Fr. Vieweg & Sohn, Braunschweig, Wiesbaden 1982

[37] Schulze, H.: Holzbau. Wände – Decken – Dächer – Konstruktionen – Bauphysik – Holzschutz, 3. Auflage, B.G. Teubner, Stuttgart 2006

[38] Sperber, C./Schettler-Köhler, H.-P.: WSchV, Wärmeschutzverordnung '95, Handbuch für die planerische und baupraktische Umsetzung, Kommentar, Anwendung, Beispiele, Verlag für Wirtschaft und Verwaltung Hubert Wingen, Essen 1994

[39] Usemann, K.W./Gralle, H.: Bauphysik, Problemstellungen, Aufgaben und Lösungen, Verlag W. Kohlhammer, Stuttgart, Berlin, Köln 1997

[40] Zürcher, Ch./Frank, Th.: Bauphysik, Bau und Energie, B.G. Teubner, Stuttgart 1997

[41] Cords-Parchim, W.: Technische Bauhygiene, Teubner Verlagsgesellschaft, Leipzig 1953

[42] VDI Fachgruppe Heizung und Lüftung/VDI-Fachgruppe Haustechnik (Hrsg.): Gesundheitstechnische Ausrüstung in Wohnbauten und Arbeitsstätten, VDI-Verlag, Düsseldorf 1959

[43] Fanger, P. O.: Thermal Comfort: Analysis and applications in environmental engineering, McGraw-Hill Inc., US, 1973

[44] Frank, W.: Raumklima und thermische Behaglichkeit, in: Berichte aus der Bauforschung, Heft 104, Ernst & Sohn, Berlin 1975

[45] Hellwig, R. T., et. al.: Kriterien des nachhaltigen Bauens: Bewertung des thermischen Raumklimas – ein Diskussionsbeitrag, in: Bauphysik 30 (2008) Heft 3, Ernst & Sohn, Berlin 2008

[46] Wagner, A., Schakib-Ekbatan, K.: Nutzerzufriedenheit als ein Indikator für die Beschreibung und Beurteilung der sozialen Dimension der Nachhaltigkeit, Forschungsbericht der Forschungsinitiative Zukunft Bau des Bundesamtes für Bauwesen und Raumordnung, Fraunhofer IRB Verlag, Stuttgart 2010

Normen, Verordnungen und sonstige Richtlinien

DIN 1946-2 (1994-01): Raumlufttechnik – Teil 2: Gesundheitstechnische Anforderungen (VDI-Lüftungsregeln) (zurückgezogen; ersetzt durch DIN EN 13779: 2005-05)

DIN 1946-6 (2019-12): Raumlufttechnik – Teil 6: Lüftung von Wohnungen – Allgemeine Anforderungen, Anforderungen an die Auslegung, Ausführung, Inbetriebnahme und Übergabe sowie Instandhaltung

DIN 4108-1 (1981-08): Wärmeschutz im Hochbau; Größen und Einheiten (zurückgezogen)

DIN 4108-2 (2013-02): Wärmeschutz und Energie-Einsparung in Gebäuden – Teil 2: Mindestanforderungen an den Wärmeschutz

DIN 4108-3 (2018-10): Wärmeschutz und Energie-Einsparung in Gebäuden – Teil 3: Klimabedingter Feuchteschutz – Anforderungen, Berechnungsverfahren und Hinweise für Planung und Ausführung

DIN 4108-4 (2017-03): Wärmeschutz und Energie-Einsparung in Gebäuden – Teil 4: Wärme- und feuchteschutztechnische Bemessungswerte

DIN V 4108-6 (2003-06): Wärmeschutz und Energie-Einsparung in Gebäuden – Teil 6: Berechnung des Jahresheizwärme- und des Jahresheizenergiebedarfs

DIN 4108-7 (2011-01): Wärmeschutz und Energie-Einsparung in Gebäuden – Teil 7: Luftdichtheit von Gebäuden, Anforderungen, Planungs- und Ausführungsempfehlungen sowie -beispiele

DIN 4108 Beiblatt 2 (2019-06): Wärmeschutz und Energie-Einsparung in Gebäuden; Beiblatt 2: Wärmebrücken – Planungs- und Ausführungsbeispiele

DIN 4109-1 (2018-01): Schallschutz im Hochbau – Teil 1: Mindestanforderungen

DIN 4109-2 (2018-01): Schallschutz im Hochbau – Teil 2: Rechnerische Nachweise der Erfüllung der Anforderungen

DIN 4109-31 (2016-07): Schallschutz im Hochbau – Teil 31: Daten für die rechnerischen Nachweise des Schallschutzes (Bauteilkatalog) – Rahmendokument

DIN 4109-32 (2016-07): Schallschutz im Hochbau – Teil 32: Daten für die rechnerischen Nachweise des Schallschutzes (Bauteilkatalog) – Massivbau

DIN 4109-33 (2016-07): Schallschutz im Hochbau – Teil 33: Daten für die rechnerischen Nachweise des Schallschutzes (Bauteilkatalog) – Holz-, Leicht- und Trockenbau

DIN 4109-34 (2016-07): Schallschutz im Hochbau – Teil 34: Daten für die rechnerischen Nachweise des Schallschutzes (Bauteilkatalog) – Vorsatzkonstruktionen vor massiven Bauteilen

DIN 4109-35 (2016-07): Schallschutz im Hochbau – Teil 35: Daten für die rechnerischen Nachweise des Schallschutzes (Bauteilkatalog) – Elemente, Fenster, Türen, Vorhangfassaden

DIN 4109-36 (2016-07): Schallschutz im Hochbau – Teil 36: Daten für die rechnerischen Nachweise des Schallschutzes (Bauteilkatalog) – Gebäudetechnische Anlagen

DIN 4109-4 (2016-07): Schallschutz im Hochbau – Teil 4: Bauakustische Prüfungen

DIN 4109-5 (2020-08): Schallschutz im Hochbau – Teil 5: Erhöhte Anforderungen

DIN 4109 Beiblatt 2 (1989-11): Schallschutz im Hochbau – Hinweise für Planung und Ausführung – Vorschläge für einen erhöhten Schallschutz; Empfehlungen für den Schallschutz im eigenen Wohn- und Arbeitsbereich

DIN V 4701-10 (2003-08): Energetische Bewertung heiz- und raumlufttechnischer Anlagen – Teil 10: Heizung, Trinkwassererwärmung, Lüftung

DIN 4710 (2003-01): Statistiken meteorologischer Daten zur Berechnung des Energiebedarfs von heiz- und raumlufttechnischen Anlagen in Deutschland

DIN 8989 (2019-08): Schallschutz in Gebäuden – Aufzüge

DIN 18041 (2016-03): Hörsamkeit in Räumen – Anforderungen, Empfehlungen und Hinweise für die Planung

DIN 18530 (1987-03): Massive Deckenkonstruktionen für Dächer; Planung und Ausführung (zurückgezogen)

DIN V 18599 Teile 1 bis 11 (2018-09): Energetische Bewertung von Gebäuden – Berechnung des Nutz-, End- und Primärenergiebedarfs für Heizung, Kühlung, Lüftung, Trinkwarmwasser und Beleuchtung

DIN V 18599 Teil 12 (2017-04): Energetische Bewertung von Gebäuden – Berechnung des Nutz-, End- und Primärenergiebedarfs für Heizung, Kühlung, Lüftung, Trinkwarmwasser und Beleuchtung – Teil 12: Tabellenverfahren für Wohngebäude

DIN V 18599 Beiblatt 1 (2010-01): Energetische Bewertung von Gebäuden – Berechnung des Nutz-, End- und Primärenergiebedarfs für Heizung, Kühlung, Lüftung, Trinkwarmwasser und Beleuchtung – Beiblatt 1: Bedarfs-/Verbrauchsabgleich

DIN V 18599 Beiblatt 2 (2012-06): Energetische Bewertung von Gebäuden – Berechnung des Nutz-, End- und Primärenergiebedarfs für Heizung, Kühlung, Lüftung, Trinkwarmwasser und Beleuchtung - Beiblatt 2: Beschreibung der Anwendung von Kennwerten aus der DIN V 18599 bei Nachweisen des Gesetzes zur Förderung Erneuerbarer Energien im Wärmebereich (EEWärmeG)

DIN EN 410 (2011-04): Glas im Bauwesen – Bestimmung der lichttechnischen und strahlungsphysikalischen Kenngrößen von Verglasungen

DIN EN 832 (2003-06): Wärmetechnisches Verhalten von Gebäuden – Berechnung des Heizenergiebedarfs – Wohngebäude (zurückgezogen; ersetzt durch DIN EN ISO 13790: 2008-09)

DIN EN 13187 (1999-05): Wärmetechnisches Verhalten von Gebäuden – Nachweis von Wärmebrücken in Gebäudehüllen – Infrarot-Verfahren

DIN EN 13779 (2007-09): Lüftung von Nichtwohngebäuden – Allgemeine Grundlagen und Anforderungen für Lüftungs- und Klimaanlagen und Raumkühlsysteme (zurückgezogen; ersetzt durch DIN EN 16798-3:2017-11)

DIN EN 13829 (2001-02): Wärmetechnisches Verhalten von Gebäuden, Bestimmung der Luftdurchlässigkeit von Gebäuden, Differenzdruckverfahren

DIN EN ISO 6946 (2018-03): Bauteile – Wärmedurchlasswiderstand und Wärmedurchgangskoeffizient; Berechnungsverfahren (Zurückgezogen; ersetzt durch DIN EN ISO 9972:2015-12, ersetzt durch DIN EN ISO 9972:2018-12)

DIN EN ISO 7345 (2018-07): Wärmeverhalten von Gebäuden und Baustoffen – Physikalische Größen und Definitionen

DIN EN ISO 7730 (2006-05): Ergonomie der thermischen Umgebung – Analytische Bestimmung und Interpretation der thermischen Behaglichkeit durch Berechnung des PMV- und des PPD-Indexes und Kriterien der lokalen thermischen Behaglichkeit

DIN EN ISO 10077-1 (2018-01): Wärmetechnisches Verhalten von Fenstern, Türen und Abschlüssen – Berechnung des Wärmedurchgangskoeffizienten – Teil 1: Allgemeines

DIN EN ISO 10077-2 (2018-01): Wärmetechnisches Verhalten von Fenstern, Türen und Abschlüssen – Berechnung des Wärmedurchgangskoeffizienten – Teil 2: Numerisches Verfahren für Rahmen

DIN EN ISO 13370 (2018-03): Wärmetechnisches Verhalten von Gebäuden – Wärmetransfer über das Erdreich – Berechnungsverfahren

DIN EN ISO 14683 (2018-03): Wärmebrücken im Hochbau – Längenbezogener Wärmedurchgangskoeffizient – Vereinfachte Verfahren und Standardwerte

VDI 2078 Blatt 1 (2003-02): Berechnung der Kühllast klimatisierter Gebäude bei Raumkühlung über gekühlte Raumumschließungsflächen

VDI 2719 (1987-08): Schalldämmung von Fenstern und deren Zusatzeinrichtungen

VDI 4100 (2012-10): Schallschutz im Hochbau – Wohnungen – Beurteilung und Vorschläge für erhöhten Schallschutz

WärmeschV 1995: Bundesgesetzblatt Jahrgang 1994 Teil I Nr. 55, ausgegeben zu Bonn am 24.08.1994, Verordnung über einen energiesparenden Wärmeschutz bei Gebäuden (Wärmeschutzverordnung – WärmeschutzV) vom 16.08.1994

EnEV 2007: Bundesgesetzblatt Jahrgang 2007 Teil I Nr. 34, ausgegeben zu Bonn am 26. Juli 2007: Verordnung über energiesparenden Wärmeschutz und energiesparende Anlagentechnik bei Gebäuden (Energieeinsparverordnung – EnEV) vom 24. Juli 2007

EnEV 2009: Nichtamtliche Lesefassung (einschließlich der Maßgaben des Bundesrates, denen die Bundesregierung am 18. März 2009 zugestimmt hat) zur Verordnung zur Änderung der Energieeinsparverordnung – Verordnung über energiesparenden Wärmeschutz und energiesparende Anlagentechnik bei Gebäuden (Energieeinsparverordnung – EnEV) vom 24. Juli 2007

Verordnung über energiesparenden Wärmeschutz und energiesparende Anlagentechnik bei Gebäuden (Energieeinsparverordnung - EnEV) vom 24. Juli 2007 in Verbindung mit der zweiten Verordnung zur Änderung der Energieeinsparverordnung vom 16. Oktober 2013

Erneuerbare-Energien-Wärmegesetz vom 7. August 2008, zuletzt geändert durch Art. 9 G v. 20.10.2015 | 1722

EU-Gebäuderichtlinie: Richtlinie 2002/91/EG des Europäischen Parlamentes und des Rates vom 16. Dezember 2002 über die Gesamtenergieeffizienz von Gebäuden, Amtsblatt der Europäischen Gemeinschaft Nr. L 1

Entwurf eines Gesetzes zur Vereinheitlichung des Energieeinsparrechts für Gebäude – Gesetz zur Einsparung von Energie und zur Nutzung erneuerbarer Energien zur Wärme- und Kälteerzeugung in Gebäuden (Gebäudeenergiegesetz – GEG), verabschiedet vom Deutschen Bundestag am 18.06.2020

36 Stichwortverzeichnis